Título original:
RAZONAMIENTO LÓGICO MATEMÁTICO

Autor:
MBA. Luque Zevallos Helbert Justo

Editor a través de amazon.com
Disponible en https://www.amazon.com

Prohibida la reproducción total o parcial de esta obra

DERECHOS RESERVADOS

País de origen: PERÚ
Idioma: Español

ISBN: 9798346618140

1. Presentación

El presente libro, titulado **Razonamiento Lógico Matemático**, ha sido concebido con el objetivo de proporcionar una herramienta sólida y práctica para el desarrollo de habilidades de pensamiento lógico y analítico. La lógica y la matemática son pilares fundamentales en el proceso de aprendizaje y en la resolución de problemas, tanto en contextos académicos como en la vida cotidiana. Este material busca acompañar a los estudiantes en su formación, ofreciéndoles una estructura clara y ordenada de conceptos, ejemplos, ejercicios y aplicaciones que faciliten su comprensión y aplicación.

El contenido ha sido cuidadosamente estructurado para abarcar desde los conceptos básicos del razonamiento lógico hasta aplicaciones avanzadas que desarrollan la capacidad de inferencia y deducción. Cada capítulo está diseñado para introducir conceptos de manera progresiva, permitiendo que los estudiantes fortalezcan sus habilidades de análisis crítico y resuelvan problemas con rigor y precisión. La organización temática permite que cada lector pueda abordar los temas de manera autónoma, con un enfoque práctico y progresivo que fomenta el aprendizaje activo y reflexivo.

Este libro ofrece ejercicios resueltos y propuestos para practicar el razonamiento matemático. Cada sección incluye explicaciones, ejemplos y actividades de autoevaluación para facilitar la comprensión y aplicación de los conceptos. Los ejercicios seleccionados desafían al lector y promueven el desarrollo de habilidades en resolución de problemas y fortalecen su capacidad lógica y matemática.

Además, se incluyen secciones dedicadas a la reflexión sobre la importancia del razonamiento lógico en distintos campos del conocimiento y en el ámbito profesional. Este enfoque interdisciplinario permite al lector entender cómo las habilidades matemáticas son aplicables y esenciales en diversas áreas, desde las ciencias exactas y la ingeniería hasta las ciencias sociales y la toma de decisiones empresariales.

Este libro invita a descubrir el poder del pensamiento lógico matemático, a reconocer su utilidad en la resolución de problemas y a fortalecer habilidades clave para enfrentar los desafíos de un mundo en cambio constante. Esperamos que esta obra sea una guía útil para estudiantes, docentes y profesionales interesados en profundizar en el razonamiento lógico y matemático.

MBA. Helbert Justo Luque Zevallos

Índice general

1 Presentación 3

2 Sumario 13

3 Introducción 15

1 Lógica y Conjuntos

1 Proposición Lógica y Conectivos Lógicos 19
1.1 Tipos de proposiciones: simples y compuestas. **19**
1.1.1 Proposiciones declarativas. 19
1.1.2 Proposiciones condicionales. 21
1.2 Conectivos lógicos: tablas de verdad de conectivos (AND, OR, NOT, IF-THEN). **23**
1.2.1 Operadores binarios. 23
1.2.2 Condicionales y bicondicionales. 24
1.3 Dieciséis casos fundamentales en lógica **25**
1.4 Negación de proposiciones: aplicación de leyes de De Morgan. **29**
1.4.1 Ley de De Morgan para la negación de conjunciones. 29
1.4.2 Ley de De Morgan para la negación de disyunciones. 31
1.5 Ejercicios Resueltos **33**
1.6 Ejercicios Propuestos **35**
1.6.1 Tipos de proposiciones: simples y compuestas 35
1.6.2 Conectivos lógicos: tablas de verdad de conectivos (AND, OR, NOT, IF-THEN) 36
1.6.3 Dieciséis casos fundamentales en lógica 36

1.6.4 Negación de proposiciones: aplicación de leyes de De Morgan 36

2 Álgebra Proposicional e Inferencia Lógica 39

2.1 Tablas de verdad: construcción y análisis. — 39
2.1.1 Tablas de verdad de conectivos simples. 39
2.1.2 Análisis de tautologías y contradicciones. 41

2.2 Inferencia lógica: reglas de inferencia (Modus Ponens, Modus Tollens). — 42
2.2.1 Aplicación del Modus Ponens en problemas lógicos. 42
2.2.2 Aplicación del Modus Tollens en argumentos. 44

2.3 Aplicaciones: resolver problemas de orden de información y relación temporal. — 45
2.3.1 Problemas con múltiples variables. 45
2.3.2 Análisis de secuencias lógicas en tiempo. 47

2.4 Ejercicios Resueltos — 48

2.5 Ejercicios Propuestos — 51
2.5.1 Tablas de verdad: construcción y análisis 51
2.5.2 Inferencia lógica: reglas de inferencia (Modus Ponens, Modus Tollens) 52
2.5.3 Aplicaciones: resolver problemas de orden de información y relación temporal 52

3 Razonamiento Inductivo y Deductivo 55

3.1 Razonamiento inductivo: identificación de patrones y generalización. — 55
3.1.1 Reconocimiento de series numéricas 55
3.1.2 Identificación de patrones geométricos 56

3.2 Razonamiento deductivo: uso de premisas para llegar a conclusiones. — 57
3.2.1 Deducción en argumentos matemáticos 57
3.2.2 Análisis de premisas en demostraciones 61

3.3 Aplicaciones: series numéricas y analogías gráficas. — 63
3.3.1 Analogías basadas en progresiones aritméticas 63
3.3.2 Series geométricas aplicadas a problemas visuales 68

3.4 Ejercicios Resueltos — 71

3.5 Ejercicios Propuestos — 73
3.5.1 Razonamiento Inductivo: Identificación de Patrones y Generalización 73
3.5.2 Razonamiento Deductivo: Uso de Premisas para Llegar a Conclusiones 74
3.5.3 Aplicaciones: Series Numéricas y Analogías Gráficas 74

4 Funciones Proposicionales y Cuantificadores 75

4.1 Predicados: definición y ejemplos. — 75
4.1.1 Predicados de una variable 75
4.1.2 Predicados de dos variables 79

4.2 Cuantificadores: cuantificador universal () y existencial (). — 84
4.2.1 Uso de cuantificadores en proposiciones universales 84
4.2.2 Ejemplos de cuantificadores existenciales en problemas lógicos 90

4.3 Transformación de proposiciones: análisis de la negación de cuantificadores. — 97
4.3.1 Negación de proposiciones con cuantificadores universales 97
4.3.2 Negación de proposiciones con cuantificadores existenciales 106

4.4	**Ejercicios Resueltos**	**114**
4.5	**Ejercicios Propuestos**	**116**
4.5.1	Predicados: Definición y Ejemplos	116
4.5.2	Cuantificadores: Cuantificador Universal (∀) y Existencial (∃)	116
4.5.3	Transformación de Proposiciones: Análisis de la Negación de Cuantificadores	117

5   Conjuntos y Álgebra de Conjuntos 119

5.1	**Operaciones con conjuntos: unión, intersección, complemento.**	**119**
5.1.1	Conjuntos finitos e infinitos	119
5.1.2	Diagramas de Venn para representar operaciones	125
5.2	**Diagramas de Venn: representación visual de conjuntos.**	**128**
5.2.1	Diagramas con tres conjuntos	128
5.2.2	Diagramas para problemas de probabilidad	133
5.3	**Problemas de aplicación**	**139**
5.3.1	Resolución de problemas con conjuntos disjuntos	139
5.3.2	Aplicación de conjuntos en probabilidad condicional	143
5.3.3	Teorema de Bayes con conjuntos	146
5.4	**Ejercicios Resueltos**	**149**
5.5	**Ejercicios Propuestos**	**150**
5.5.1	Operaciones con Conjuntos: Unión, Intersección, Complemento	150
5.5.2	Diagramas de Venn: Representación Visual de Conjuntos	151
5.5.3	Problemas de Aplicación	151

II   Razonamiento Aritmético

6   Sistema de Numeración y Operaciones 155

6.1	**Sistemas de numeración: decimal, binario y otros sistemas.**	**155**
6.1.1	Conversión entre sistemas numéricos	155
6.1.2	Aplicaciones del sistema binario en computación	157
6.2	**Problemas de edades: planteamiento de ecuaciones para resolver problemas de edades.**	**159**
6.2.1	Ecuaciones lineales aplicadas a problemas de edades	159
6.3	**Cronometría: conversión de unidades de tiempo y resolución de problemas.**	**161**
6.3.1	Conversión entre horas, minutos y segundos	161
6.3.2	Cálculo de tiempos en recorridos	164
6.4	**Ejercicios Resueltos**	**166**
6.5	**Ejercicios Propuestos**	**168**
6.5.1	Sistemas de Numeración: Decimal, Binario y Otros Sistemas	168
6.5.2	Problemas de Edades: Planteamiento de Ecuaciones para Resolver Problemas de Edades	168
6.5.3	Cronometría: Conversión de Unidades de Tiempo y Resolución de Problemas	168

7 Divisibilidad y Fracciones ... 171

7.1 MCD y MCM: métodos de descomposición en factores primos. **171**
7.1.1 Método de descomposición simultánea ... 171
7.1.2 Algoritmo de Euclides para el MCD ... 174

7.2 Problemas de divisibilidad: cómo identificar múltiplos y divisores. **177**
7.2.1 Problemas de divisibilidad con números primos ... 177
7.2.2 Aplicación en divisibilidad de números compuestos ... 179

7.3 Operaciones con fracciones: suma, resta, multiplicación y división con problemas aplicados. **182**
7.3.1 Fracciones homogéneas y heterogéneas ... 182
7.3.2 Aplicación en problemas financieros ... 184

7.4 Ejercicios Resueltos **187**

7.5 Ejercicios Propuestos **189**
7.5.1 MCD y MCM: métodos de descomposición en factores primos ... 189
7.5.2 Problemas de divisibilidad: cómo identificar múltiplos y divisores ... 189
7.5.3 Operaciones con fracciones: suma, resta, multiplicación y división con problemas aplicados ... 189

8 Razones, Proporciones y Porcentajes ... 191

8.1 Razones y proporciones: simplificación y resolución de problemas. **191**
8.1.1 Proporciones directas e inversas ... 191
8.1.2 Problemas de escalas y mapas ... 193

8.2 Regla de tres: directa e inversa. **195**
8.2.1 Aplicaciones en problemas de mezclas ... 195
8.2.2 Regla de tres compuesta ... 198

8.3 Porcentajes: problemas de aumento y descuento. **201**
8.3.1 Aplicación en problemas financieros. ... 201
8.3.2 Descuentos progresivos en el comercio. ... 203

8.4 Ejercicios Resueltos **205**

8.5 Ejercicios Propuestos **207**
8.5.1 Razones y proporciones: simplificación y resolución de problemas ... 207
8.5.2 Regla de tres: directa e inversa ... 207
8.5.3 Porcentajes: problemas de aumento y descuento ... 207

9 Sucesiones y Series ... 209

9.1 Sucesiones aritméticas: fórmula del término general y suma de términos. **209**
9.1.1 Aplicaciones en problemas de interés simple. ... 209
9.1.2 Resolución de problemas con progresiones aritméticas. ... 211

9.2 Sucesiones geométricas: razón común y suma de la serie. **214**
9.2.1 Aplicaciones en problemas de crecimiento exponencial. ... 214
9.2.2 Resolución de series infinitas. ... 217

9.3 Patrones y generalización: identificación y análisis de patrones. **222**
9.3.1 Identificación de patrones en figuras geométricas. ... 222
9.3.2 Generalización de patrones numéricos. ... 224

9.4	**Ejercicios Resueltos**	**227**
9.5	**Ejercicios Propuestos**	**228**
9.5.1	Sucesiones aritméticas: fórmula del término general y suma de términos	228
9.5.2	Sucesiones geométricas: razón común y suma de la serie	229
9.5.3	Patrones y generalización: identificación y análisis de patrones	229

III Razonamiento Algebraico

10 Modelación Matemática 233

10.1	**Ecuaciones lineales: planteamiento de problemas y modelado.**	**233**
10.1.1	Problemas de movimiento y velocidad.	233
10.1.2	Problemas con costos y precios.	235
10.2	**Resolución gráfica y algebraica: representación en el plano cartesiano.**	**238**
10.2.1	Gráficas de ecuaciones de primer grado.	238
10.2.2	Intersecciones y pendientes en gráficas.	243
10.3	**Sistemas de ecuaciones: solución mediante sustitución y eliminación.**	**246**
10.3.1	Solución por igualación y reducción.	246
10.3.2	Aplicaciones en problemas geométricos.	249
10.4	**Ejercicios Resueltos**	**253**
10.5	**Ejercicios Propuestos**	**254**
10.5.1	Ecuaciones lineales: planteamiento de problemas y modelado	254
10.5.2	Resolución gráfica y algebraica: representación en el plano cartesiano	255
10.5.3	Sistemas de ecuaciones: solución mediante sustitución y eliminación	255

11 Modelación con Ecuaciones Cuadráticas 257

11.1	**Ecuaciones cuadráticas: factorización y fórmula general.**	**257**
11.1.1	Método de completar el cuadrado.	257
11.1.2	Aplicación de la fórmula cuadrática.	260
11.2	**Aplicaciones prácticas: problemas que involucran áreas y trayectorias.**	**264**
11.2.1	Problemas de caída libre y trayectorias parabólicas.	264
11.2.2	Cálculo de áreas con ecuaciones cuadráticas.	266
11.3	**Gráfica de funciones cuadráticas: vértice, eje de simetría y raíces.**	**270**
11.3.1	Cálculo de vértices a partir de la fórmula general	270
11.3.2	Gráficas en relación con problemas físicos.	272
11.4	**Ejercicios Resueltos**	**275**
11.5	**Ejercicios Propuestos**	**277**
11.5.1	Ecuaciones cuadráticas: factorización y fórmula general	277
11.5.2	Aplicaciones prácticas: problemas que involucran áreas y trayectorias	277
11.5.3	Gráfica de funciones cuadráticas: vértice, eje de simetría y raíces	277

12 Modelación Matemática con Inecuaciones 279

12.1	**Inecuaciones lineales y cuadráticas: resolución y representación en la recta numérica.**	**279**
12.1.1	Resolución de inecuaciones con una variable.	279
12.1.2	Representación gráfica de inecuaciones cuadráticas.	284

12.2 Intervalos y notación: definición de intervalos y desigualdades. **287**
12.2.1 Intervalos abiertos y cerrados. 287
12.2.2 Resolución de desigualdades con valor absoluto. 290

12.3 Aplicaciones: problemas de optimización con restricciones. **293**
12.3.1 Aplicación en maximización de recursos. 293
12.3.2 Problemas de minimización en geometría. 298

12.4 Ejercicios Resueltos **302**

12.5 Ejercicios Propuestos **304**
12.5.1 Inecuaciones lineales y cuadráticas: resolución y representación en la recta numérica 304
12.5.2 Intervalos y notación: definición de intervalos y desigualdades 304
12.5.3 Aplicaciones: problemas de optimización con restricciones 304

IV Razonamiento Geométrico Plano y Espacial

13 Proporcionalidad y Semejanza 309

13.1 Teorema de Tales: aplicaciones en figuras semejantes. **309**
13.1.1 Aplicación en triángulos. 309
13.1.2 Aplicación en sombras y escalas. 314

13.2 Criterios de semejanza de triángulos: AA, LAL, LLL. **317**
13.2.1 Aplicación en mapas y diseños. 317
13.2.2 Proporciones en figuras geométricas. 321

13.3 Problemas de aplicación: escalas y mapas. **324**
13.3.1 Escalas de reducción en planos. 324
13.3.2 Proporciones en la cartografía. 329

13.4 Ejercicios Resueltos **333**

13.5 Ejercicios Propuestos **334**
13.5.1 Teorema de Tales: aplicaciones en figuras semejantes 334
13.5.2 Criterios de semejanza de triángulos: AA, LAL, LLL 334
13.5.3 Problemas de aplicación: escalas y mapas 335

14 Relaciones Métricas en el Triángulo 337

14.1 Teorema de Pitágoras: aplicación en triángulos rectángulos. **337**
14.1.1 Aplicación en problemas físicos. 337
14.1.2 Cálculo de distancias en el espacio. 340

14.2 Alturas, medianas y bisectrices: definición y propiedades. **344**
14.2.1 Aplicación en construcción de triángulos. 344
14.2.2 Uso de medianas en diseño geométrico. 347

14.3 Cálculo de áreas: uso de fórmulas para áreas de triángulos y cuadriláteros.
350
14.3.1 Fórmula de Herón para triángulos. 350
14.3.2 Cálculo de áreas irregulares. 353

14.4 Ejercicios Resueltos **357**

14.5 Ejercicios Propuestos **358**
14.5.1 Teorema de Pitágoras: aplicación en triángulos rectángulos 358

14.5.2 Alturas, medianas y bisectrices: definición y propiedades 359
14.5.3 Cálculo de áreas: uso de fórmulas para áreas de triángulos y cuadriláteros   359

15 Regiones Planas y Ubicación Espacial 361

15.1 Perímetros y áreas de figuras planas: círculos, triángulos y polígonos. 361
15.1.1 Cálculo de áreas en polígonos regulares. 361
15.1.2 Aplicaciones en problemas de diseño arquitectónico. 364

15.2 Sistema de coordenadas: ubicación de puntos, distancias y pendientes. 369
15.2.1 Cálculo de distancias en el plano cartesiano. 369
15.2.2 Pendientes y ángulos entre rectas. 373

15.3 Rectas y planos en el espacio: relaciones de paralelismo y perpendicularidad. 377
15.3.1 Aplicación en diseños 3D. 377
15.3.2 Resolución de problemas espaciales. 381

15.4 Ejercicios Resueltos   385

15.5 Ejercicios Propuestos   387
15.5.1 Perímetros y áreas de figuras planas: círculos, triángulos y polígonos 387
15.5.2 Sistema de coordenadas: ubicación de puntos, distancias y pendientes . . . 387
15.5.3 Rectas y planos en el espacio: relaciones de paralelismo y perpendicularidad 387

16 Sólidos Geométricos 389

16.1 Cuerpos geométricos: prismas, cilindros, conos y esferas.   389
16.1.1 Volumen de prismas y cilindros. 389
16.1.2 Áreas superficiales de conos y esferas. 393

16.2 Cálculo de volúmenes y áreas superficiales: fórmulas y aplicaciones. 396
16.2.1 Aplicaciones en problemas de ingeniería. 396
16.2.2 Cálculo de volúmenes en objetos irregulares. 399

16.3 Problemas prácticos: uso de sólidos para resolver problemas cotidianos. 403
16.3.1 Aplicación en problemas de empaquetamiento. 403
16.3.2 Uso de sólidos en diseño de objetos. 405

16.4 Ejercicios Resueltos   408

16.5 Ejercicios Propuestos   410
16.5.1 Cuerpos geométricos: prismas, cilindros, conos y esferas 410
16.5.2 Cálculo de volúmenes y áreas superficiales: fórmulas y aplicaciones 410
16.5.3 Problemas prácticos: uso de sólidos para resolver problemas cotidianos . . . 410

Índice Alfabético 413

2. Sumario

El curso de **Razonamiento Lógico Matemático** está diseñado para fortalecer y desarrollar habilidades esenciales en el pensamiento analítico y lógico, cruciales en un mundo donde la capacidad para resolver problemas complejos es cada vez más valorada. A través de sus cuatro unidades, este curso cubre los fundamentos de la lógica, la aritmética, el álgebra y la geometría, proporcionándole al estudiante una base sólida en matemáticas y razonamiento. A continuación, se ofrece una descripción detallada de cada unidad, destacando su relevancia y objetivos en el contexto del curso.

Unidad 1: Lógica y conjuntos

La lógica es el fundamento del razonamiento matemático y permite a los estudiantes estructurar pensamientos de manera coherente y precisa. En esta primera unidad, se abordan conceptos esenciales de lógica proposicional, que incluyen proposiciones, conectivos lógicos, inferencia, y los principios del razonamiento inductivo y deductivo. A través del estudio de funciones proposicionales y del álgebra de conjuntos, los estudiantes aprenden a organizar y analizar información de forma estructurada.

Esta unidad también introduce aplicaciones prácticas, como problemas de verdades y mentiras, secuencias lógicas, ordenamientos y analogías. Estos ejercicios no solo refuerzan los conceptos teóricos, sino que también fomentan el desarrollo de habilidades para analizar y resolver problemas complejos. La lógica y los conjuntos son, en definitiva, la base sobre la cual se construye el razonamiento matemático, siendo de gran utilidad tanto en disciplinas científicas como en el día a día.

Unidad 2: Razonamiento aritmético

La aritmética es una herramienta fundamental en el desarrollo de habilidades matemáticas, y en esta unidad, se profundiza en temas que abarcan desde sistemas de numeración y operaciones básicas hasta conceptos más complejos como divisibilidad, números fraccionarios, razones, proporciones y cálculo de porcentajes. La regla de tres, las sucesiones y series aritméticas y geométricas también forman parte de los temas tratados.

La comprensión y aplicación de estos conceptos aritméticos es esencial para la resolución de problemas cotidianos y profesionales. La unidad incluye ejemplos y problemas que muestran la aplicabilidad de la aritmética en contextos como finanzas, administración y otros campos donde se requiere un manejo preciso de los números. De este modo, el razonamiento aritmético se convierte en una habilidad clave para la toma de decisiones informadas.

Unidad 3: Razonamiento algebraico

El álgebra permite la abstracción y simplificación de problemas, facilitando su resolución mediante el uso de ecuaciones y relaciones entre variables. En esta unidad, los estudiantes aprenden a modelar situaciones mediante ecuaciones lineales y cuadráticas, a resolver inecuaciones y a manejar intervalos y operadores matemáticos.

La habilidad para expresar problemas en términos algebraicos es fundamental en muchas áreas, desde la física hasta la economía, donde las ecuaciones permiten modelar fenómenos y prever resultados. Los ejercicios propuestos en esta unidad fomentan la práctica de habilidades de modelación matemática, ayudando a los estudiantes a comprender cómo utilizar el álgebra para plantear y resolver problemas de manera eficiente.

Unidad 4: Razonamiento geométrico plano y espacial

El razonamiento geométrico es fundamental para comprender y analizar el mundo físico que nos rodea. Esta última unidad explora conceptos de geometría plana y espacial, incluyendo proporcionalidad y semejanza en figuras geométricas, relaciones métricas en el triángulo, y el cálculo de perímetros, áreas y volúmenes de sólidos. Además, se aborda la ubicación en el espacio de puntos, rectas y planos, habilidades que son útiles en disciplinas como la ingeniería y la arquitectura.

A través de problemas y ejercicios prácticos, esta unidad ayuda a los estudiantes a desarrollar una visión espacial y a aplicar los principios geométricos en el análisis de formas y estructuras. La geometría, por su relación directa con el espacio físico, ofrece una comprensión intuitiva que refuerza las habilidades de visualización y planificación, facilitando la resolución de problemas en contextos prácticos y técnicos.

Integración y aplicación del curso

El curso de **Razonamiento Lógico Matemático** no solo proporciona herramientas matemáticas, sino que también promueve el desarrollo de una mentalidad analítica y estructurada. Cada unidad se relaciona con las demás y con disciplinas afines, permitiendo a los estudiantes aplicar sus conocimientos en situaciones diversas. Este enfoque integrado prepara al estudiante para enfrentar los desafíos del entorno académico y profesional, brindándole una sólida base para continuar su aprendizaje en campos relacionados con la lógica, la matemática y el análisis de datos.

En conclusión, este curso ofrece una base fundamental en matemáticas y razonamiento, construyendo competencias que serán de gran utilidad en cualquier ámbito que requiera una resolución de problemas eficaz y una capacidad de análisis profunda. Invitamos a los estudiantes a aprovechar al máximo cada unidad, con el propósito de fortalecer su capacidad para pensar de manera lógica, crítica y creativa.

MBA. Helbert Justo Luque Zevallos

3. Introducción

El contenido de este curso de **Razonamiento Lógico Matemático** está organizado en cuatro unidades, cada una enfocada en desarrollar habilidades específicas y generales en lógica, aritmética, álgebra y geometría, integrando tanto la teoría como aplicaciones prácticas. A continuación se presenta un resumen de cada unidad, junto con comentarios sobre su importancia en el desarrollo de habilidades de pensamiento crítico y resolución de problemas.

Unidad 1: Lógica y conjuntos

Temas Principales:

- Proposiciones lógicas y conectivos lógicos
- Álgebra proposicional e inferencia lógica
- Razonamiento inductivo y deductivo
- Funciones proposicionales, conjuntos y álgebra de conjuntos

Aplicaciones:

- Resolución de problemas de verdades y mentiras
- Ordenamiento de información y relaciones temporales
- Series, analogías gráficas y problemas de conjuntos

Esta unidad introduce los conceptos fundamentales del pensamiento lógico, esenciales para estructurar razonamientos y analizar situaciones de manera coherente. La comprensión de la lógica y los conjuntos es clave en el desarrollo de argumentos válidos y en la solución de problemas complejos.

Unidad 2: Razonamiento aritmético

Temas Principales:

- Sistemas de numeración y operaciones aritméticas
- Divisibilidad, MCD y MCM
- Números fraccionarios, razones, proporciones y regla de tres

- Cálculo de porcentajes, sucesiones y series aritméticas y geométricas

Esta unidad refuerza los conceptos de aritmética y sus aplicaciones en problemas cotidianos y profesionales. Las habilidades aritméticas son la base para la toma de decisiones numéricas, útiles en contextos como la economía, la administración y la ingeniería.

Unidad 3: Razonamiento algebraico

Temas Principales:
- Modelación matemática mediante ecuaciones lineales y cuadráticas
- Resolución de inecuaciones lineales y cuadráticas
- Intervalos y operadores matemáticos

Esta unidad profundiza en el uso del álgebra como herramienta para representar y resolver problemas en diversas áreas. El razonamiento algebraico permite simplificar y manipular relaciones numéricas y es fundamental para cualquier disciplina que requiera modelación matemática.

Unidad 4: Razonamiento geométrico plano y espacial

Temas Principales:
- Proporcionalidad y semejanza en figuras geométricas
- Relaciones métricas en el triángulo
- Cálculo de perímetros, áreas y volúmenes de sólidos geométricos
- Ubicación espacial de puntos, rectas y planos

Esta unidad explora los conceptos geométricos y su aplicación en la visualización y análisis de estructuras espaciales. El razonamiento geométrico es esencial en disciplinas como la arquitectura, la física y la ingeniería, donde la comprensión de formas y espacios es fundamental.

Este curso refuerza competencias generales y específicas, además de establecer conexiones con asignaturas como **Metodología de Trabajo Universitario** y temas sobre la **Realidad Nacional**, promoviendo un enfoque integral en el desarrollo del pensamiento lógico y matemático.

La integración con otras áreas académicas permite que el estudiante desarrolle una visión holística, aplicando el razonamiento lógico y matemático en diferentes contextos y preparándose para enfrentar situaciones interdisciplinarias.

MBA. Helbert Justo Luque Zevallos

Lógica y Conjuntos

1 Proposición Lógica y Conectivos Lógicos
19
1.1 Tipos de proposiciones: simples y compuestas.
1.2 Conectivos lógicos: tablas de verdad de conectivos (AND, OR, NOT, IF-THEN).
1.3 Dieciséis casos fundamentales en lógica
1.4 Negación de proposiciones: aplicación de leyes de De Morgan.
1.5 Ejercicios Resueltos
1.6 Ejercicios Propuestos

2 Álgebra Proposicional e Inferencia Lógica
39
2.1 Tablas de verdad: construcción y análisis.
2.2 Inferencia lógica: reglas de inferencia (Modus Ponens, Modus Tollens).
2.3 Aplicaciones: resolver problemas de orden de información y relación temporal.
2.4 Ejercicios Resueltos
2.5 Ejercicios Propuestos

3 Razonamiento Inductivo y Deductivo . 55
3.1 Razonamiento inductivo: identificación de patrones y generalización.
3.2 Razonamiento deductivo: uso de premisas para llegar a conclusiones.
3.3 Aplicaciones: series numéricas y analogías gráficas.
3.4 Ejercicios Resueltos
3.5 Ejercicios Propuestos

4 Funciones Proposicionales y Cuantificadores 75
4.1 Predicados: definición y ejemplos.
4.2 Cuantificadores: cuantificador universal () y existencial ().
4.3 Transformación de proposiciones: análisis de la negación de cuantificadores.
4.4 Ejercicios Resueltos
4.5 Ejercicios Propuestos

5 Conjuntos y Álgebra de Conjuntos .. 119
5.1 Operaciones con conjuntos: unión, intersección, complemento.
5.2 Diagramas de Venn: representación visual de conjuntos.
5.3 Problemas de aplicación
5.4 Ejercicios Resueltos
5.5 Ejercicios Propuestos

1. Proposición Lógica y Conectivos Lógicos

1.1 Tipos de proposiciones: simples y compuestas.

1.1.1 Proposiciones declarativas.

Definition 1.1.1 Una **proposición declarativa** es una oración o enunciado que expresa una afirmación o negación que puede ser clasificada como verdadera o falsa, pero no ambas a la vez. Las proposiciones declarativas son fundamentales en lógica, ya que proveen la estructura básica para el análisis de argumentos y razonamientos lógicos. Es importante que las proposiciones declarativas sean precisas y claras para evitar ambigüedades, permitiendo así que se determine su valor de verdad.

■ **Example 1.1** Consideremos algunos ejemplos de proposiciones declarativas:

1. "El agua hierve a 100 grados Celsius a nivel del mar."
Esta afirmación puede ser evaluada como verdadera en condiciones estándar, por lo que es una proposición declarativa. Es un hecho comprobable en contextos científicos específicos.

2. "El Amazonas es el río más largo del mundo."
Esta proposición también puede ser evaluada como verdadera o falsa. Aunque existen debates sobre si el Amazonas o el Nilo es el río más largo, se puede investigar y establecer un criterio para determinar su veracidad.

3. "2 + 2 = 4"
En matemáticas, esta afirmación es verdadera y se acepta universalmente en el sistema de números reales, por lo tanto, es una proposición declarativa.

4. "Todos los cisnes son blancos."
Aunque esta proposición fue considerada verdadera durante muchos siglos en algunas regiones, su falsedad fue demostrada al descubrirse cisnes negros en Australia. Este ejemplo ilustra cómo una proposición declarativa puede cambiar de valor de verdad en función de nuevos descubrimientos o información adicional.

■

Es importante notar que no todos los enunciados en lenguaje natural son proposiciones declarativas. Para que un enunciado sea una proposición declarativa, debe poder ser evaluado en términos de verdad o falsedad. A continuación se presentan algunos ejemplos de enunciados que no son proposiciones declarativas:

■ **Example 1.2** 1. "¡Qué hermoso día!"
Este enunciado es una exclamación y no puede clasificarse como verdadero o falso, pues expresa una opinión o sentimiento.
2. "¿Estás listo para salir?"
Esta es una pregunta y no puede evaluarse en términos de verdad o falsedad. Las preguntas, por su naturaleza, solicitan información y no afirman nada.
3. **Cierra la puerta."**
Este enunciado es una orden y tampoco es una proposición declarativa, ya que su objetivo es inducir una acción y no expresar algo que pueda ser clasificado como verdadero o falso.

■

(R) En lógica, la precisión en el lenguaje es crucial. Algunas oraciones pueden parecer proposiciones declarativas, pero su ambigüedad impide determinar su valor de verdad. Por ejemplo:
- ."El **jugador es el mejor."**
Esta afirmación puede depender del contexto, criterios específicos o interpretaciones personales, lo que dificulta establecer si es verdadera o falsa sin información adicional.
- ."Es **un buen día."**
Aunque puede parecer una proposición, su valor de verdad es subjetivo, pues depende de la interpretación de "buen día". Esto ilustra la necesidad de precisión para que una proposición pueda ser evaluada lógicamente.

(R) Otra característica importante de las proposiciones declarativas es que pueden ser compuestas, es decir, formadas por varias proposiciones simples unidas por conectivos lógicos. Ejemplo de una proposición compuesta:
- ."El **sol es una estrella y la Tierra gira alrededor del Sol."**
Esta proposición incluye dos afirmaciones que pueden ser evaluadas individualmente como verdaderas o falsas, y están conectadas por la conjunción z". Las proposiciones compuestas son útiles para formar argumentos lógicos más complejos.

■ **Example 1.3** Un último ejemplo para ilustrar la importancia de las proposiciones declarativas:
- "Si llueve, entonces la calle estará mojada."
Esta es una proposición condicional que puede ser clasificada como verdadera o falsa, y es útil para establecer relaciones de causalidad o implicación lógica en razonamientos más avanzados. ■

Exercise 1.1 Determina si los siguientes enunciados son proposiciones declarativas. Justifica tu respuesta en cada caso.
1. ."El **océano Pacífico es el océano más grande del mundo."**
2. "¿Podrías cerrar la ventana?"
3. "5 es un número primo."
4. "Todos los mamíferos pueden volar."
5. "¡Increíble lo que está pasando!"
Para cada uno, explica si puede ser clasificado como verdadero o falso, y si no es posible, describe por qué no cumple con los criterios de una proposición declarativa. ■

1.1 Tipos de proposiciones: simples y compuestas.

> Las proposiciones declarativas, en resumen, son la base de la lógica, ya que permiten establecer una estructura formal y evaluable de argumentos. Las proposiciones deben ser claras, precisas y capaces de ser clasificadas como verdaderas o falsas para su análisis en lógica proposicional.

1.1.2 Proposiciones condicionales.

Definition 1.1.2 Una **proposición condicional** es un tipo de proposición compuesta que tiene la forma **"Si P, entonces Q"**, donde **P** se llama la **hipótesis** (o antecedente) y **Q** se llama la **conclusión** (o consecuente). Esta proposición se denota como $P \to Q$ y es verdadera en todos los casos excepto cuando **P** es verdadera y **Q** es falsa. La proposición condicional se utiliza para expresar relaciones de dependencia o implicación entre dos proposiciones.

■ **Example 1.4** Consideremos algunos ejemplos de proposiciones condicionales para ilustrar este concepto:

1. **"Si estudias, entonces aprobarás el examen."**
En este caso, **P** es ."estudias" **Q** es ."aprobarás el examen". La proposición condicional sugiere que aprobar el examen depende de estudiar.

2. **"Si llueve, entonces la calle estará mojada."**
Aquí, la hipótesis **P** es "llueve" la conclusión **Q** es "la calle estará mojada". Esta proposición implica una relación causal en la que el estado de la calle depende de la ocurrencia de lluvia.

3. **"Si 2 es un número par, entonces 2 + 2 = 4."**
En este caso, **P** es "2 es un número par" **Q** es "2 + 2 = 4". La proposición condicional es verdadera, ya que cuando **P** es verdadera, **Q** también es verdadera.

■

> Es importante notar que una proposición condicional no afirma que la hipótesis sea cierta; solo establece que si la hipótesis es cierta, entonces la conclusión debe serlo. Por lo tanto, una proposición condicional $P \to Q$ es verdadera en todos los casos, excepto cuando P es verdadera y Q es falsa. En este contexto, las proposiciones condicionales son útiles en argumentos lógicos y razonamientos deductivos.

> Exercise 1.2 Verifica la verdad de las siguientes proposiciones condicionales:
> 1. **"Si un número es divisible por 4, entonces es divisible por 2."**
> Analiza si esta proposición es verdadera o falsa cuando se aplican distintos valores de números.
> 2. **"Si el número 7 es par, entonces 7 + 1 = 8."**
> Determina si esta proposición condicional es verdadera o falsa. Considera el hecho de que la hipótesis puede ser falsa y, aún así, la proposición condicional podría ser verdadera.

> Una proposición condicional puede reescribirse en varias formas equivalentes sin cambiar su significado lógico. Por ejemplo, la proposición **"Si P, entonces Q"** se puede expresar como:
> - "P implica Q. "Q es una consecuencia de P. "Q si P."
>
> Estas formas alternativas pueden ayudar a expresar el mismo concepto de distintas maneras y permiten entender mejor la relación lógica que existe entre la hipótesis y la conclusión.

■ **Example 1.5** Otro ejemplo de proposición condicional y su evaluación en términos de verdad es el siguiente:

- **"Si 3 es un número par, entonces 3 + 1 = 4."**

En esta proposición, la hipótesis **P** es "3 es un número par"(que es falsa), y la conclusión **Q** es "3 + 1 = 4"(que es verdadera). A pesar de que **P** es falsa, la proposición condicional completa se considera verdadera, pues solo sería falsa si **P** fuera verdadera y **Q** fuera falsa.   ■

En lógica, también se puede analizar la proposición **contrarrecíproca** de una proposición condicional. Dada una proposición condicional $P \rightarrow Q$, su contrarrecíproca es $\neg Q \rightarrow \neg P$. Es interesante notar que una proposición condicional y su contrarrecíproca siempre tienen el mismo valor de verdad. Por ejemplo:

- Proposición condicional: "**Si un número es divisible por 4, entonces es divisible por 2.**" - Contrarrecíproca: "**Si un número no es divisible por 2, entonces no es divisible por 4.**"

Ambas proposiciones son verdaderas y tienen el mismo valor de verdad.

Definition 1.1.3 Una **proposición condicional** es un tipo de proposición compuesta que tiene la forma "**Si P, entonces Q**", donde **P** se llama la **hipótesis** (o antecedente) y **Q** se llama la **conclusión** (o consecuente). Esta proposición se denota como $P \rightarrow Q$ y es verdadera en todos los casos excepto cuando **P** es verdadera y **Q** es falsa. La proposición condicional se utiliza para expresar relaciones de dependencia o implicación entre dos proposiciones.

■ **Example 1.6** Consideremos algunos ejemplos de proposiciones condicionales para ilustrar este concepto:

1. "**Si estudias, entonces aprobarás el examen.**"

En este caso, **P** es ."estudias" **Q** es ."aprobarás el examen". La proposición condicional sugiere que aprobar el examen depende de estudiar.

2. "**Si llueve, entonces la calle estará mojada.**"

Aquí, la hipótesis **P** es "llueve" la conclusión **Q** es "la calle estará mojada". Esta proposición implica una relación causal en la que el estado de la calle depende de la ocurrencia de lluvia.

3. "**Si 2 es un número par, entonces 2 + 2 = 4.**"

En este caso, **P** es "2 es un número par" **Q** es "2 + 2 = 4". La proposición condicional es verdadera, ya que cuando **P** es verdadera, **Q** también es verdadera.

■

Es importante notar que una proposición condicional no afirma que la hipótesis sea cierta; solo establece que si la hipótesis es cierta, entonces la conclusión debe serlo. Por lo tanto, una proposición condicional $P \rightarrow Q$ es verdadera en todos los casos, excepto cuando P es verdadera y Q es falsa. En este contexto, las proposiciones condicionales son útiles en argumentos lógicos y razonamientos deductivos.

Exercise 1.3 Verifica la verdad de las siguientes proposiciones condicionales:

1. "**Si un número es divisible por 4, entonces es divisible por 2.**"

Analiza si esta proposición es verdadera o falsa cuando se aplican distintos valores de números.

2. "**Si el número 7 es par, entonces 7 + 1 = 8.**"

Determina si esta proposición condicional es verdadera o falsa. Considera el hecho de que la hipótesis puede ser falsa y, aún así, la proposición condicional podría ser verdadera. ■

Una proposición condicional puede reescribirse en varias formas equivalentes sin cambiar su significado lógico. Por ejemplo, la proposición "**Si P, entonces Q**" se puede expresar como:

- "P implica Q. "Q es una consecuencia de P. "Q si P."

Estas formas alternativas pueden ayudar a expresar el mismo concepto de distintas maneras y permiten entender mejor la relación lógica que existe entre la hipótesis y la conclusión.

■ **Example 1.7** Otro ejemplo de proposición condicional y su evaluación en términos de verdad es el siguiente:

- "**Si 3 es un número par, entonces 3 + 1 = 4.**"

1.2 Conectivos lógicos: tablas de verdad de conectivos (AND, OR, NOT, IF-THEN)

En esta proposición, la hipótesis **P** es "3 es un número par"(que es falsa), y la conclusión **Q** es "3 + 1 = 4"(que es verdadera). A pesar de que **P** es falsa, la proposición condicional completa se considera verdadera, pues solo sería falsa si **P** fuera verdadera y **Q** fuera falsa. ■

> (R) En lógica, también se puede analizar la proposición **contrarrecíproca** de una proposición condicional. Dada una proposición condicional $P \to Q$, su contrarrecíproca es $\neg Q \to \neg P$. Es interesante notar que una proposición condicional y su contrarrecíproca siempre tienen el mismo valor de verdad. Por ejemplo:
>
> - Proposición condicional: **"Si un número es divisible por 4, entonces es divisible por 2."** - Contrarrecíproca: **"Si un número no es divisible por 2, entonces no es divisible por 4."**
>
> Ambas proposiciones son verdaderas y tienen el mismo valor de verdad.

1.2 Conectivos lógicos: tablas de verdad de conectivos (AND, OR, NOT, IF-THEN).

1.2.1 Operadores binarios.

Definition 1.2.1 Un **operador binario** es un conectivo lógico que se aplica a dos proposiciones para formar una nueva proposición compuesta. Los operadores binarios principales en lógica proposicional son la **conjunción** (AND), la **disyunción** (OR) y el **condicional** (IF-THEN). Cada operador binario tiene una tabla de verdad que muestra todos los posibles valores de verdad de las proposiciones y el valor de la proposición compuesta resultante.

■ **Example 1.8** A continuación se presentan ejemplos de los operadores binarios más comunes, junto con sus tablas de verdad para ilustrar su funcionamiento:

1. **Conjunción (AND)**: La conjunción de dos proposiciones **P** y **Q**, denotada como $P \land Q$, es verdadera solo cuando ambas proposiciones son verdaderas. De lo contrario, es falsa.

P	Q	$P \land Q$
V	V	V
V	F	F
F	V	F
F	F	F

Cuadro 1.2.1: *Tabla de verdad de la conjunción (AND)*

2. **Disyunción (OR)**: La disyunción de dos proposiciones **P** y **Q**, denotada como $P \lor Q$, es verdadera cuando al menos una de las proposiciones es verdadera. Solo es falsa cuando ambas proposiciones son falsas.

P	Q	$P \lor Q$
V	V	V
V	F	V
F	V	V
F	F	F

Cuadro 1.2.2: *Tabla de verdad de la disyunción (OR)*

■

> Es importante recordar que el valor de una proposición compuesta formada con operadores binarios depende de los valores de verdad de las proposiciones individuales. La conjunción requiere que ambas proposiciones sean verdaderas, mientras que la disyunción es suficiente con que una sea verdadera. El condicional solo falla cuando el antecedente es verdadero y el consecuente es falso.

Exercise 1.4 Evalúa las siguientes proposiciones compuestas utilizando los operadores binarios y sus tablas de verdad:
1. Dada P: "La Tierra es redonda"(V) y Q: "La Luna es un planeta"(F), evalúa $P \wedge Q$ y $P \vee Q$.
2. Dadas R: "5 es un número par"(F) y S: "10 es divisible por 2"(V), evalúa $R \to S$ y $S \to R$.
Para cada ejercicio, consulta las tablas de verdad correspondientes y determina si las proposiciones compuestas son verdaderas o falsas.

> Los operadores binarios son esenciales en lógica proposicional para construir proposiciones compuestas y evaluar argumentos. Al comprender sus tablas de verdad, es posible analizar el valor de proposiciones complejas basadas en combinaciones de proposiciones más simples.

1.2.2 Condicionales y bicondicionales.

Definition 1.2.2 Un **condicional** es una proposición compuesta que se denota como $P \to Q$ y se lee como "Si **P**, entonces **Q**". La proposición **P** se llama **hipótesis** o **antecedente**, y la proposición **Q** se llama **conclusión** o **consecuente**. El condicional es falso únicamente cuando **P** es verdadera y **Q** es falsa; en todos los demás casos, es verdadero.

Un **bicondicional**, denotado como $P \leftrightarrow Q$, es una proposición compuesta que se lee como "**P** si y solo si **Q**". El bicondicional es verdadero solo cuando ambas proposiciones, **P** y **Q**, tienen el mismo valor de verdad (ambas verdaderas o ambas falsas).

■ **Example 1.9** A continuación, se presentan ejemplos de proposiciones condicionales y bicondicionales, junto con sus tablas de verdad para comprender su funcionamiento.

1. **Condicional (IF-THEN)**: El condicional de dos proposiciones **P** y **Q**, denotado como $P \to Q$, solo es falso cuando **P** es verdadera y **Q** es falsa.

P	Q	$P \to Q$
V	V	V
V	F	F
F	V	V
F	F	V

Cuadro 1.2.3: *Tabla de verdad del condicional (IF-THEN)*

2. **Bicondicional (IF AND ONLY IF)**: El bicondicional de dos proposiciones **P** y **Q**, denotado como $P \leftrightarrow Q$, es verdadero solo cuando ambas proposiciones tienen el mismo valor de verdad.

P	Q	$P \leftrightarrow Q$
V	V	V
V	F	F
F	V	F
F	F	V

Cuadro 1.2.4: *Tabla de verdad del bicondicional (IF AND ONLY IF)*

1.3 Dieciséis casos fundamentales en lógica

(R) Es importante notar que, en lógica, el condicional y el bicondicional son operadores distintos: mientras que el condicional solo requiere que la conclusión siga lógicamente de la hipótesis, el bicondicional establece una relación de equivalencia. En otras palabras, el bicondicional $P \leftrightarrow Q$ indica que **P** y **Q** son verdaderos o falsos juntos, mientras que el condicional $P \rightarrow Q$ se enfoca en la implicación.

Exercise 1.5 Evalúa las siguientes proposiciones usando los condicionales y bicondicionales:
1. Dada P : "El número 4 es par"(V) y Q : "El número 4 es divisible por 2"(V), evalúa $P \rightarrow Q$ y $P \leftrightarrow Q$.
2. Dadas R : "5 es un número par"(F) y S : "7 es un número primo"(V), evalúa $R \rightarrow S$ y $R \leftrightarrow S$. Para cada proposición, consulta las tablas de verdad correspondientes y determina si son verdaderas o falsas.

(R) El uso del condicional y el bicondicional es fundamental para construir argumentos lógicos. El condicional es útil en inferencias donde una proposición depende de otra, mientras que el bicondicional representa relaciones de equivalencia lógica, indicando que ambas proposiciones son verdaderas o falsas en conjunto.

1.3 Dieciséis casos fundamentales en lógica

- **Caso 1: Tautología**

A	B	c.1
V	V	V
V	F	V
F	V	V
F	F	V

Cuadro 1.3.1: *Tabla de verdad de la Tautología*

En este caso, la función es siempre verdadera, independientemente de los valores de A y B. Esta función se representa con una conexión fija.

- **Caso 2: Disyunción lógica**

$A \vee B$

A	B	c.2
V	V	V
V	F	V
F	V	V
F	F	F

Cuadro 1.3.2: *Tabla de verdad de la Disyunción lógica*

En este caso, la función es verdadera si al menos una de las variables A o B es verdadera.

- **Caso 3: Implicación opuesta**

$A \vee \neg B$

Este caso es verdadero cuando A es verdadero o cuando ambas variables son falsas.

A	B	c.3
V	V	V
V	F	V
F	V	F
F	F	V

Cuadro 1.3.3: *Tabla de verdad de la Implicación opuesta*

- **Caso 4: Afirmación lógica (Dependiente solo de A)**

A

A	B	c.4
V	V	V
V	F	V
F	V	F
F	F	F

Cuadro 1.3.4: *Tabla de verdad de la Afirmación lógica*

La función es verdadera si A es verdadera; el valor de B no afecta el resultado.

- **Caso 5: Condicional material**

$\neg A \vee B = A \Rightarrow B$

A	B	c.5
V	V	V
V	F	F
F	V	V
F	F	V

Cuadro 1.3.5: *Tabla de verdad del Condicional material*

Es verdadero cuando A es falso o B es verdadero.

- **Caso 6: Afirmación lógica (Dependiente solo de B)**

B

A	B	c.6
V	V	V
V	F	F
F	V	V
F	F	F

Cuadro 1.3.6: *Tabla de verdad de la Afirmación lógica (Dependiente solo de B)*

La función es verdadera si B es verdadera; el valor de A no afecta el resultado.

1.3 Dieciséis casos fundamentales en lógica

- **Caso 7: Bicondicional**

$$(A \wedge B) \vee (\neg A \wedge \neg B) = A \Leftrightarrow B$$

A	B	c.7
V	V	V
V	F	F
F	V	F
F	F	V

Cuadro 1.3.7: *Tabla de verdad del Bicondicional*

Es verdadero solo cuando A y B son ambos verdaderos o ambos falsos.

- **Caso 8: Conjunción lógica**

$$A \wedge B$$

A	B	c.8
V	V	V
V	F	F
F	V	F
F	F	F

Cuadro 1.3.8: *Tabla de verdad de la Conjunción lógica*

La función es verdadera solo cuando A y B son ambos verdaderos.

- **Caso 9: Conjunción opuesta**

$$\neg A \vee \neg B$$

A	B	c.9
V	V	F
V	F	V
F	V	V
F	F	V

Cuadro 1.3.9: *Tabla de verdad de la Conjunción opuesta*

En este caso, el resultado es falso solo si A y B son ambos verdaderos.

- **Caso 10: Disyunción exclusiva (XOR)**

$$(A \wedge \neg B) \vee (\neg A \wedge B)$$

La función es verdadera solo cuando A y B son diferentes.

- **Caso 11: Negación lógica de B**

A	B	c.10
V	V	F
V	F	V
F	V	V
F	F	F

Cuadro 1.3.10: *Tabla de verdad de la Disyunción exclusiva (XOR)*

A	B	c.11
V	V	F
V	F	V
F	V	F
F	F	V

Cuadro 1.3.11: *Tabla de verdad de la Negación lógica de B*

$\neg B$

En este caso, el valor es el opuesto de B, independientemente de A.

- **Caso 12: Adjunción lógica**

$A \wedge \neg B$

A	B	c.12
V	V	F
V	F	V
F	V	F
F	F	F

Cuadro 1.3.12: *Tabla de verdad de la Adjunción lógica*

La función es verdadera solo si A es verdadero y B es falso.

- **Caso 13: Negación lógica de A**

$\neg A$

A	B	c.13
V	V	F
V	F	F
F	V	V
F	F	V

Cuadro 1.3.13: *Tabla de verdad de la Negación lógica de A*

En este caso, el valor es el opuesto de A, independientemente de B.

- **Caso 14: Adjunción opuesta**

A	B	c.14
V	V	F
V	F	F
F	V	V
F	F	F

Cuadro 1.3.14: *Tabla de verdad de la Adjunción opuesta*

$\neg A \wedge B$

La función es verdadera solo si A es falso y B es verdadero.

- **Caso 15: Disyunción opuesta**

$\neg A \wedge \neg B$

A	B	c.15
V	V	F
V	F	F
F	V	F
F	F	V

Cuadro 1.3.15: *Tabla de verdad de la Disyunción opuesta*

En este caso, la función es verdadera solo si A y B son ambos falsos.

- **Caso 16: Contradicción**

F

A	B	c.16
V	V	F
V	F	F
F	V	F
F	F	F

Cuadro 1.3.16: *Tabla de verdad de la Contradicción*

En el último caso, el resultado es siempre falso, independientemente de los valores de A y B.

1.4 Negación de proposiciones: aplicación de leyes de De Morgan.

1.4.1 Ley de De Morgan para la negación de conjunciones.

Definition 1.4.1 La **Ley de De Morgan para la negación de conjunciones** establece que la negación de una conjunción de dos proposiciones es equivalente a la disyunción de las negaciones de esas proposiciones. Formalmente, para dos proposiciones P y Q, esta ley se expresa como:

$$\neg(P \wedge Q) \equiv (\neg P) \vee (\neg Q)$$

Esto significa que para negar la proposición compuesta $P \wedge Q$, basta con negar cada proposición individual y cambiar el operador de conjunción (AND) por disyunción (OR). Esta ley es una herramienta fundamental en lógica proposicional y álgebra de Boole, ya que permite simplificar y transformar expresiones lógicas.

■ **Example 1.10** Para ilustrar esta ley, consideremos dos proposiciones:
- P: "Es verano. Q: "Está soleado."

La conjunción $P \wedge Q$ representa la proposición "Es verano y está soleado." La negación de esta conjunción, $\neg(P \wedge Q)$, sería "No es cierto que es verano y está soleado."

Aplicando la Ley de De Morgan, podemos reescribir esta negación como:

$$\neg(P \wedge Q) \equiv (\neg P) \vee (\neg Q)$$

En palabras, el resultado es "No es verano o no está soleado."

Observamos que la negación de la conjunción es verdadera siempre que al menos una de las proposiciones sea falsa. Esto se traduce en el hecho de que para que "no sea verano y esté soleado" sea verdadero, basta con que no sea verano, o que, aunque sea verano, no esté soleado. ■

■ **Example 1.11** Veamos otro ejemplo práctico:
- P: "Tengo tiempo libre. Q: "Estoy en casa."

La proposición $P \wedge Q$ representa "Tengo tiempo libre y estoy en casa." La negación de esta proposición, $\neg(P \wedge Q)$, sería "No es cierto que tengo tiempo libre y estoy en casa."

Usando la Ley de De Morgan, podemos expresar esta negación de forma equivalente como:

$$\neg(P \wedge Q) \equiv (\neg P) \vee (\neg Q)$$

Lo cual se traduce a: "No tengo tiempo libre o no estoy en casa."

Aquí, esta expresión nos dice que basta con que una de las dos condiciones sea falsa para que la negación de $P \wedge Q$ sea verdadera. Es decir, es suficiente con que no tenga tiempo libre o no esté en casa para que la proposición sea cierta. ■

P	Q	$P \wedge Q$	$\neg(P \wedge Q) \equiv \neg P \vee \neg Q$
V	V	V	F
V	F	F	V
F	V	F	V
F	F	F	V

Cuadro 1.4.1: *Tabla de verdad de la Ley de De Morgan para la negación de conjunciones*

La tabla de verdad ilustra cómo la equivalencia $\neg(P \wedge Q) \equiv (\neg P) \vee (\neg Q)$ se cumple en todos los casos posibles de verdad o falsedad para las proposiciones P y Q. Vemos que: - Cuando P y Q son ambos verdaderos, la conjunción $P \wedge Q$ es verdadera, por lo que su negación es falsa. - En los otros tres casos (cuando P o Q es falso), la negación de la conjunción resulta verdadera, lo cual concuerda con la disyunción de las negaciones $\neg P \vee \neg Q$.

> (R) La Ley de De Morgan para la negación de conjunciones es muy útil en la simplificación de expresiones lógicas, particularmente cuando trabajamos en álgebra de Boole o en el diseño de circuitos lógicos. En un circuito digital, esta ley permite reemplazar una puerta AND negada con una puerta OR de las negaciones individuales, optimizando así el diseño del circuito y reduciendo su complejidad.

■ **Example 1.12** Consideremos ahora un ejemplo aplicado al diseño de circuitos:
- P: "El interruptor 1 está cerrado. Q: "El interruptor 2 está cerrado."

1.4 Negación de proposiciones: aplicación de leyes de De Morgan.

La conjunción $P \land Q$ representa un circuito en serie, donde ambos interruptores deben estar cerrados para que la corriente fluya. La negación de $P \land Q$, es decir, $\neg(P \land Q)$, significa que el circuito no permite el paso de corriente.

Aplicando la Ley de De Morgan, reescribimos esta negación como:

$$\neg(P \land Q) \equiv (\neg P) \lor (\neg Q)$$

Esto corresponde a un circuito en paralelo donde basta con que uno de los interruptores esté abierto para que la corriente no fluya. De este modo, podemos simplificar un circuito en serie con una puerta AND y una negación en un circuito en paralelo con una puerta OR de las negaciones individuales. ∎

Exercise 1.6 Dadas las siguientes proposiciones:
1. P: "El motor está encendido." 2. Q: "El sistema de control está activo."
Escribe la negación de la proposición "El motor está encendido y el sistema de control está activo" utilizando la Ley de De Morgan, y expresa en palabras el significado de la proposición resultante.
3. R: "La alarma está activada." 4. S: "El sensor de movimiento detecta presencia."
Aplica la Ley de De Morgan para expresar la negación de "La alarma está activada y el sensor de movimiento detecta presencia." Luego, explica el significado lógico de esta negación.

(R) La aplicación de las leyes de De Morgan no solo simplifica expresiones, sino que también facilita la manipulación lógica en procesos de verificación y pruebas de sistemas de seguridad, control de accesos y otros circuitos de decisión. Por ejemplo, en sistemas de alarma, la negación de una condición que depende de múltiples sensores puede expresarse de forma más eficiente usando la Ley de De Morgan, optimizando así la evaluación lógica.

(R) Es importante recordar que la Ley de De Morgan para la negación de conjunciones tiene una contraparte para disyunciones, lo cual permite cubrir ambos tipos de operaciones en lógica. Conocer ambas leyes es esencial para manejar la lógica proposicional y sus aplicaciones en informática, electrónica y teoría de conjuntos.

1.4.2 Ley de De Morgan para la negación de disyunciones.

Definition 1.4.2 La **Ley de De Morgan para la negación de disyunciones** establece que la negación de una disyunción de dos proposiciones es equivalente a la conjunción de las negaciones de esas proposiciones. Formalmente, si P y Q son dos proposiciones, esta ley se expresa como:

$$\neg(P \lor Q) \equiv (\neg P) \land (\neg Q)$$

Esta ley permite expresar la negación de una disyunción como una conjunción de negaciones, lo cual es muy útil para simplificar y reescribir expresiones lógicas en álgebra de Boole y lógica proposicional.

■ **Example 1.13** Supongamos las siguientes proposiciones:
- P: "El equipo está encendido." Q: "El sistema está en modo seguro."
La disyunción $P \lor Q$ representa la proposición "El equipo está encendido o el sistema está en modo seguro." La negación de esta disyunción, $\neg(P \lor Q)$, sería "No es cierto que el equipo esté encendido o el sistema esté en modo seguro."

Aplicando la Ley de De Morgan, podemos expresar esta negación de manera equivalente como:

$$\neg(P \vee Q) \equiv (\neg P) \wedge (\neg Q)$$

En palabras, esto significa: ."El equipo no está encendido y el sistema no está en modo seguro." Observamos que para que la negación de la disyunción sea verdadera, ambas proposiciones individuales deben ser falsas. Esto implica que solo cuando ambos eventos fallan, la negación de $P \vee Q$ es verdadera. ∎

■ **Example 1.14** Veamos otro ejemplo más cotidiano para comprender la aplicación de esta ley:
- P: "Tengo una membresía del gimnasio. Q: "Tengo acceso a clases en línea."
La disyunción $P \vee Q$ representa la afirmación "Tengo una membresía del gimnasio o tengo acceso a clases en línea."Su negación, $\neg(P \vee Q)$, es "No es cierto que tenga una membresía del gimnasio o acceso a clases en línea."
Usando la Ley de De Morgan, podemos reformular esta negación como:

$$\neg(P \vee Q) \equiv (\neg P) \wedge (\neg Q)$$

Es decir, "No tengo una membresía del gimnasio y no tengo acceso a clases en línea."Para que esta proposición sea verdadera, ambos hechos deben ser falsos. ∎

P	Q	$P \vee Q$	$\neg(P \vee Q) \equiv \neg P \wedge \neg Q$
V	V	V	F
V	F	V	F
F	V	V	F
F	F	F	V

Cuadro 1.4.2: *Tabla de verdad de la Ley de De Morgan para la negación de disyunciones*

La tabla de verdad muestra cómo se verifica la equivalencia $\neg(P \vee Q) \equiv (\neg P) \wedge (\neg Q)$ en todos los casos posibles de verdad y falsedad para P y Q. Observamos que: - La disyunción $P \vee Q$ es falsa solo cuando tanto P como Q son falsos, lo cual hace que la negación de la disyunción sea verdadera únicamente en este caso. - En los demás casos, la disyunción $P \vee Q$ es verdadera, por lo que su negación es falsa.

(R) La Ley de De Morgan para la negación de disyunciones es fundamental para la simplificación de expresiones lógicas, especialmente en el contexto de álgebra de Boole y en el diseño de circuitos lógicos. En un circuito digital, esta ley permite reemplazar una puerta OR negada por una puerta AND de las negaciones, optimizando el diseño y simplificando la implementación en hardware.

■ **Example 1.15** Consideremos un ejemplo aplicado a un sistema de alarma:
- P: "La alarma de intrusión está activa. Q: ."El sensor de movimiento detecta presencia."
La disyunción $P \vee Q$ representa un sistema de seguridad que dice "La alarma de intrusión está activa o el sensor de movimiento detecta presencia."La negación $\neg(P \vee Q)$ implica que el sistema niega ambas condiciones: "No es cierto que la alarma de intrusión esté activa o que el sensor de movimiento detecte presencia."
Usando la Ley de De Morgan, reformulamos esta negación como:

$$\neg(P \vee Q) \equiv (\neg P) \wedge (\neg Q)$$

Esto significa: "La alarma de intrusión no está activa y el sensor de movimiento no detecta presencia..En este caso, para que el sistema esté inactivo, ambos eventos deben ser falsos. ∎

1.5 Ejercicios Resueltos

Exercise 1.7 Dadas las siguientes proposiciones:
1. P: "Tengo el permiso del supervisor." 2. Q: "He completado el formulario."
Escribe la negación de la proposición "Tengo el permiso del supervisor o he completado el formulario" utilizando la Ley de De Morgan, y expresa en palabras el significado de la proposición resultante.
3. R: "El cliente aprobó el contrato." 4. S: "El pago fue recibido."
Aplica la Ley de De Morgan para expresar la negación de "El cliente aprobó el contrato o el pago fue recibido." Luego, explica el significado lógico de esta negación.

> La aplicación de las leyes de De Morgan no solo facilita la simplificación de expresiones lógicas, sino que también es útil en sistemas de verificación y diseño de condiciones en programación y lógica de circuitos. En sistemas de control de acceso, la negación de una condición que depende de múltiples permisos o aprobaciones puede ser expresada de forma más eficiente usando la Ley de De Morgan.

> Es importante comprender tanto la Ley de De Morgan para la negación de disyunciones como la ley correspondiente para la negación de conjunciones, ya que juntas ofrecen una herramienta completa para manejar negaciones de expresiones lógicas en lógica proposicional, teoría de conjuntos y álgebra de Boole. Esta comprensión es esencial para optimizar procesos lógicos en informática y electrónica.

1.5 Ejercicios Resueltos

Exercise 1.8 Determina si los siguientes enunciados son proposiciones declarativas, y explica por qué sí o por qué no en cada caso:
1. "La velocidad de la luz es de aproximadamente 300,000 km/s."
2. "¿Puedes ayudarme a resolver este problema?"
3. "El Everest es la montaña más alta del mundo."
4. "¡Qué idea tan interesante!"
5. "Todos los números primos son impares."
Para cada uno, indica si puede ser clasificado como verdadero o falso, y justifica tu respuesta.

Demostración. 1. "La velocidad de la luz es de aproximadamente 300,000 km/s." Este es un enunciado que puede ser clasificado como verdadero o falso, ya que la velocidad de la luz en el vacío es aproximadamente 299,792 km/s. Por tanto, es una proposición declarativa y es verdadera.
2. "¿Puedes ayudarme a resolver este problema?" Esta es una pregunta, y no se puede clasificar como verdadera o falsa. Por lo tanto, no es una proposición declarativa.
3. "El Everest es la montaña más alta del mundo." Este enunciado puede ser clasificado como verdadero o falso. Actualmente, se considera que el Everest es la montaña más alta sobre el nivel del mar, por lo que es una proposición declarativa verdadera.
4. "¡Qué idea tan interesante!" Este es un enunciado exclamativo y depende de la opinión, por lo que no puede clasificarse como verdadero o falso. No es una proposición declarativa.
5. "Todos los números primos son impares." Este enunciado es falso porque el número 2 es primo y es par. Es una proposición declarativa y es falsa. ∎

Exercise 1.9 Usando la definición de proposición condicional, evalúa la verdad de las siguientes proposiciones:
1. "Si una figura es un cuadrado, entonces tiene cuatro lados."
2. "Si el número 5 es divisible por 2, entonces 5 + 1 = 6."
3. "Si hoy es lunes, entonces mañana es martes."
4. "Si la luna es un planeta, entonces Marte es un planeta."
5. "Si un número es par, entonces es divisible por 4."

Explica en cada caso por qué la proposición condicional es verdadera o falsa.

Demostración. 1. "Si una figura es un cuadrado, entonces tiene cuatro lados." La proposición es verdadera porque si la hipótesis (üna figura es un cuadrado") es cierta, entonces la conclusión ("tiene cuatro lados") también es cierta.

2. "Si el número 5 es divisible por 2, entonces 5 + 1 = 6." La proposición es verdadera porque la hipótesis es falsa (.^{el} número 5 no es divisible por 2"), lo que hace que el condicional completo sea verdadero independientemente del valor de la conclusión.

3. "Si hoy es lunes, entonces mañana es martes." La proposición es verdadera ya que si la hipótesis ("hoy es lunes") es cierta, la conclusión ("mañana es martes") también lo es.

4. "Si la luna es un planeta, entonces Marte es un planeta." La proposición es verdadera porque la hipótesis es falsa ("la luna no es un planeta"), lo que hace que el condicional completo sea verdadero sin importar la conclusión.

5. "Si un número es par, entonces es divisible por 4.." ^{Es}ta proposición es falsa, ya que si la hipótesis es verdadera (por ejemplo, para el número 2), la conclusión es falsa (2 no es divisible por 4). ∎

Exercise 1.10 Utiliza las tablas de verdad para evaluar las siguientes proposiciones compuestas con operadores binarios:
1. Dada P: .^{El} número 8 es par Q: .^{El} número 8 es primo", evalúa $P \land Q$ y $P \lor Q$.
2. Dada R: .^{El} número 3 es impar S: .^{El} número 6 es par", evalúa $R \to S$ y $S \to R$.
3. Dada A: "2 + 2 = 4 B: "2 + 3 = 6", evalúa $A \land \neg B$ y $A \lor B$.
4. Dada X: .^{El} sol es una estrella Y: "La luna es un planeta", evalúa $X \to Y$ y $X \land Y$.
5. Dada M: .^{El} cielo es azul N: .^{El} agua es transparente", evalúa $M \lor \neg N$ y $M \land N$.

Demostración. 1. P: verdadero, Q: falso - $P \land Q$: falso - $P \lor Q$: verdadero
2. R: verdadero, S: verdadero - $R \to S$: verdadero - $S \to R$: verdadero
3. A: verdadero, B: falso - $A \land \neg B$: verdadero - $A \lor B$: verdadero
4. X: verdadero, Y: falso - $X \to Y$: falso - $X \land Y$: falso
5. M: verdadero, N: verdadero - $M \lor \neg N$: verdadero - $M \land N$: verdadero ∎

Exercise 1.11 Usa la Ley de De Morgan para simplificar las siguientes negaciones y expresa en palabras el significado de cada proposición resultante:
1. La negación de "Tengo vacaciones y estoy en casa."
2. La negación de .^{Es} verano o hace calor."
3. La negación de .^{El} examen es fácil y tengo buena preparación."
4. La negación de "Viajaremos en diciembre o iremos de excursión."
5. La negación de "La computadora está encendida y el internet está funcionando."

Demostración. 1. La negación de "Tengo vacaciones y estoy en casa.^{es} "No tengo vacaciones o no estoy en casa."

2. La negación de .^{Es} verano o hace calor.^{es} "No es verano y no hace calor."

3. La negación de ".ᴱˡ examen es fácil y tengo buena preparación.ᵉˢ .ᴱˡ examen no es fácil o no tengo buena preparación."

4. La negación de "Viajaremos en diciembre o iremos de excursión.ᵉˢ "No viajaremos en diciembre y no iremos de excursión."

5. La negación de "La computadora está encendida y el internet está funcionando.ᵉˢ "La computadora no está encendida o el internet no está funcionando." ∎

> **Exercise 1.12** Considera las siguientes proposiciones y construye las tablas de verdad correspondientes para evaluar la validez de las siguientes expresiones:
> 1. Dadas A y B, construye la tabla de verdad para $A \to (B \vee \neg A)$.
> 2. Dadas P y Q, construye la tabla de verdad para $(P \wedge Q) \vee \neg P$.
> 3. Dadas X y Y, construye la tabla de verdad para $X \leftrightarrow (Y \wedge \neg X)$.
> 4. Dadas M y N, construye la tabla de verdad para $\neg(M \vee N) \leftrightarrow (\neg M \wedge \neg N)$ y verifica si esta expresión es siempre verdadera (tautología).
> 5. Dadas R y S, construye la tabla de verdad para $\neg(R \to S) \to (R \wedge \neg S)$.

Demostración. Construimos las tablas de verdad para cada expresión y verificamos los resultados.
1. $A \to (B \vee \neg A)$ es siempre verdadero, por lo que es una tautología.
2. $(P \wedge Q) \vee \neg P$ es siempre verdadero, lo que indica una tautología.
3. $X \leftrightarrow (Y \wedge \neg X)$ es falso para todas las combinaciones de valores de verdad, lo que indica una contradicción.
4. $\neg(M \vee N) \leftrightarrow (\neg M \wedge \neg N)$ es siempre verdadero, mostrando que es una tautología.
5. $\neg(R \to S) \to (R \wedge \neg S)$ es verdadero solo en algunos casos, por lo que es una contingencia. ∎

1.6 Ejercicios Propuestos

1.6.1 Tipos de proposiciones: simples y compuestas

> **Exercise 1.13** Determina si cada uno de los siguientes enunciados es una proposición simple o compuesta. Explica tu respuesta.

> **Exercise 1.14** Identifica si las siguientes proposiciones son verdaderas o falsas y clasifícalas como simples o compuestas: 1. "Todos los planetas giran alrededor del Sol."
> 2. .ᴱˡ cielo es azul y las nubes son blancas."
> 3. "Si estudias, entonces aprobarás el examen."

> **Exercise 1.15** Convierte las siguientes afirmaciones en proposiciones compuestas utilizando los conectivos z", .º.º "si... entonces": 1. "Los gatos son animales. Los perros son animales."
> 2. "Si practicas deporte, tienes buena salud."
> 3. .ᴱˡ sol es una estrella. La luna es un satélite."

> **Exercise 1.16** Dada la proposición "Si una figura es un cuadrado, entonces tiene cuatro lados y todos sus ángulos son rectos", identifica las proposiciones simples que la componen.

> **Exercise 1.17** Escribe tres ejemplos de proposiciones simples y tres de proposiciones compuestas. Indica cuáles son las proposiciones simples que forman las compuestas.

1.6.2 Conectivos lógicos: tablas de verdad de conectivos (AND, OR, NOT, IF-THEN)

Exercise 1.18 Construye la tabla de verdad para la proposición compuesta $P \land Q$.

Exercise 1.19 Construye la tabla de verdad para $P \lor Q$ y explica en qué situaciones es verdadera.

Exercise 1.20 Dadas las proposiciones P: "Hoy llueve" Q: "Hace frío", evalúa la verdad de $P \to Q$ en los cuatro casos posibles para P y Q.

Exercise 1.21 Construye la tabla de verdad para la proposición compuesta $\neg P \lor Q$.

Exercise 1.22 Evalúa la verdad de la proposición $(P \land Q) \to \neg R$ para todos los posibles valores de verdad de P, Q y R.

1.6.3 Dieciséis casos fundamentales en lógica

Exercise 1.23 Identifica si los siguientes casos son tautologías, contradicciones o contingencias:
1. $P \lor \neg P$
2. $P \land \neg P$
3. $P \to (Q \lor \neg Q)$

Exercise 1.24 Construye la tabla de verdad para $\neg(P \lor Q)$ y determina si es equivalente a alguna de las dieciséis funciones lógicas fundamentales.

Exercise 1.25 Dadas las proposiciones P: "El perro ladra" Q: "El gato maúlla", construye y evalúa la proposición $\neg(P \land Q)$.

Exercise 1.26 Dado el caso fundamental de bicondicional, construye la tabla de verdad de $P \leftrightarrow Q$ y determina cuándo es verdadera.

Exercise 1.27 Utiliza los casos fundamentales para identificar si la proposición $(P \lor Q) \land (\neg P \lor \neg Q)$ es una tautología, contradicción o contingencia.

1.6.4 Negación de proposiciones: aplicación de leyes de De Morgan

Exercise 1.28 Usa la Ley de De Morgan para simplificar la negación de "Estoy en casa y tengo tiempo libre".

Exercise 1.29 Escribe la negación de "Es invierno o hace frío" usando la Ley de De Morgan.

Exercise 1.30 Simplifica la negación de "El examen es fácil y la prueba es corta".

1.6 Ejercicios Propuestos

Exercise 1.31 Expresa la negación de "Estudio o trabajo" utiliza la Ley de De Morgan para simplificar.

Exercise 1.32 Dadas las proposiciones P: "La tienda está abierta" Q: "Hay descuento", aplica la Ley de De Morgan para simplificar $\neg(P \vee Q)$.

2. Álgebra Proposicional e Inferencia Lógica

2.1 Tablas de verdad: construcción y análisis.

2.1.1 Tablas de verdad de conectivos simples.

Definition 2.1.1 En lógica proposicional, los **conectivos simples** son operadores lógicos que actúan sobre una o dos proposiciones y producen un nuevo valor de verdad. Los conectivos simples principales son:
- **Negación** (NOT), denotado por $\neg$ - **Conjunción** (AND), denotado por $\wedge$ - **Disyunción** (OR), denotado por $\vee$ - **Condicional** (IF-THEN), denotado por $\rightarrow$ - **Bicondicional** (IF AND ONLY IF), denotado por $\leftrightarrow$
Cada uno de estos conectivos tiene una tabla de verdad que describe el valor de verdad resultante de la proposición compuesta en función de los valores de verdad de las proposiciones originales.

■ **Example 2.1** A continuación, se presentan las tablas de verdad de los conectivos simples más comunes:

1. **Negación (NOT)**: La negación de una proposición P, denotada por $\neg P$, cambia su valor de verdad. Si P es verdadera, $\neg P$ es falsa; y si P es falsa, $\neg P$ es verdadera.

P	$\neg P$
V	F
F	V

Cuadro 2.1.1: *Tabla de verdad de la Negación (NOT)*

2. **Conjunción (AND)**: La conjunción de dos proposiciones $P \wedge Q$ es verdadera solo si ambas proposiciones son verdaderas. Si cualquiera de las proposiciones es falsa, la conjunción es falsa.
3. **Disyunción (OR)**: La disyunción de dos proposiciones $P \vee Q$ es verdadera si al menos una de las proposiciones es verdadera. Solo es falsa si ambas proposiciones son falsas.
4. **Condicional (IF-THEN)**: El condicional $P \rightarrow Q$ es falso solo cuando P es verdadera y Q es falsa. En todos los demás casos, el condicional es verdadero.
5. **Bicondicional (IF AND ONLY IF)**: El bicondicional $P \leftrightarrow Q$ es verdadero cuando P y Q tienen

Capítulo 2. Álgebra Proposicional e Inferencia Lógica

P	Q	P∧Q
V	V	V
V	F	F
F	V	F
F	F	F

Cuadro 2.1.2: *Tabla de verdad de la Conjunción (AND)*

P	Q	P∨Q
V	V	V
V	F	V
F	V	V
F	F	F

Cuadro 2.1.3: *Tabla de verdad de la Disyunción (OR)*

P	Q	P→Q
V	V	V
V	F	F
F	V	V
F	F	V

Cuadro 2.1.4: *Tabla de verdad del Condicional (IF-THEN)*

el mismo valor de verdad, es decir, ambos son verdaderos o ambos son falsos.

P	Q	P↔Q
V	V	V
V	F	F
F	V	F
F	F	V

Cuadro 2.1.5: *Tabla de verdad del Bicondicional (IF AND ONLY IF)*

(R) Las tablas de verdad de los conectivos simples proporcionan las bases para evaluar expresiones más complejas en lógica proposicional. La combinación de estos conectivos permite la construcción de proposiciones compuestas que pueden analizarse mediante la construcción de tablas de verdad extendidas.

Exercise 2.1 Dadas las siguientes proposiciones:
1. P: "Hoy es lunes." 2. Q: "Está lloviendo."
Construye la tabla de verdad para las proposiciones compuestas $\neg P$, $P \wedge Q$, $P \vee Q$, $P \to Q$, y $P \leftrightarrow Q$. Evalúa cada fila considerando todas las combinaciones de verdad y falsedad de P y Q. ■

(R) La comprensión de las tablas de verdad para los conectivos simples es esencial en lógica, ya que permiten el análisis sistemático y la verificación de la validez de proposiciones y argumentos. Además, las tablas de verdad son una herramienta clave en álgebra de Boole, utilizada en el diseño y simplificación de circuitos lógicos digitales.

2.1 Tablas de verdad: construcción y análisis.

2.1.2 Análisis de tautologías y contradicciones.

Definition 2.1.2 En lógica proposicional, una **tautología** es una proposición compuesta que siempre es verdadera, independientemente de los valores de verdad de las proposiciones que la componen. Por otro lado, una **contradicción** es una proposición compuesta que siempre es falsa, sin importar los valores de verdad de sus componentes. Estos conceptos son fundamentales en lógica, ya que permiten identificar proposiciones que son válidas en cualquier situación (tautologías) y proposiciones que son imposibles o inconsistentes (contradicciones).

■ **Example 2.2** A continuación se presentan ejemplos de tautologías y contradicciones, junto con sus respectivas tablas de verdad para ilustrar estos conceptos:

1. **Ejemplo de Tautología**: Considere la proposición $P \vee \neg P$. Esta proposición expresa que "P es verdadera o no P es verdadera," lo cual siempre será cierto, ya que una proposición siempre es verdadera o falsa, sin posibilidad de otro valor.

P	$P \vee \neg P$
V	V
F	V

Cuadro 2.1.6: *Tabla de verdad de la tautología $P \vee \neg P$*

En este caso, observamos que independientemente del valor de P, la proposición $P \vee \neg P$ es siempre verdadera, lo que confirma que es una tautología.

2. **Ejemplo de Contradicción**: Considere la proposición $P \wedge \neg P$. Esta proposición expresa que "P es verdadera y no P es verdadera," lo cual es imposible, ya que una proposición no puede ser verdadera y falsa al mismo tiempo.

P	$P \wedge \neg P$
V	F
F	F

Cuadro 2.1.7: *Tabla de verdad de la contradicción $P \wedge \neg P$*

Aquí, vemos que sin importar el valor de P, la proposición $P \wedge \neg P$ es siempre falsa, lo que indica que es una contradicción. ■

> Las tautologías y contradicciones juegan un papel clave en lógica formal y álgebra de Boole, ya que permiten simplificar y validar expresiones lógicas. Las tautologías son útiles en demostraciones matemáticas y en argumentos válidos, mientras que las contradicciones ayudan a identificar inconsistencias lógicas en proposiciones y sistemas de ecuaciones lógicas.

■ **Example 2.3** Consideremos otros ejemplos de tautologías y contradicciones:

- **Tautología**: La proposición $(P \rightarrow Q) \vee (Q \rightarrow P)$ es una tautología, ya que asegura que, para cualquier par de proposiciones P y Q, al menos una de ellas implica la otra.

P	Q	$P \rightarrow Q$	$Q \rightarrow P$
V	V	V	V
V	F	F	V
F	V	V	F
F	F	V	V

Cuadro 2.1.8: *Tabla de verdad de la tautología $(P \rightarrow Q) \vee (Q \rightarrow P)$*

En todos los casos posibles, $(P \to Q) \lor (Q \to P)$ resulta verdadero, lo que confirma que es una tautología.

- **Contradicción**: La proposición $(P \land Q) \land \neg(P \land Q)$ es una contradicción, ya que implica que $P \land Q$ es verdadero y falso al mismo tiempo, lo cual es imposible.

P	Q	$P \land Q$	$\neg(P \land Q)$
V	V	V	F
V	F	F	V
F	V	F	V
F	F	F	V

Cuadro 2.1.9: *Tabla de verdad de la contradicción* $(P \land Q) \land \neg(P \land Q)$

La tabla muestra que, en cualquier caso, $(P \land Q) \land \neg(P \land Q)$ es siempre falsa, lo que confirma que es una contradicción. ∎

> Exercise 2.2 Analiza las siguientes proposiciones y determina si son tautologías, contradicciones o ninguna de las dos:
> 1. $(P \lor Q) \to (Q \lor P)$ 2. $(P \to Q) \land (\neg Q \to \neg P)$ 3. $(P \lor \neg Q) \land (\neg P \land Q)$
> Construye las tablas de verdad para cada una de ellas y determina si el resultado es verdadero en todos los casos (tautología), falso en todos los casos (contradicción), o si el valor de verdad depende de los valores de P y Q.

> (R) El análisis de tautologías y contradicciones es esencial para la verificación de argumentos válidos y en el diseño de circuitos lógicos. En lógica formal, las tautologías representan leyes lógicas fundamentales que son ciertas en cualquier contexto, mientras que las contradicciones indican imposibilidades o fallos en la consistencia de un sistema lógico.

> (R) Además de su uso en lógica proposicional, los conceptos de tautología y contradicción se aplican en otros campos como teoría de conjuntos, programación, y sistemas de control, donde las condiciones de verdad y falsedad absoluta tienen implicaciones directas en la toma de decisiones y el diseño de sistemas.

2.2 Inferencia lógica: reglas de inferencia (Modus Ponens, Modus Tollens).

2.2.1 Aplicación del Modus Ponens en problemas lógicos.

> **Definition 2.2.1** El **Modus Ponens** es una regla de inferencia lógica que establece que, si se tiene una proposición condicional $P \to Q$ y se sabe que P es verdadera, entonces se puede concluir que Q también es verdadera. Esta regla se utiliza para hacer inferencias válidas a partir de premisas y es una de las bases fundamentales de la lógica proposicional.
> Formalmente, la estructura del Modus Ponens es:
>
> 1. $P \to Q$
> 2. P
> ∴ Q
>
> Es decir, dado un condicional y la afirmación de su antecedente, se puede concluir el consecuente.

■ **Example 2.4** Consideremos el siguiente ejemplo:

2.2 Inferencia lógica: reglas de inferencia (Modus Ponens, Modus Tollens). 43

1. Si estudio para el examen, entonces aprobaré. (Proposición $P \to Q$) 2. Estudio para el examen. (Proposición P)
Aplicando el Modus Ponens, podemos concluir:

> Por lo tanto, aprobaré. (Q)

En este caso, como el antecedente P (."Estudio para el examen") es verdadero y se cumple la proposición condicional, podemos deducir que la conclusión Q (."Aprobaré") también es verdadera. ∎

■ **Example 2.5** Otro ejemplo en un contexto cotidiano:
1. Si el auto tiene gasolina, entonces puede encender. (Proposición $P \to Q$) 2. El auto tiene gasolina. (Proposición P)
Aplicando el Modus Ponens, concluimos:

> Por lo tanto, el auto puede encender. (Q)

Aquí, la proposición Q es válida dado que se cumple la condición P, confirmando que, al cumplirse el antecedente de un condicional verdadero, se puede deducir el consecuente. ∎

■ **Example 2.6** En lógica matemática, el Modus Ponens también se utiliza para demostrar proposiciones más abstractas. Supongamos:
1. Si $x > 5$, entonces $x^2 > 25$. (Proposición $P \to Q$) 2. Sabemos que $x > 5$. (Proposición P)
Por Modus Ponens, podemos concluir:

> Por lo tanto, $x^2 > 25$. (Q)

Este ejemplo muestra cómo el Modus Ponens permite derivar una conclusión lógica en un contexto matemático a partir de condiciones numéricas. ∎

■ **Example 2.7** En un problema de permisos y acceso:
1. Si una persona tiene un pase de acceso, entonces puede entrar a la sala de conferencias. (Proposición $P \to Q$) 2. María tiene un pase de acceso. (Proposición P)
Aplicando el Modus Ponens, deducimos:

> Por lo tanto, María puede entrar a la sala de conferencias. (Q)

Este ejemplo muestra cómo el Modus Ponens puede utilizarse en situaciones de permisos y acceso, permitiendo una inferencia lógica a partir de condiciones de autorización. ∎

> (R) El Modus Ponens es una de las reglas de inferencia más utilizadas en lógica proposicional, ya que permite derivar conclusiones válidas y precisas a partir de proposiciones condicionales. Se usa en numerosos campos, desde la matemática formal hasta la programación y el diseño de sistemas lógicos, facilitando la toma de decisiones basada en premisas.

Exercise 2.3 Dadas las siguientes proposiciones, utiliza el Modus Ponens para obtener conclusiones válidas:
1. Si practico todos los días, entonces mejoraré en el deporte. (Proposición $P \to Q$) 2. Practico todos los días. (Proposición P)
Conclusión: ¿Qué se puede inferir?
3. Si el clima es soleado, entonces iremos a la playa. (Proposición $P \to Q$) 4. El clima es soleado. (Proposición P)
Conclusión: ¿Qué se puede inferir?
Para cada caso, indica cuál es el antecedente, el consecuente, y cómo se aplica el Modus Ponens.

> (R) El Modus Ponens permite no solo llegar a conclusiones válidas, sino también verificar la coherencia y consistencia de argumentos en lógica formal. Su aplicación en campos diversos hace de esta regla de inferencia un recurso indispensable en la lógica y el razonamiento.

2.2.2 Aplicación del Modus Tollens en argumentos.

Definition 2.2.2 El **Modus Tollens** es una regla de inferencia lógica que establece que, si se tiene una proposición condicional $P \to Q$ y se sabe que Q es falsa ($\neg Q$), entonces se puede concluir que P también es falsa ($\neg P$). Esta regla se utiliza para negar el antecedente cuando el consecuente de una proposición condicional es falso, y es una herramienta clave en el razonamiento deductivo.

Formalmente, la estructura del Modus Tollens es:

1. $P \to Q$
2. $\neg Q$

$\therefore \neg P$

Es decir, dado un condicional y la negación del consecuente, se puede concluir la negación del antecedente.

■ **Example 2.8** Consideremos el siguiente ejemplo:
1. Si llueve, entonces la calle está mojada. (Proposición $P \to Q$) 2. La calle no está mojada. (Proposición $\neg Q$)
Aplicando el Modus Tollens, podemos concluir:

　　Por lo tanto, no está lloviendo. ($\neg P$)

En este caso, como el consecuente Q ("La calle está mojada") es falso, podemos inferir que el antecedente P (".ᴱˢtá lloviendo") también debe ser falso. ■

■ **Example 2.9** Otro ejemplo en un contexto de diagnóstico médico:
1. Si una persona tiene gripe, entonces presenta fiebre. (Proposición $P \to Q$) 2. La persona no presenta fiebre. (Proposición $\neg Q$)
Aplicando el Modus Tollens, concluimos:

　　Por lo tanto, la persona no tiene gripe. ($\neg P$)

Aquí, dado que el consecuente es falso (la persona no tiene fiebre), inferimos que la proposición inicial sobre el antecedente también es falsa (la persona no tiene gripe). ■

■ **Example 2.10** En un contexto matemático, el Modus Tollens también se aplica para razonamientos formales. Supongamos:
1. Si $x > 5$, entonces $x^2 > 25$. (Proposición $P \to Q$) 2. Sabemos que $x^2 \leq 25$. (Proposición $\neg Q$)
Por Modus Tollens, podemos concluir:

　　Por lo tanto, $x \leq 5$. ($\neg P$)

Este ejemplo muestra cómo el Modus Tollens permite hacer inferencias sobre la falsedad de una condición inicial con base en la imposibilidad del consecuente. ■

■ **Example 2.11** En un problema de acceso y restricciones:

2.3 Aplicaciones: resolver problemas de orden de información y relación temporal.

1. Si tienes acceso al sistema, entonces puedes ver los archivos confidenciales. (Proposición $P \to Q$)
2. No puedes ver los archivos confidenciales. (Proposición $\neg Q$)

Aplicando el Modus Tollens, deducimos:

> Por lo tanto, no tienes acceso al sistema. ($\neg P$)

En este ejemplo, el hecho de que el acceso a los archivos confidenciales sea falso implica, por Modus Tollens, que la condición inicial de acceso también es falsa. ∎

> (R) El Modus Tollens es una herramienta fundamental en lógica proposicional y en la resolución de problemas de inferencia negativa, ya que permite deducir la falsedad de una proposición inicial en base a la imposibilidad del consecuente. Este razonamiento es ampliamente utilizado en pruebas de inconsistencia y verificación lógica en campos como matemáticas, informática y filosofía.

> **Exercise 2.4** Dadas las siguientes proposiciones, utiliza el Modus Tollens para obtener conclusiones válidas:
> 1. Si el sistema está en línea, entonces se puede acceder a la base de datos. (Proposición $P \to Q$)
> 2. No se puede acceder a la base de datos. (Proposición $\neg Q$)
> Conclusión: ¿Qué se puede inferir sobre el estado del sistema?
> 3. Si tienes una membresía premium, entonces puedes descargar contenido exclusivo. (Proposición $P \to Q$) 4. No puedes descargar contenido exclusivo. (Proposición $\neg Q$)
> Conclusión: ¿Qué se puede inferir sobre tu membresía?
> Para cada caso, indica cuál es el antecedente, el consecuente, y cómo se aplica el Modus Tollens.
> ∎

> (R) El Modus Tollens es esencial para el análisis de consistencia en argumentos, ya que permite deducir la falsedad de una condición inicial si se sabe que el consecuente de la proposición condicional no se cumple. Su aplicación es útil en verificaciones lógicas y en razonamientos críticos en lógica y ciencias formales.

2.3 Aplicaciones: resolver problemas de orden de información y relación temporal.

2.3.1 Problemas con múltiples variables.

Definition 2.3.1 En lógica proposicional y en la resolución de problemas complejos, los **problemas con múltiples variables** involucran el uso de varias proposiciones o condiciones que interactúan entre sí para derivar conclusiones. Estos problemas requieren la identificación de relaciones lógicas entre las variables y el uso de tablas de verdad, reglas de inferencia, y diagramas para analizar todas las posibles combinaciones de valores de verdad. Resolver problemas con múltiples variables permite desarrollar habilidades en la deducción lógica y en la organización de información compleja.

■ **Example 2.12** Consideremos un problema en el que participan tres variables:
1. P: "Juan llega a tiempo." 2. Q: "La reunión se lleva a cabo." 3. R: "El jefe está presente."
Supongamos que sabemos las siguientes relaciones lógicas:
- Si Juan llega a tiempo (P), entonces la reunión se lleva a cabo (Q), es decir, $P \to Q$. - Si la reunión se lleva a cabo (Q), entonces el jefe está presente (R), es decir, $Q \to R$.
Dada la condición de que el jefe no está presente ($\neg R$), podemos deducir, mediante el Modus Tollens, que Juan no llegó a tiempo ($\neg P$). Esto se representa de la siguiente forma:

$$P \to Q,\ Q \to R,\ \neg R \Rightarrow \neg Q \Rightarrow \neg P$$

Aquí hemos resuelto un problema de inferencia lógica con tres variables, relacionándolas mediante reglas de inferencia y deducciones consecutivas. ∎

■ **Example 2.13** Analicemos un problema de permisos de acceso en un sistema con múltiples condiciones. Supongamos las siguientes variables:
1. A: ."El usuario tiene permisos de administrador."2. B: ."El usuario está dentro de la red corporativa."3. C: ."El usuario puede acceder a los archivos sensibles."

Las relaciones son las siguientes:
- Si el usuario tiene permisos de administrador (A) y está dentro de la red corporativa (B), entonces puede acceder a los archivos sensibles (C), es decir, $(A \wedge B) \to C$. - Si el usuario no tiene permisos de administrador ($\neg A$), entonces no puede acceder a los archivos sensibles ($\neg C$).

Dado que el usuario puede acceder a los archivos sensibles (C), podemos deducir que el usuario tiene permisos de administrador (A) y que está dentro de la red corporativa (B). Así, resolvemos el problema relacionando las variables y deduciendo su valor de verdad.

$$(A \wedge B) \to C,\ C \Rightarrow A \wedge B$$

∎

A	B	C	$(A \wedge B) \to C$	Conclusión
V	V	V	V	Acceso concedido
V	F	F	V	Acceso denegado
F	V	F	V	Acceso denegado
F	F	F	V	Acceso denegado

Cuadro 2.3.1: *Tabla de verdad para un problema de permisos de acceso*

(R) Los problemas con múltiples variables suelen resolverse de manera eficiente utilizando tablas de verdad, diagramas de Venn y reglas de inferencia como el Modus Ponens y Modus Tollens. A medida que aumenta el número de variables, es esencial organizar la información de manera sistemática para visualizar todas las combinaciones posibles y deducir conclusiones lógicas.

■ **Example 2.14** Consideremos un problema con cuatro variables en un sistema de alarma:
1. S: ."El sensor de movimiento está activado."2. W: "La ventana está cerrada."3. D: "La puerta está cerrada."4. A: "La alarma está activada."

Las condiciones son:
- Si el sensor de movimiento está activado y la ventana o la puerta están abiertas, entonces la alarma se activa: $(S \wedge (\neg W \vee \neg D)) \to A$. - Si la alarma no está activada ($\neg A$), podemos deducir que el sensor no está activado o que tanto la ventana como la puerta están cerradas.

Dado que la alarma no está activada ($\neg A$), aplicamos el Modus Tollens para deducir:

$$\neg A \Rightarrow \neg S \vee (W \wedge D)$$

Esto significa que para que la alarma no se active, el sensor debe estar desactivado, o bien la ventana y la puerta deben estar cerradas. De esta forma, hemos analizado un problema lógico con cuatro variables. ∎

2.3 Aplicaciones: resolver problemas de orden de información y relación temporal.

Exercise 2.5 Dadas las siguientes proposiciones, utiliza tablas de verdad y reglas de inferencia para resolver los problemas:

1. P: "El equipo de soporte está disponible." 2. Q: "La solicitud es de alta prioridad." 3. R: "La solicitud se atiende de inmediato."

Las condiciones son:

- Si el equipo de soporte está disponible y la solicitud es de alta prioridad, entonces se atiende de inmediato: $(P \wedge Q) \to R$. - Si la solicitud no es de alta prioridad, entonces no se atiende de inmediato: $\neg Q \to \neg R$.

Dada la información de que la solicitud se atiende de inmediato (R), deduce el valor de verdad de P y Q.

2. X: "El contrato está firmado." 3. Y: "El pago fue recibido." 4. Z: "El proyecto puede comenzar."

Condiciones:

- Si el contrato está firmado y el pago fue recibido, entonces el proyecto puede comenzar: $(X \wedge Y) \to Z$. - Si el proyecto no puede comenzar, entonces el contrato no está firmado o el pago no fue recibido.

Con base en esta información, determina los posibles valores de verdad de X, Y, y Z si el proyecto no puede comenzar.

(R) Resolver problemas con múltiples variables permite organizar y analizar la información de manera lógica, siendo especialmente útil en programación, matemáticas y gestión de proyectos. Estas habilidades ayudan a tomar decisiones basadas en condiciones múltiples y en relaciones interdependientes entre variables.

2.3.2 Análisis de secuencias lógicas en tiempo.

Definition 2.3.2 El **análisis de secuencias lógicas en tiempo** es el estudio de eventos y condiciones que ocurren en un orden específico a lo largo del tiempo. Este tipo de análisis es común en sistemas en los que ciertos eventos deben suceder antes de que otros puedan ocurrir. En lógica proposicional, el análisis temporal permite establecer relaciones entre proposiciones basadas en un orden cronológico, facilitando la deducción lógica y el razonamiento secuencial.

■ **Example 2.15** Consideremos el siguiente ejemplo de un proceso de fabricación con tres eventos: 1. P: "Las materias primas están listas." 2. Q: "La maquinaria está configurada." 3. R: "La producción puede comenzar."

Las relaciones temporales entre los eventos son:

- La producción puede comenzar solo después de que las materias primas estén listas y la maquinaria esté configurada, es decir, $(P \wedge Q) \to R$. - Si la producción ha comenzado (R), podemos concluir que tanto P como Q ocurrieron antes.

Este análisis secuencial permite comprender el orden lógico de preparación y configuración antes del inicio de la producción. ∎

■ **Example 2.16** Otro ejemplo de secuencia lógica en un sistema de seguridad:

1. A: "La alarma está armada." 2. B: "El sensor detecta movimiento." 3. C: "La alarma se activa."

Las relaciones temporales son las siguientes:

- La alarma solo se activa si está armada y el sensor detecta movimiento, es decir, $(A \wedge B) \to C$. - Si la alarma se activa (C), podemos inferir que la alarma estaba armada (A) y que el sensor detectó movimiento (B) previamente.

Aquí, el análisis temporal asegura que la activación de la alarma depende de una serie de eventos que ocurren en secuencia. ∎

Capítulo 2. Álgebra Proposicional e Inferencia Lógica

A	B	C	$(A \wedge B) \to C$	Secuencia Temporal
V	V	V	V	Activación completa
V	F	F	V	No activada
F	V	F	V	No activada
F	F	F	V	No activada

Cuadro 2.3.2: *Tabla de verdad para una secuencia lógica en un sistema de seguridad*

(R) El análisis de secuencias lógicas en tiempo es esencial para organizar procesos y evaluar condiciones en sistemas donde el orden de eventos es crucial. Este enfoque es ampliamente utilizado en programación secuencial, gestión de proyectos, y diseño de sistemas de control, donde las dependencias temporales afectan el resultado final.

■ **Example 2.17** Consideremos un ejemplo en un proceso de acceso a un edificio:
1. X: ."El visitante se registra en la recepción."2. Y: ."El guardia verifica la autorización."3. Z: "Se concede el acceso al edificio."

Las condiciones son las siguientes:
- El acceso se concede solo si el visitante se registra en la recepción y el guardia verifica la autorización, es decir, $(X \wedge Y) \to Z$. - Si el acceso es concedido (Z), podemos concluir que primero se completaron el registro en recepción (X) y la verificación de autorización (Y).

Este tipo de análisis ayuda a entender la secuencia de eventos necesarios para que se permita el acceso. ■

Exercise 2.6 Dadas las siguientes proposiciones y sus relaciones temporales, analiza la secuencia lógica y determina las conclusiones que se pueden extraer:
1. P: "Se completa el pago del pedido."2. Q: ."El pedido se envía al cliente."3. R: ."El cliente recibe el pedido."

Condiciones:
- El pedido se envía solo después de completar el pago, es decir, $P \to Q$. - El cliente recibe el pedido solo después de que se haya enviado, es decir, $Q \to R$.

Dada la información de que el cliente ha recibido el pedido (R), deduce el valor de verdad de P y Q.

4. A: ."El paquete llega al almacén."5. B: ."El paquete se revisa en el almacén."6. C: ."El paquete se despacha al cliente."

Condiciones:
- El paquete se revisa solo si llega al almacén: $A \to B$. - El paquete se despacha solo después de ser revisado: $B \to C$.

Si el paquete ha sido despachado (C), ¿qué se puede concluir sobre los eventos A y B? ■

(R) El análisis de secuencias lógicas en tiempo permite evaluar y organizar condiciones de eventos en un orden específico, y es especialmente útil en la planificación y gestión de sistemas complejos. Este tipo de análisis se aplica en líneas de producción, cadenas de suministro, y programación de flujos de trabajo, donde los eventos deben seguir una secuencia lógica para garantizar el correcto desarrollo de los procesos.

2.4 Ejercicios Resueltos

2.4 Ejercicios Resueltos

Exercise 2.7 Dadas las proposiciones P: "Está lloviendo", Q: "Llevo paraguas", construye la tabla de verdad para las siguientes proposiciones compuestas:
1. $P \wedge Q$
2. $P \vee Q$
3. $P \rightarrow Q$
4. $P \leftrightarrow Q$

Explica en cada caso bajo qué condiciones son verdaderas o falsas.

Demostración. Construimos la tabla de verdad para las proposiciones compuestas:

P	Q	$P \wedge Q$	$P \vee Q$	$P \rightarrow Q$	$P \leftrightarrow Q$
V	V	V	V	V	V
V	F	F	V	F	F
F	V	F	V	V	F
F	F	F	F	V	V

1. $P \wedge Q$ es verdadero solo cuando ambos P y Q son verdaderos. 2. $P \vee Q$ es verdadero cuando al menos uno de P o Q es verdadero. 3. $P \rightarrow Q$ es falso solo cuando P es verdadero y Q es falso; en los demás casos, es verdadero. 4. $P \leftrightarrow Q$ es verdadero solo cuando P y Q tienen el mismo valor de verdad (ambos verdaderos o ambos falsos). ∎

Exercise 2.8 Considera las siguientes proposiciones y determina si son tautologías, contradicciones o ninguna de las dos:
1. $P \vee \neg P$
2. $P \wedge \neg P$
3. $(P \rightarrow Q) \vee (Q \rightarrow P)$

Para cada una, construye la tabla de verdad y justifica tu conclusión.

Demostración. Construimos las tablas de verdad para cada proposición:
1. Para $P \vee \neg P$:

P	$\neg P$	$P \vee \neg P$
V	F	V
F	V	V

Esta proposición es siempre verdadera, por lo tanto, es una tautología.

2. Para $P \wedge \neg P$:

P	$\neg P$	$P \wedge \neg P$
V	F	F
F	V	F

Esta proposición es siempre falsa, por lo tanto, es una contradicción.

3. Para $(P \to Q) \lor (Q \to P)$:

P	Q	$P \to Q$	$Q \to P$	$(P \to Q) \lor (Q \to P)$
V	V	V	V	V
V	F	F	V	V
F	V	V	F	V
F	F	V	V	V

Esta proposición es siempre verdadera, por lo tanto, también es una tautología. ∎

Exercise 2.9 Utiliza la regla del Modus Ponens para deducir conclusiones válidas en los siguientes casos:
1. Si estudio, entonces aprobaré el examen. (Proposición $P \to Q$) Estudio. (Proposición P) ¿Cuál es la conclusión?
2. Si hay tráfico, llegaré tarde. (Proposición $P \to Q$) Hay tráfico. (Proposición P) ¿Cuál es la conclusión?

Explica el uso del Modus Ponens en cada caso.

Demostración. 1. En el primer caso:

    1. $P \to Q$
    2. P
    ∴ Q

Como sabemos que $P \to Q$ y P son verdaderos, aplicando Modus Ponens concluimos que Q (aprobaré el examen) es verdadero.

2. En el segundo caso:

    1. $P \to Q$
    2. P
    ∴ Q

Dado que $P \to Q$ y P son verdaderos, por Modus Ponens, concluimos que Q (llegaré tarde) es verdadero.

En ambos casos, el Modus Ponens permite inferir el consecuente (Q) a partir de la veracidad del antecedente (P) en una proposición condicional. ∎

Exercise 2.10 Aplica la Ley de De Morgan para simplificar la negación de las siguientes proposiciones compuestas:
1. La negación de ."Está soleado y hace calor".
2. La negación de ."Es verano o estoy de vacaciones".
3. La negación de "Tengo hambre y no tengo comida".

Escribe la proposición simplificada y explica el significado de cada negación.

Demostración. 1. La negación de ."Está soleado y hace calor."es:

$$\neg(P \land Q) \equiv \neg P \lor \neg Q$$

Esto significa: "No está soleado o no hace calor."
2. La negación de ."Es verano o estoy de vacaciones."es:

$$\neg(P \lor Q) \equiv \neg P \land \neg Q$$

Esto significa: "No es verano y no estoy de vacaciones."
3. La negación de "Tengo hambre y no tengo comida."es:

$$\neg(P \land \neg Q) \equiv \neg P \lor Q$$

Esto significa: "No tengo hambre o tengo comida."
En cada caso, aplicamos la Ley de De Morgan para distribuir la negación sobre la proposición compuesta, transformando conjunciones en disyunciones y viceversa. ∎

Exercise 2.11 Resuelve el siguiente problema de secuencia lógica:
1. A: ."El paquete ha sido empacado."
2. B: ."El paquete ha sido enviado."
3. C: ."El paquete ha sido entregado."

Condiciones: - El paquete se envía solo después de ser empacado: $A \rightarrow B$. - El paquete se entrega solo después de ser enviado: $B \rightarrow C$.
Dado que el paquete ha sido entregado (C), determina el valor de verdad de A y B.

Demostración. Dado que sabemos que C es verdadero (el paquete ha sido entregado), podemos utilizar la implicación $B \rightarrow C$.
1. Si C es verdadero, entonces por $B \rightarrow C$, concluimos que B debe ser verdadero (el paquete ha sido enviado). 2. Dado que B es verdadero, aplicamos la implicación $A \rightarrow B$, lo que nos lleva a concluir que A también es verdadero (el paquete ha sido empacado).
Por lo tanto, ambos A y B son verdaderos en este caso. ∎

2.5 Ejercicios Propuestos

2.5.1 Tablas de verdad: construcción y análisis

Exercise 2.12 Construye la tabla de verdad para la proposición compuesta $(P \lor Q) \land \neg R$, donde P, Q, y R son proposiciones simples. Analiza cada combinación de verdad y falsedad de P, Q, y R.

Exercise 2.13 Determina si la proposición $(P \rightarrow Q) \leftrightarrow (\neg Q \rightarrow \neg P)$ es una tautología, contradicción, o ninguna de las dos. Justifica tu respuesta con una tabla de verdad.

Exercise 2.14 Construye la tabla de verdad para la proposición $\neg(P \wedge Q) \to (R \vee P)$. Determina bajo qué condiciones la proposición es verdadera o falsa.

Exercise 2.15 Dada la proposición $(P \vee Q) \wedge (P \to R)$, construye la tabla de verdad y determina si la proposición es verdadera o falsa en cada caso.

Exercise 2.16 Analiza si la proposición $\neg P \vee (Q \to P)$ es una tautología, una contradicción o ninguna de las dos. Utiliza una tabla de verdad para justificar tu conclusión.

2.5.2 Inferencia lógica: reglas de inferencia (Modus Ponens, Modus Tollens)

Exercise 2.17 Usando el Modus Ponens, deduce la conclusión en el siguiente caso: 1. Si el agua hierve, entonces la temperatura es al menos 100 grados Celsius. (Proposición $P \to Q$) 2. El agua está hirviendo. (Proposición P) ¿Qué se puede inferir?

Exercise 2.18 Aplica el Modus Tollens en el siguiente caso: 1. Si Juan tiene el permiso de acceso, entonces puede entrar a la sala de servidores. (Proposición $P \to Q$) 2. Juan no puede entrar a la sala de servidores. (Proposición $\neg Q$) ¿Qué se puede concluir sobre el permiso de acceso de Juan?

Exercise 2.19 Utiliza el Modus Ponens para resolver: 1. Si estudio para el examen, entonces aprobaré. (Proposición $P \to Q$) 2. Estudio para el examen. (Proposición P) ¿Qué conclusión se puede hacer sobre aprobar el examen?

Exercise 2.20 Aplica el Modus Tollens en este caso: 1. Si el equipo está encendido, entonces la pantalla mostrará imágenes. (Proposición $P \to Q$) 2. La pantalla no muestra imágenes. (Proposición $\neg Q$) ¿Qué se puede inferir sobre el estado del equipo?

Exercise 2.21 Considera el siguiente argumento e identifica si se aplica Modus Ponens o Modus Tollens: 1. Si Pedro tiene la vacuna, entonces está protegido contra la gripe. (Proposición $P \to Q$) 2. Pedro no está protegido contra la gripe. (Proposición $\neg Q$) ¿Qué se puede deducir sobre si Pedro tiene la vacuna o no?

2.5.3 Aplicaciones: resolver problemas de orden de información y relación temporal

Exercise 2.22 Dado el siguiente proceso: 1. A: "El informe ha sido redactado." 2. B: "El informe ha sido revisado." 3. C: "El informe ha sido enviado."
Condiciones: - El informe se revisa solo después de ser redactado: $A \to B$. - El informe se envía solo después de ser revisado: $B \to C$.
Si sabemos que el informe ha sido enviado (C), ¿qué podemos inferir sobre el estado de A y B?

Exercise 2.23 Considera un sistema de seguridad: 1. X: "La alarma está activada." 2. Y: "El sensor detecta movimiento." 3. Z: "La alarma se dispara."
Condiciones: - La alarma se dispara solo si está activada y el sensor detecta movimiento: $(X \wedge Y) \to Z$. - Si la alarma se ha disparado (Z), ¿qué se puede deducir sobre el estado de X y Y?

2.5 Ejercicios Propuestos

Exercise 2.24 En una fábrica, las siguientes condiciones aplican: 1. P: "Las materias primas han llegado." 2. Q: "La maquinaria está configurada." 3. R: "La producción puede comenzar."
Relaciones: - La producción puede comenzar solo si las materias primas han llegado y la maquinaria está configurada: $(P \wedge Q) \to R$. - Si la producción ha comenzado (R), ¿qué se puede inferir sobre P y Q?

Exercise 2.25 Un proceso de acceso a un edificio involucra: 1. A: "El visitante se registra en la recepción." 2. B: "El guardia verifica la autorización." 3. C: "Se concede el acceso al edificio."
Condiciones: - El acceso se concede solo si el visitante se registra en la recepción y el guardia verifica la autorización: $(A \wedge B) \to C$. - Si el acceso es concedido (C), ¿qué se puede deducir sobre los eventos A y B?

Exercise 2.26 En un protocolo de envío: 1. M: "El paquete ha sido empacado." 2. N: "El paquete ha sido etiquetado." 3. O: "El paquete ha sido despachado."
Condiciones: - El paquete se etiqueta solo después de ser empacado: $M \to N$. - El paquete se despacha solo después de ser etiquetado: $N \to O$.
Si el paquete ha sido despachado (O), ¿qué podemos concluir sobre M y N?

3. Razonamiento Inductivo y Deductivo

3.1 Razonamiento inductivo: identificación de patrones y generalización.

3.1.1 Reconocimiento de series numéricas

El reconocimiento de series numéricas es fundamental en matemáticas, ya que permite identificar patrones y predecir términos futuros en una secuencia.

> **Definition 3.1.1** Una **serie numérica** es una sucesión ordenada de números que siguen una ley o patrón específico.

■ **Example 3.1** Consideremos la serie $2, 4, 6, 8, \ldots$. Observamos que cada término es el resultado de sumar 2 al término anterior. Este es un ejemplo de una *progresión aritmética* con diferencia común $d = 2$. ■

> **Theorem 3.1.1** En una progresión aritmética, el n-ésimo término a_n se calcula como:
>
> $$a_n = a_1 + (n-1)d,$$
>
> donde a_1 es el primer término y d es la diferencia común.

Demostración. Dado que estamos considerando una progresión aritmética, cada término se obtiene sumando la diferencia común d al término anterior. Esto significa que los primeros términos se pueden expresar como:

$$a_1, \quad a_2 = a_1 + d, \quad a_3 = a_1 + 2d, \quad \ldots, \quad a_n = a_1 + (n-1)d.$$

Observamos que para obtener el segundo término a_2, hemos añadido d al primer término a_1; para obtener el tercer término a_3, hemos añadido $2d$ al primer término, y en general, para el n-ésimo término, hemos añadido $(n-1)d$ al primer término.

Por lo tanto, el n-ésimo término de la progresión aritmética está dado por:

$$a_n = a_1 + (n-1)d.$$

Esto completa la demostración. ■

> **Corollary 3.1.2** La suma de los primeros n términos de una progresión aritmética es:
> $$S_n = \frac{n}{2}(a_1 + a_n).$$

(R) Es importante distinguir entre una *progresión aritmética* y una *progresión geométrica*. En la primera, se suma una cantidad fija, mientras que en la segunda se multiplica por una razón constante.

■ **Example 3.2** Analicemos la serie $3, 9, 27, 81, \ldots$. Aquí, cada término es el resultado de multiplicar el término anterior por 3. Esta es una *progresión geométrica* con razón común $r = 3$. ■

Lema 3.1.1 En una progresión geométrica, el n-ésimo término a_n se calcula como:
$$a_n = a_1 \cdot r^{n-1},$$
donde a_1 es el primer término y r es la razón común.

> Exercise 3.1 Dada la serie $5, 10, 20, 40, \ldots$:
> 1. Identificar si es una progresión aritmética o geométrica.
> 2. Calcular el 7° término de la serie.
> 3. Hallar la suma de los primeros 7 términos.

1. Es una **progresión geométrica** con razón común $r = 2$.
2. El 7° término es $a_7 = 5 \cdot 2^6 = 5 \cdot 64 = 320$.
3. La suma es $S_7 = a_1 \frac{r^n - 1}{r - 1} = 5 \frac{2^7 - 1}{2 - 1} = 5 \cdot (128 - 1) = 5 \cdot 127 = 635$.

(R) El reconocimiento del tipo de serie es crucial para aplicar las fórmulas adecuadas y resolver problemas relacionados.

3.1.2 Identificación de patrones geométricos

La identificación de patrones geométricos es esencial en matemáticas y otras disciplinas, ya que permite comprender y predecir estructuras espaciales y relaciones entre figuras.

> **Definition 3.1.2** Un **patrón geométrico** es una disposición repetitiva y sistemática de formas, figuras o líneas que siguen una regla o ley específica.

■ **Example 3.3** Consideremos un mosaico formado por triángulos equiláteros que se repiten en todas las direcciones del plano. Este es un ejemplo de un patrón geométrico con simetría traslacional y rotacional. ■

> Theorem 3.1.3 En un patrón geométrico regular, el ángulo interno θ de un polígono regular que tesela el plano está dado por:
> $$\theta = \frac{(n-2) \times 180°}{n},$$
> donde n es el número de lados del polígono.

Demostración. Para calcular el ángulo interno θ de un polígono regular con n lados, consideremos la suma de los ángulos internos de un polígono de n lados. Esta suma se puede calcular mediante la

3.2 Razonamiento deductivo: uso de premisas para llegar a conclusiones.

fórmula:

$$\text{suma de ángulos internos} = (n-2) \times 180°.$$

Dado que el polígono es regular, todos sus ángulos internos son iguales. Por lo tanto, para encontrar el ángulo interno θ de cada vértice, dividimos la suma total de los ángulos internos entre el número de lados n:

$$\theta = \frac{(n-2) \times 180°}{n}.$$

Esto demuestra que el ángulo interno de un polígono regular de n lados está dado por la expresión:

$$\theta = \frac{(n-2) \times 180°}{n}.$$

■

Corollary 3.1.4 Los únicos polígonos regulares que pueden teselar el plano por sí solos son el triángulo equilátero ($n = 3$), el cuadrado ($n = 4$) y el hexágono regular ($n = 6$).

(R) La teselación es un ejemplo clave de cómo los patrones geométricos se aplican en arte, arquitectura y naturaleza, permitiendo cubrir superficies sin superposiciones ni espacios vacíos.

Lema 3.1.2 En un patrón geométrico con simetría radial, el número de ejes de simetría es igual al número de repeticiones del motivo alrededor del centro.

■ **Example 3.4** Un copo de nieve presenta simetría radial de orden 6, es decir, tiene 6 ejes de simetría que pasan por su centro. ■

Exercise 3.2 Analice el patrón formado por círculos concéntricos equidistantes:
1. Determine la relación entre el radio de cada círculo y su posición en el patrón.
2. Calcule el área entre el quinto y sexto círculo si la distancia entre círculos consecutivos es de 1 unidad.

1. Si r_n es el radio del n-ésimo círculo, entonces $r_n = n \times d$, donde d es la distancia entre círculos consecutivos. En este caso, $d = 1$, por lo que $r_n = n$.
2. El área entre el quinto y sexto círculo es la diferencia de las áreas de ambos círculos:

$$A = \pi r_6^2 - \pi r_5^2 = \pi(6^2 - 5^2) = \pi(36 - 25) = 11\pi \text{ unidades cuadradas.}$$

(R) Los patrones geométricos pueden ser analizados utilizando conceptos de geometría euclidiana, transformaciones geométricas y simetrías, lo que permite una comprensión más profunda de sus propiedades y aplicaciones.

3.2 Razonamiento deductivo: uso de premisas para llegar a conclusiones.

3.2.1 Deducción en argumentos matemáticos

La deducción es un proceso lógico que permite inferir conclusiones a partir de premisas dadas. En matemáticas, la deducción es esencial para construir argumentos sólidos y demostrar teoremas.

Capítulo 3. Razonamiento Inductivo y Deductivo

Definition 3.2.1 Un **argumento deductivo** es una secuencia de proposiciones donde, partiendo de premisas aceptadas como verdaderas, se deriva una conclusión que necesariamente se sigue de dichas premisas.

■ **Example 3.5** Consideremos las siguientes premisas:
1. Todos los números pares mayores que 2 son compuestos.
2. 4 es un número par mayor que 2.

Conclusión: 4 es un número compuesto.

Este es un argumento deductivo válido, ya que la conclusión se sigue lógicamente de las premisas. ■

Theorem 3.2.1 — Silogismo Hipotético. Si $p \implies q$ y $q \implies r$, entonces $p \implies r$.

Demostración. Para demostrar el teorema, partimos de las dos premisas:
1. $p \implies q$: Si p es verdadero, entonces q es verdadero.
2. $q \implies r$: Si q es verdadero, entonces r es verdadero.

Queremos probar que $p \implies r$, es decir, que si p es verdadero, entonces r también es verdadero. Supongamos que p es verdadero. Según la primera premisa ($p \implies q$), esto implica que q debe ser verdadero. Ahora, usando la segunda premisa ($q \implies r$), dado que q es verdadero, podemos concluir que r también es verdadero.

Por lo tanto, hemos demostrado que si p es verdadero, entonces r es verdadero. Esto confirma que:

$$p \implies r.$$

■

Lema 3.2.1 Si a y b son números enteros pares, entonces su suma $a+b$ es también un número par.

Demostración. Por definición, un número entero k es par si existe un entero m tal que $k = 2m$. Sea $a = 2m$ y $b = 2n$, donde m y n son enteros. Entonces:

$$a+b = 2m+2n = 2(m+n).$$

Dado que $m+n$ es un entero, $a+b$ es par. ■

Corollary 3.2.2 La suma de cualquier cantidad par de números enteros impares es un número par.

Demostración. Un número entero impar se puede expresar como $2k+1$, donde k es un entero. La suma de dos números impares es:

$$(2k+1)+(2l+1) = 2(k+l+1).$$

Esto es un número par, ya que $k+l+1$ es entero. ■

> La deducción nos permite construir cadenas lógicas que llevan de premisas a conclusiones, fortaleciendo la validez de los argumentos matemáticos.

3.2 Razonamiento deductivo: uso de premisas para llegar a conclusiones.

Exercise 3.3 Demuestre que si n es un número natural y n^2 es par, entonces n es par.

Supongamos que n es impar. Entonces $n = 2k+1$ para algún entero k. Calculamos n^2:

$$n^2 = (2k+1)^2 = 4k^2 + 4k + 1 = 2(2k^2 + 2k) + 1.$$

Esto muestra que n^2 es impar, lo cual contradice la premisa de que n^2 es par. Por lo tanto, n debe ser par.

> **Theorem 3.2.3 — Contraposición.** Para cualquier proposición p y q, se tiene que $p \implies q$ es lógicamente equivalente a $\neg q \implies \neg p$.

Demostración. Queremos demostrar que $p \implies q$ es lógicamente equivalente a $\neg q \implies \neg p$. Recordemos que una implicación $p \implies q$ es falsa únicamente cuando p es verdadero y q es falso; en todos los demás casos es verdadera. Ahora, consideremos la contraposición $\neg q \implies \neg p$:
1. Si q es falso, entonces para $\neg q \implies \neg p$ ser verdadera, p también debe ser falso (de lo contrario, la implicación sería falsa).
2. Si q es verdadero, entonces $\neg q$ es falso, y una implicación con un antecedente falso (como $\neg q$) es verdadera independientemente del valor de $\neg p$.

Observamos que los valores de verdad de $p \implies q$ y $\neg q \implies \neg p$ coinciden en todos los casos posibles para p y q, lo que significa que ambas expresiones son lógicamente equivalentes.
Por lo tanto:

$$p \implies q \iff \neg q \implies \neg p.$$

Esto concluye la demostración. ∎

■ Example 3.6 Demostremos que si un número entero n no es divisible por 3, entonces n^2 no es divisible por 9.
Demostración: Supongamos que n no es divisible por 3. Entonces n puede ser de la forma $3k+1$ o $3k+2$. Calculamos n^2 en ambos casos:
- Si $n = 3k+1$:

$$n^2 = (3k+1)^2 = 9k^2 + 6k + 1.$$

- Si $n = 3k+2$:

$$n^2 = (3k+2)^2 = 9k^2 + 12k + 4.$$

En ambos casos, n^2 no es divisible por 9, ya que el término independiente no es múltiplo de 9. ■

> (R) Utilizar la contraposición es una técnica efectiva en la demostración de implicaciones, especialmente cuando la implicación directa es difícil de probar.

Exercise 3.4 Sea n un entero. Demuestre que si n^2 es divisible por 4, entonces n es divisible por 2.

Supongamos que n no es divisible por 2, es decir, n es impar y puede ser escrito como $n = 2k+1$. Entonces:

$$n^2 = (2k+1)^2 = 4k^2 + 4k + 1.$$

El resultado n^2 es impar y, por lo tanto, no divisible por 4, lo que contradice la premisa. Por lo tanto, n debe ser par y divisible por 2.

> **Theorem 3.2.4 — Reducción al absurdo.** Si al suponer que una proposición es falsa se llega a una contradicción, entonces la proposición debe ser verdadera.

Demostración. Para demostrar este teorema, supongamos que queremos probar que una proposición P es verdadera. Procederemos por **reducción al absurdo**.
1. Suponemos, con el objetivo de llegar a una contradicción, que P es falsa. Es decir, suponemos $\neg P$ es verdadera.
2. A partir de esta suposición, si llegamos a una contradicción, esto significa que nuestra suposición inicial $\neg P$ no puede ser correcta, ya que una contradicción implica una imposibilidad lógica.
3. Dado que $\neg P$ lleva a una contradicción, concluimos que $\neg P$ debe ser falsa.
4. Si $\neg P$ es falsa, entonces P debe ser verdadera.

Por lo tanto, hemos demostrado que si suponer P falsa lleva a una contradicción, entonces P debe ser verdadera. Esto confirma el principio de reducción al absurdo. ■

Example 3.7 Demostremos que $\sqrt{2}$ es un número irracional.
Demostración por reducción al absurdo: Supongamos que $\sqrt{2}$ es racional. Entonces puede expresarse como $\sqrt{2} = \dfrac{a}{b}$, donde a y b son enteros positivos coprimos. Entonces:

$$2 = \left(\frac{a}{b}\right)^2 \implies 2b^2 = a^2.$$

Esto implica que a^2 es par, y por el *Lemma* anterior, a es par. Entonces $a = 2k$ para algún entero k. Sustituyendo:

$$2b^2 = (2k)^2 \implies 2b^2 = 4k^2 \implies b^2 = 2k^2.$$

Esto implica que b^2 es par y, por lo tanto, b es par. Pero si ambos a y b son pares, entonces tienen un factor común, lo que contradice la suposición de que son coprimos. Por lo tanto, $\sqrt{2}$ es irracional. ■

> (R) La reducción al absurdo es una poderosa herramienta en matemáticas para establecer la verdad de una proposición demostrando que su negación lleva a una contradicción.

> **Exercise 3.5** Utilizando reducción al absurdo, demuestre que no existen números enteros positivos x y y tales que $x^2 = 3y^2$.

Supongamos que existen enteros positivos x y y tales que $x^2 = 3y^2$. Sin pérdida de generalidad, supongamos que x y y son coprimos. Entonces:

$$x^2 = 3y^2 \implies \left(\frac{x}{y}\right)^2 = 3.$$

Esto implica que $\dfrac{x}{y} = \sqrt{3}$, que es irracional, contradiciendo el hecho de que x y y son enteros. Por lo tanto, no existen tales enteros positivos x y y.

> (R) La deducción en argumentos matemáticos es fundamental para el avance del conocimiento matemático, permitiendo construir demostraciones rigurosas y confiables.

3.2 Razonamiento deductivo: uso de premisas para llegar a conclusiones.

3.2.2 Análisis de premisas en demostraciones

El análisis de premisas es una parte esencial en la construcción y comprensión de demostraciones matemáticas. Consiste en examinar cuidadosamente las suposiciones iniciales para garantizar que las conclusiones derivadas sean lógicamente válidas y estén fundamentadas.

Definition 3.2.2 Una **premisa** es una proposición o afirmación que se asume como verdadera y de la cual se extraen conclusiones en un argumento lógico.

■ **Example 3.8** En la demostración de que la suma de dos números pares es par, las premisas son:
1. Un número par puede expresarse como $2k$, donde k es un número entero.
2. La suma de dos números de la forma $2k$ y $2m$ es $2k + 2m$.

Estas premisas permiten deducir que $2k + 2m = 2(k+m)$, que es múltiplo de 2 y, por tanto, par. ■

Theorem 3.2.5 Si todas las premisas de un argumento son verdaderas y el razonamiento es válido, entonces la conclusión es necesariamente verdadera.

Demostración. Para demostrar este teorema, consideremos un argumento que tiene un conjunto de premisas $P_1, P_2, \ldots, P_n$ y una conclusión C.
1. Supongamos que todas las premisas $P_1, P_2, \ldots, P_n$ son verdaderas.
2. Además, supongamos que el razonamiento es válido, lo que significa que existe una relación lógica tal que si todas las premisas son verdaderas, entonces la conclusión C debe ser verdadera.
3. Dado que el razonamiento es válido y todas las premisas son verdaderas, por definición de validez lógica, la conclusión C no puede ser falsa sin que alguna de las premisas sea falsa.
4. Por lo tanto, la conclusión C es necesariamente verdadera.

En conclusión, si todas las premisas de un argumento son verdaderas y el razonamiento es válido, entonces la conclusión es necesariamente verdadera.

∎

Lema 3.2.2 En un argumento lógico, si una premisa es falsa, el argumento puede ser válido, pero la conclusión no está garantizada de ser verdadera.

Demostración. Un argumento es válido si la estructura lógica es correcta, independientemente de la veracidad de las premisas. Sin embargo, si una o más premisas son falsas, la conclusión puede ser verdadera o falsa, pero no se puede garantizar su veracidad basándose únicamente en el argumento.

∎

Corollary 3.2.6 Para asegurar la veracidad de una conclusión, es necesario no solo que el razonamiento sea válido, sino también que todas las premisas sean verdaderas.

(R) Es crucial distinguir entre la validez de un argumento y la veracidad de sus premisas. Un argumento puede ser lógicamente válido pero conducir a una conclusión falsa si alguna premisa es falsa.

■ **Example 3.9** Consideremos el siguiente argumento:
1. Premisa 1: Todos los mamíferos pueden volar.
2. Premisa 2: Los delfines son mamíferos.
3. Conclusión: Los delfines pueden volar.

El argumento es lógicamente válido, pero la premisa 1 es falsa, lo que lleva a una conclusión falsa.
■

> **Exercise 3.6** Analice las premisas y determine la validez del siguiente argumento:
> 1. Premisa 1: Si una figura es un cuadrado, entonces tiene cuatro lados iguales.
> 2. Premisa 2: La figura F tiene cuatro lados iguales.
> 3. Conclusión: La figura F es un cuadrado.

El argumento comete el *error de afirmación del consecuente*. Aunque todos los cuadrados tienen cuatro lados iguales, no todas las figuras con cuatro lados iguales son cuadrados (por ejemplo, un rombo). Por lo tanto, las premisas no son suficientes para concluir que F es un cuadrado. El argumento no es válido.

> (R) Este ejemplo ilustra la importancia de analizar cuidadosamente las premisas y entender las implicaciones lógicas para evitar errores en las demostraciones.

> **Theorem 3.2.7 — Silogismo Disyuntivo.** Dadas las premisas:
> 1. $p \vee q$ (p o q es verdadera)
> 2. $\neg p$ (p es falsa)
>
> Se puede concluir que q es verdadera.

Demostración. Para demostrar el teorema, partimos de las dos premisas dadas:
1. $p \vee q$: Al menos una de p o q es verdadera. 2. $\neg p$: p es falsa.
Queremos probar que q debe ser verdadera.
Dado que la primera premisa nos dice que al menos una de p o q es verdadera, existen dos posibles casos:
- Si p es verdadera, entonces $p \vee q$ sería verdadera sin importar el valor de q. - Si p es falsa, entonces para que $p \vee q$ sea verdadera, q debe ser verdadera (pues, de otro modo, $p \vee q$ sería falsa).
La segunda premisa nos indica que p es falsa, lo que implica que q debe ser verdadera para que $p \vee q$ sea verdadera.
Por lo tanto, concluimos que q es verdadera.

■ **Example 3.10** Aplicando el silogismo disyuntivo:
1. Premisa 1: O bien el número n es par, o bien es impar.
2. Premisa 2: n no es par.
3. Conclusión: n es impar.

Este argumento es válido, y la conclusión es correcta si las premisas son verdaderas.

> **Exercise 3.7** Determine si el siguiente argumento es válido y analice sus premisas:
> 1. Premisa 1: Si n es divisible por 4, entonces n es divisible por 2.
> 2. Premisa 2: n es divisible por 2.
> 3. Conclusión: n es divisible por 4.

El argumento comete el *error de afirmación del consecuente*. Aunque si n es divisible por 4 implica que es divisible por 2, el hecho de que n sea divisible por 2 no implica necesariamente que sea divisible por 4 (por ejemplo, $n = 6$ es divisible por 2 pero no por 4). Por lo tanto, el argumento no es válido.

> (R) Es esencial no solo verificar la validez lógica del argumento sino también examinar cuidadosamente las premisas y su relación con la conclusión para evitar errores comunes en las demostraciones.

3.3 Aplicaciones: series numéricas y analogías gráficas.

> **Theorem 3.2.8 — Modus Tollens.** Dadas las premisas:
> 1. $p \implies q$ (si p entonces q)
> 2. $\neg q$ (q es falsa)
>
> Se puede concluir que $\neg p$ (p es falsa).

Demostración. Para demostrar el teorema, partimos de las dos premisas:

1. $p \implies q$: Si p es verdadera, entonces q es verdadera. 2. $\neg q$: q es falsa.

Queremos probar que $\neg p$, es decir, que p es falsa.

Para entender esto, consideremos la implicación $p \implies q$. La implicación es falsa solamente cuando p es verdadera y q es falsa. Sin embargo, esto contradice la primera premisa, ya que $p \implies q$ es verdadera.

Dado que sabemos que q es falsa ($\neg q$), la única manera de mantener la veracidad de $p \implies q$ es si p también es falsa. En otras palabras, si q es falsa, entonces p no puede ser verdadera, lo que implica que $\neg p$ debe ser verdadera.

Por lo tanto, hemos demostrado que $\neg q$ y $p \implies q$ implican $\neg p$.

∎

■ **Example 3.11** Aplicación del Modus Tollens:
1. Premisa 1: Si un número es divisible por 6, entonces es divisible por 3.
2. Premisa 2: El número n no es divisible por 3.
3. Conclusión: n no es divisible por 6.

El argumento es válido y la conclusión se sigue lógicamente de las premisas. ∎

> **Exercise 3.8** Analice el siguiente argumento y determine si es válido:
> 1. Premisa 1: Si x es un número primo mayor que 2, entonces x es impar.
> 2. Premisa 2: x es impar.
> 3. Conclusión: x es un número primo mayor que 2.

El argumento comete el *error de afirmación del consecuente*. Aunque todos los números primos mayores que 2 son impares, no todos los números impares son primos (por ejemplo, 9 es impar pero no es primo). Por lo tanto, el argumento no es válido.

> (R) El análisis de premisas nos ayuda a identificar falacias lógicas y a fortalecer la solidez de las demostraciones matemáticas mediante una comprensión profunda de las implicaciones y relaciones entre las proposiciones.

3.3 Aplicaciones: series numéricas y analogías gráficas.

3.3.1 Analogías basadas en progresiones aritméticas

Las progresiones aritméticas son secuencias numéricas donde cada término se obtiene sumando una cantidad constante al término anterior. Las analogías basadas en estas progresiones permiten resolver problemas y establecer relaciones entre diferentes conceptos matemáticos.

> **Definition 3.3.1** Una **progresión aritmética** es una secuencia de números (a_n) tal que la diferencia entre términos consecutivos es constante. Es decir, existe una constante d (diferencia común) tal que:
>
> $$a_n = a_{n-1} + d \quad \text{para todo } n \geq 2.$$

■ **Example 3.12** La secuencia $5, 8, 11, 14, 17, \ldots$ es una progresión aritmética con primer término $a_1 = 5$ y diferencia común $d = 3$. ■

> **Theorem 3.3.1** El n-ésimo término de una progresión aritmética se puede expresar como:
> $$a_n = a_1 + (n-1)d,$$
> donde a_1 es el primer término y d es la diferencia común.

Demostración. Para demostrar la fórmula para el n-ésimo término de una progresión aritmética, consideremos la definición de una progresión aritmética: cada término se obtiene sumando una diferencia constante d al término anterior.

Dado el primer término a_1, los primeros términos de la progresión aritmética son:

$$a_1, \quad a_2 = a_1 + d, \quad a_3 = a_1 + 2d, \quad \ldots, \quad a_n = a_1 + (n-1)d.$$

Observamos el patrón en los términos: - Para a_2, hemos sumado d una vez a a_1. - Para a_3, hemos sumado d dos veces a a_1. - En general, para el n-ésimo término a_n, hemos sumado d un total de $(n-1)$ veces a a_1.

Por lo tanto, el n-ésimo término a_n está dado por la fórmula:

$$a_n = a_1 + (n-1)d.$$

Esto concluye la demostración. ■

> **Lema 3.3.1** La suma de los primeros n términos de una progresión aritmética es:
> $$S_n = \frac{n}{2}(a_1 + a_n).$$

Demostración. La suma de los primeros n términos es:

$$S_n = a_1 + a_2 + a_3 + \cdots + a_n.$$

Podemos escribir la suma en orden inverso:

$$S_n = a_n + a_{n-1} + a_{n-2} + \cdots + a_1.$$

Sumando ambas expresiones término a término:

$$2S_n = (a_1 + a_n) + (a_2 + a_{n-1}) + \cdots + (a_n + a_1).$$

Hay n pares, y cada par suma $(a_1 + a_n)$, por lo que:

$$2S_n = n(a_1 + a_n) \implies S_n = \frac{n}{2}(a_1 + a_n).$$

■

■ **Example 3.13** Calcule la suma de los primeros 20 términos de la progresión aritmética $7, 10, 13, \ldots$.
Solución: Aquí, $a_1 = 7$, $d = 3$, y $n = 20$.
Primero, encontramos a_{20}:

$$a_{20} = a_1 + (20-1)d = 7 + 19 \times 3 = 7 + 57 = 64.$$

Ahora, aplicamos la fórmula de la suma:

$$S_{20} = \frac{20}{2}(7 + 64) = 10 \times 71 = 710.$$

■

3.3 Aplicaciones: series numéricas y analogías gráficas.

 Las progresiones aritméticas son útiles en diversas áreas, incluyendo finanzas, física y resolución de problemas de razonamiento lógico.

Exercise 3.9 Dadas las analogías numéricas basadas en progresiones aritméticas, complete los siguientes ejercicios:

1. Si $2 \to 5$, $5 \to 11$, $11 \to 23$, ¿cuál es el patrón y cuál es el siguiente par?
2. Encuentre el término faltante en la secuencia: 15, _, 27, 33, sabiendo que es una progresión aritmética.
3. Determine la suma de todos los números enteros pares entre 1 y 100.

1. Observamos que de 2 a 5, la diferencia es 3; de 5 a 11, la diferencia es 6; de 11 a 23, la diferencia es 12. Las diferencias forman la secuencia $3, 6, 12$, que se duplican cada vez. Siguiendo el patrón, la siguiente diferencia debería ser 24. Entonces, el siguiente número después de 23 es $23 + 24 = 47$. Por lo tanto, el siguiente par es $23 \to 47$.
2. La diferencia común d se puede encontrar usando los términos conocidos. Entre 27 y 33, la diferencia es 6, así que $d = 6$. Entonces, el término faltante antes de 27 es $27 - 6 = 21$. Por lo tanto, la secuencia es $15, 21, 27, 33$.
3. Los números enteros pares entre 1 y 100 son $2, 4, 6, \ldots, 100$. Esta es una progresión aritmética con $a_1 = 2$, $d = 2$, y $a_n = 100$. El número de términos n es:

$$n = \frac{(a_n - a_1)}{d} + 1 = \frac{(100 - 2)}{2} + 1 = 49 + 1 = 50.$$

La suma es:

$$S_n = \frac{n}{2}(a_1 + a_n) = 25 \times (2 + 100) = 25 \times 102 = 2550.$$

Theorem 3.3.2 Si una secuencia de números satisface la relación de recurrencia $a_n = a_{n-1} + d$ para toda $n \geq 2$, entonces la secuencia es una progresión aritmética con diferencia común d.

Demostración. Supongamos que una secuencia de números $\{a_n\}$ satisface la relación de recurrencia

$$a_n = a_{n-1} + d$$

para toda $n \geq 2$, donde d es una constante. Queremos demostrar que esta secuencia es una progresión aritmética con diferencia común d.

1. De la relación de recurrencia, vemos que cada término a_n se obtiene sumando una constante d al término anterior a_{n-1}. Esto significa que la diferencia entre términos consecutivos es siempre d, es decir:

$$a_n - a_{n-1} = d \quad \text{para toda } n \geq 2.$$

2. Por la definición de una progresión aritmética, sabemos que una secuencia es aritmética si la diferencia entre términos consecutivos es constante. Dado que la diferencia entre términos consecutivos en esta secuencia es d, la secuencia es, por definición, una progresión aritmética con diferencia común d.

Por lo tanto, hemos demostrado que cualquier secuencia que satisface la relación de recurrencia $a_n = a_{n-1} + d$ es una progresión aritmética con diferencia común d.

Lema 3.3.2 En una progresión aritmética, el promedio de cualquier par de términos equidistantes de los extremos es igual al promedio de los primeros y últimos términos.

Demostración. Sea una progresión aritmética con términos $a_1, a_2, \ldots, a_n$. Consideremos los términos a_k y a_{n-k+1}, donde $1 \leq k \leq n$.
Calculamos el promedio:

$$\frac{a_k + a_{n-k+1}}{2} = \frac{[a_1 + (k-1)d] + [a_1 + (n-k)d]}{2} = \frac{2a_1 + (n-1)d}{2} = \frac{a_1 + a_n}{2}.$$

■

■ **Example 3.14** En la progresión aritmética $3, 7, 11, 15, 19$, verifiquemos que el promedio de los términos equidistantes es constante.
- a_1 y a_5: $\frac{3+19}{2} = 11$
- a_2 y a_4: $\frac{7+15}{2} = 11$
- a_3 y a_3: $\frac{11+11}{2} = 11$

El promedio es siempre 11, que es el promedio de a_1 y a_5. ■

(R) Este concepto es útil al resolver problemas que involucran promedios y sumas en progresiones aritméticas, y es una propiedad característica de estas secuencias.

Exercise 3.10 Si en una progresión aritmética se sabe que el quinto término es 20 y el décimo término es 35, encuentre el primer término y la diferencia común.

Sabemos que:

$$a_5 = a_1 + 4d = 20 \quad (1)$$

$$a_{10} = a_1 + 9d = 35 \quad (2)$$

Restamos (1) de (2):

$$(a_1 + 9d) - (a_1 + 4d) = 35 - 20 \implies 5d = 15 \implies d = 3.$$

Ahora, sustituimos d en (1):

$$a_1 + 4 \times 3 = 20 \implies a_1 + 12 = 20 \implies a_1 = 8.$$

Por lo tanto, el primer término es 8 y la diferencia común es 3.

Theorem 3.3.3 La suma de una cantidad finita de términos de una progresión aritmética también puede expresarse en función del número de términos y la diferencia común:

$$S_n = na_1 + \frac{n(n-1)}{2}d.$$

Demostración. Para demostrar la fórmula de la suma de los primeros n términos de una progresión aritmética, consideremos una progresión aritmética con primer término a_1, diferencia común d, y n términos. Queremos encontrar la suma S_n de estos n términos:

$$S_n = a_1 + a_2 + a_3 + \cdots + a_n.$$

3.3 Aplicaciones: series numéricas y analogías gráficas.

Usando la fórmula del n-ésimo término de una progresión aritmética, sabemos que

$$a_n = a_1 + (n-1)d.$$

Entonces, la suma S_n se puede escribir como:

$$S_n = a_1 + (a_1 + d) + (a_1 + 2d) + \cdots + (a_1 + (n-1)d).$$

Ahora, escribimos esta suma en forma invertida:

$$S_n = (a_1 + (n-1)d) + (a_1 + (n-2)d) + \cdots + a_1.$$

Si sumamos estas dos expresiones para S_n, término a término, obtenemos:

$$2S_n = (a_1 + a_n) + (a_1 + a_n) + \cdots + (a_1 + a_n) = n(a_1 + a_n).$$

Dado que $a_n = a_1 + (n-1)d$, podemos sustituir a_n en la expresión:

$$2S_n = n(a_1 + a_1 + (n-1)d) = n(2a_1 + (n-1)d).$$

Dividiendo ambos lados entre 2, obtenemos:

$$S_n = \frac{n}{2}(2a_1 + (n-1)d).$$

Expandiendo esta expresión, podemos escribir la suma en términos de n, a_1, y d como:

$$S_n = na_1 + \frac{n(n-1)}{2}d.$$

Esto completa la demostración. ∎

> (R) Esta forma de la suma es útil cuando se conocen el primer término, la diferencia común y el número de términos, y se desea calcular la suma sin necesidad de encontrar el último término.

Exercise 3.11 Utilice la fórmula anterior para calcular la suma de los primeros 50 números naturales.

Los primeros 50 números naturales forman una progresión aritmética con $a_1 = 1$, $d = 1$, y $n = 50$. Aplicamos la fórmula:

$$S_{50} = 50 \times 1 + \frac{50 \times 49}{2} \times 1 = 50 + \frac{2450}{2} = 50 + 1225 = 1275.$$

Sin embargo, sabemos que la suma de los primeros n números naturales es $S_n = \frac{n(n+1)}{2}$. Verificamos:

$$S_{50} = \frac{50 \times 51}{2} = \frac{2550}{2} = 1275.$$

Ambas fórmulas coinciden, confirmando la validez de la expresión.

> (R) Las analogías basadas en progresiones aritméticas facilitan la comprensión de patrones numéricos y son herramientas poderosas para resolver problemas matemáticos que involucran secuencias y series.

3.3.2 Series geométricas aplicadas a problemas visuales

Las series geométricas son secuencias en las que cada término se obtiene multiplicando el término anterior por una constante llamada razón común. Estas series tienen amplias aplicaciones en problemas visuales, especialmente en figuras que presentan patrones repetitivos o escalas decrecientes.

Definition 3.3.2 Una **serie geométrica** es una sucesión de números (a_n) donde cada término se obtiene multiplicando el término anterior por una razón común r:

$$a_n = a_{n-1} \cdot r, \quad \text{para todo } n \geq 2.$$

■ **Example 3.15** Considere una figura donde cada nivel presenta un número de cuadrados que es la mitad del nivel anterior. Si en el primer nivel hay 16 cuadrados, los siguientes niveles tendrán 8, 4, 2 y 1 cuadrado respectivamente. Esta es una serie geométrica con primer término $a_1 = 16$ y razón común $r = \frac{1}{2}$. ■

Theorem 3.3.4 La suma de los primeros n términos de una serie geométrica es:

$$S_n = a_1 \frac{1-r^n}{1-r}, \quad \text{si } r \neq 1.$$

Demostración. Consideremos una serie geométrica con primer término a_1, razón r, y n términos. Queremos encontrar la suma S_n de los primeros n términos:

$$S_n = a_1 + a_1 r + a_1 r^2 + \cdots + a_1 r^{n-1}.$$

Multiplicamos ambos lados de la ecuación por r:

$$rS_n = a_1 r + a_1 r^2 + a_1 r^3 + \cdots + a_1 r^n.$$

Restamos esta última ecuación de la primera:

$$S_n - rS_n = (a_1 + a_1 r + a_1 r^2 + \cdots + a_1 r^{n-1}) - (a_1 r + a_1 r^2 + a_1 r^3 + \cdots + a_1 r^n),$$

lo que simplifica a:

$$S_n(1-r) = a_1(1-r^n).$$

Suponiendo que $r \neq 1$, dividimos ambos lados por $1-r$ para obtener:

$$S_n = a_1 \frac{1-r^n}{1-r}.$$

Esto completa la demostración. ■

Corollary 3.3.5 Si $|r| < 1$, la suma infinita de la serie geométrica es:

$$S = \lim_{n \to \infty} S_n = \frac{a_1}{1-r}.$$

Demostración. Para una serie geométrica con primer término a_1 y razón r tal que $|r| < 1$, sabemos que la suma de los primeros n términos está dada por:

$$S_n = a_1 \frac{1-r^n}{1-r}.$$

3.3 Aplicaciones: series numéricas y analogías gráficas.

Queremos encontrar la suma infinita de la serie, que es el límite de S_n cuando $n \to \infty$:

$$S = \lim_{n \to \infty} S_n = \lim_{n \to \infty} a_1 \frac{1 - r^n}{1 - r}.$$

Dado que $|r| < 1$, el término r^n tiende a 0 cuando $n \to \infty$. Por lo tanto:

$$\lim_{n \to \infty} r^n = 0.$$

Sustituyendo en la expresión para S:

$$S = a_1 \frac{1 - 0}{1 - r} = \frac{a_1}{1 - r}.$$

Esto demuestra que la suma infinita de la serie geométrica es:

$$S = \frac{a_1}{1 - r}.$$

∎

(R) Esta propiedad es fundamental en problemas visuales que involucran fractales o patrones infinitos, donde la suma total converge a un valor finito.

■ **Example 3.16** Considere un cuadrado de lado 1. Se inscribe un círculo dentro del cuadrado, luego se inscribe un cuadrado dentro de ese círculo, y así sucesivamente infinitamente. El área total de todos los cuadrados inscritos se puede calcular usando una serie geométrica.

El área del primer cuadrado es $A_1 = 1$. La razón entre las áreas de dos cuadrados consecutivos es $r = \left(\frac{1}{\sqrt{2}}\right)^2 = \frac{1}{2}$, ya que cada cuadrado inscrito tiene sus lados escalados por $\frac{1}{\sqrt{2}}$.

Entonces, la suma total de las áreas es:

$$S = \frac{A_1}{1 - r} = \frac{1}{1 - \frac{1}{2}} = 2.$$

∎

Lema 3.3.3 En un problema visual donde cada iteración reduce una dimensión lineal por un factor k, el área se reduce por un factor k^2, y el volumen por un factor k^3.

Demostración. Sea L la dimensión lineal inicial. Después de una reducción por un factor k, la nueva dimensión es $L' = kL$. El área se calcula como $A = (L')^2 = (kL)^2 = k^2 L^2$. De manera similar, el volumen es $V = (L')^3 = k^3 L^3$. ∎

Exercise 3.12 En un triángulo equilátero de lado 1, se dibuja un triángulo invertido dentro de él conectando los puntos medios de sus lados, formando cuatro triángulos equiláteros más pequeños. Este proceso se repite infinitamente con los triángulos centrales invertidos. Calcule el área total de todos los triángulos removidos.

El área del triángulo original es:

$$A_1 = \frac{\sqrt{3}}{4} \times 1^2 = \frac{\sqrt{3}}{4}.$$

En cada iteración, se remueve un triángulo cuyo área es $\frac{1}{4}$ del área del triángulo de la iteración anterior.

La suma total de las áreas removidas es:

$$S = A_1\left(\frac{1}{4} + \left(\frac{1}{4}\right)^2 + \left(\frac{1}{4}\right)^3 + \ldots\right) = A_1\left(\frac{1/4}{1 - 1/4}\right) = A_1\left(\frac{1/4}{3/4}\right) = \frac{A_1}{3}.$$

Por lo tanto, el área total removida es $\frac{\sqrt{3}}{12}$.

> (R) Este es un ejemplo de cómo las series geométricas permiten calcular áreas y volúmenes totales en figuras que presentan auto-similitud y patrones infinitos.

> **Theorem 3.3.6** En una figura fractal generada por iteraciones de escala reducida por un factor r, la suma total de una propiedad geométrica (como longitud, área o volumen) que decrece geométricamente es finita si $|r| < 1$.

Demostración. La propiedad geométrica en la n-ésima iteración es $P_n = P_1 r^{n-1}$. La suma total es:

$$S = \sum_{n=1}^{\infty} P_n = P_1 \sum_{n=1}^{\infty} r^{n-1} = P_1\left(\frac{1}{1-r}\right), \quad \text{si } |r| < 1.$$

∎

■ **Example 3.17** Calcule la longitud total de una línea quebrada formada al dividir un segmento de longitud 1 en dos partes iguales y agregar segmentos perpendiculares de longitud $\frac{1}{2}$ en cada división, repitiendo este proceso infinitamente.

Solución:
En cada iteración, se agregan segmentos cuya longitud total es:

$$L_n = 2^{n-1}\left(\frac{1}{2^n}\right) = \frac{1}{2^{n-1}}.$$

La longitud total añadida es:

$$S = \sum_{n=1}^{\infty} L_n = \sum_{n=1}^{\infty} \frac{1}{2^{n-1}} = 2.$$

■

> **Exercise 3.13** Un espejo infinito se forma colocando espejos paralelos enfrentados. Si un rayo de luz pierde un porcentaje fijo de intensidad con cada reflexión, ¿cuál es la intensidad total percibida sumando todas las reflexiones?

Si la intensidad inicial es I_0, y el coeficiente de reflexión es r (con $0 < r < 1$), entonces la intensidad después de n reflexiones es:

$$I_n = I_0 r^n.$$

La intensidad total percibida es:

$$S = I_0 \sum_{n=0}^{\infty} r^n = I_0\left(\frac{1}{1-r}\right).$$

> (R) Este modelo es aplicable en óptica y física, demostrando cómo las series geométricas describen fenómenos de atenuación y reflexión múltiple.

Lema 3.3.4 En una serie geométrica decreciente con $0 < r < 1$, el término n-ésimo tiende a cero cuando $n \to \infty$.

Demostración. Dado que $0 < r < 1$, al elevar r a potencias crecientes, $r^n \to 0$ cuando $n \to \infty$. ∎

Exercise 3.14 En una pintura, un artista dibuja un círculo de radio 1, dentro de este dibuja otro círculo con radio $\frac{1}{2}$, y continúa dibujando círculos anidados con radios que son la mitad del anterior. Calcule la suma de las áreas de todos los círculos dibujados.

El área del primer círculo es $A_1 = \pi(1)^2 = \pi$. Cada círculo subsiguiente tiene un área que es $\left(\frac{1}{2}\right)^2 = \frac{1}{4}$ del anterior.
La suma total de las áreas es:

$$S = \pi\left(1 + \frac{1}{4} + \left(\frac{1}{4}\right)^2 + \ldots\right) = \pi\left(\frac{1}{1-\frac{1}{4}}\right) = \pi\left(\frac{1}{\frac{3}{4}}\right) = \frac{4\pi}{3}.$$

> (R) Los problemas visuales que involucran series geométricas ilustran cómo cantidades infinitas pueden sumar a un valor finito, un concepto clave en cálculo y análisis matemático.

3.4 Ejercicios Resueltos

Exercise 3.15 Considera una progresión aritmética con primer término $a_1 = 3$ y diferencia común $d = 5$. Calcula el décimo término de la progresión y la suma de los primeros diez términos.

Demostración. Para encontrar el décimo término, usamos la fórmula del n-ésimo término de una progresión aritmética:

$$a_n = a_1 + (n-1)d.$$

Sustituyendo $a_1 = 3$, $d = 5$ y $n = 10$:

$$a_{10} = 3 + (10-1) \cdot 5 = 3 + 9 \cdot 5 = 3 + 45 = 48.$$

Ahora, calculamos la suma de los primeros diez términos usando la fórmula de la suma de los primeros n términos:

$$S_n = \frac{n}{2}(a_1 + a_n).$$

Sustituyendo $n = 10$, $a_1 = 3$ y $a_{10} = 48$:

$$S_{10} = \frac{10}{2}(3 + 48) = 5 \cdot 51 = 255.$$

Por lo tanto, el décimo término es 48, y la suma de los primeros diez términos es 255. ∎

Exercise 3.16 Demuestra que la suma de los primeros n números impares es igual a n^2.

Demostración. Sea la serie de los primeros n números impares: $1, 3, 5, \ldots, (2n-1)$. Queremos demostrar que:

$$1 + 3 + 5 + \cdots + (2n-1) = n^2.$$

Procedemos por inducción matemática.
Paso base: Para $n = 1$:

$$1 = 1^2,$$

que es cierto.
Paso inductivo: Supongamos que la fórmula es verdadera para $n = k$, es decir,

$$1 + 3 + 5 + \cdots + (2k-1) = k^2.$$

Queremos demostrar que esto implica que la fórmula es verdadera para $n = k+1$:

$$1 + 3 + 5 + \cdots + (2k-1) + (2(k+1) - 1) = (k+1)^2.$$

Por la hipótesis de inducción, sabemos que $1 + 3 + 5 + \cdots + (2k-1) = k^2$. Entonces:

$$1 + 3 + 5 + \cdots + (2k-1) + (2(k+1) - 1) = k^2 + (2k+1).$$

Simplificando el lado derecho:

$$k^2 + 2k + 1 = (k+1)^2.$$

Por lo tanto, la fórmula es verdadera para $n = k+1$.
Por el principio de inducción matemática, la fórmula es verdadera para todo $n \in \mathbb{N}$. Así, la suma de los primeros n números impares es igual a n^2. ∎

Exercise 3.17 Demuestra que la raíz cuadrada de 3 es un número irracional.

Demostración. Procedemos por contradicción. Supongamos que $\sqrt{3}$ es racional. Entonces, podemos escribir $\sqrt{3} = \frac{a}{b}$, donde a y b son enteros positivos coprimos (es decir, su máximo común divisor es 1). Elevando ambos lados al cuadrado, obtenemos:

$$3 = \frac{a^2}{b^2} \Rightarrow a^2 = 3b^2.$$

Esto implica que a^2 es divisible por 3, lo que a su vez implica que a es divisible por 3 (pues si el cuadrado de un número es divisible por 3, el número mismo también lo es).
Entonces, podemos escribir $a = 3k$ para algún entero k. Sustituyendo en la ecuación anterior, obtenemos:

$$(3k)^2 = 3b^2 \Rightarrow 9k^2 = 3b^2 \Rightarrow b^2 = 3k^2.$$

Esto implica que b^2 es divisible por 3, y por lo tanto b también es divisible por 3.
Hemos llegado a una contradicción, ya que a y b son ambos divisibles por 3, lo cual contradice la suposición de que son coprimos. Por lo tanto, $\sqrt{3}$ no puede ser racional, y debe ser irracional. ∎

Exercise 3.18 Calcula la suma infinita de la serie geométrica $\sum_{n=0}^{\infty} \frac{1}{2^n}$.

Demostración. La serie geométrica dada es:

$$\sum_{n=0}^{\infty} \frac{1}{2^n}.$$

Esta es una serie geométrica infinita con primer término $a = 1$ y razón $r = \frac{1}{2}$.
La fórmula para la suma de una serie geométrica infinita con $|r| < 1$ es:

$$S = \frac{a}{1-r}.$$

Sustituyendo los valores de a y r:

$$S = \frac{1}{1-\frac{1}{2}} = \frac{1}{\frac{1}{2}} = 2.$$

Por lo tanto, la suma infinita de la serie es 2. ∎

Exercise 3.19 Demuestra que si n^2 es par, entonces n es par.

Demostración. Procedemos por contradicción. Supongamos que n^2 es par, pero n es impar. Si n es impar, entonces n se puede escribir como $n = 2k+1$ para algún entero k.
Calculamos n^2:

$$n^2 = (2k+1)^2 = 4k^2 + 4k + 1 = 2(2k^2 + 2k) + 1.$$

Observamos que n^2 es de la forma $2m+1$ para algún entero m, lo cual implica que n^2 es impar. Esto contradice la suposición de que n^2 es par. Por lo tanto, nuestra suposición de que n es impar debe ser incorrecta. Esto implica que n es par. ∎

3.5 Ejercicios Propuestos

3.5.1 Razonamiento Inductivo: Identificación de Patrones y Generalización

Exercise 3.20 Identifica el patrón en la secuencia numérica $2, 5, 10, 17, 26, \ldots$ y encuentra el siguiente término.

Exercise 3.21 Determina una fórmula general para el n-ésimo término de la serie $1, 4, 9, 16, 25, \ldots$, que representa los cuadrados de los números naturales.

Exercise 3.22 Observa la secuencia $3, 6, 12, 24, \ldots$ y determina si es aritmética, geométrica o de otro tipo. Encuentra el séptimo término de la secuencia.

Exercise 3.23 Dada la secuencia de números $1, 1, 2, 3, 5, 8, \ldots$, que sigue la sucesión de Fibonacci, encuentra el décimo término de la secuencia.

Capítulo 3. Razonamiento Inductivo y Deductivo

Exercise 3.24 En la secuencia de números pares $2, 4, 6, 8, \ldots$, encuentra la suma de los primeros veinte términos.

3.5.2 Razonamiento Deductivo: Uso de Premisas para Llegar a Conclusiones

Exercise 3.25 Dadas las premisas: 1. Si llueve, entonces la calle está mojada. 2. La calle no está mojada.
Utiliza el razonamiento deductivo para llegar a una conclusión sobre si está lloviendo o no.

Exercise 3.26 Considera las siguientes premisas: 1. Si un número es par, entonces es divisible por 2. 2. El número 10 es par.
Utiliza las premisas para deducir si el número 10 es divisible por 2.

Exercise 3.27 Dadas las premisas: 1. Todos los gatos son mamíferos. 2. Todos los mamíferos tienen corazón.
¿Qué se puede concluir sobre los gatos usando razonamiento deductivo?

Exercise 3.28 Dadas las premisas: 1. Si estudias, entonces aprobarás el examen. 2. No aprobaste el examen.
Usa el razonamiento deductivo para determinar si estudiaste o no.

Exercise 3.29 Dadas las siguientes premisas: 1. Si un número es múltiplo de 4, entonces es múltiplo de 2. 2. El número 18 es múltiplo de 2.
¿Se puede concluir que el número 18 es múltiplo de 4? Justifica tu respuesta.

3.5.3 Aplicaciones: Series Numéricas y Analogías Gráficas

Exercise 3.30 Dada la serie geométrica $5, 10, 20, 40, \ldots$, determina el octavo término de la serie.

Exercise 3.31 En una figura geométrica, cada nivel de un triángulo tiene el doble de triángulos que el nivel anterior. Si el primer nivel tiene un triángulo, ¿cuántos triángulos tendrá el quinto nivel?

Exercise 3.32 Calcula la suma de los primeros diez términos de la serie $3, 6, 9, 12, \ldots$.

Exercise 3.33 Observa la serie $100, 50, 25, 12,5, \ldots$. Determina si es una progresión aritmética o geométrica, y calcula la suma infinita de la serie si es posible.

Exercise 3.34 Dibuja un patrón de cuadrados donde el área del primer cuadrado es 1, el área del segundo es $\frac{1}{4}$, el área del tercero es $\frac{1}{16}$, y así sucesivamente. Calcula la suma infinita de las áreas de todos los cuadrados.

4. Funciones Proposicionales y Cuantificadores

4.1 Predicados: definición y ejemplos.

4.1.1 Predicados de una variable

Un **predicado** es una función proposicional que depende de una o más variables. Cuando se asignan valores específicos a estas variables, el predicado se convierte en una proposición que puede ser verdadera o falsa.

Definition 4.1.1 Un **predicado de una variable** es una función $P(x)$ que asigna a cada elemento x de un conjunto D (dominio) una proposición. Es decir, para cada $x \in D$, $P(x)$ es una proposición que puede ser verdadera o falsa.

■ **Example 4.1** Sea $P(x)$ el predicado "x es un número par", donde el dominio D es el conjunto de los números enteros $\mathbb{Z}$. Entonces, para $x = 2$, $P(2)$ es "2 es un número par", que es una proposición verdadera. Para $x = 3$, $P(3)$ es "3 es un número par", que es una proposición falsa. ■

Theorem 4.1.1 Si $P(x)$ es un predicado de una variable sobre un dominio finito $D = \{x_1, x_2, \ldots, x_n\}$, entonces la proposición "Para todo $x \in D$, $P(x)$ es verdadera." es equivalente a la conjunción $P(x_1) \wedge P(x_2) \wedge \cdots \wedge P(x_n)$.

Demostración. Queremos demostrar que la proposición "Para todo $x \in D$, $P(x)$ es verdadera." es equivalente a la conjunción $P(x_1) \wedge P(x_2) \wedge \cdots \wedge P(x_n)$, donde el dominio D es finito y está dado por $D = \{x_1, x_2, \ldots, x_n\}$.

1. La proposición "Para todo $x \in D$, $P(x)$ es verdadera" significa que $P(x)$ es verdadera para cada elemento x en el conjunto D. Dado que D es finito, contiene exactamente los elementos $x_1, x_2, \ldots, x_n$.
2. Por definición de "para todo" en un dominio finito, la proposición "Para todo $x \in D$, $P(x)$ es verdadera." es equivalente a la afirmación de que $P(x_1)$, $P(x_2)$, ..., $P(x_n)$ son todas verdaderas.
3. En lógica proposicional, decir que todas las proposiciones $P(x_1), P(x_2), \ldots, P(x_n)$ son verdaderas es equivalente a decir que su conjunción es verdadera, es decir:

$$P(x_1) \wedge P(x_2) \wedge \cdots \wedge P(x_n).$$

Por lo tanto, hemos demostrado que la proposición "Para todo $x \in D$, $P(x)$ es verdadera." es equivalente a la conjunción $P(x_1) \wedge P(x_2) \wedge \cdots \wedge P(x_n)$. ∎

Lema 4.1.1 La negación de una proposición universal $\forall x \in D, P(x)$ es equivalente a la existencia de un contraejemplo, es decir:

$$\neg(\forall x \in D, P(x)) \equiv \exists x \in D \text{ tal que } \neg P(x).$$

Demostración. Por definición de la cuantificación universal y existencial, la negación de "para todo x, $P(x)$." es "existe algún x tal que $P(x)$ es falsa". ∎

■ **Example 4.2** Consideremos el predicado $P(x)$: "x es mayor que 0", con dominio $D = \mathbb{Z}$.
- La proposición $\forall x \in \mathbb{Z}, P(x)$ es "Todos los números enteros son mayores que 0", lo cual es falso. - La negación es $\exists x \in \mathbb{Z}$ tal que $\neg P(x)$, es decir, "Existe un número entero que no es mayor que 0", lo cual es verdadero (por ejemplo, $x = -1$). ∎

> Los predicados permiten generalizar proposiciones y trabajar con ellas en términos de variables, lo que es fundamental en lógica matemática y en la formalización de teorías matemáticas.

> **Exercise 4.1** Sea $P(x)$ el predicado "x es divisible por 3", con dominio $D = \mathbb{Z}$. Determine si la proposición $\exists x \in D$ tal que $P(x)$ es verdadera o falsa. Justifique su respuesta.

La proposición $\exists x \in \mathbb{Z}$ tal que $P(x)$ es verdadera significa "Existe un número entero que es divisible por 3". Esto es verdadero, ya que $x = 3$ es un ejemplo (3 es divisible por 3). Por lo tanto, la proposición es verdadera.

> **Theorem 4.1.2** Si $P(x)$ es un predicado de una variable y $Q(x)$ es otro predicado de una variable sobre el mismo dominio D, entonces:
> 1. $\forall x \in D, [P(x) \wedge Q(x)] \equiv [\forall x \in D, P(x)] \wedge [\forall x \in D, Q(x)]$.
> 2. $\exists x \in D, [P(x) \vee Q(x)] \equiv [\exists x \in D, P(x)] \vee [\exists x \in D, Q(x)]$.

Demostración. Demostraremos cada parte del teorema por separado.
Parte 1 Queremos probar que:

$$\forall x \in D, [P(x) \wedge Q(x)] \equiv [\forall x \in D, P(x)] \wedge [\forall x \in D, Q(x)].$$

1. ($\Rightarrow$) Supongamos que $\forall x \in D, [P(x) \wedge Q(x)]$ es verdadera. Esto significa que para todo $x \in D$, tanto $P(x)$ como $Q(x)$ son verdaderas. Por lo tanto: - $\forall x \in D, P(x)$ es verdadera, ya que $P(x)$ es verdadera para cada $x \in D$. - $\forall x \in D, Q(x)$ es también verdadera, ya que $Q(x)$ es verdadera para cada $x \in D$.
Así, $[\forall x \in D, P(x)] \wedge [\forall x \in D, Q(x)]$ es verdadera.
2. ($\Leftarrow$) Supongamos que $[\forall x \in D, P(x)] \wedge [\forall x \in D, Q(x)]$ es verdadera. Esto implica que: - $\forall x \in D, P(x)$ es verdadera. - $\forall x \in D, Q(x)$ es verdadera.
Dado que $P(x)$ y $Q(x)$ son verdaderas para todo $x \in D$, entonces $P(x) \wedge Q(x)$ es también verdadera para todo $x \in D$. Esto significa que $\forall x \in D, [P(x) \wedge Q(x)]$ es verdadera.
Por lo tanto, hemos demostrado que:

4.1 Predicados: definición y ejemplos.

$$\forall x \in D, [P(x) \land Q(x)] \equiv [\forall x \in D, P(x)] \land [\forall x \in D, Q(x)].$$

Parte 2 Queremos probar que:

$$\exists x \in D, [P(x) \lor Q(x)] \equiv [\exists x \in D, P(x)] \lor [\exists x \in D, Q(x)].$$

1. ($\Rightarrow$) Supongamos que $\exists x \in D, [P(x) \lor Q(x)]$ es verdadera. Esto significa que existe al menos un $x \in D$ tal que $P(x) \lor Q(x)$ es verdadera. Por definición de la disyunción, esto implica que: - $P(x)$ es verdadera para algún $x \in D$, o - $Q(x)$ es verdadera para algún $x \in D$.
Por lo tanto, $\exists x \in D, P(x)$ es verdadera o $\exists x \in D, Q(x)$ es verdadera, lo que implica que $[\exists x \in D, P(x)] \lor [\exists x \in D, Q(x)]$ es verdadera.

2. ($\Leftarrow$) Supongamos que $[\exists x \in D, P(x)] \lor [\exists x \in D, Q(x)]$ es verdadera. Esto significa que: - $\exists x \in D, P(x)$ es verdadera, o - $\exists x \in D, Q(x)$ es verdadera.
En ambos casos, existe al menos un $x \in D$ tal que $P(x) \lor Q(x)$ es verdadera. Por lo tanto, $\exists x \in D, [P(x) \lor Q(x)]$ es verdadera.
Con esto, hemos demostrado que:

$$\exists x \in D, [P(x) \lor Q(x)] \equiv [\exists x \in D, P(x)] \lor [\exists x \in D, Q(x)].$$

Esto completa la demostración. ∎

■ **Example 4.3** Sea $P(x)$: "x es par$Q(x)$: "x es múltiplo de 3", con dominio $D = \{1,2,3,4,5,6\}$.
- Evaluamos $\forall x \in D, [P(x) \land Q(x)]$:
- ¿Es cierto que para todo $x \in D$, x es par y x es múltiplo de 3? No, porque, por ejemplo, $x = 2$ es par pero no es múltiplo de 3, y $x = 3$ es múltiplo de 3 pero no es par. Por lo tanto, la proposición es falsa.
- Evaluamos $[\forall x \in D, P(x)] \land [\forall x \in D, Q(x)]$:
- $\forall x \in D, P(x)$: "Todos los números en D son pares."es falso. - $\forall x \in D, Q(x)$: "Todos los números en D son múltiplos de 3."es falso. - La conjunción de dos proposiciones falsas es falsa, por lo que $[\forall x \in D, P(x)] \land [\forall x \in D, Q(x)]$ es falsa.
- Ambos resultados coinciden, confirmando la equivalencia.

∎

> **Exercise 4.2** Utilice los predicados $P(x)$: "x es primo$Q(x)$: "x es impar", con dominio $D = \{2,3,4,5,6,7\}$. Verifique la validez de la equivalencia:
>
> $$\exists x \in D, [P(x) \land Q(x)] \equiv [\exists x \in D, P(x)] \land [\exists x \in D, Q(x)].$$

- Evaluamos $\exists x \in D, [P(x) \land Q(x)]$:
- Buscamos $x \in D$ tal que x es primo e impar. - Los números que cumplen son $x = 3, 5, 7$. - Por lo tanto, la proposición es verdadera.
- Evaluamos $[\exists x \in D, P(x)] \land [\exists x \in D, Q(x)]$:
- $\exists x \in D, P(x)$: ."Existe x en D que es primo."es verdadera (por ejemplo, $x = 2$). - $\exists x \in D, Q(x)$: ."Existe x en D que es impar."es verdadera (por ejemplo, $x = 3$). - La conjunción de dos proposiciones verdaderas es verdadera.
- Ambas proposiciones son verdaderas, confirmando la equivalencia.

> El manejo de predicados y cuantificadores es fundamental para formalizar argumentos matemáticos y lógicos, permitiendo expresar de manera precisa proposiciones complejas.

Theorem 4.1.3 — Leyes de De Morgan para cuantificadores. Para cualquier predicado $P(x)$ y dominio D:
1. $\neg(\forall x \in D, P(x)) \equiv \exists x \in D$ tal que $\neg P(x)$.
2. $\neg(\exists x \in D, P(x)) \equiv \forall x \in D$ tal que $\neg P(x)$.

Demostración. Demostraremos cada parte de las leyes de De Morgan para cuantificadores por separado.

Parte 1 Queremos probar que:

$$\neg(\forall x \in D, P(x)) \equiv \exists x \in D \text{ tal que } \neg P(x).$$

1. ($\Rightarrow$) Supongamos que $\neg(\forall x \in D, P(x))$ es verdadera. Esto significa que la proposición $\forall x \in D, P(x)$ es falsa. Si $\forall x \in D, P(x)$ es falsa, entonces debe existir al menos un elemento $x \in D$ para el cual $P(x)$ es falsa. Por lo tanto, existe un $x \in D$ tal que $\neg P(x)$ es verdadera. Esto implica que $\exists x \in D$ tal que $\neg P(x)$ es verdadera.

2. ($\Leftarrow$) Supongamos que $\exists x \in D$ tal que $\neg P(x)$ es verdadera. Esto significa que hay al menos un elemento $x \in D$ para el cual $P(x)$ es falsa. Por lo tanto, $\forall x \in D, P(x)$ no es verdadera, lo que implica que $\neg(\forall x \in D, P(x))$ es verdadera.

Hemos demostrado, entonces, que:

$$\neg(\forall x \in D, P(x)) \equiv \exists x \in D \text{ tal que } \neg P(x).$$

Parte 2 Queremos probar que:

$$\neg(\exists x \in D, P(x)) \equiv \forall x \in D \text{ tal que } \neg P(x).$$

1. ($\Rightarrow$) Supongamos que $\neg(\exists x \in D, P(x))$ es verdadera. Esto significa que la proposición $\exists x \in D, P(x)$ es falsa. Si $\exists x \in D, P(x)$ es falsa, entonces no existe ningún $x \in D$ para el cual $P(x)$ sea verdadera. Esto implica que para todo $x \in D$, $P(x)$ es falsa, o equivalentemente, que $\neg P(x)$ es verdadera para todo $x \in D$. Por lo tanto, $\forall x \in D$ tal que $\neg P(x)$ es verdadera.

2. ($\Leftarrow$) Supongamos que $\forall x \in D$ tal que $\neg P(x)$ es verdadera. Esto significa que $P(x)$ es falsa para cada $x \in D$, lo que implica que no existe ningún $x \in D$ tal que $P(x)$ sea verdadera. Por lo tanto, $\exists x \in D, P(x)$ es falsa, lo que implica que $\neg(\exists x \in D, P(x))$ es verdadera.

Por lo tanto, hemos demostrado que:

$$\neg(\exists x \in D, P(x)) \equiv \forall x \in D \text{ tal que } \neg P(x).$$

Esto completa la demostración de las leyes de De Morgan para cuantificadores. ∎

■ **Example 4.4** Sea $P(x)$: "x es mayor que 10", con dominio $D = \{8, 9, 10, 11, 12\}$.

- Evaluamos $\neg(\forall x \in D, P(x))$:
- "No es cierto que para todo $x \in D$, x es mayor que 10". - Esto es equivalente a ."Existe $x \in D$ tal que x no es mayor que 10". - Efectivamente, $x = 8$ cumple que x no es mayor que 10.

■

4.1 Predicados: definición y ejemplos.

Exercise 4.3 Formule la negación de la proposición "Todos los estudiantes del curso aprobaron el examen"utilizando cuantificadores y predicados.

Primero, definimos el predicado $P(x)$: "x aprobó el examen", donde x pertenece al dominio D de todos los estudiantes del curso.

La proposición original es $\forall x \in D, P(x)$.

La negación es $\neg(\forall x \in D, P(x))$, que por las leyes de De Morgan equivale a $\exists x \in D$ tal que $\neg P(x)$.

Interpretación: "Existe al menos un estudiante en el curso que no aprobó el examen".

> (R) Entender cómo se niegan proposiciones con cuantificadores es esencial para el análisis lógico y para evitar errores comunes en razonamientos matemáticos.

4.1.2 Predicados de dos variables

Los **predicados de dos variables** son funciones proposicionales que dependen de dos variables, y se convierten en proposiciones cuando se asignan valores específicos a ambas variables. Estos predicados permiten expresar relaciones entre elementos de uno o más conjuntos.

Definition 4.1.2 Un **predicado de dos variables** es una función $P(x,y)$ que asigna a cada par ordenado (x,y) de elementos de un dominio $D_x \times D_y$ una proposición. Es decir, para cada $x \in D_x$ y $y \in D_y$, $P(x,y)$ es una proposición que puede ser verdadera o falsa.

■ **Example 4.5** Sea $P(x,y)$ el predicado "x es mayor que y", donde $D_x = D_y = \mathbb{N}$ (el conjunto de los números naturales). Entonces:
- $P(5,3)$ es "5 es mayor que 3", que es verdadera.
- $P(2,4)$ es "2 es mayor que 4", que es falsa.

Theorem 4.1.4 Si $P(x,y)$ es un predicado de dos variables sobre dominios finitos D_x y D_y, entonces la proposición $\forall x \in D_x, \forall y \in D_y, P(x,y)$ es equivalente a la conjunción de todas las posibles proposiciones $P(x,y)$ para cada $x \in D_x$ y $y \in D_y$.

Demostración. Queremos demostrar que la proposición

$$\forall x \in D_x, \forall y \in D_y, P(x,y)$$

es equivalente a la conjunción de todas las proposiciones $P(x,y)$ para cada par de valores $x \in D_x$ y $y \in D_y$.

La proposición $\forall x \in D_x, \forall y \in D_y, P(x,y)$ significa que $P(x,y)$ es verdadera para cada combinación de x y y dentro de los dominios D_x y D_y.

Dado que D_x y D_y son finitos, podemos listar todos los valores posibles de x en D_x y y en D_y. Entonces, esta proposición se reduce a verificar que $P(x,y)$ es verdadera para cada combinación específica de x y y en esos dominios.

Decir que $P(x,y)$ es verdadera para todos los $x \in D_x$ y $y \in D_y$ es lo mismo que decir que cada $P(x,y)$ es verdadera individualmente para cada par. Esto se puede expresar como la conjunción de todas estas proposiciones:

$$\forall x \in D_x, \forall y \in D_y, P(x,y) \iff P(x_1,y_1) \wedge P(x_1,y_2) \wedge \cdots \wedge P(x_m,y_n)$$

Por lo tanto, hemos demostrado que la proposición es equivalente a la conjunción de todas las posibles proposiciones $P(x,y)$ para cada $x \in D_x$ y $y \in D_y$. ■

Lema 4.1.2 La negación de una proposición universal doble es equivalente a la existencia de al menos un par para el cual el predicado es falso:

$$\neg(\forall x \in D_x, \forall y \in D_y, P(x,y)) \equiv \exists x \in D_x, \exists y \in D_y \text{ tal que } \neg P(x,y).$$

Demostración. Aplicando las leyes de De Morgan para cuantificadores:

$$\neg(\forall x \in D_x, \forall y \in D_y, P(x,y)) \equiv \exists x \in D_x, \neg(\forall y \in D_y, P(x,y)) \equiv \exists x \in D_x, \exists y \in D_y \text{ tal que } \neg P(x,y).$$

∎

■ **Example 4.6** Sea $P(x,y)$ el predicado "x es divisible por y", con $D_x = \{2,4,6\}$ y $D_y = \{1,2,3\}$.
- Evaluemos $\forall x \in D_x, \exists y \in D_y$ tal que $P(x,y)$:
- Para $x = 2$, $P(2,1)$ es verdadera (2 es divisible por 1). - Para $x = 4$, $P(4,1)$ es verdadera. - Para $x = 6$, $P(6,1)$ es verdadera.
Por lo tanto, la proposición es verdadera.
- Evaluemos $\exists y \in D_y, \forall x \in D_x$ tal que $P(x,y)$:
- ¿Existe y tal que para todo x, x es divisible por y? - Probemos con $y = 1$: todos los x son divisibles por 1, proposición verdadera. - Por lo tanto, la proposición es verdadera.

∎

(R) El orden de los cuantificadores es crucial en predicados de varias variables, ya que cambiar el orden puede alterar el significado de la proposición.

Theorem 4.1.5 En general, para predicados de dos variables, se cumple que:

$$\forall x \in D_x, \exists y \in D_y, P(x,y) \not\equiv \exists y \in D_y, \forall x \in D_x, P(x,y).$$

Demostración. Para demostrar que

$$\forall x \in D_x, \exists y \in D_y, P(x,y) \not\equiv \exists y \in D_y, \forall x \in D_x, P(x,y),$$

es decir, que estas dos expresiones no son equivalentes, basta con encontrar un contraejemplo en el que una de las expresiones sea verdadera y la otra falsa.
Consideremos los dominios $D_x = \{1,2\}$ y $D_y = \{1,2\}$ y el predicado $P(x,y)$ definido por:

$$P(x,y) = \begin{cases} \text{verdadero} & \text{si } x = y, \\ \text{falso} & \text{si } x \neq y. \end{cases}$$

Evaluemos cada expresión por separado:
1. **Para $\forall x \in D_x, \exists y \in D_y, P(x,y)$:** Para cada x en D_x, podemos encontrar un y en D_y tal que $P(x,y)$ es verdadero: - Si $x = 1$, elige $y = 1$, donde $P(1,1)$ es verdadero. - Si $x = 2$, elige $y = 2$, donde $P(2,2)$ es verdadero.
Por lo tanto, $\forall x \in D_x, \exists y \in D_y, P(x,y)$ es verdadera.
2. **Para $\exists y \in D_y, \forall x \in D_x, P(x,y)$:** Buscamos un solo y en D_y tal que $P(x,y)$ sea verdadero para todos los x en D_x. - Si elegimos $y = 1$, entonces $P(2,1)$ es falso. - Si elegimos $y = 2$, entonces $P(1,2)$ es falso.
No existe ningún y en D_y tal que $P(x,y)$ sea verdadero para todos los $x \in D_x$. Por lo tanto, $\exists y \in D_y, \forall x \in D_x, P(x,y)$ es falsa.
Este contraejemplo muestra que $\forall x \in D_x, \exists y \in D_y, P(x,y)$ es verdadera, mientras que $\exists y \in D_y, \forall x \in D_x, P(x,y)$ es falsa. Por lo tanto, las dos expresiones no son equivalentes.

∎

4.1 Predicados: definición y ejemplos.

Exercise 4.4 Sea $P(x,y)$: "x más y es igual a 5", con $D_x = D_y = \{1,2,3,4\}$. Determine si las siguientes proposiciones son verdaderas o falsas:
1. $\exists x \in D_x, \exists y \in D_y$ tal que $P(x,y)$.
2. $\forall x \in D_x, \exists y \in D_y$ tal que $P(x,y)$.
3. $\exists y \in D_y, \forall x \in D_x$ tal que $P(x,y)$.
4. $\forall x \in D_x, \forall y \in D_y, P(x,y)$.

1. **Verdadera**. Existen múltiples pares (x,y) que cumplen $x+y=5$, por ejemplo, $(1,4)$, $(2,3)$.
2. **Verdadera**. Para cada $x \in D_x$, podemos encontrar un $y \in D_y$ tal que $x+y=5$:
   - Para $x=1$, $y=4$.
   - Para $x=2$, $y=3$.
   - Para $x=3$, $y=2$.
   - Para $x=4$, $y=1$.
3. **Falsa**. ¿Existe un y que sirva para todos los x?
   - Si $y=1$, $x+1=5 \implies x=4$.
   - $y=1$ no funciona para todos los x.
   - Ningún y cumple que $x+y=5$ para todos los x.
4. **Falsa**. No todos los pares (x,y) cumplen $x+y=5$. Por ejemplo, $x=1$, $y=1$ da $1+1=2 \neq 5$.

(R) Este ejercicio ilustra cómo el cambio en el orden y tipo de cuantificadores afecta el valor de verdad de las proposiciones en predicados de dos variables.

Theorem 4.1.6 — Intercambio de Cuantificadores. Para ciertos dominios y predicados específicos, es posible que se cumpla la equivalencia:

$$\forall x \in D_x, \forall y \in D_y, P(x,y) \equiv \forall y \in D_y, \forall x \in D_x, P(x,y).$$

Demostración. Para demostrar que

$$\forall x \in D_x, \forall y \in D_y, P(x,y) \equiv \forall y \in D_y, \forall x \in D_x, P(x,y),$$

es decir, que los cuantificadores pueden intercambiarse en este caso, observemos que cada expresión afirma que $P(x,y)$ es verdadera para todos los pares (x,y) en los dominios D_x y D_y.
1. Para $\forall x \in D_x, \forall y \in D_y, P(x,y)$:** Esto significa que para cada $x \in D_x$, el predicado $P(x,y)$ es verdadero para todos $y \in D_y$.
2. Para $\forall y \in D_y, \forall x \in D_x, P(x,y)$:** Esto significa que para cada $y \in D_y$, el predicado $P(x,y)$ es verdadero para todos $x \in D_x$.

Dado que ambas expresiones requieren que $P(x,y)$ sea verdadera para todos los pares $(x,y) \in D_x \times D_y$, las dos expresiones son equivalentes, pues ambas afirman que $P(x,y)$ es verdadera en toda la combinación de los dominios.
Por lo tanto,

$$\forall x \in D_x, \forall y \in D_y, P(x,y) \equiv \forall y \in D_y, \forall x \in D_x, P(x,y).$$

■

Lema 4.1.3 Si $P(x,y)$ es un predicado y $D_x = D_y$, entonces:

$$\forall x \in D, P(x,x) \implies \forall x \in D, \exists y \in D, P(x,y).$$

Demostración. Si para todo $x \in D$, $P(x,x)$ es verdadera, entonces para cada x, existe al menos un y (en este caso $y = x$) tal que $P(x,y)$ es verdadera. ∎

■ **Example 4.7** Sea $P(x,y)$: "x es igual a y", con $D = \{1,2,3\}$.
- $\forall x \in D, P(x,x)$ es verdadera, ya que cada elemento es igual a sí mismo. - Por el lema, $\forall x \in D, \exists y \in D$ tal que $P(x,y)$ es verdadera, lo cual es cierto.

■

> **Exercise 4.5** Defina el predicado $P(x,y)$: "x es amigo de y."en un conjunto de personas $D = \{A,B,C\}$. Si se sabe que la relación de amistad es simétrica (si x es amigo de y, entonces y es amigo de x), y que A es amigo de B, y B es amigo de C, ¿es necesariamente cierto que A es amigo de C? Analice utilizando predicados y cuantificadores.

La simetría nos da:

$$\forall x, y \in D, P(x,y) \implies P(y,x).$$

Sabemos que:

$$P(A,B) \text{ es verdadera}, \quad P(B,C) \text{ es verdadera}.$$

Sin embargo, no podemos concluir que $P(A,C)$ es verdadera sin información adicional. La amistad en este caso no es necesariamente transitiva. Por lo tanto, no es cierto que A sea amigo de C basándonos solo en la información dada.

> (R) Este ejercicio muestra la importancia de entender las propiedades de las relaciones (simetría, reflexividad, transitividad) al trabajar con predicados de dos variables.

> **Theorem 4.1.7** Si $P(x,y)$ es una relación reflexiva y simétrica en un conjunto finito D, entonces:
>
> $$\forall x, y \in D, P(x,y) \implies P(y,x) \wedge P(x,x).$$

Demostración. Para demostrar que

$$\forall x, y \in D, P(x,y) \implies P(y,x) \wedge P(x,x),$$

partimos de las propiedades dadas para la relación $P(x,y)$ en el conjunto finito D: $P(x,y)$ es reflexiva y simétrica.
1. Reflexividad: Como $P(x,y)$ es reflexiva, tenemos que $P(x,x)$ es verdadera para todo $x \in D$.
2. Simetría: Como $P(x,y)$ es simétrica, si $P(x,y)$ es verdadera, entonces $P(y,x)$ también es verdadera para todos $x, y \in D$.
Por lo tanto, si $P(x,y)$ es verdadera, entonces $P(y,x)$ es verdadera (por simetría) y $P(x,x)$ también es verdadera (por reflexividad).
Así, hemos demostrado que

$$\forall x, y \in D, P(x,y) \implies P(y,x) \wedge P(x,x).$$

∎

4.1 Predicados: definición y ejemplos.

■ **Example 4.8** Consideremos la relación de "igualdad módulo n" definida por el predicado $P(x,y)$: "$x \equiv y \mod n$" con $D = \mathbb{Z}$.

- La relación es reflexiva: $\forall x \in \mathbb{Z}, x \equiv x \mod n$. - La relación es simétrica: Si $x \equiv y \mod n$, entonces $y \equiv x \mod n$. - La relación es también transitiva: Si $x \equiv y \mod n$ y $y \equiv z \mod n$, entonces $x \equiv z \mod n$.

■

> **Exercise 4.6** Sea $P(x,y)$ el predicado "x es ancestro de y", con D siendo el conjunto de todas las personas. Si la relación de ancestro es transitiva, ¿qué podemos decir sobre la proposición $\forall x,y,z \in D, [P(x,y) \wedge P(y,z)] \implies P(x,z)$?

■

La proposición es verdadera por definición de transitividad en la relación de ancestro. Si x es ancestro de y y y es ancestro de z, entonces x es ancestro de z.

> (R) Las relaciones entre elementos de un conjunto pueden ser formalizadas mediante predicados de dos variables, y el análisis de sus propiedades (reflexividad, simetría, transitividad) es fundamental en teoría de relaciones y estructuras matemáticas.

> **Theorem 4.1.8** Si $P(x,y)$ es un predicado sobre $D_x \times D_y$, entonces:
> $$\neg(\exists x \in D_x, \forall y \in D_y, P(x,y)) \equiv \forall x \in D_x, \exists y \in D_y \text{ tal que } \neg P(x,y).$$

Demostración. Queremos demostrar que

$$\neg(\exists x \in D_x, \forall y \in D_y, P(x,y)) \equiv \forall x \in D_x, \exists y \in D_y \text{ tal que } \neg P(x,y).$$

1. Lado izquierdo ($\Rightarrow$): Supongamos que $\neg(\exists x \in D_x, \forall y \in D_y, P(x,y))$ es verdadera. Esto significa que no existe ningún $x \in D_x$ tal que $P(x,y)$ sea verdadero para todos los $y \in D_y$. En otras palabras, para cada $x \in D_x$, existe al menos un $y \in D_y$ tal que $P(x,y)$ es falso. Esto implica que:

$$\forall x \in D_x, \exists y \in D_y \text{ tal que } \neg P(x,y).$$

2. Lado derecho ($\Leftarrow$): Supongamos que $\forall x \in D_x, \exists y \in D_y$ tal que $\neg P(x,y)$ es verdadera. Esto significa que para cada $x \in D_x$, hay al menos un $y \in D_y$ tal que $P(x,y)$ es falso. Por lo tanto, no es posible que exista un $x \in D_x$ tal que $P(x,y)$ sea verdadero para todos los $y \in D_y$. Esto implica que:

$$\neg(\exists x \in D_x, \forall y \in D_y, P(x,y)).$$

Así, hemos demostrado que:

$$\neg(\exists x \in D_x, \forall y \in D_y, P(x,y)) \equiv \forall x \in D_x, \exists y \in D_y \text{ tal que } \neg P(x,y).$$

■

Exercise 4.7 Formule la negación de la proposición Existe un estudiante que conoce a todos los profesores utilizando predicados y cuantificadores.

Definimos:
- D_s: conjunto de estudiantes. - D_p: conjunto de profesores. - $P(x,y)$: ."El estudiante x conoce al profesor y".

La proposición original es:

$$\exists x \in D_s, \forall y \in D_p, P(x,y).$$

La negación es:

$$\neg(\exists x \in D_s, \forall y \in D_p, P(x,y)) \equiv \forall x \in D_s, \exists y \in D_p \text{ tal que } \neg P(x,y).$$

Interpretación: "Para todo estudiante x, existe al menos un profesor y que x no conoce".

> La comprensión de cómo negar proposiciones con múltiples cuantificadores es esencial para el análisis lógico y la resolución de problemas en lógica matemática.

4.2 Cuantificadores: cuantificador universal () y existencial ().

4.2.1 Uso de cuantificadores en proposiciones universales

En lógica matemática, los **cuantificadores** permiten expresar propiedades y proposiciones que involucran variables que pueden tomar múltiples valores dentro de un dominio. El **cuantificador universal** $\forall$ se utiliza para indicar que una proposición es verdadera para todos los elementos de un dominio dado.

Definition 4.2.1 El **cuantificador universal** $\forall$ es un operador que, aplicado a una función proposicional $P(x)$, produce la proposición $\forall x \in D, P(x)$, que se lee como "para todo x en el dominio D, $P(x)$ es verdadera".

■ **Example 4.9** Sea $P(x)$ el predicado "x es divisible por 2", con dominio $D = \{2,4,6,8\}$. La proposición $\forall x \in D, P(x)$ significa "todos los elementos en D son divisibles por 2". Evaluando:
- $P(2)$: 2 es divisible por 2 (verdadero).
- $P(4)$: 4 es divisible por 2 (verdadero).
- $P(6)$: 6 es divisible por 2 (verdadero).
- $P(8)$: 8 es divisible por 2 (verdadero).

Como $P(x)$ es verdadera para todos los $x \in D$, la proposición $\forall x \in D, P(x)$ es verdadera. ■

> **Theorem 4.2.1** Si $P(x)$ es un predicado sobre un dominio finito D, entonces la proposición universal $\forall x \in D, P(x)$ es verdadera si y solo si $P(x)$ es verdadera para cada elemento de D.

Demostración. Para demostrar que

$$\forall x \in D, P(x) \text{ es verdadera si y solo si } P(x) \text{ es verdadera para cada elemento de } D,$$

procedemos en ambas direcciones.

($\Rightarrow$) Supongamos que $\forall x \in D, P(x)$ es verdadera. Esto significa que $P(x)$ es verdadera para todo x en el dominio D. Dado que D es finito, esto implica que $P(x)$ es verdadera para cada elemento específico de D.

4.2 Cuantificadores: cuantificador universal () y existencial ().

($\Leftarrow$) Supongamos que $P(x)$ es verdadera para cada elemento de D. Dado que D es finito y $P(x)$ es verdadera para cada elemento de D, esto implica que $P(x)$ es verdadera para todos los $x \in D$, es decir, $\forall x \in D, P(x)$ es verdadera.

Por lo tanto, hemos demostrado que

$$\forall x \in D, P(x) \text{ es verdadera si y solo si } P(x) \text{ es verdadera para cada elemento de } D.$$

∎

Lema 4.2.1 La negación de una proposición universal es equivalente a una proposición existencial:

$$\neg(\forall x \in D, P(x)) \equiv \exists x \in D \text{ tal que } \neg P(x).$$

Demostración. Según las leyes de De Morgan para cuantificadores, la negación del cuantificador universal se convierte en el cuantificador existencial, y la negación de la proposición interior:

$$\neg(\forall x \in D, P(x)) = \exists x \in D \text{ tal que } \neg P(x).$$

Esto significa que si no es cierto que $P(x)$ es verdadera para todo x, entonces existe al menos un x en D para el cual $P(x)$ es falsa. ∎

■ **Example 4.10** Consideremos la proposición $\forall x \in \mathbb{N}, x > 0$, donde $\mathbb{N}$ es el conjunto de los números naturales. Esta proposición es verdadera, ya que todo número natural es mayor que 0.
La negación sería:

$$\neg(\forall x \in \mathbb{N}, x > 0) \equiv \exists x \in \mathbb{N} \text{ tal que } x \leq 0.$$

Esto es falso, ya que no existe ningún número natural que sea menor o igual a 0. ■

R Es importante entender que el uso del cuantificador universal permite generalizar afirmaciones sobre todos los elementos de un conjunto, y su negación implica la existencia de un contraejemplo.

Theorem 4.2.2 Sea $P(x)$ un predicado y D un dominio no vacío. Si $\forall x \in D, P(x)$ es verdadera, entonces para cualquier $x \in D$, $P(x)$ es verdadera.

Demostración. Supongamos que $\forall x \in D, P(x)$ es verdadera. Esto significa que $P(x)$ es verdadera para todos los elementos x en el dominio D.

Dado que D es un dominio no vacío, cualquier elemento $x \in D$ pertenece a este conjunto, y por la afirmación de que $P(x)$ es verdadera para todos los $x \in D$, concluimos que $P(x)$ es verdadera para cualquier $x \in D$.

Por lo tanto, si $\forall x \in D, P(x)$ es verdadera, entonces para cualquier $x \in D$, $P(x)$ es verdadera. ∎

Exercise 4.8 Sea $D = \{1, 2, 3, 4\}$ y $P(x)$ el predicado "$x^2 \geq x$". Determine si la proposición $\forall x \in D, P(x)$ es verdadera o falsa.

Evaluamos $P(x)$ para cada $x \in D$:
- $x = 1$: $1^2 = 1 \geq 1$ (verdadero).
- $x = 2$: $2^2 = 4 \geq 2$ (verdadero).
- $x = 3$: $3^2 = 9 \geq 3$ (verdadero).

- $x = 4$: $4^2 = 16 \geq 4$ (verdadero).

Como $P(x)$ es verdadera para todos los $x \in D$, la proposición $\forall x \in D, P(x)$ es verdadera.

> **R** En dominios finitos, podemos verificar la validez de una proposición universal evaluando el predicado para cada elemento del dominio. Sin embargo, en dominios infinitos, necesitamos argumentos generales o pruebas para establecer la veracidad de la proposición.

Theorem 4.2.3 En el contexto de números reales, la proposición $\forall x \in \mathbb{R}, x^2 \geq 0$ es verdadera.

Demostración. Consideremos un número real arbitrario $x \in \mathbb{R}$. Queremos demostrar que $x^2 \geq 0$. Recordemos que el cuadrado de cualquier número real es siempre no negativo, ya que:

$$x^2 = x \cdot x.$$

Si $x = 0$, entonces $x^2 = 0$.
Si $x > 0$ o $x < 0$, entonces $x^2 > 0$, ya que el producto de dos números positivos o dos números negativos es positivo.
Por lo tanto, para cualquier $x \in \mathbb{R}$, siempre se cumple que $x^2 \geq 0$.
Esto demuestra que:

$$\forall x \in \mathbb{R}, x^2 \geq 0.$$

∎

Exercise 4.9 Determine si la proposición $\forall x \in \mathbb{R}, x^3 \geq 0$ es verdadera o falsa.

Evaluamos el cubo de números reales:
- Si $x > 0$, entonces $x^3 > 0$.
- Si $x = 0$, entonces $x^3 = 0$.
- Si $x < 0$, entonces $x^3 < 0$ (porque el producto de tres negativos es negativo).

Para $x < 0$, x^3 es negativo, por lo que $x^3 \geq 0$ es falso. Por lo tanto, la proposición $\forall x \in \mathbb{R}, x^3 \geq 0$ es falsa.
La negación es:

$$\neg(\forall x \in \mathbb{R}, x^3 \geq 0) \equiv \exists x \in \mathbb{R} \text{ tal que } x^3 < 0.$$

Y efectivamente, para $x = -1$, $(-1)^3 = -1 < 0$.

> **R** Este ejemplo muestra que para refutar una proposición universal es suficiente encontrar un contraejemplo.

Theorem 4.2.4 Las proposiciones universales pueden ser combinadas utilizando conectivos lógicos, y los cuantificadores pueden distribuirse sobre algunos de estos conectivos:

$$\forall x \in D, [P(x) \wedge Q(x)] \equiv [\forall x \in D, P(x)] \wedge [\forall x \in D, Q(x)].$$

Demostración. Queremos demostrar que:

$$\forall x \in D, [P(x) \wedge Q(x)] \equiv [\forall x \in D, P(x)] \wedge [\forall x \in D, Q(x)].$$

4.2 Cuantificadores: cuantificador universal () y existencial (). 87

($\Rightarrow$) Supongamos que $\forall x \in D, [P(x) \land Q(x)]$ es verdadera. Esto significa que para cada $x \in D$, tanto $P(x)$ como $Q(x)$ son verdaderas. Por lo tanto: - $\forall x \in D, P(x)$ es verdadera, ya que $P(x)$ es verdadera para cada $x \in D$. - $\forall x \in D, Q(x)$ es también verdadera, ya que $Q(x)$ es verdadera para cada $x \in D$. Así, $[\forall x \in D, P(x)] \land [\forall x \in D, Q(x)]$ es verdadera.

($\Leftarrow$) Supongamos que $[\forall x \in D, P(x)] \land [\forall x \in D, Q(x)]$ es verdadera. Esto implica que: - $\forall x \in D, P(x)$ es verdadera. - $\forall x \in D, Q(x)$ es verdadera.

Dado que $P(x)$ y $Q(x)$ son verdaderas para todo $x \in D$, entonces $P(x) \land Q(x)$ es también verdadera para todo $x \in D$. Esto significa que $\forall x \in D, [P(x) \land Q(x)]$ es verdadera.

Por lo tanto, hemos demostrado que:

$$\forall x \in D, [P(x) \land Q(x)] \equiv [\forall x \in D, P(x)] \land [\forall x \in D, Q(x)].$$

∎

■ **Example 4.11** Sea $D = \mathbb{N}$, $P(x)$: "x es par", y $Q(x)$: "x es divisible por 2".

La proposición $\forall x \in D, [P(x) \leftrightarrow Q(x)]$ es verdadera, ya que "ser par" y "ser divisible por 2" son equivalentes para los números naturales.

■

Exercise 4.10 Verifique la equivalencia:

$$\forall x \in D, P(x) \lor Q(x) \not\equiv [\forall x \in D, P(x)] \lor [\forall x \in D, Q(x)].$$

Proporcione un ejemplo que demuestre que la equivalencia no se cumple.

Consideremos $D = \{1, 2\}$, $P(x)$: "x es par", $Q(x)$: "x es impar".

Evaluamos:
- $\forall x \in D, P(x) \lor Q(x)$: Para cada $x \in D$, $P(x) \lor Q(x)$ es verdadera porque todo número es par o impar. Por lo tanto, $\forall x \in D, P(x) \lor Q(x)$ es verdadera.
- $[\forall x \in D, P(x)] \lor [\forall x \in D, Q(x)]$:
  - $\forall x \in D, P(x)$: ¿Todos los x en D son pares? $P(1)$ es falsa, ya que 1 no es par. Por lo tanto, $\forall x \in D, P(x)$ es falsa.
  - $\forall x \in D, Q(x)$: ¿Todos los x en D son impares? $Q(2)$ es falsa, ya que 2 no es impar. Por lo tanto, $\forall x \in D, Q(x)$ es falsa.
- Por lo tanto, $[\forall x \in D, P(x)] \lor [\forall x \in D, Q(x)]$ es falsa.

Concluimos que:

$$\forall x \in D, P(x) \lor Q(x) \text{ es verdadera, pero } [\forall x \in D, P(x)] \lor [\forall x \in D, Q(x)] \text{ es falsa.}$$

Por lo tanto, no son equivalentes.

(R) Esta diferencia muestra que la distribución de cuantificadores sobre la disyunción no es equivalente de manera general, y debemos tener cuidado al manipular proposiciones con cuantificadores y conectivos lógicos.

Theorem 4.2.5 — **Leyes de De Morgan para Cuantificadores Universales.** La negación de una proposición universal con una conjunción o disyunción se transforma de la siguiente manera:

$$\neg(\forall x \in D, [P(x) \wedge Q(x)]) \equiv \exists x \in D \text{ tal que } \neg P(x) \vee \neg Q(x),$$
$$\neg(\forall x \in D, [P(x) \vee Q(x)]) \equiv \exists x \in D \text{ tal que } \neg P(x) \wedge \neg Q(x).$$

Demostración. Primera Ley Queremos demostrar que:

$$\neg(\forall x \in D, [P(x) \wedge Q(x)]) \equiv \exists x \in D \text{ tal que } \neg P(x) \vee \neg Q(x).$$

($\Rightarrow$) Supongamos que $\neg(\forall x \in D, [P(x) \wedge Q(x)])$ es verdadera. Esto significa que no es cierto que $P(x) \wedge Q(x)$ sea verdadera para todos los $x \in D$. Por lo tanto, debe existir al menos un $x \in D$ tal que $P(x) \wedge Q(x)$ es falso. La negación de $P(x) \wedge Q(x)$ es $\neg P(x) \vee \neg Q(x)$, lo que implica que:

$$\exists x \in D \text{ tal que } \neg P(x) \vee \neg Q(x).$$

($\Leftarrow$) Supongamos que $\exists x \in D$ tal que $\neg P(x) \vee \neg Q(x)$ es verdadera. Esto significa que hay al menos un $x \in D$ para el cual $P(x) \wedge Q(x)$ es falso. Por lo tanto, no es cierto que $P(x) \wedge Q(x)$ sea verdadero para todos los $x \in D$, lo que implica que:

$$\neg(\forall x \in D, [P(x) \wedge Q(x)]).$$

Por lo tanto, hemos demostrado que:

$$\neg(\forall x \in D, [P(x) \wedge Q(x)]) \equiv \exists x \in D \text{ tal que } \neg P(x) \vee \neg Q(x).$$

Segunda Ley Queremos demostrar que:

$$\neg(\forall x \in D, [P(x) \vee Q(x)]) \equiv \exists x \in D \text{ tal que } \neg P(x) \wedge \neg Q(x).$$

($\Rightarrow$) Supongamos que $\neg(\forall x \in D, [P(x) \vee Q(x)])$ es verdadera. Esto significa que no es cierto que $P(x) \vee Q(x)$ sea verdadera para todos los $x \in D$. Por lo tanto, debe existir al menos un $x \in D$ tal que $P(x) \vee Q(x)$ es falso. La negación de $P(x) \vee Q(x)$ es $\neg P(x) \wedge \neg Q(x)$, lo que implica que:

$$\exists x \in D \text{ tal que } \neg P(x) \wedge \neg Q(x).$$

($\Leftarrow$) Supongamos que $\exists x \in D$ tal que $\neg P(x) \wedge \neg Q(x)$ es verdadera. Esto significa que hay al menos un $x \in D$ para el cual $P(x) \vee Q(x)$ es falso. Por lo tanto, no es cierto que $P(x) \vee Q(x)$ sea verdadero para todos los $x \in D$, lo que implica que:

$$\neg(\forall x \in D, [P(x) \vee Q(x)]).$$

Por lo tanto, hemos demostrado que:

$$\neg(\forall x \in D, [P(x) \vee Q(x)]) \equiv \exists x \in D \text{ tal que } \neg P(x) \wedge \neg Q(x).$$

Esto completa la demostración de las leyes de De Morgan para cuantificadores universales. ∎

4.2 Cuantificadores: cuantificador universal () y existencial ().

Example 4.12 Sea $D = \{1,2,3\}$, $P(x)$: "x es par", $Q(x)$: "x es primo".
Consideremos la proposición $\forall x \in D, [P(x) \vee Q(x)]$.
La negación es:

$$\neg(\forall x \in D, [P(x) \vee Q(x)]) \equiv \exists x \in D \text{ tal que } \neg P(x) \wedge \neg Q(x).$$

Evaluamos $\neg P(x) \wedge \neg Q(x)$ para cada $x \in D$:
- $x = 1$: $P(1)$ es falsa, $Q(1)$ es falsa $\implies$ $\neg P(1) \wedge \neg Q(1)$ es verdadera.

Por lo tanto, existe un $x \in D$ tal que $\neg P(x) \wedge \neg Q(x)$ es verdadera, confirmando la negación.

> Exercise 4.11 Formule y demuestre la negación de la siguiente proposición universal:
>
> $$\forall x \in \mathbb{R}, [x \geq 0 \implies \sqrt{x} \geq 0].$$

Primero, notamos que la proposición es verdadera, ya que la raíz cuadrada de un número no negativo es siempre no negativa.
La negación es:

$$\neg\left(\forall x \in \mathbb{R}, [x \geq 0 \implies \sqrt{x} \geq 0]\right) \equiv \exists x \in \mathbb{R} \text{ tal que } \neg[x \geq 0 \implies \sqrt{x} \geq 0].$$

Simplificamos la negación del condicional:

$$\neg[x \geq 0 \implies \sqrt{x} \geq 0] \equiv x \geq 0 \wedge \sqrt{x} < 0.$$

Pero la raíz cuadrada de un número no negativo es siempre mayor o igual a cero, por lo que $\sqrt{x} < 0$ es imposible para $x \geq 0$.
Por lo tanto, la negación es falsa, y la proposición original es verdadera.

> (R) Este ejercicio muestra cómo aplicar la negación a proposiciones universales con implicaciones y cómo analizar la validez de las proposiciones resultantes.

> Exercise 4.12 Sea $P(x)$: "x es múltiplo de 3", con $D = \mathbb{Z}$. Escriba la negación de la proposición $\forall x \in D, P(x)$ y explique su significado.

La negación es:

$$\neg(\forall x \in D, P(x)) \equiv \exists x \in D \text{ tal que } \neg P(x).$$

Significado: ."Existe al menos un número entero que no es múltiplo de 3".
Esto es verdadero, por ejemplo, $x = 1$ no es múltiplo de 3.

> (R) La comprensión de cómo negar proposiciones universales es fundamental en lógica y matemáticas, especialmente al trabajar con pruebas por contradicción o contraejemplos.

> **Theorem 4.2.6** Si una proposición universal $\forall x \in D, P(x)$ es falsa, entonces su negación $\exists x \in D$ tal que $\neg P(x)$ es verdadera, y viceversa.

90   **Capítulo 4. Funciones Proposicionales y Cuantificadores**

Demostración. Queremos demostrar que si $\forall x \in D, P(x)$ es falsa, entonces $\exists x \in D$ tal que $\neg P(x)$ es verdadera, y viceversa.

1. ($\Rightarrow$) Supongamos que $\forall x \in D, P(x)$ es falsa. Esto significa que no es cierto que $P(x)$ sea verdadera para todos los $x \in D$. Por lo tanto, debe existir al menos un elemento $x \in D$ para el cual $P(x)$ es falsa, es decir, $\neg P(x)$ es verdadera. Esto implica que $\exists x \in D$ tal que $\neg P(x)$ es verdadera.

2. ($\Leftarrow$) Supongamos que $\exists x \in D$ tal que $\neg P(x)$ es verdadera. Esto significa que hay al menos un $x \in D$ para el cual $P(x)$ es falsa. Por lo tanto, no es cierto que $P(x)$ sea verdadera para todos los $x \in D$, lo que implica que $\forall x \in D, P(x)$ es falsa.

Por lo tanto, hemos demostrado que $\forall x \in D, P(x)$ es falsa si y solo si $\exists x \in D$ tal que $\neg P(x)$ es verdadera. ∎

Exercise 4.13 Demuestre que la proposición $\forall x \in \mathbb{R}, x^2 + 1 > 0$ es verdadera.

Para cualquier número real x, $x^2 \geq 0$ (ya que el cuadrado de un número real es no negativo). Por lo tanto, $x^2 + 1 \geq 0 + 1 = 1 > 0$.
Por lo tanto, $\forall x \in \mathbb{R}, x^2 + 1 > 0$ es verdadera.

> (R) Las proposiciones universales son fundamentales para establecer propiedades generales en matemáticas, y el uso adecuado de cuantificadores es esencial para una comunicación precisa y rigurosa.

4.2.2 Ejemplos de cuantificadores existenciales en problemas lógicos

El **cuantificador existencial** $\exists$ se utiliza en lógica para expresar que existe al menos un elemento en un dominio que cumple una determinada propiedad. Es fundamental en la formulación y resolución de problemas lógicos y matemáticos.

Definition 4.2.2 El **cuantificador existencial** $\exists$ es un operador que, aplicado a una función proposicional $P(x)$, produce la proposición $\exists x \in D, P(x)$, que se lee como "existe al menos un x en el dominio D tal que $P(x)$ es verdadera".

■ **Example 4.13** Sea $P(x)$ el predicado "x es un número primo par", con dominio $D = \mathbb{N}$ (números naturales). La proposición $\exists x \in D, P(x)$ significa "existe al menos un número natural que es un número primo par". Evaluamos:
- El número 2 es un número primo par.

Por lo tanto, la proposición $\exists x \in D, P(x)$ es verdadera. ■

Theorem 4.2.7 La proposición existencial $\exists x \in D, P(x)$ es verdadera si y sólo si el conjunto $\{x \in D \mid P(x) \text{ es verdadera}\}$ no es vacío.

Demostración. Queremos demostrar que

$$\exists x \in D, P(x) \text{ es verdadera si y sólo si el conjunto } \{x \in D \mid P(x) \text{ es verdadera}\} \text{ no es vacío.}$$

($\Rightarrow$) Supongamos que $\exists x \in D, P(x)$ es verdadera. Esto significa que hay al menos un elemento $x \in D$ para el cual $P(x)$ es verdadera. Por lo tanto, el conjunto $\{x \in D \mid P(x) \text{ es verdadera}\}$ contiene al menos un elemento, es decir, no es vacío.

($\Leftarrow$) Supongamos que el conjunto $\{x \in D \mid P(x) \text{ es verdadera}\}$ no es vacío. Esto significa que existe al menos un $x \in D$ tal que $P(x)$ es verdadera. Por lo tanto, $\exists x \in D, P(x)$ es verdadera.

4.2 Cuantificadores: cuantificador universal () y existencial ().

Por lo tanto, hemos demostrado que

$$\exists x \in D, P(x) \text{ es verdadera si y sólo si el conjunto } \{x \in D \mid P(x) \text{ es verdadera}\} \text{ no es vacío.}$$

∎

Lema 4.2.2 La negación de una proposición existencial es equivalente a una proposición universal negativa:

$$\neg(\exists x \in D, P(x)) \equiv \forall x \in D, \neg P(x).$$

Demostración. Aplicando las leyes de De Morgan para cuantificadores:

$$\neg(\exists x \in D, P(x)) \equiv \forall x \in D, \neg P(x).$$

Esto significa que si no existe ningún x en D tal que $P(x)$ sea verdadera, entonces $P(x)$ es falsa para todo $x \in D$. ∎

■ **Example 4.14** Consideremos el predicado $P(x)$: "x es divisible por 5", con dominio $D = \{1, 2, 3, 4\}$. La proposición $\exists x \in D, P(x)$ significa ."existe al menos un número en D que es divisible por 5". Evaluamos:
   ■ Ningún número en D es divisible por 5.
Por lo tanto, $\exists x \in D, P(x)$ es falsa.
La negación es:

$$\neg(\exists x \in D, P(x)) \equiv \forall x \in D, \neg P(x).$$

Lo cual significa "para todo $x \in D$, x no es divisible por 5", lo cual es verdadero en este caso. ■

(R) El cuantificador existencial es útil para expresar la existencia de soluciones o casos particulares en problemas lógicos y matemáticos.

Theorem 4.2.8 Si $P(x)$ y $Q(x)$ son predicados sobre el mismo dominio D, entonces:
   1. $\exists x \in D, P(x) \lor Q(x) \equiv (\exists x \in D, P(x)) \lor (\exists x \in D, Q(x))$.
   2. $\exists x \in D, P(x) \land Q(x) \implies (\exists x \in D, P(x)) \land (\exists x \in D, Q(x))$.

Demostración. Demostraremos cada parte del teorema por separado.
Parte 1 Queremos demostrar que:

$$\exists x \in D, P(x) \lor Q(x) \equiv (\exists x \in D, P(x)) \lor (\exists x \in D, Q(x)).$$

($\Rightarrow$) Supongamos que $\exists x \in D, P(x) \lor Q(x)$ es verdadera. Esto significa que existe al menos un $x \in D$ tal que $P(x) \lor Q(x)$ es verdadera. Por definición de la disyunción, esto implica que: - $P(x)$ es verdadera para algún $x \in D$, o - $Q(x)$ es verdadera para algún $x \in D$.
Por lo tanto, $(\exists x \in D, P(x)) \lor (\exists x \in D, Q(x))$ es verdadera.
($\Leftarrow$) Supongamos que $(\exists x \in D, P(x)) \lor (\exists x \in D, Q(x))$ es verdadera. Esto significa que: - $\exists x \in D, P(x)$ es verdadera, o - $\exists x \in D, Q(x)$ es verdadera.
En ambos casos, existe al menos un $x \in D$ tal que $P(x) \lor Q(x)$ es verdadera. Por lo tanto, $\exists x \in D, P(x) \lor Q(x)$ es verdadera.
Por lo tanto, hemos demostrado que:

$$\exists x \in D, P(x) \vee Q(x) \equiv (\exists x \in D, P(x)) \vee (\exists x \in D, Q(x)).$$

Parte 2 Queremos demostrar que:

$$\exists x \in D, P(x) \wedge Q(x) \implies (\exists x \in D, P(x)) \wedge (\exists x \in D, Q(x)).$$

Supongamos que $\exists x \in D, P(x) \wedge Q(x)$ es verdadera. Esto significa que existe al menos un $x \in D$ tal que $P(x)$ es verdadera y $Q(x)$ es verdadera simultáneamente.
- Como $P(x)$ es verdadera para ese x, tenemos que $\exists x \in D, P(x)$ es verdadera. - Como $Q(x)$ es también verdadera para ese mismo x, tenemos que $\exists x \in D, Q(x)$ es verdadera.
Por lo tanto, $(\exists x \in D, P(x)) \wedge (\exists x \in D, Q(x))$ es verdadera.
Esto demuestra que:

$$\exists x \in D, P(x) \wedge Q(x) \implies (\exists x \in D, P(x)) \wedge (\exists x \in D, Q(x)).$$

■

■ **Example 4.15** Sea $D = \{1,2,3,4,5\}$, $P(x)$: "x es par", $Q(x)$: "x es mayor que 4".
Evaluamos $\exists x \in D, P(x) \wedge Q(x)$:
- Buscamos un x que sea par y mayor que 4.
- $x = 2$: par, pero no mayor que 4.
- $x = 4$: par, pero no mayor que 4.
- $x = 5$: no par.

No existe tal x en D, por lo tanto, $\exists x \in D, P(x) \wedge Q(x)$ es falsa.
Sin embargo, $\exists x \in D, P(x)$ es verdadera (por $x = 2$), y $\exists x \in D, Q(x)$ es verdadera (por $x = 5$). Esto muestra que aunque ambos existen, la conjunción $\exists x \in D, P(x) \wedge Q(x)$ puede ser falsa.

■

Exercise 4.14 Sea $D = \mathbb{Z}$ (conjunto de los números enteros), y $P(x)$: "$x^2 = 4$". Determine si la proposición $\exists x \in D, P(x)$ es verdadera o falsa. Encuentre todos los valores de x que satisfacen $P(x)$.

Buscamos $x \in \mathbb{Z}$ tal que $x^2 = 4$.
Calculamos:
- $x = -2$: $(-2)^2 = 4$.
- $x = 2$: $(2)^2 = 4$.

Por lo tanto, $\exists x \in \mathbb{Z}, P(x)$ es verdadera. Los valores de x que satisfacen $P(x)$ son $x = -2$ y $x = 2$.

R Los cuantificadores existenciales permiten afirmar la existencia de soluciones específicas en problemas matemáticos, lo cual es crucial en muchas demostraciones y aplicaciones.

■ **Example 4.16** En teoría de grafos, consideremos el predicado $P(x)$: "El vértice x tiene grado impar", con D siendo el conjunto de vértices de un grafo.
La proposición $\exists x \in D, P(x)$ significa "Existe un vértice con grado impar". Esto es relevante en el contexto de los grafos Eulerianos.

■

4.2 Cuantificadores: cuantificador universal () y existencial ().

Theorem 4.2.9 Un grafo conexo tiene un camino Euleriano si y sólo si tiene exactamente cero o dos vértices de grado impar.

Demostración. (Esbozo) Si todos los vértices tienen grado par, existe un ciclo Euleriano (camino que comienza y termina en el mismo vértice y recorre todas las aristas exactamente una vez). Si exactamente dos vértices tienen grado impar, existe un camino Euleriano que comienza en uno de los vértices de grado impar y termina en el otro.
La existencia de vértices de grado impar se expresa mediante el cuantificador existencial: $\exists x, y \in D$, $x \neq y$, tales que $P(x)$ y $P(y)$ son verdaderas, y para todos los demás vértices z, $\neg P(z)$ es verdadera. ∎

Exercise 4.15 Sea $D = \mathbb{N}$ (números naturales), y $P(x)$: "x es primo y x es par". Determine si $\exists x \in D, P(x)$ es verdadera o falsa.

El único número primo par es 2. Por lo tanto, $\exists x \in D, P(x)$ es verdadera, y el valor de x es 2.

■ **Example 4.17** En lógica de predicados, podemos utilizar cuantificadores existenciales para formular declaraciones como:
"La función f tiene una raíz en el intervalo $[a,b]$" se puede expresar como:

$$\exists x \in [a,b] \text{ tal que } f(x) = 0.$$

Esta proposición es esencial en teoremas como el Teorema de Bolzano. ∎

Theorem 4.2.10 — Teorema de Bolzano. Sea f una función continua en el intervalo cerrado $[a,b]$, y supongamos que $f(a)$ y $f(b)$ tienen signos opuestos, es decir, $f(a) \cdot f(b) < 0$. Entonces, existe al menos un $c \in (a,b)$ tal que $f(c) = 0$.

Demostración. El teorema garantiza la existencia de un cero de la función en el intervalo, lo que se expresa mediante el cuantificador existencial: $\exists c \in (a,b)$ tal que $f(c) = 0$.
La prueba utiliza la propiedad de continuidad de f y el teorema del valor intermedio. ∎

Exercise 4.16 En un grupo de personas, sea $P(x)$ el predicado "x tiene más de 30 años". Si sabemos que en el grupo hay al menos una persona mayor de 30 años, ¿cómo se expresa esta información utilizando cuantificadores? ¿Cuál es la negación de esta proposición?

La información se expresa como:

$$\exists x \in \text{Grupo}, P(x).$$

La negación de esta proposición es:

$$\neg(\exists x \in \text{Grupo}, P(x)) \equiv \forall x \in \text{Grupo}, \neg P(x).$$

Esto significa "Para todo x en el grupo, x no tiene más de 30 años", es decir, "Todos en el grupo tienen 30 años o menos".

94   **Capítulo 4. Funciones Proposicionales y Cuantificadores**

> (R)   La comprensión de cómo formular y negar proposiciones con cuantificadores existenciales es esencial para el análisis y resolución de problemas lógicos en contextos diversos.

■ **Example 4.18** En álgebra, consideremos el predicado $P(a,b)$: "Existe un número real x tal que $ax+b=0$". Con $a,b \in \mathbb{R}$.

La proposición $\exists x \in \mathbb{R}, ax+b=0$ es verdadera si $a \neq 0$, ya que podemos resolver para $x=-\frac{b}{a}$.
Si $a=0$, entonces la ecuación se reduce a $b=0$, y la existencia de solución depende del valor de b.

                                                                                                         ■

> **Exercise 4.17** Determine para qué valores de a y b la proposición $\exists x \in \mathbb{R}, ax+b=0$ es verdadera.

- Si $a \neq 0$, entonces siempre existe $x = -\frac{b}{a}$ que satisface la ecuación.
- Si $a = 0$:
  - Si $b=0$, la ecuación es $0=0$, verdadera para cualquier x, por lo que $\exists x \in \mathbb{R}, 0x+0=0$ es verdadera.
  - Si $b \neq 0$, la ecuación es $0=-b$, que es falsa, no hay x que la satisfaga. Por lo tanto, $\exists x \in \mathbb{R}, 0x+b=0$ es falsa.

En resumen, la proposición es verdadera para todos los $a \in \mathbb{R}$ y $b \in \mathbb{R}$, excepto cuando $a=0$ y $b \neq 0$.

■ **Example 4.19** En teoría de conjuntos, la proposición "Existen conjuntos A y B tales que $A \subset B$ y $A = B$" puede ser analizada.
La proposición es:

$$\exists A, B \text{ tales que } A \subset B \wedge A = B.$$

Esto implica que A es igual a B, y por tanto trivialmente $A \subset B$ es verdadera.

                                                                                                         ■

> **Exercise 4.18** Determine si la siguiente proposición es verdadera o falsa:
>
> $$\exists A, B \text{ tales que } A \subset B \text{ y } A \neq B.$$

La proposición es verdadera. Por ejemplo, tome $A = \{1\}$ y $B = \{1,2\}$. Entonces, $A \subset B$ y $A \neq B$.

> (R)   Este ejercicio muestra cómo los cuantificadores existenciales pueden expresar la existencia de elementos o conjuntos con propiedades específicas, y cómo se pueden encontrar ejemplos que satisfagan las condiciones dadas.

■ **Example 4.20** En geometría, la proposición "Existe un triángulo rectángulo cuyos catetos miden números enteros" se puede expresar como:

$$\exists a,b,c \in \mathbb{N}, a^2 + b^2 = c^2.$$

Esta es la definición de ternas pitagóricas.

                                                                                                         ■

4.2 Cuantificadores: cuantificador universal () y existencial ().

Exercise 4.19 Encuentre una terna pitagórica que satisfaga la proposición anterior.

Una terna pitagórica conocida es $(a,b,c) = (3,4,5)$.
Verificamos:

$$3^2 + 4^2 = 9 + 16 = 25 = 5^2.$$

Por lo tanto, $\exists a = 3, b = 4, c = 5$ en $\mathbb{N}$, tal que $a^2 + b^2 = c^2$.

> R Las ternas pitagóricas son ejemplos clásicos de cómo el cuantificador existencial se utiliza para afirmar la existencia de soluciones enteras a ecuaciones diofánticas.

■ **Example 4.21** En lógica, el Principio del Testigo establece que si se sabe que existe un elemento con cierta propiedad, entonces podemos introducir un símbolo o nombre para referirnos a ese elemento en particular.
Por ejemplo, si sabemos que:

$$\exists x \in D, P(x),$$

entonces podemos decir "Sea $c \in D$ tal que $P(c)$".

> **Theorem 4.2.11 — Principio del Testigo.** Si $\exists x \in D, P(x)$ es verdadera, entonces existe un elemento específico $c \in D$ para el cual $P(c)$ es verdadera.

Demostración. Por definición del cuantificador existencial, si $\exists x \in D, P(x)$ es verdadera, entonces hay al menos un elemento $c \in D$ tal que $P(c)$ es verdadera. Podemos referirnos a este elemento en nuestras demostraciones.

Exercise 4.20 Utilizando el Principio del Testigo, demuestre que si una función $f : \mathbb{R} \to \mathbb{R}$ es continua y positiva en algún punto, entonces existe un $\delta > 0$ tal que $f(x) > 0$ en un intervalo alrededor de ese punto.

Sea $x_0 \in \mathbb{R}$ tal que $f(x_0) > 0$ (por el cuantificador existencial). Como f es continua en x_0, para $\varepsilon = \frac{f(x_0)}{2} > 0$, existe $\delta > 0$ tal que si $|x - x_0| < \delta$, entonces $|f(x) - f(x_0)| < \varepsilon$.
Entonces, para x en este intervalo:

$$|f(x) - f(x_0)| < \varepsilon \implies f(x) > f(x_0) - \varepsilon = f(x_0) - \frac{f(x_0)}{2} = \frac{f(x_0)}{2} > 0.$$

Por lo tanto, $f(x) > 0$ en este intervalo alrededor de x_0.

> R El uso del cuantificador existencial y el Principio del Testigo es fundamental en análisis y en la formulación de demostraciones que involucran la existencia de elementos con propiedades específicas.

■ **Example 4.22** En programación, el cuantificador existencial se relaciona con la búsqueda de elementos que cumplen ciertas condiciones. Por ejemplo, en un arreglo de números, "Existe un elemento negativo".

$$\exists i \in \{1, 2, \ldots, n\}, \text{ tal que } a_i < 0.$$

Exercise 4.21 Escriba un algoritmo que determine si existe al menos un elemento negativo en un arreglo de números enteros.

Un algoritmo sencillo en pseudocódigo:

```
Para i desde 1 hasta n hacer:
    Si a_i < 0 entonces:
        Escribir "Existe un elemento negativo"
        Detener
Fin Para
Escribir "Todos los elementos son no negativos"
```

(R) Este ejemplo muestra la aplicación práctica del cuantificador existencial en algoritmos y programación, donde buscamos la existencia de elementos que satisfacen ciertas condiciones.

■ **Example 4.23** En teoría de números, la proposición "Existe un número primo mayor que cualquier número natural dado" es fundamental.

Theorem 4.2.12 — **Teorema de Euclides.** Existen infinitos números primos.

Demostración. (Esbozo) Supongamos que hay un número finito de primos $p_1, p_2, \ldots, p_n$. Consideremos el número $Q = p_1 p_2 \ldots p_n + 1$. Este número no es divisible por ninguno de los primos p_i, ya que al dividir por p_i da un residuo de 1. Por lo tanto, Q es primo o tiene factores primos no incluidos en la lista, lo que contradice la suposición. Por lo tanto, existen más primos.

Este argumento implica que para cualquier número natural, existe un número primo mayor, es decir,

$$\forall N \in \mathbb{N}, \exists p \in \mathbb{P}, \text{ tal que } p > N.$$

(R) El uso del cuantificador existencial en este contexto es esencial para expresar la infinitud de los números primos y para formular proposiciones fundamentales en teoría de números.

4.3 Transformación de proposiciones: análisis de la negación de cuantificadores.

4.3.1 Negación de proposiciones con cuantificadores universales

La negación de proposiciones que involucran cuantificadores universales es un aspecto fundamental en lógica matemática y en la construcción de argumentos rigurosos. Comprender cómo se niegan correctamente estas proposiciones es esencial para evitar errores en razonamientos y demostraciones.

Definition 4.3.1 Una **proposición universal** es una afirmación que utiliza el cuantificador universal $\forall$, indicando que cierta propiedad se cumple para todos los elementos de un dominio D. Se expresa como:

$$\forall x \in D, P(x),$$

donde $P(x)$ es un predicado sobre el dominio D.

■ **Example 4.24** Considere la proposición universal:

$$\forall n \in \mathbb{N}, n + 0 = n.$$

Esta proposición afirma que "para todo número natural n, n más cero es igual a n". Esta es una verdad fundamental en aritmética. ■

Theorem 4.3.1 — Negación de una proposición universal. La negación de una proposición universal $\forall x \in D, P(x)$ es lógicamente equivalente a una proposición existencial donde se niega el predicado:

$$\neg(\forall x \in D, P(x)) \equiv \exists x \in D \text{ tal que } \neg P(x).$$

Demostración. Queremos demostrar que

$$\neg(\forall x \in D, P(x)) \equiv \exists x \in D \text{ tal que } \neg P(x).$$

($\Rightarrow$) Supongamos que $\neg(\forall x \in D, P(x))$ es verdadera. Esto significa que la proposición $\forall x \in D, P(x)$ es falsa. Si $\forall x \in D, P(x)$ es falsa, entonces debe existir al menos un elemento $x \in D$ tal que $P(x)$ es falso. Esto implica que existe un $x \in D$ tal que $\neg P(x)$ es verdadera, es decir, $\exists x \in D$ tal que $\neg P(x)$ es verdadera.

($\Leftarrow$) Supongamos que $\exists x \in D$ tal que $\neg P(x)$ es verdadera. Esto significa que hay al menos un $x \in D$ para el cual $P(x)$ es falsa. Por lo tanto, no es cierto que $P(x)$ sea verdadera para todos los $x \in D$, lo que implica que $\forall x \in D, P(x)$ es falsa, es decir, $\neg(\forall x \in D, P(x))$ es verdadera.

Por lo tanto, hemos demostrado que

$$\neg(\forall x \in D, P(x)) \equiv \exists x \in D \text{ tal que } \neg P(x).$$

■

Lema 4.3.1 La negación del cuantificador universal afecta únicamente al cuantificador y al predicado, no al dominio. El dominio permanece sin cambios al realizar la negación.

Demostración. El dominio D es el conjunto de todos los elementos sobre los cuales se cuantifica. Al negar la proposición universal, estamos cambiando la afirmación sobre los elementos del dominio, pero el dominio en sí no se altera. ■

■ **Example 4.25** Sea $P(x)$ el predicado "x es mayor que 0", con dominio $D = \mathbb{R}$ (números reales). La proposición universal es:

$$\forall x \in \mathbb{R}, x > 0.$$

Esta proposición es falsa, ya que existen números reales que no son mayores que cero (por ejemplo, $x = -1$).
La negación de esta proposición es:

$$\neg(\forall x \in \mathbb{R}, x > 0) \equiv \exists x \in \mathbb{R} \text{ tal que } x \leq 0.$$

Esto significa "existe un número real tal que x es menor o igual a cero", lo cual es verdadero. ■

> (R) La negación de una proposición universal no implica que la proposición opuesta sea verdadera para todos los elementos, sino que existe al menos un caso en el que la proposición original no se cumple.

> **Theorem 4.3.2 — Proceso general para negar proposiciones universales.** Para negar una proposición universal compuesta, se debe:
> 1. Cambiar el cuantificador universal $\forall$ por un cuantificador existencial $\exists$.
> 2. Negar el predicado o la proposición interna.
>
> Matemáticamente, esto se expresa como:
>
> $$\neg(\forall x \in D, P(x)) \equiv \exists x \in D \text{ tal que } \neg P(x).$$

Demostración. Es una aplicación directa de las leyes de De Morgan para cuantificadores y conectivos lógicos. Al negar una proposición universal, estamos afirmando que no es cierto que $P(x)$ se cumple para todos los x en D, lo que significa que hay al menos un x en D para el cual $P(x)$ es falso. ∎

■ **Example 4.26** Considere la proposición:

$$\forall x \in \mathbb{N}, x^2 \geq x.$$

Esta proposición es verdadera, ya que para todos los números naturales x, x^2 es mayor o igual a x.
La negación de esta proposición es:

$$\neg(\forall x \in \mathbb{N}, x^2 \geq x) \equiv \exists x \in \mathbb{N} \text{ tal que } x^2 < x.$$

Esto significa "existe un número natural x tal que x^2 es menor que x".
Evaluemos esta proposición:
- Para $x = 0$, $0^2 = 0$, y $0^2 \geq 0$ (verdadero).
- Para $x = 1$, $1^2 = 1$, y $1^2 \geq 1$ (verdadero).
- Para $x = 2$, $2^2 = 4$, y $4 \geq 2$ (verdadero).

No existe ningún número natural x para el cual $x^2 < x$. Por lo tanto, la negación es falsa, y la proposición original es verdadera. ■

> **Exercise 4.22** Sea $P(x)$ el predicado "x es primo", con $D = \{2, 3, 4, 5\}$. Escriba la negación de la proposición universal:
>
> $$\forall x \in D, P(x),$$

4.3 Transformación de proposiciones: análisis de la negación de cuantificadores

y determine si la negación es verdadera o falsa.

La negación de la proposición es:

$$\neg(\forall x \in D, P(x)) \equiv \exists x \in D \text{ tal que } \neg P(x).$$

Esto significa "existe un x en D tal que x no es primo".
Evaluamos $P(x)$ para cada $x \in D$:
- $x = 2$: primo (verdadero).
- $x = 3$: primo (verdadero).
- $x = 4$: no es primo (falso).
- $x = 5$: primo (verdadero).

Observamos que $x = 4$ es un número en D tal que $P(4)$ es falso.
Por lo tanto, la negación es verdadera, ya que existe un x en D (específicamente $x = 4$) para el cual $P(x)$ es falsa.

> Este ejercicio muestra cómo la negación de una proposición universal puede ser verdadera incluso si la proposición original es falsa, y viceversa. Es esencial evaluar cuidadosamente cada caso.

Theorem 4.3.3 — Leyes de De Morgan para cuantificadores. Las leyes de De Morgan se aplican a los cuantificadores de la siguiente manera:

$$\neg(\forall x \in D, P(x)) \equiv \exists x \in D \text{ tal que } \neg P(x),$$
$$\neg(\exists x \in D, P(x)) \equiv \forall x \in D, \neg P(x).$$

Demostración. Demostraremos cada una de las leyes de De Morgan para cuantificadores por separado.

Primera Ley Queremos demostrar que:

$$\neg(\forall x \in D, P(x)) \equiv \exists x \in D \text{ tal que } \neg P(x).$$

($\Rightarrow$) Supongamos que $\neg(\forall x \in D, P(x))$ es verdadera. Esto significa que la proposición $\forall x \in D, P(x)$ es falsa. Si $\forall x \in D, P(x)$ es falsa, entonces debe existir al menos un elemento $x \in D$ tal que $P(x)$ es falsa, es decir, $\neg P(x)$ es verdadera para algún $x \in D$. Esto implica que $\exists x \in D$ tal que $\neg P(x)$ es verdadera.

($\Leftarrow$) Supongamos que $\exists x \in D$ tal que $\neg P(x)$ es verdadera. Esto significa que hay al menos un $x \in D$ para el cual $P(x)$ es falsa. Por lo tanto, no es cierto que $P(x)$ sea verdadera para todos los $x \in D$, lo que implica que $\forall x \in D, P(x)$ es falsa, es decir, $\neg(\forall x \in D, P(x))$ es verdadera.
Por lo tanto, hemos demostrado que:

$$\neg(\forall x \in D, P(x)) \equiv \exists x \in D \text{ tal que } \neg P(x).$$

Segunda Ley Queremos demostrar que:

$$\neg(\exists x \in D, P(x)) \equiv \forall x \in D, \neg P(x).$$

($\Rightarrow$) Supongamos que $\neg(\exists x \in D, P(x))$ es verdadera. Esto significa que la proposición $\exists x \in D, P(x)$ es falsa. Si $\exists x \in D, P(x)$ es falsa, entonces no existe ningún $x \in D$ tal que $P(x)$ sea verdadera. Esto implica que $P(x)$ es falsa para todos los $x \in D$, es decir, $\forall x \in D, \neg P(x)$ es verdadera.

($\Leftarrow$) Supongamos que $\forall x \in D, \neg P(x)$ es verdadera. Esto significa que $P(x)$ es falsa para cada $x \in D$. Por lo tanto, no existe ningún $x \in D$ tal que $P(x)$ sea verdadera, lo que implica que $\exists x \in D, P(x)$ es falsa, es decir, $\neg(\exists x \in D, P(x))$ es verdadera.

Por lo tanto, hemos demostrado que:

$$\neg(\exists x \in D, P(x)) \equiv \forall x \in D, \neg P(x).$$

Esto completa la demostración de las leyes de De Morgan para cuantificadores. ∎

■ **Example 4.27** Considere la proposición:

$$\forall x \in \mathbb{R}, x^2 \geq 0.$$

Esta es una proposición verdadera, ya que el cuadrado de cualquier número real es no negativo. La negación es:

$$\neg(\forall x \in \mathbb{R}, x^2 \geq 0) \equiv \exists x \in \mathbb{R} \text{ tal que } x^2 < 0.$$

Esto significa "existe un número real x tal que x^2 es menor que cero".

Sin embargo, no existe tal número real, ya que el cuadrado de cualquier número real es siempre mayor o igual a cero. Por lo tanto, la negación es falsa, y la proposición original es verdadera. ∎

Exercise 4.23 Escriba la negación de la siguiente proposición universal y determine su valor de verdad:

$$\forall x \in \mathbb{Z}, x \text{ es par}.$$

La negación es:

$$\neg(\forall x \in \mathbb{Z}, x \text{ es par}) \equiv \exists x \in \mathbb{Z} \text{ tal que } x \text{ no es par}.$$

Esto significa "existe un número entero que no es par", es decir, "existe un número entero impar". Como existen números enteros impares (por ejemplo, $x = 1$), la negación es verdadera.

La proposición original "Todos los números enteros son pares." es falsa, ya que no todos los enteros son pares.

> R Negar una proposición universal es útil para encontrar contraejemplos que demuestren que una afirmación general no es válida.

Theorem 4.3.4 La negación de una proposición universal que incluye un condicional se transforma de la siguiente manera:

$$\neg(\forall x \in D, P(x) \implies Q(x)) \equiv \exists x \in D \text{ tal que } P(x) \land \neg Q(x).$$

4.3 Transformación de proposiciones: análisis de la negación de cuantificadores

Demostración. Queremos demostrar que

$$\neg(\forall x \in D, P(x) \implies Q(x)) \equiv \exists x \in D \text{ tal que } P(x) \wedge \neg Q(x).$$

($\Rightarrow$) Supongamos que $\neg(\forall x \in D, P(x) \implies Q(x))$ es verdadera. Esto significa que la proposición $\forall x \in D, P(x) \implies Q(x)$ es falsa. Si $\forall x \in D, P(x) \implies Q(x)$ es falsa, entonces debe existir al menos un $x \in D$ tal que $P(x) \implies Q(x)$ es falso.

Recordemos que $P(x) \implies Q(x)$ es falso si y solo si $P(x)$ es verdadera y $Q(x)$ es falsa, es decir, $P(x) \wedge \neg Q(x)$ es verdadera. Por lo tanto, existe al menos un $x \in D$ tal que $P(x) \wedge \neg Q(x)$ es verdadera. Esto implica que:

$$\exists x \in D \text{ tal que } P(x) \wedge \neg Q(x).$$

($\Leftarrow$) Supongamos que $\exists x \in D$ tal que $P(x) \wedge \neg Q(x)$ es verdadera. Esto significa que hay al menos un $x \in D$ para el cual $P(x)$ es verdadera y $Q(x)$ es falsa. Para este x, $P(x) \implies Q(x)$ es falso. Por lo tanto, $\forall x \in D, P(x) \implies Q(x)$ no es verdadera, lo que implica que $\neg(\forall x \in D, P(x) \implies Q(x))$ es verdadera.

Por lo tanto, hemos demostrado que:

$$\neg(\forall x \in D, P(x) \implies Q(x)) \equiv \exists x \in D \text{ tal que } P(x) \wedge \neg Q(x).$$

∎

■ **Example 4.28** Considere la proposición:

$$\forall x \in \mathbb{R}, x > 0 \implies \frac{1}{x} > 0.$$

Esta proposición es verdadera, ya que el recíproco de un número positivo es positivo.
La negación es:

$$\neg(\forall x \in \mathbb{R}, x > 0 \implies \frac{1}{x} > 0) \equiv \exists x \in \mathbb{R} \text{ tal que } x > 0 \wedge \frac{1}{x} \leq 0.$$

Buscamos un número real x tal que $x > 0$ y $\frac{1}{x} \leq 0$. No existe tal número, ya que si $x > 0$, entonces $\frac{1}{x} > 0$.
Por lo tanto, la negación es falsa, y la proposición original es verdadera. ■

> Exercise 4.24 Escriba la negación de la siguiente proposición y determine si la negación es verdadera o falsa:
>
> $$\forall x \in \mathbb{R}, x \neq 0 \implies x^2 > 0.$$

La negación es:

$$\neg(\forall x \in \mathbb{R}, x \neq 0 \implies x^2 > 0) \equiv \exists x \in \mathbb{R} \text{ tal que } x \neq 0 \wedge x^2 \leq 0.$$

Buscamos un número real x tal que $x \neq 0$ y $x^2 \leq 0$.
Sabemos que $x^2 \geq 0$ para todos los números reales, y $x^2 = 0$ si y sólo si $x = 0$.
Por lo tanto, no existe un $x \neq 0$ tal que $x^2 \leq 0$.
La negación es falsa, y la proposición original es verdadera.

Capítulo 4. Funciones Proposicionales y Cuantificadores

> Al trabajar con proposiciones que incluyen condicionales, es importante recordar las equivalencias lógicas al negar implicaciones.

Theorem 4.3.5 La negación de una proposición universal con una conjunción se transforma en:

$$\neg(\forall x \in D, P(x) \land Q(x)) \equiv \exists x \in D \text{ tal que } \neg(P(x) \land Q(x)) \equiv \exists x \in D \text{ tal que } \neg P(x) \lor \neg Q(x).$$

Demostración. Queremos demostrar que

$$\neg(\forall x \in D, P(x) \land Q(x)) \equiv \exists x \in D \text{ tal que } \neg(P(x) \land Q(x)) \equiv \exists x \in D \text{ tal que } \neg P(x) \lor \neg Q(x).$$

Primero, observemos que:

$$\neg(\forall x \in D, P(x) \land Q(x)) \equiv \exists x \in D \text{ tal que } \neg(P(x) \land Q(x)).$$

Esto sigue de la ley de De Morgan para la negación de una proposición universal: la negación de "para todo $x \in D$, $P(x) \land Q(x)$."^{es} ."^{ex}iste un $x \in D$ tal que $P(x) \land Q(x)$ es falso."
Ahora aplicamos la ley de De Morgan a la negación de la conjunción dentro del predicado:

$$\neg(P(x) \land Q(x)) \equiv \neg P(x) \lor \neg Q(x).$$

Por lo tanto,

$$\exists x \in D \text{ tal que } \neg(P(x) \land Q(x)) \equiv \exists x \in D \text{ tal que } \neg P(x) \lor \neg Q(x).$$

Por lo tanto, hemos demostrado que:

$$\neg(\forall x \in D, P(x) \land Q(x)) \equiv \exists x \in D \text{ tal que } \neg P(x) \lor \neg Q(x).$$

∎

■ **Example 4.29** Considere la proposición:

$$\forall x \in \mathbb{Z}, x \text{ es par} \land x \text{ es múltiplo de } 3.$$

Esta proposición es falsa, ya que no todos los números enteros son simultáneamente pares y múltiplos de 3.
La negación es:

$$\neg(\forall x \in \mathbb{Z}, x \text{ es par} \land x \text{ es múltiplo de } 3) \equiv \exists x \in \mathbb{Z} \text{ tal que } \neg(x \text{ es par} \land x \text{ es múltiplo de } 3) \equiv \exists x \in \mathbb{Z} \text{ tal que } x \text{ no es par} \lor x \text{ no es múltiplo de } 3.$$

Esto significa que existe un número entero que no es par o no es múltiplo de 3.
Como hay muchos números enteros que no cumplen ambas condiciones simultáneamente (por ejemplo, $x = 1$ no es par y no es múltiplo de 3), la negación es verdadera. ■

4.3 Transformación de proposiciones: análisis de la negación de cuantificadores

Exercise 4.25 Niegue la siguiente proposición y determine su valor de verdad:

$$\forall x \in \mathbb{N}, x > 5 \land x \text{ es primo.}$$

La negación es:

$$\neg(\forall x \in \mathbb{N}, x > 5 \land x \text{ es primo}) \equiv \exists x \in \mathbb{N} \text{ tal que } \neg(x > 5 \land x \text{ es primo}) \equiv \exists x \in \mathbb{N} \text{ tal que } x \leq 5 \lor x \text{ no es primo.}$$

Esto significa que existe un número natural que es menor o igual a 5, o que no es primo.
Dado que números como $x = 4$ satisfacen esta condición ($x \leq 5$ y x no es primo), la negación es verdadera.
La proposición original es falsa, ya que no todos los números naturales son mayores que 5 y primos.

> **R** La aplicación cuidadosa de las leyes de De Morgan es crucial al negar proposiciones que contienen conjunciones o disyunciones.

Theorem 4.3.6 La negación de una proposición universal con una disyunción se transforma en:

$$\neg(\forall x \in D, P(x) \lor Q(x)) \equiv \exists x \in D \text{ tal que } \neg(P(x) \lor Q(x)) \equiv \exists x \in D \text{ tal que } \neg P(x) \land \neg Q(x).$$

Demostración. Queremos demostrar que

$$\neg(\forall x \in D, P(x) \lor Q(x)) \equiv \exists x \in D \text{ tal que } \neg(P(x) \lor Q(x)) \equiv \exists x \in D \text{ tal que } \neg P(x) \land \neg Q(x).$$

Primero, aplicamos la ley de De Morgan para la negación de una proposición universal. La negación de "para todo $x \in D$, $P(x) \lor Q(x)$.es .existe un $x \in D$ tal que $P(x) \lor Q(x)$ es falso."Por lo tanto,

$$\neg(\forall x \in D, P(x) \lor Q(x)) \equiv \exists x \in D \text{ tal que } \neg(P(x) \lor Q(x)).$$

Ahora, aplicamos la ley de De Morgan a la negación de la disyunción dentro del predicado:

$$\neg(P(x) \lor Q(x)) \equiv \neg P(x) \land \neg Q(x).$$

Esto nos permite escribir:

$$\exists x \in D \text{ tal que } \neg(P(x) \lor Q(x)) \equiv \exists x \in D \text{ tal que } \neg P(x) \land \neg Q(x).$$

Por lo tanto, hemos demostrado que:

$$\neg(\forall x \in D, P(x) \lor Q(x)) \equiv \exists x \in D \text{ tal que } \neg P(x) \land \neg Q(x).$$

Capítulo 4. Funciones Proposicionales y Cuantificadores

■ **Example 4.30** Considere la proposición:

$$\forall x \in \mathbb{N}, x \text{ es par} \vee x \text{ es impar.}$$

Esta proposición es verdadera, ya que todo número natural es par o impar.
La negación es:

$$\neg(\forall x \in \mathbb{N}, x \text{ es par} \vee x \text{ es impar}) \equiv \exists x \in \mathbb{N} \text{ tal que } \neg(x \text{ es par} \vee x \text{ es impar}) \equiv \exists x \in \mathbb{N} \text{ tal que } \neg x \text{ es par} \wedge \neg x \text{ es impar.}$$

Esto significa que existe un número natural que no es par y no es impar.
No existe tal número en los números naturales; por lo tanto, la negación es falsa, y la proposición original es verdadera. ■

> **Exercise 4.26** Negue la siguiente proposición y determine su valor de verdad:
>
> $$\forall x \in \mathbb{Z}, x \text{ es múltiplo de } 4 \vee x \text{ es múltiplo de } 5.$$

La negación es:

$$\neg(\forall x \in \mathbb{Z}, x \text{ es múltiplo de } 4 \vee x \text{ es múltiplo de } 5) \equiv \exists x \in \mathbb{Z} \text{ tal que } \neg(x \text{ es múltiplo de } 4 \vee x \text{ es múltiplo de } 5) \equiv \exists x \in \mathbb{Z} \text{ tal que } x \text{ no es múltiplo de } 4 \wedge x \text{ no es múltiplo de } 5.$$

Esto significa que existe un número entero que no es múltiplo de 4 ni de 5.
Por ejemplo, $x = 1$ cumple esta condición. Por lo tanto, la negación es verdadera.
La proposición original es falsa, ya que no todos los números enteros son múltiplos de 4 o de 5.

> (R) Este ejercicio enfatiza la importancia de entender cómo las disyunciones se transforman al negar proposiciones universales.

> **Theorem 4.3.7** La negación de una proposición universal anidada (con múltiples cuantificadores universales) se transforma al cambiar cada cuantificador universal por un cuantificador existencial y negar el predicado:
>
> $$\neg(\forall x \in D, \forall y \in D, P(x,y)) \equiv \exists x \in D, \exists y \in D \text{ tal que } \neg P(x,y).$$

Demostración. Queremos demostrar que

$$\neg(\forall x \in D, \forall y \in D, P(x,y)) \equiv \exists x \in D, \exists y \in D \text{ tal que } \neg P(x,y).$$

Según la ley de De Morgan para la negación de una proposición universal, la negación de "para todo $x \in D$, para todo $y \in D$, $P(x,y)$."es ."existe al menos un $x \in D$ y un $y \in D$ tal que $P(x,y)$ es falso."
Esto significa que:

$$\neg(\forall x \in D, \forall y \in D, P(x,y)) \equiv \exists x \in D, \exists y \in D \text{ tal que } \neg P(x,y).$$

Lo que esta equivalencia nos dice es que si no es cierto que $P(x,y)$ sea verdadera para todos los pares $(x,y) \in D \times D$, entonces debe existir al menos un par (x,y) tal que $P(x,y)$ sea falsa.
Por lo tanto, hemos demostrado que:

$$\neg(\forall x \in D, \forall y \in D, P(x,y)) \equiv \exists x \in D, \exists y \in D \text{ tal que } \neg P(x,y).$$

■

4.3 Transformación de proposiciones: análisis de la negación de cuantificadores

Example 4.31 Considere la proposición:

$$\forall x \in \mathbb{N}, \forall y \in \mathbb{N}, x+y = y+x.$$

Esta proposición es verdadera, ya que la suma de números naturales es conmutativa.
La negación es:

$$\neg(\forall x \in \mathbb{N}, \forall y \in \mathbb{N}, x+y = y+x) \equiv \exists x \in \mathbb{N}, \exists y \in \mathbb{N} \text{ tal que } x+y \neq y+x.$$

No existe tal par (x, y) en los números naturales; por lo tanto, la negación es falsa, y la proposición original es verdadera.

Exercise 4.27 Negue la siguiente proposición y determine su valor de verdad:

$$\forall x \in \mathbb{R}, \forall y \in \mathbb{R}, xy = yx.$$

La negación es:

$$\neg(\forall x \in \mathbb{R}, \forall y \in \mathbb{R}, xy = yx) \equiv \exists x \in \mathbb{R}, \exists y \in \mathbb{R} \text{ tal que } xy \neq yx.$$

Sin embargo, en los números reales, la multiplicación es conmutativa, y $xy = yx$ para cualquier $x, y \in \mathbb{R}$. No existe tal par (x, y) que satisfaga $xy \neq yx$.
Por lo tanto, la negación es falsa, y la proposición original es verdadera.

(R) Al trabajar con cuantificadores anidados, es esencial aplicar la negación a cada cuantificador y entender cómo afectan al predicado compuesto.

Exercise 4.28 Sea la proposición:

$$\forall x \in \mathbb{N}, \forall y \in \mathbb{N}, x \leq y \implies x^2 \leq y^2.$$

Escriba la negación de esta proposición y determine si la negación es verdadera o falsa.

La negación es:

$$\neg(\forall x \in \mathbb{N}, \forall y \in \mathbb{N}, x \leq y \implies x^2 \leq y^2) \equiv \exists x \in \mathbb{N}, \exists y \in \mathbb{N} \text{ tal que } x \leq y \wedge x^2 > y^2.$$

Buscamos números naturales x y y tales que $x \leq y$ y $x^2 > y^2$.
Consideremos $x = 2$ y $y = 3$:

$$2 \leq 3 \text{ (verdadero)}, \quad 2^2 = 4, \quad 3^2 = 9, \quad 4 \leq 9 \text{ (verdadero)}.$$

Intentemos con $x = 3$ y $y = 2$:

$$3 \leq 2 \text{ (falso)}, \quad \text{No satisface } x \leq y.$$

Ahora, probemos con $x = 1$ y $y = 1$:

$$1 \leq 1 \text{ (verdadero)}, \quad 1^2 = 1, \quad 1^2 = 1, \quad 1 \leq 1 \text{ (verdadero)}.$$

No encontramos ningún par (x, y) que satisfaga la negación. Sin embargo, consideremos $x = 0$ y $y = 1$ (si incluimos 0 en $\mathbb{N}$):

$$0 \leq 1 \text{ (verdadero)}, \quad 0^2 = 0, \quad 1^2 = 1, \quad 0 \leq 1 \text{ (verdadero)}.$$

Parece que la negación es falsa. Sin embargo, si consideramos números reales, la situación cambia. Por lo tanto, en $\mathbb{N}$, la negación es falsa, y la proposición original es verdadera.

> (R) Este ejercicio demuestra que, incluso cuando las relaciones parecen evidentes, es importante analizar cuidadosamente la negación y buscar contraejemplos que puedan invalidar la proposición.

Comprender la negación de proposiciones con cuantificadores universales es fundamental en lógica matemática y en la construcción de demostraciones rigurosas. Al aplicar las leyes de De Morgan y las equivalencias lógicas correctamente, podemos analizar y refutar proposiciones, identificar contraejemplos y fortalecer nuestro razonamiento lógico.

4.3.2 Negación de proposiciones con cuantificadores existenciales

El **cuantificador existencial** $\exists$ se utiliza en lógica para indicar que existe al menos un elemento en un dominio que satisface una cierta propiedad. La negación de proposiciones que involucran el cuantificador existencial es fundamental para el análisis lógico y la construcción de argumentos matemáticos.

Definition 4.3.2 Una **proposición existencial** es una afirmación de la forma:

$$\exists x \in D, P(x),$$

donde $P(x)$ es un predicado sobre el dominio D. Esta proposición se lee como "existe al menos un x en D tal que $P(x)$ es verdadera".

Theorem 4.3.8 — Negación de una proposición existencial. La negación de una proposición existencial $\exists x \in D, P(x)$ es lógicamente equivalente a una proposición universal donde se niega el predicado:

$$\neg(\exists x \in D, P(x)) \equiv \forall x \in D, \neg P(x).$$

Demostración. Queremos demostrar que

$$\neg(\exists x \in D, P(x)) \equiv \forall x \in D, \neg P(x).$$

($\Rightarrow$) Supongamos que $\neg(\exists x \in D, P(x))$ es verdadera. Esto significa que la proposición $\exists x \in D, P(x)$ es falsa. Si $\exists x \in D, P(x)$ es falsa, entonces no existe ningún $x \in D$ tal que $P(x)$ sea verdadera. Esto implica que $P(x)$ es falsa para todos los $x \in D$, es decir, $\forall x \in D, \neg P(x)$ es verdadera.

($\Leftarrow$) Supongamos que $\forall x \in D, \neg P(x)$ es verdadera. Esto significa que $P(x)$ es falsa para cada $x \in D$. Por lo tanto, no existe ningún $x \in D$ tal que $P(x)$ sea verdadera, lo que implica que $\exists x \in D, P(x)$ es falsa, es decir, $\neg(\exists x \in D, P(x))$ es verdadera.

Por lo tanto, hemos demostrado que

$$\neg(\exists x \in D, P(x)) \equiv \forall x \in D, \neg P(x).$$

∎

Lema 4.3.2 La negación del cuantificador existencial afecta únicamente al cuantificador y al predicado, mientras que el dominio permanece inalterado.

4.3 Transformación de proposiciones: análisis de la negación de cuantificadores

Demostración. El dominio D es el conjunto de elementos sobre los cuales se cuantifica. Al negar una proposición existencial, estamos cambiando el cuantificador y negando el predicado, pero el dominio sigue siendo el mismo. La negación transforma la afirmación "existe al menos un x en D tal que $P(x)$ es verdadera" en "para todo x en D, $P(x)$ es falsa". ∎

■ **Example 4.32** Sea $P(x)$ el predicado "x es un número impar", con dominio $D = \{2, 4, 6\}$. La proposición existencial es:

$$\exists x \in D, P(x).$$

Evaluemos $P(x)$ para cada x en D:
- $P(2)$: 2 es impar (falso).
- $P(4)$: 4 es impar (falso).
- $P(6)$: 6 es impar (falso).

Por lo tanto, $\exists x \in D, P(x)$ es falsa.
La negación de la proposición existencial es:

$$\neg(\exists x \in D, P(x)) \equiv \forall x \in D, \neg P(x).$$

Esto significa "para todo x en D, x no es impar", lo cual es verdadero, ya que todos los elementos de D son números pares. ∎

(R) La negación de una proposición existencial no implica que la proposición opuesta sea verdadera para algún elemento; en cambio, afirma que el predicado es falso para todos los elementos del dominio.

> **Theorem 4.3.9 — Proceso general para negar proposiciones existenciales.** Para negar una proposición existencial compuesta, se debe:
> 1. Cambiar el cuantificador existencial $\exists$ por un cuantificador universal $\forall$.
> 2. Negar el predicado o la proposición interna.
>
> Matemáticamente, esto se expresa como:
>
> $$\neg(\exists x \in D, P(x)) \equiv \forall x \in D, \neg P(x).$$

Demostración. Es una aplicación directa de las leyes de De Morgan para cuantificadores y conectivos lógicos. Al negar una proposición existencial, estamos afirmando que no existe ningún x en D para el cual $P(x)$ sea verdadera, lo que significa que $P(x)$ es falsa para todos los x en D. ∎

■ **Example 4.33** Considere la proposición:

$$\exists x \in \mathbb{N}, x < 0.$$

Esta proposición es falsa, ya que no existen números naturales menores que cero.
La negación de la proposición existencial es:

$$\neg(\exists x \in \mathbb{N}, x < 0) \equiv \forall x \in \mathbb{N}, x \geq 0.$$

Esto significa "para todo número natural x, x es mayor o igual a cero", lo cual es verdadero. ∎

Exercise 4.29 Sea $P(x)$ el predicado "x es un número primo par mayor que 2", con dominio $D = \mathbb{N}$. Escriba la negación de la proposición existencial:

$$\exists x \in D, P(x),$$

y determine si la negación es verdadera o falsa.

La negación de la proposición es:

$$\neg(\exists x \in D, P(x)) \equiv \forall x \in D, \neg P(x).$$

Esto significa "para todo x en $\mathbb{N}$, x no es un número primo par mayor que 2".
Evaluamos $P(x)$ para números naturales:
Sabemos que el único número primo par es 2, y 2 no es mayor que 2. Por lo tanto, no existe ningún número natural x tal que $P(x)$ sea verdadera.
Por lo tanto, la proposición existencial $\exists x \in D, P(x)$ es falsa, y su negación $\forall x \in D, \neg P(x)$ es verdadera.

> (R) Este ejercicio ilustra cómo la negación de una proposición existencial conduce a una afirmación universal sobre todos los elementos del dominio.

Theorem 4.3.10 — Leyes de De Morgan para cuantificadores. Las leyes de De Morgan se aplican a los cuantificadores de la siguiente manera:

$$\neg(\exists x \in D, P(x)) \equiv \forall x \in D, \neg P(x),$$
$$\neg(\forall x \in D, P(x)) \equiv \exists x \in D, \neg P(x).$$

Demostración. Demostraremos cada una de las leyes de De Morgan para cuantificadores por separado.
Primera Ley Queremos demostrar que:

$$\neg(\exists x \in D, P(x)) \equiv \forall x \in D, \neg P(x).$$

($\Rightarrow$) Supongamos que $\neg(\exists x \in D, P(x))$ es verdadera. Esto significa que la proposición $\exists x \in D, P(x)$ es falsa. Si $\exists x \in D, P(x)$ es falsa, entonces no existe ningún $x \in D$ tal que $P(x)$ sea verdadera. Esto implica que $P(x)$ es falsa para todos los $x \in D$, es decir, $\forall x \in D, \neg P(x)$ es verdadera.
($\Leftarrow$) Supongamos que $\forall x \in D, \neg P(x)$ es verdadera. Esto significa que $P(x)$ es falsa para cada $x \in D$. Por lo tanto, no existe ningún $x \in D$ tal que $P(x)$ sea verdadera, lo que implica que $\exists x \in D, P(x)$ es falsa, es decir, $\neg(\exists x \in D, P(x))$ es verdadera.
Por lo tanto, hemos demostrado que:

$$\neg(\exists x \in D, P(x)) \equiv \forall x \in D, \neg P(x).$$

Segunda Ley Queremos demostrar que:

$$\neg(\forall x \in D, P(x)) \equiv \exists x \in D, \neg P(x).$$

($\Rightarrow$) Supongamos que $\neg(\forall x \in D, P(x))$ es verdadera. Esto significa que la proposición $\forall x \in D, P(x)$ es falsa. Si $\forall x \in D, P(x)$ es falsa, entonces debe existir al menos un $x \in D$ tal que $P(x)$ es falsa. Esto implica que $\exists x \in D$ tal que $\neg P(x)$ es verdadera.

4.3 Transformación de proposiciones: análisis de la negación de cuantificadores

($\Leftarrow$) Supongamos que $\exists x \in D$ tal que $\neg P(x)$ es verdadera. Esto significa que hay al menos un $x \in D$ para el cual $P(x)$ es falsa. Por lo tanto, no es cierto que $P(x)$ sea verdadera para todos los $x \in D$, lo que implica que $\forall x \in D, P(x)$ es falsa, es decir, $\neg(\forall x \in D, P(x))$ es verdadera.
Por lo tanto, hemos demostrado que:

$$\neg(\forall x \in D, P(x)) \equiv \exists x \in D, \neg P(x).$$

Esto completa la demostración de las leyes de De Morgan para cuantificadores. ∎

■ **Example 4.34** Considere la proposición:

$$\exists x \in \mathbb{R}, x^2 = -1.$$

En el conjunto de los números reales, esta proposición es falsa, ya que no existe un número real cuyo cuadrado sea -1.
La negación es:

$$\neg(\exists x \in \mathbb{R}, x^2 = -1) \equiv \forall x \in \mathbb{R}, x^2 \neq -1.$$

Esto significa "para todo número real x, x^2 no es igual a -1", lo cual es verdadero.
Sin embargo, si consideramos los números complejos, la proposición original es verdadera, ya que i es un número complejo tal que $i^2 = -1$. ∎

> Exercise 4.30 Escriba la negación de la siguiente proposición existencial y determine su valor de verdad en los números enteros:
>
> $$\exists x \in \mathbb{Z}, x^2 = 2.$$

La negación es:

$$\neg(\exists x \in \mathbb{Z}, x^2 = 2) \equiv \forall x \in \mathbb{Z}, x^2 \neq 2.$$

Esto significa "para todo número entero x, x^2 no es igual a 2".
En los números enteros, no existe un x tal que $x^2 = 2$, ya que $\sqrt{2}$ no es un número entero. Por lo tanto, la proposición existencial es falsa, y su negación es verdadera.

> (R) La negación de una proposición existencial es útil para afirmar que ninguna solución o caso particular cumple con la propiedad dada dentro del dominio considerado.

> **Theorem 4.3.11** La negación de una proposición existencial que incluye un condicional se transforma de la siguiente manera:
>
> $$\neg(\exists x \in D, P(x) \implies Q(x)) \equiv \forall x \in D, P(x) \land \neg Q(x).$$

Demostración. Queremos demostrar que

$$\neg(\exists x \in D, P(x) \implies Q(x)) \equiv \forall x \in D, P(x) \land \neg Q(x).$$

1. **Lado izquierdo ($\Rightarrow$)**: Supongamos que $\neg(\exists x \in D, P(x) \implies Q(x))$ es verdadera. Esto significa que la proposición $\exists x \in D, P(x) \implies Q(x)$ es falsa. Si $\exists x \in D, P(x) \implies Q(x)$ es falsa, entonces para todos los $x \in D$, la implicación $P(x) \implies Q(x)$ debe ser falsa.
2. **Evaluación de la Implicación Falsa**: Recordemos que una implicación $P(x) \implies Q(x)$ es falsa si y solo si $P(x)$ es verdadera y $Q(x)$ es falsa, es decir, $P(x) \wedge \neg Q(x)$ es verdadera. Dado que queremos que la implicación sea falsa para todos los $x \in D$, se deduce que:

$$\forall x \in D, P(x) \wedge \neg Q(x).$$

3. **Lado derecho ($\Leftarrow$)**: Supongamos que $\forall x \in D, P(x) \wedge \neg Q(x)$ es verdadera. Esto significa que para cada $x \in D$, $P(x)$ es verdadera y $Q(x)$ es falsa. Si esto es cierto para todos los $x \in D$, entonces no existe ningún $x \in D$ tal que $P(x) \implies Q(x)$ sea verdadera, lo que implica que $\neg(\exists x \in D, P(x) \implies Q(x))$ es verdadera.

Por lo tanto, hemos demostrado que:

$$\neg(\exists x \in D, P(x) \implies Q(x)) \equiv \forall x \in D, P(x) \wedge \neg Q(x).$$

∎

■ **Example 4.35** Considere la proposición:

$$\exists x \in \mathbb{Z}, x > 5 \implies x^2 > 25.$$

La negación es:

$$\neg(\exists x \in \mathbb{Z}, x > 5 \implies x^2 > 25) \equiv \forall x \in \mathbb{Z}, x > 5 \wedge x^2 \leq 25.$$

Esto significa que para todo x en $\mathbb{Z}$, si $x > 5$, entonces $x^2 \leq 25$. Sin embargo, esto es falso, ya que para $x = 6$, tenemos $x^2 = 36 > 25$.

Esto indica que la proposición original $\exists x \in \mathbb{Z}, x > 5 \implies x^2 > 25$ es verdadera (porque existe al menos un x que cumple el condicional), y su negación es falsa. ■

Exercise 4.31 Escriba la negación de la siguiente proposición existencial y determine su valor de verdad:

$$\exists x \in \mathbb{R}, x \neq 0 \implies \frac{1}{x} = 0.$$

La negación es:

$$\neg(\exists x \in \mathbb{R}, x \neq 0 \implies \frac{1}{x} = 0) \equiv \forall x \in \mathbb{R}, x \neq 0 \wedge \frac{1}{x} \neq 0.$$

Esto significa "para todo x en $\mathbb{R}$, $x \neq 0$ y $\frac{1}{x} \neq 0$".

Sabemos que para todo $x \neq 0$, $\frac{1}{x} \neq 0$, ya que el recíproco de cualquier número distinto de cero no es cero.

Por lo tanto, la negación es verdadera, y la proposición existencial original es falsa, ya que no existe un x distinto de cero cuyo recíproco sea cero.

> R Al trabajar con proposiciones que incluyen condicionales, es importante recordar las equivalencias lógicas al negar implicaciones y cómo afectan a los cuantificadores.

4.3 Transformación de proposiciones: análisis de la negación de cuantificadores

Theorem 4.3.12 La negación de una proposición existencial con una conjunción se transforma en:

$$\neg(\exists x \in D, P(x) \land Q(x)) \equiv \forall x \in D, \neg(P(x) \land Q(x)) \equiv \forall x \in D, \neg P(x) \lor \neg Q(x).$$

Demostración. Queremos demostrar que

$$\neg(\exists x \in D, P(x) \land Q(x)) \equiv \forall x \in D, \neg(P(x) \land Q(x)) \equiv \forall x \in D, \neg P(x) \lor \neg Q(x).$$

Empezamos aplicando la ley de De Morgan para la negación de una proposición existencial. La negación de .^{ex}iste un $x \in D$ tal que $P(x) \land Q(x)$.^{es} "para todo $x \in D$, $P(x) \land Q(x)$ es falso.."^{Es}to nos da:

$$\neg(\exists x \in D, P(x) \land Q(x)) \equiv \forall x \in D, \neg(P(x) \land Q(x)).$$

Luego, aplicamos la ley de De Morgan a la negación de la conjunción dentro del predicado. La negación de $P(x) \land Q(x)$ es $\neg P(x) \lor \neg Q(x)$, por lo que:

$$\forall x \in D, \neg(P(x) \land Q(x)) \equiv \forall x \in D, \neg P(x) \lor \neg Q(x).$$

Por lo tanto, hemos demostrado que:

$$\neg(\exists x \in D, P(x) \land Q(x)) \equiv \forall x \in D, \neg P(x) \lor \neg Q(x).$$

■

■ **Example 4.36** Considere la proposición:

$$\exists x \in \mathbb{N}, x \text{ es par} \land x \text{ es primo}.$$

Sabemos que el único número natural que es par y primo es $x = 2$.
La negación es:

$$\neg(\exists x \in \mathbb{N}, x \text{ es par} \land x \text{ es primo}) \equiv \forall x \in \mathbb{N}, \neg(x \text{ es par} \land x \text{ es primo}) \equiv \forall x \in \mathbb{N}, (x \text{ no es par} \lor x \text{ no es primo}).$$

Esto significa que para todo número natural x, x no es par o x no es primo.
Sin embargo, $x = 2$ es un número natural que es par y primo, por lo que la negación es falsa, y la proposición existencial original es verdadera. ■

Exercise 4.32 Negue la siguiente proposición existencial y determine su valor de verdad:

$$\exists x \in \mathbb{Z}, x \text{ es impar} \land x \text{ es divisible por } 2.$$

La negación es:

$$\neg(\exists x \in \mathbb{Z}, x \text{ es impar} \land x \text{ es divisible por } 2) \equiv \forall x \in \mathbb{Z}, \neg(x \text{ es impar} \land x \text{ es divisible por } 2) \equiv \forall x \in \mathbb{Z}, (x \text{ no es impar} \lor x \text{ no es divisible por } 2).$$

Sabemos que un número entero no puede ser simultáneamente impar y divisible por 2, ya que los números divisibles por 2 son pares.
Por lo tanto, la proposición existencial original es falsa (no existe tal x), y su negación es verdadera.

Capítulo 4. Funciones Proposicionales y Cuantificadores

> (R) Este ejercicio muestra cómo la negación de una proposición existencial con conjunción conduce a una afirmación universal con disyunción.

Theorem 4.3.13 La negación de una proposición existencial con una disyunción se transforma en:

$$\neg(\exists x \in D, P(x) \vee Q(x)) \equiv \forall x \in D, \neg(P(x) \vee Q(x)) \equiv \forall x \in D, \neg P(x) \wedge \neg Q(x).$$

Demostración. Queremos demostrar que

$$\neg(\exists x \in D, P(x) \vee Q(x)) \equiv \forall x \in D, \neg(P(x) \vee Q(x)) \equiv \forall x \in D, \neg P(x) \wedge \neg Q(x).$$

Empezamos aplicando la ley de De Morgan para la negación de una proposición existencial. La negación de "existe un $x \in D$ tal que $P(x) \vee Q(x)$" es "para todo $x \in D$, $P(x) \vee Q(x)$ es falso." Esto nos da:

$$\neg(\exists x \in D, P(x) \vee Q(x)) \equiv \forall x \in D, \neg(P(x) \vee Q(x)).$$

Luego, aplicamos la ley de De Morgan a la negación de la disyunción dentro del predicado. La negación de $P(x) \vee Q(x)$ es $\neg P(x) \wedge \neg Q(x)$, por lo que:

$$\forall x \in D, \neg(P(x) \vee Q(x)) \equiv \forall x \in D, \neg P(x) \wedge \neg Q(x).$$

Por lo tanto, hemos demostrado que:

$$\neg(\exists x \in D, P(x) \vee Q(x)) \equiv \forall x \in D, \neg P(x) \wedge \neg Q(x).$$

∎

■ Example 4.37 Considere la proposición:

$$\exists x \in \mathbb{Z}, x \text{ es múltiplo de } 2 \vee x \text{ es múltiplo de } 3.$$

Esta proposición es verdadera, ya que existen números enteros que son múltiplos de 2 o de 3 (por ejemplo, $x = 2$, $x = 3$).
La negación es:

$$\neg(\exists x \in \mathbb{Z}, x \text{ es múltiplo de } 2 \vee x \text{ es múltiplo de } 3) \equiv \forall x \in \mathbb{Z}, \neg P(x) \wedge \neg Q(x),$$

donde $P(x)$ es "x es múltiplo de 2" y $Q(x)$ es "x es múltiplo de 3".
Esto significa que para todo x en $\mathbb{Z}$, x no es múltiplo de 2 y x no es múltiplo de 3. Esto es falso, ya que existen números que son múltiplos de 2 o de 3.
Por lo tanto, la negación es falsa, y la proposición existencial original es verdadera. ■

> **Exercise 4.33** Negue la siguiente proposición existencial y determine su valor de verdad:
>
> $$\exists x \in \mathbb{N}, x \text{ es divisible por } 5 \vee x \text{ es divisible por } 7.$$

4.3 Transformación de proposiciones: análisis de la negación de cuantificadores

La negación es:

$\neg(\exists x \in \mathbb{N}, x \text{ es divisible por } 5 \lor x \text{ es divisible por } 7) \equiv \forall x \in \mathbb{N}, \neg(x \text{ es divisible por } 5 \lor x \text{ es divisible por } 7) \equiv \forall x \in \mathbb{N}, (x \text{ no es divisible por } 5 \land x \text{ no es divisible por } 7)$.

Esto significa que todos los números naturales no son divisibles por 5 ni por 7. Esto es falso, ya que existen números naturales que son divisibles por 5 (por ejemplo, $x = 5$) o por 7 (por ejemplo, $x = 7$).

Por lo tanto, la negación es falsa, y la proposición existencial original es verdadera.

> (R) Este ejercicio destaca cómo la negación de una proposición existencial con disyunción conduce a una afirmación universal con conjunción.

Theorem 4.3.14 La negación de una proposición existencial anidada (con múltiples cuantificadores existenciales) se transforma al cambiar cada cuantificador existencial por un cuantificador universal y negar el predicado:

$$\neg(\exists x \in D, \exists y \in D, P(x,y)) \equiv \forall x \in D, \forall y \in D, \neg P(x,y).$$

Demostración. Queremos demostrar que

$$\neg(\exists x \in D, \exists y \in D, P(x,y)) \equiv \forall x \in D, \forall y \in D, \neg P(x,y).$$

Aplicamos la ley de De Morgan para la negación de una proposición existencial anidada. La negación de "existe un $x \in D$ y un $y \in D$ tal que $P(x,y)$" es "para todo $x \in D$ y para todo $y \in D$, $P(x,y)$ es falso". Esto se traduce en:

$$\neg(\exists x \in D, \exists y \in D, P(x,y)) \equiv \forall x \in D, \forall y \in D, \neg P(x,y).$$

Por lo tanto, hemos demostrado que:

$$\neg(\exists x \in D, \exists y \in D, P(x,y)) \equiv \forall x \in D, \forall y \in D, \neg P(x,y).$$

■

Example 4.38 Considere la proposición:

$$\exists x \in \mathbb{N}, \exists y \in \mathbb{N}, x + y = 5.$$

Esta proposición es verdadera, ya que existen números naturales x y y que suman 5 (por ejemplo, $x = 2, y = 3$).

La negación es:

$$\neg(\exists x \in \mathbb{N}, \exists y \in \mathbb{N}, x + y = 5) \equiv \forall x \in \mathbb{N}, \forall y \in \mathbb{N}, x + y \neq 5.$$

Esto significa que para todos los números naturales x y y, la suma $x + y$ no es igual a 5, lo cual es falso, ya que hemos encontrado pares que suman 5.

Por lo tanto, la negación es falsa, y la proposición existencial original es verdadera. ■

Exercise 4.34 Negue la siguiente proposición existencial y determine su valor de verdad:

$$\exists x \in \mathbb{R}, \exists y \in \mathbb{R}, x^2 + y^2 = -1.$$

La negación es:

$$\neg(\exists x \in \mathbb{R}, \exists y \in \mathbb{R}, x^2 + y^2 = -1) \equiv \forall x \in \mathbb{R}, \forall y \in \mathbb{R}, x^2 + y^2 \neq -1.$$

Sabemos que para cualquier número real x, $x^2 \geq 0$. La suma de dos cuadrados no negativos es siempre no negativa. Por lo tanto, $x^2 + y^2 \geq 0$.
No existe un par de números reales x, y tal que $x^2 + y^2 = -1$.
Por lo tanto, la proposición existencial original es falsa, y su negación es verdadera.

> (R) Al trabajar con cuantificadores anidados, es esencial aplicar la negación a cada cuantificador y entender cómo afecta al predicado compuesto.

Exercise 4.35 Sea la proposición:

$$\exists x \in \mathbb{N}, \exists y \in \mathbb{N}, x > y \wedge y > x.$$

Escriba la negación de esta proposición y determine su valor de verdad.

La negación es:

$$\neg(\exists x \in \mathbb{N}, \exists y \in \mathbb{N}, x > y \wedge y > x) \equiv \forall x \in \mathbb{N}, \forall y \in \mathbb{N}, \neg(x > y \wedge y > x) \equiv \forall x \in \mathbb{N}, \forall y \in \mathbb{N}, (x \leq y \vee y \leq x).$$

Simplificando, esto significa que para todos los números naturales x y y, x no es simultáneamente mayor que y y y mayor que x.
Dado que es imposible que $x > y$ y $y > x$ simultáneamente, la proposición existencial original es falsa, y su negación es verdadera.

> (R) Este ejercicio demuestra cómo la negación de una proposición existencial que es lógicamente imposible resulta en una afirmación universal que es verdadera.

Comprender la negación de proposiciones con cuantificadores existenciales es esencial en lógica matemática y en la construcción de argumentos rigurosos. Al aplicar correctamente las leyes de De Morgan y las equivalencias lógicas, podemos analizar y refutar proposiciones, identificar la ausencia de soluciones y fortalecer nuestro razonamiento lógico.

4.4 Ejercicios Resueltos

Exercise 4.36 Sea $P(x)$ la proposición "x es un número par". Expresa la afirmación "Existen números impares" utilizando funciones proposicionales y cuantificadores.

Demostración. Para expresar "Existen números impares" usando $P(x)$, primero debemos definir la función proposicional para "x es impar". Un número x es impar si no es par, por lo que podemos definir la función $Q(x)$ como:

$$Q(x) = \neg P(x)$$

4.4 Ejercicios Resueltos

Entonces, la afirmación "Existen números impares" se expresa como:

$$\exists x\, Q(x) = \exists x\, \neg P(x)$$

Esto significa que hay al menos un valor de x tal que x no es par, lo cual cumple con la afirmación original. ∎

Exercise 4.37 Sean las proposiciones $P(x): x > 5$ y $Q(x): x < 10$, ambas definidas sobre el dominio de los números naturales. Expresa y determina el valor de verdad de la proposición: "Para todo x, x está entre 5 y 10."

Demostración. La afirmación "x está entre 5 y 10" se puede expresar como:

$$R(x): P(x) \wedge Q(x)$$

Entonces, la afirmación "Para todo x, x está entre 5 y 10" se representa como:

$$\forall x\, (P(x) \wedge Q(x))$$

Verificamos si esta afirmación es verdadera para todos los números naturales. Sin embargo, esta afirmación es falsa, ya que existen valores de x en los números naturales que no están entre 5 y 10 (por ejemplo, $x = 4$ o $x = 11$). ∎

Exercise 4.38 Sea $P(x)$ la proposición "x es un múltiplo de 3" y $Q(x)$ la proposición "x es un múltiplo de 5", definidas sobre el dominio de los números naturales. Expresa la afirmación "Existen números que son múltiplos de 3 y 5" y determina su valor de verdad.

Demostración. La afirmación "Existen números que son múltiplos de 3 y 5" se representa como:

$$\exists x\, (P(x) \wedge Q(x))$$

Esto significa que existe al menos un valor de x tal que x es un múltiplo de 3 y también un múltiplo de 5. En los números naturales, cualquier múltiplo de 15 cumple esta condición (por ejemplo, $x = 15$). Por lo tanto, esta afirmación es verdadera. ∎

Exercise 4.39 Define la proposición $P(x,y)$: "$x + y = 10$", donde x y y son números naturales. Expresa la afirmación "Existe un número x tal que para todo y, $x + y \neq 10$" y determina su valor de verdad.

Demostración. La afirmación se representa como:

$$\exists x\, \forall y\, \neg P(x,y) = \exists x\, \forall y\, (x + y \neq 10)$$

Esto significa que existe al menos un número x tal que, sin importar el valor de y, $x + y$ no es igual a 10. Si elegimos $x = 11$, por ejemplo, no importa qué valor tome y, la suma $11 + y$ nunca será igual a 10. Por lo tanto, esta afirmación es verdadera. ∎

Exercise 4.40 Sea $P(x)$: "x^2 es un número par", donde x es un número entero. Expresa y determina el valor de verdad de la afirmación "Para todo x, si x es par, entonces x^2 es par."

Demostración. La afirmación se representa como:

$$\forall x (x \text{ es par} \rightarrow P(x))$$

Esta es una implicación que afirma que si x es par, entonces x^2 también es par. En efecto, si x es un número par, se puede expresar como $x = 2k$ para algún entero k. Entonces:

$$x^2 = (2k)^2 = 4k^2 = 2(2k^2)$$

Esto demuestra que x^2 es un múltiplo de 2, es decir, es par. Por lo tanto, esta afirmación es verdadera. ∎

4.5 Ejercicios Propuestos

4.5.1 Predicados: Definición y Ejemplos

Exercise 4.41 Sea $P(x)$ la proposición "x es un número primo". Determine si $P(7)$ y $P(10)$ son verdaderas o falsas.

Exercise 4.42 Defina un predicado $Q(x)$ que represente la proposición "x es un número impar" y evalúe $Q(3)$ y $Q(8)$.

Exercise 4.43 Sea $R(x,y)$ la proposición "$x+y = 10$", donde x y y son números naturales. Determine si $R(4,6)$ y $R(3,7)$ son verdaderas o falsas.

Exercise 4.44 Formule un predicado $S(x)$ para expresar la proposición "x es un múltiplo de 5" y determine si $S(15)$ y $S(13)$ son verdaderas o falsas.

Exercise 4.45 Defina un predicado $T(x,y)$ para la proposición "x es mayor que y" y determine si $T(7,3)$ y $T(2,5)$ son verdaderas o falsas.

4.5.2 Cuantificadores: Cuantificador Universal ($\forall$) y Existencial ($\exists$)

Exercise 4.46 Expresa en notación formal la afirmación "Todos los números naturales son mayores o iguales a 0" usando el cuantificador universal.

Exercise 4.47 Escribe en notación formal la afirmación "Existe un número natural que es múltiplo de 7 y menor que 10" utilizando el cuantificador existencial.

Exercise 4.48 Utiliza cuantificadores para expresar la afirmación "Para todo número real x, si x es positivo, entonces x^2 también es positivo".

Exercise 4.49 Expresa la afirmación "Existe un número entero que es impar y mayor que 15" utilizando funciones proposicionales y cuantificadores.

Exercise 4.50 Formaliza la afirmación "Todos los múltiplos de 4 son pares" usando el cuantificador universal y una función proposicional.

4.5.3 Transformación de Proposiciones: Análisis de la Negación de Cuantificadores

Exercise 4.51 Encuentra la negación de la afirmación "Para todo número entero x, x es positivo o x es negativo".

Exercise 4.52 Escribe la negación de la proposición "Existe un número real y tal que $y^2 = -1$".

Exercise 4.53 Transforma la negación de la afirmación "Para todo número natural x, $x+1$ es par" en una afirmación equivalente usando cuantificadores.

Exercise 4.54 Encuentra la negación de la proposición "Para todo número entero x, si x es impar, entonces x^2 es impar".

Exercise 4.55 Determina la negación de la afirmación "Existe un número real z tal que z es menor que 0 y mayor que 5".

5. Conjuntos y Álgebra de Conjuntos

5.1 Operaciones con conjuntos: unión, intersección, complemento.

5.1.1 Conjuntos finitos e infinitos

En matemáticas, especialmente en teoría de conjuntos, la distinción entre conjuntos finitos e infinitos es fundamental. Un conjunto finito es aquel que tiene un número limitado de elementos, mientras que un conjunto infinito tiene un número ilimitado de elementos. La comprensión de estos conceptos es esencial para el estudio de la cardinalidad, el infinito y las propiedades de los números.

Definition 5.1.1 Un conjunto A es **finito** si existe una biyección (función bijectiva) entre A y un conjunto de la forma $\{1,2,3,\ldots,n\}$ para algún número natural n. Si no existe tal n, es decir, si no es posible establecer una biyección con ningún conjunto finito de números naturales, entonces el conjunto A es **infinito**.

■ **Example 5.1**
- El conjunto $A = \{a,b,c\}$ es finito, ya que tiene exactamente tres elementos.
- El conjunto de números naturales $\mathbb{N} = \{1,2,3,4,\ldots\}$ es infinito, ya que no hay un número natural n tal que $\mathbb{N}$ pueda ponerse en correspondencia uno a uno con $\{1,2,\ldots,n\}$.

■

Theorem 5.1.1 Un subconjunto de un conjunto finito es finito.

Demostración. Sea A un conjunto finito y $B \subseteq A$ un subconjunto de A. Por definición, un conjunto es finito si tiene un número finito de elementos.

Dado que A es finito, el número de elementos en A es finito. Como $B \subseteq A$, el número de elementos en B no puede exceder el número de elementos en A. Por lo tanto, B también tiene un número finito de elementos.

Así, B es finito, y hemos demostrado que cualquier subconjunto de un conjunto finito es también finito.

■

Theorem 5.1.2 La unión de un número finito de conjuntos finitos es finita.

Demostración. Sea $\{A_1, A_2, \ldots, A_n\}$ una colección finita de conjuntos finitos. Queremos demostrar que la unión $U = A_1 \cup A_2 \cup \cdots \cup A_n$ es finita.

Como cada A_i es finito, tiene un número finito de elementos, digamos $|A_i| = k_i$, donde k_i es un número natural. La cantidad total de elementos en U no excede la suma de los números de elementos de los A_i:

$$|U| \leq |A_1| + |A_2| + \cdots + |A_n| = k_1 + k_2 + \cdots + k_n.$$

Dado que la suma de una cantidad finita de números finitos es finita, se deduce que $|U|$ es finito. Por lo tanto, la unión de un número finito de conjuntos finitos es finita. ∎

Definition 5.1.2 Un conjunto infinito se denomina **numerable** o **contable** si sus elementos pueden ponerse en correspondencia uno a uno con los números naturales $\mathbb{N}$. Si no es posible establecer tal correspondencia, el conjunto se denomina **no numerable** o **no contable**.

■ **Example 5.2**
- El conjunto de números enteros $\mathbb{Z}$ es numerable. Podemos establecer una biyección con $\mathbb{N}$ ordenando los enteros de la siguiente manera: $0, 1, -1, 2, -2, 3, -3, \ldots$
- El conjunto de números racionales $\mathbb{Q}$ es numerable. Aunque puede parecer que hay "más" números racionales que naturales, se puede establecer una biyección con

Theorem 5.1.3 — **El conjunto de los números racionales es numerable.** El conjunto $\mathbb{Q}$ de los números racionales es un conjunto infinito numerable.

Demostración. Para demostrar que el conjunto de los números racionales $\mathbb{Q}$ es numerable, necesitamos mostrar que sus elementos pueden ponerse en correspondencia biunívoca con los números naturales $\mathbb{N}$.

Consideremos el conjunto de números racionales positivos, que puede escribirse como:

$$\mathbb{Q}^+ = \left\{ \frac{m}{n} \mid m, n \in \mathbb{N}, n \neq 0 \right\}.$$

Podemos organizar los elementos de $\mathbb{Q}^+$ en una matriz infinita en la cual la entrada en la fila m y columna n representa el número racional $\frac{m}{n}$. Al recorrer esta matriz en orden de diagonales ascendentes (usando un recorrido tipo zigzag), podemos listar todos los números racionales positivos.

Al realizar este recorrido, cada número racional positivo aparecerá eventualmente en la lista, aunque algunos números puedan repetirse (por ejemplo, $\frac{2}{4} = \frac{1}{2}$). Eliminando las repeticiones, obtenemos una lista de todos los números racionales positivos, lo que establece una correspondencia biunívoca entre $\mathbb{Q}^+$ y $\mathbb{N}$.

Para incluir los números racionales negativos, simplemente intercalamos cada número positivo $\frac{m}{n}$ con su opuesto $-\frac{m}{n}$, y además incluimos el cero. Así, obtenemos una enumeración de todos los números racionales $\mathbb{Q}$.

Por lo tanto, $\mathbb{Q}$ es numerable, ya que hemos establecido una correspondencia biunívoca con $\mathbb{N}$. ∎

Theorem 5.1.4 — **El conjunto de los números reales es no numerable.** El conjunto $\mathbb{R}$ de los números reales no es numerable.

Demostración. Para demostrar que el conjunto de los números reales $\mathbb{R}$ no es numerable, usaremos el argumento de la diagonal de Cantor.

5.1 Operaciones con conjuntos: unión, intersección, complemento.

Supongamos, en busca de una contradicción, que $\mathbb{R}$ es numerable. Esto implicaría que los números reales en el intervalo $[0,1]$ también son numerables, ya que cualquier conjunto infinito numerable contiene subconjuntos numerables.

Si $[0,1]$ fuera numerable, podríamos enumerar todos sus elementos como una secuencia infinita $x_1, x_2, x_3, \ldots$, donde cada x_i representa un número real en $[0,1]$. Escribamos cada x_i en su expansión decimal infinita:

$$x_1 = 0.a_{11}a_{12}a_{13}\ldots,$$

$$x_2 = 0.a_{21}a_{22}a_{23}\ldots,$$

$$x_3 = 0.a_{31}a_{32}a_{33}\ldots,$$

y así sucesivamente, donde a_{ij} representa el j-ésimo dígito decimal de x_i.

Ahora construimos un número real $y = 0.b_1b_2b_3\ldots$ en $[0,1]$ que difiere de cada x_i en al menos el i-ésimo decimal. Definimos los dígitos b_i de y de la siguiente manera: para cada i, sea $b_i = 5$ si $a_{ii} \neq 5$, y $b_i = 6$ si $a_{ii} = 5$. Esto asegura que y difiere de x_i en el i-ésimo dígito.

De esta manera, y no puede ser igual a ninguno de los x_i en la lista, ya que difiere de cada uno en al menos un dígito. Esto contradice nuestra suposición de que habíamos enumerado todos los números reales en $[0,1]$.

Por lo tanto, el conjunto de los números reales $\mathbb{R}$ no es numerable. ∎

Definition 5.1.3 La **cardinalidad** de un conjunto es una medida del "número de elementos" del conjunto. Para conjuntos finitos, la cardinalidad es simplemente el número de elementos. Para conjuntos infinitos, la cardinalidad se define en términos de biyecciones con conjuntos conocidos.
- La cardinalidad de los números naturales $\mathbb{N}$ se denota como $\aleph_0$ (aleph cero).
- Un conjunto es **denumerable** si su cardinalidad es $\aleph_0$.
- La cardinalidad de los números reales $\mathbb{R}$ es $\mathfrak{c}$ (el cardinal del continuo).

Theorem 5.1.5 No hay conjuntos con cardinalidad estrictamente entre $\aleph_0$ y $\mathfrak{c}$.

Demostración. Este teorema es una formulación de la **hipótesis del continuo**, que establece que no existen conjuntos con cardinalidad estrictamente entre $\aleph_0$ (el cardinal de los números naturales) y $\mathfrak{c}$ (el cardinal de los números reales).

La hipótesis del continuo, propuesta por Georg Cantor, afirma que el conjunto de los números reales $\mathbb{R}$ es el conjunto infinito más pequeño después de $\mathbb{N}$, en el sentido de que no existe un conjunto de cardinalidad intermedia entre $\mathbb{N}$ y $\mathbb{R}$. Esto significa que cualquier conjunto infinito que pueda ser inyectado en $\mathbb{R}$ o $\mathbb{N}$ tiene que ser de cardinalidad $\aleph_0$ o $\mathfrak{c}$.

Sin embargo, la hipótesis del continuo es independiente de los axiomas de la teoría de conjuntos de Zermelo-Fraenkel con el axioma de elección (ZFC). Esto implica que, dentro de ZFC, no se puede probar ni refutar la existencia de conjuntos con cardinalidad intermedia entre $\aleph_0$ y $\mathfrak{c}$; es consistente tanto asumir que existen tales conjuntos como asumir que no existen.

Por lo tanto, la veracidad del teorema depende de aceptar la hipótesis del continuo como un axioma adicional, ya que no puede demostrarse ni refutarse dentro de los axiomas estándar de ZFC. ∎

Theorem 5.1.6 — Teorema de Cantor. Para cualquier conjunto A, la cardinalidad del conjunto potencia $\mathscr{P}(A)$ es estrictamente mayor que la cardinalidad de A.

Demostración. Sea A un conjunto cualquiera. Queremos demostrar que la cardinalidad del conjunto potencia $\mathscr{P}(A)$ es estrictamente mayor que la cardinalidad de A.

Supongamos, en busca de una contradicción, que existe una biyección $f : A \to \mathscr{P}(A)$, es decir, que f asigna a cada elemento de A un subconjunto único de A y que cada subconjunto de A es imagen de algún elemento de A bajo f.

Consideremos el subconjunto

$$B = \{x \in A \mid x \notin f(x)\}.$$

El conjunto B es el conjunto de todos los elementos $x \in A$ tales que x no pertenece a su propia imagen $f(x)$.

Como $B \subseteq A$, debería existir algún $a \in A$ tal que $f(a) = B$, dado que f es una biyección. Ahora, analizamos si $a \in B$:

- Si $a \in B$, entonces, por la definición de B, $a \notin f(a) = B$, lo cual es una contradicción. - Si $a \notin B$, entonces, nuevamente por la definición de B, $a \in f(a) = B$, lo cual es también una contradicción. En ambos casos llegamos a una contradicción, lo que implica que no puede existir una biyección entre A y $\mathscr{P}(A)$. Por lo tanto, la cardinalidad de $\mathscr{P}(A)$ es estrictamente mayor que la cardinalidad de A. ∎

> (R) Este teorema muestra que no existe un conjunto universal que contenga a todos los conjuntos, ya que siempre se puede construir un conjunto de cardinalidad mayor. Esto tiene implicaciones profundas en la teoría de conjuntos y la comprensión del infinito.

Exercise 5.1 Demuestre que el intervalo abierto $(0,1)$ tiene la misma cardinalidad que $\mathbb{R}$.

Para demostrar que dos conjuntos tienen la misma cardinalidad, es suficiente encontrar una biyección entre ellos.

Definimos la función $f : (0,1) \to \mathbb{R}$ mediante:

$$f(x) = \tan\left(\pi x - \frac{\pi}{2}\right) = \tan\left(\pi x - \frac{\pi}{2}\right).$$

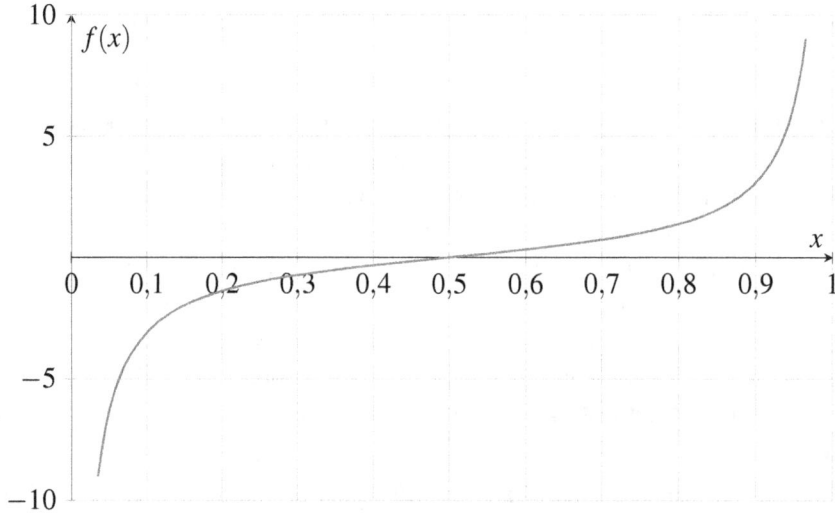

Figura 5.1.1: *Gráfica de la función* $f(x) = \tan\left(\pi x - \frac{\pi}{2}\right)$.

Esta función es continua, estrictamente creciente y sobreyectiva de $(0,1)$ a $\mathbb{R}$.

5.1 Operaciones con conjuntos: unión, intersección, complemento.

Alternativamente, podemos utilizar la función $g : \mathbb{R} \to (0,1)$ definida por:

$$g(x) = \frac{1}{2} + \frac{1}{\pi}\arctan(x).$$

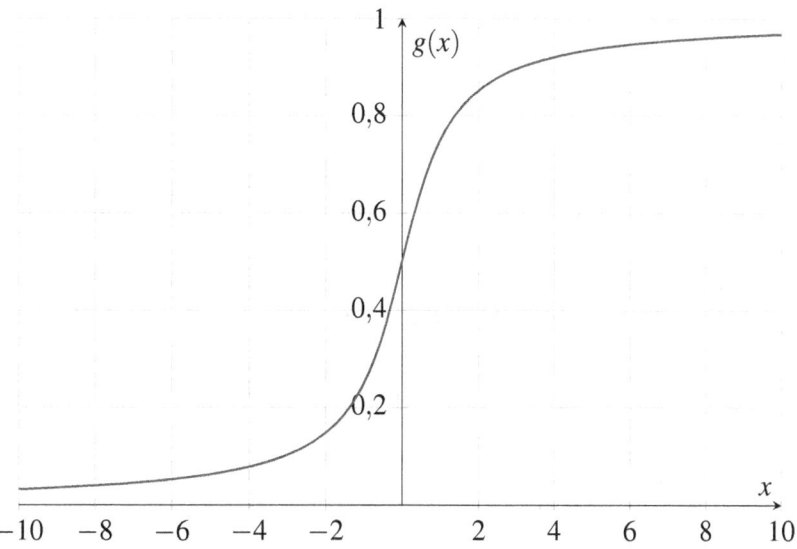

Figura 5.1.2: *Gráfica de la función $g(x) = \frac{1}{2} + \frac{1}{\pi}\arctan(x)$.*

Esta función es una biyección entre $\mathbb{R}$ y $(0,1)$, lo que demuestra que ambos conjuntos tienen la misma cardinalidad.

> (R) Este resultado es sorprendente, ya que muestra que un intervalo finito y acotado como $(0,1)$ tiene tantos elementos como todo el conjunto de los números reales $\mathbb{R}$.

Theorem 5.1.7 El producto cartesiano de un conjunto finito y un conjunto infinito es infinito.

Demostración. Sea A un conjunto finito con n elementos y B un conjunto infinito. Queremos demostrar que el producto cartesiano $A \times B$ es infinito.

Cada elemento de $A \times B$ es un par ordenado (a,b) donde $a \in A$ y $b \in B$. Para cada elemento $a \in A$, el conjunto $\{a\} \times B = \{(a,b) \mid b \in B\}$ es una copia de B, ya que está en correspondencia uno a uno con B.

Dado que B es infinito, cada conjunto $\{a\} \times B$ también es infinito. Ahora, $A \times B$ es la unión de n conjuntos infinitos $\{a\} \times B$ (uno para cada elemento $a \in A$). La unión de un número finito de conjuntos infinitos es infinita.

Por lo tanto, $A \times B$ es infinito. ∎

Definition 5.1.4 Un conjunto A es **infinito numerable** si existe una biyección entre A y $\mathbb{N}$. Un conjunto es **infinito no numerable** si es infinito y no existe tal biyección.

■ **Example 5.3**
- El conjunto de los números pares $\{2,4,6,8,\dots\}$ es infinito numerable. La función $f(n) = 2n$ establece una biyección con $\mathbb{N}$.
- El conjunto de los números irracionales entre 0 y 1 es infinito no numerable. Esto se debe a que los números reales entre 0 y 1 son no numerables, y los racionales son numerables, por lo que los irracionales deben ser no numerables.

■

Theorem 5.1.8 La unión numerable de conjuntos numerables es numerable.

Demostración. Sea $\{A_n\}_{n\in\mathbb{N}}$ una familia de conjuntos numerables. Cada A_n puede enumerarse como $A_n = \{a_{n1}, a_{n2}, a_{n3}, \dots\}$.

Podemos enumerar los elementos de la unión $\bigcup_{n=1}^{\infty} A_n$ mediante el **método diagonal** de Cantor:

$$\begin{array}{ccc} a_{11} & & \\ a_{12} & a_{21} & \\ a_{13} & a_{22} & a_{31} \\ a_{14} & a_{23} & a_{32} \\ \vdots & \vdots & \vdots \end{array}$$

Enumeramos los elementos siguiendo las diagonales, asegurándonos de listar cada elemento una vez. De esta manera, establecemos una biyección entre $\bigcup_{n=1}^{\infty} A_n$ y $\mathbb{N}$. ∎

Exercise 5.2 Demuestre que el conjunto de todas las cadenas finitas de caracteres del alfabeto inglés es numerable.

El alfabeto inglés tiene 26 letras. Las cadenas finitas de estas letras pueden considerarse como secuencias finitas. Podemos enumerar todas las cadenas de longitud 1, luego de longitud 2, y así sucesivamente.

Más formalmente, consideramos que cada cadena es una secuencia finita de caracteres, y el conjunto de todas las cadenas es la unión numerable de conjuntos finitos (las cadenas de longitud n para cada $n \in \mathbb{N}$).

Dado que cada conjunto de cadenas de longitud fija es finito, y la unión numerable de conjuntos numerables (en este caso finitos) es numerable, concluimos que el conjunto de todas las cadenas finitas es numerable.

Definition 5.1.5 Un conjunto A es **infinito numerable** si sus elementos pueden enumerarse en una secuencia infinita $a_1, a_2, a_3, \dots$, de modo que cada elemento de A aparece exactamente una vez en la secuencia.

Theorem 5.1.9 El conjunto de las parejas ordenadas de números naturales $\mathbb{N} \times \mathbb{N}$ es numerable.

Demostración. Podemos enumerar los pares (n,m) de números naturales mediante el método de enumeración diagonal.

Escribimos los pares en una matriz infinita:

$$\begin{array}{cccc} (1,1) & (1,2) & (1,3) & \cdots \\ (2,1) & (2,2) & (2,3) & \cdots \\ (3,1) & (3,2) & (3,3) & \cdots \\ \vdots & \vdots & \vdots & \ddots \end{array}$$

Luego, recorremos los elementos siguiendo diagonales paralelas al borde de la matriz:

$$(1,1) \to (1,2) \to (2,1) \to (3,1) \to (2,2) \to (1,3) \to \cdots$$

De esta manera, podemos establecer una biyección entre $\mathbb{N} \times \mathbb{N}$ y $\mathbb{N}$. ∎

■ **Example 5.4** El conjunto de los números racionales positivos $\mathbb{Q}^+$ es numerable, ya que cada número racional positivo puede representarse como una fracción $\frac{p}{q}$ con $p, q \in \mathbb{N}$. Como $\mathbb{N} \times \mathbb{N}$ es numerable, y podemos eliminar las fracciones equivalentes, el conjunto resultante sigue siendo numerable. ∎

5.1 Operaciones con conjuntos: unión, intersección, complemento.

> (R) La distinción entre conjuntos finitos, infinitos numerables e infinitos no numerables es esencial en muchas áreas de las matemáticas, incluyendo el análisis, la teoría de números y la lógica. Comprender estas diferencias permite un análisis más profundo de la estructura y propiedades de los conjuntos infinitos.

Los conceptos de conjuntos finitos e infinitos son fundamentales en matemáticas. Los conjuntos finitos tienen una cardinalidad definida y limitada, mientras que los conjuntos infinitos pueden ser numerables o no numerables, dependiendo de si existe una biyección con los números naturales. El estudio de estos conjuntos nos lleva a preguntas profundas sobre la naturaleza del infinito y las estructuras matemáticas subyacentes.

5.1.2 Diagramas de Venn para representar operaciones

Los **diagramas de Venn** son herramientas gráficas que permiten representar de manera visual las relaciones entre conjuntos y las operaciones que se realizan entre ellos. Fueron introducidos por el matemático británico John Venn en 1880 y son ampliamente utilizados en lógica, probabilidad, estadística y matemáticas en general.

> **Definition 5.1.6** Un **diagrama de Venn** es una representación gráfica de conjuntos mediante figuras cerradas (generalmente círculos o elipses) dentro de un rectángulo que representa el universo de discurso U. Las áreas de superposición entre las figuras indican las intersecciones entre los conjuntos.

■ **Example 5.5** Consideremos dos conjuntos A y B dentro de un universo U. El diagrama de Venn para estos conjuntos muestra dos círculos que representan a A y B, respectivamente. La región donde los círculos se superponen representa la intersección $A \cap B$. ■

Los diagramas de Venn son especialmente útiles para visualizar las operaciones básicas entre conjuntos: unión, intersección, diferencia y complemento.

- **Unión** ($A \cup B$): conjunto de elementos que pertenecen a A, a B, o a ambos.
- **Intersección** ($A \cap B$): conjunto de elementos que pertenecen tanto a A como a B.
- **Diferencia** ($A - B$): conjunto de elementos que pertenecen a A pero no a B.
- **Complemento** (A'): conjunto de elementos que no pertenecen a A, es decir, $U - A$.

A continuación, representamos cada una de estas operaciones mediante diagramas de Venn.

> **Definition 5.1.7** La **unión** de A y B es el conjunto:
>
> $A \cup B = \{x \in U \mid x \in A \text{ o } x \in B\}$.

La unión de dos conjuntos A y B se representa sombreando las áreas correspondientes a A, B y su intersección.

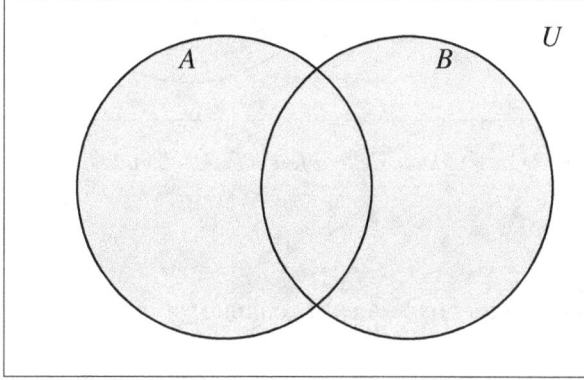

Figura 5.1.3: *Representación de la unión $A \cup B$ en un diagrama de Venn*

Definition 5.1.8 La **intersección** de A y B es el conjunto:

$$A \cap B = \{x \in U \mid x \in A \text{ y } x \in B\}.$$

La intersección de dos conjuntos A y B se representa sombreando únicamente el área donde los círculos de A y B se superponen.

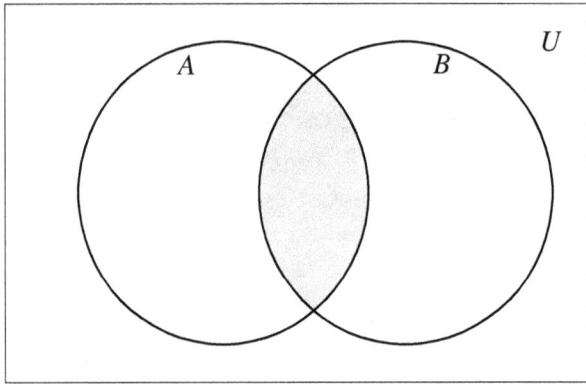

Figura 5.1.4: *Representación de la intersección $A \cap B$ en un diagrama de Venn*

Definition 5.1.9 La **diferencia** de A menos B es el conjunto:

$$A - B = \{x \in U \mid x \in A \text{ y } x \notin B\}.$$

La diferencia de A menos B ($A - B$) se representa sombreando el área de A que no está en B.

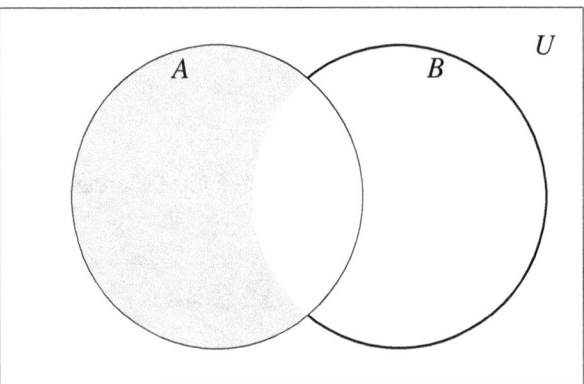

Figura 5.1.5: *Representación de la diferencia $A - B$ en un diagrama de Venn*

Definition 5.1.10 El **complemento** de A es el conjunto:

$$A' = U - A = \{x \in U \mid x \notin A\}.$$

El complemento de A se representa sombreando todas las áreas del universo U que no pertenecen a A.

5.1 Operaciones con conjuntos: unión, intersección, complemento. 127

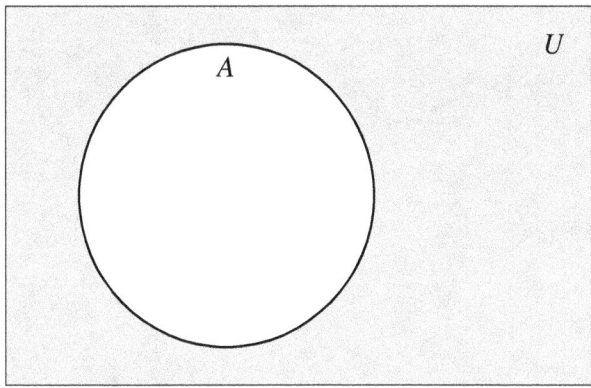

Figura 5.1.6: *Representación del complemento A′ en un diagrama de Venn*

Definition 5.1.11 La **diferencia simétrica** entre A y B es el conjunto:

$$A \triangle B = (A - B) \cup (B - A).$$

La diferencia simétrica entre A y B se representa sombreando las áreas que pertenecen a A o a B, pero no a ambos.

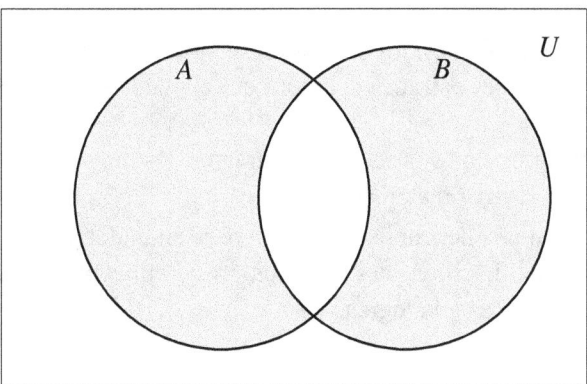

Figura 5.1.7: *Representación de la diferencia simétrica $A \triangle B$ en un diagrama de Venn*

Los diagramas de Venn son útiles para:
- Visualizar relaciones entre conjuntos y operaciones.
- Resolver problemas de probabilidad y estadística.
- Simplificar expresiones en álgebra de conjuntos.
- Entender propiedades como las Leyes de De Morgan.

Las Leyes de De Morgan establecen que:

$$(A \cup B)' = A' \cap B',$$
$$(A \cap B)' = A' \cup B'.$$

Estas igualdades pueden ser visualizadas y comprobadas mediante diagramas de Venn.

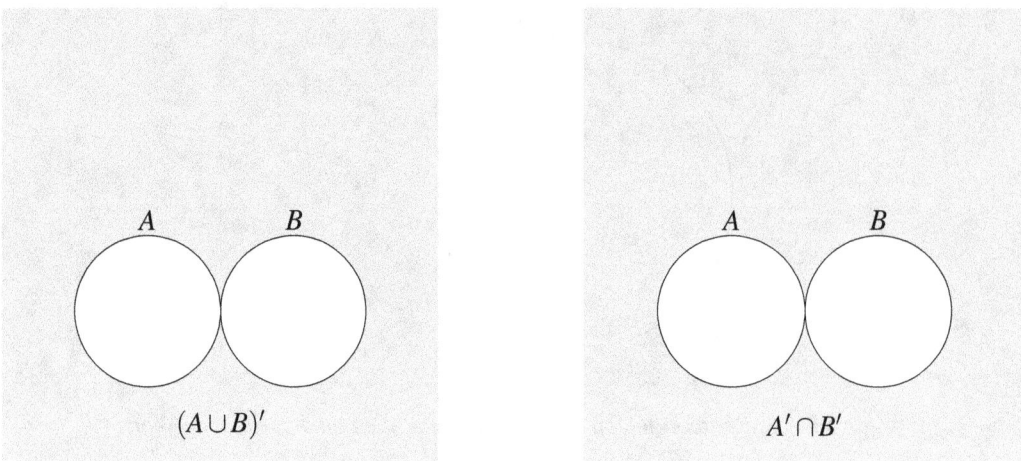

Figura 5.1.8: *Visualización de la primera Ley de De Morgan en diagramas de Venn*

Como se puede observar, ambas representaciones gráficas son equivalentes, lo que confirma la validez de la primera Ley de De Morgan.

Aunque los diagramas de Venn son herramientas poderosas para visualizar operaciones entre conjuntos, tienen limitaciones:

- Para más de tres conjuntos, los diagramas se vuelven complejos y difíciles de interpretar.
- No todos los posibles patrones de intersección pueden representarse fácilmente en dos dimensiones.
- Para conjuntos infinitos o problemas abstractos, los diagramas son una guía visual pero no reemplazan el rigor matemático.

Los diagramas de Venn son una herramienta valiosa para entender y representar visualmente las operaciones entre conjuntos. Facilitan la comprensión de conceptos abstractos y son útiles en diversas áreas de las matemáticas y la lógica.

5.2 Diagramas de Venn: representación visual de conjuntos.

5.2.1 Diagramas con tres conjuntos

Los diagramas de Venn se pueden extender para representar relaciones y operaciones entre tres conjuntos. Al agregar un tercer conjunto, la complejidad y el número de regiones aumentan, permitiendo visualizar todas las posibles intersecciones y combinaciones entre los conjuntos.

Cuando se representan tres conjuntos A, B y C, el diagrama de Venn consiste en tres círculos superpuestos de tal manera que se crean ocho regiones distintas. Estas regiones corresponden a todas las posibles combinaciones de pertenencia o no pertenencia de un elemento a cada uno de los conjuntos.

5.2 Diagramas de Venn: representación visual de conjuntos.

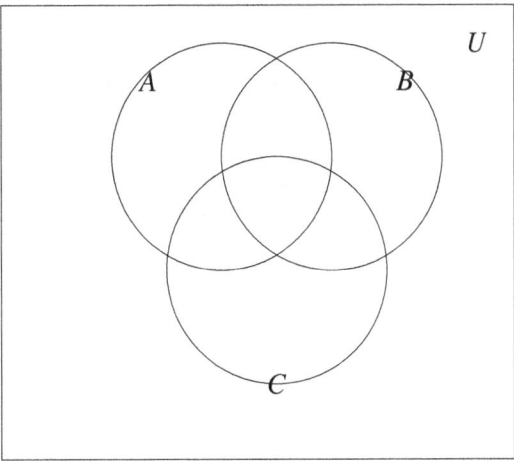

Figura 5.2.1: *Diagrama de Venn básico con tres conjuntos A, B y C*

Este diagrama muestra cómo los tres conjuntos se superponen entre sí, creando regiones donde se intersectan dos conjuntos y una región central donde se intersectan los tres conjuntos.

Al trabajar con tres conjuntos, podemos explorar operaciones más complejas, como la unión e intersección de múltiples conjuntos.

La unión de tres conjuntos A, B y C incluye todos los elementos que pertenecen al menos a uno de los conjuntos.

Definition 5.2.1 La **unión** de A, B y C es el conjunto:

$$A \cup B \cup C = \{x \in U \mid x \in A \text{ o } x \in B \text{ o } x \in C\}.$$

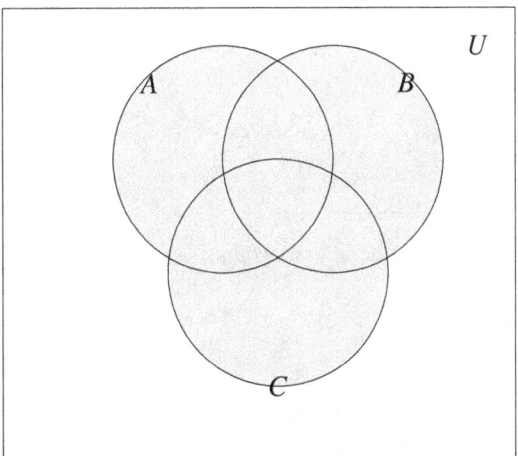

Figura 5.2.2: *Unión de tres conjuntos $A \cup B \cup C$*

La intersección de tres conjuntos A, B y C incluye los elementos que pertenecen a los tres conjuntos simultáneamente.

Definition 5.2.2 La **intersección** de A, B y C es el conjunto:

$$A \cap B \cap C = \{x \in U \mid x \in A \text{ y } x \in B \text{ y } x \in C\}.$$

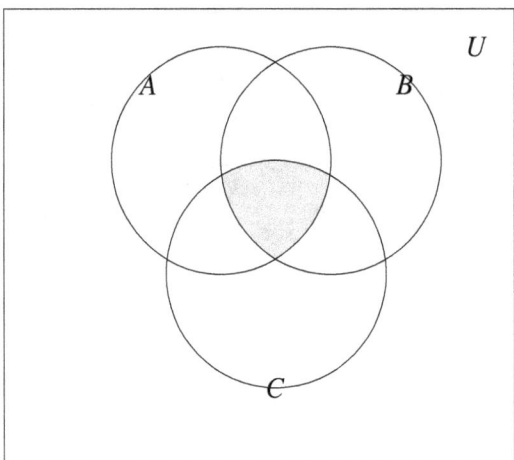

Figura 5.2.3: *Intersección de tres conjuntos $A \cap B \cap C$*

Podemos considerar operaciones más complejas, como la unión de intersecciones entre conjuntos.

■ **Example 5.6** La unión de las intersecciones $A \cap B$, $A \cap C$ y $B \cap C$ incluye todos los elementos que pertenecen simultáneamente a dos de los conjuntos.

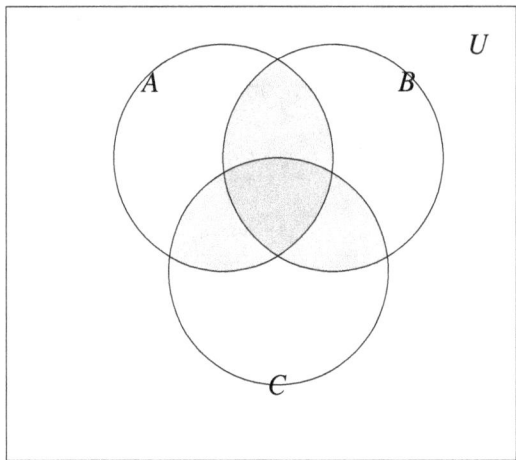

Figura 5.2.4: *Unión de intersecciones $(A \cap B) \cup (A \cap C) \cup (B \cap C)$*

■

El diagrama de Venn con tres conjuntos divide el universo U en ocho regiones distintas, cada una representando una combinación única de pertenencia a los conjuntos A, B y C.
Las regiones son:
1. Región 1: Elementos que no pertenecen a ninguno de los conjuntos ($A' \cap B' \cap C'$).
2. Región 2: Elementos que pertenecen solo a A ($A \cap B' \cap C'$).
3. Región 3: Elementos que pertenecen solo a B ($A' \cap B \cap C'$).
4. Región 4: Elementos que pertenecen solo a C ($A' \cap B' \cap C$).
5. Región 5: Elementos que pertenecen a A y B, pero no a C ($A \cap B \cap C'$).
6. Región 6: Elementos que pertenecen a A y C, pero no a B ($A \cap B' \cap C$).
7. Región 7: Elementos que pertenecen a B y C, pero no a A ($A' \cap B \cap C$).
8. Región 8: Elementos que pertenecen a los tres conjuntos ($A \cap B \cap C$).

5.2 Diagramas de Venn: representación visual de conjuntos.

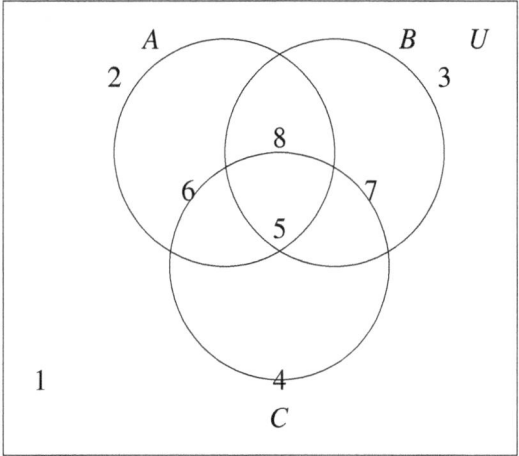

Figura 5.2.5: *Regiones en un diagrama de Venn con tres conjuntos*

Los diagramas de Venn con tres conjuntos permiten visualizar leyes y propiedades importantes del álgebra de conjuntos.
La ley distributiva establece que:

$$A \cap (B \cup C) = (A \cap B) \cup (A \cap C).$$

Podemos representar gráficamente ambos lados de la igualdad y comprobar que son equivalentes.

$A \cap (B \cup C)$ $\qquad\qquad\qquad\qquad\qquad\qquad$ $(A \cap B) \cup (A \cap C)$

Figura 5.2.6: *Visualización de la ley distributiva en diagramas de Venn*

Al comparar ambos diagramas, observamos que las áreas sombreadas son equivalentes, confirmando la validez de la ley distributiva.
Las leyes de De Morgan se extienden a tres conjuntos:

$$(A \cup B \cup C)' = A' \cap B' \cap C',$$
$$(A \cap B \cap C)' = A' \cup B' \cup C'.$$

Podemos representar estas igualdades gráficamente para visualizar su validez.

Capítulo 5. Conjuntos y Álgebra de Conjuntos

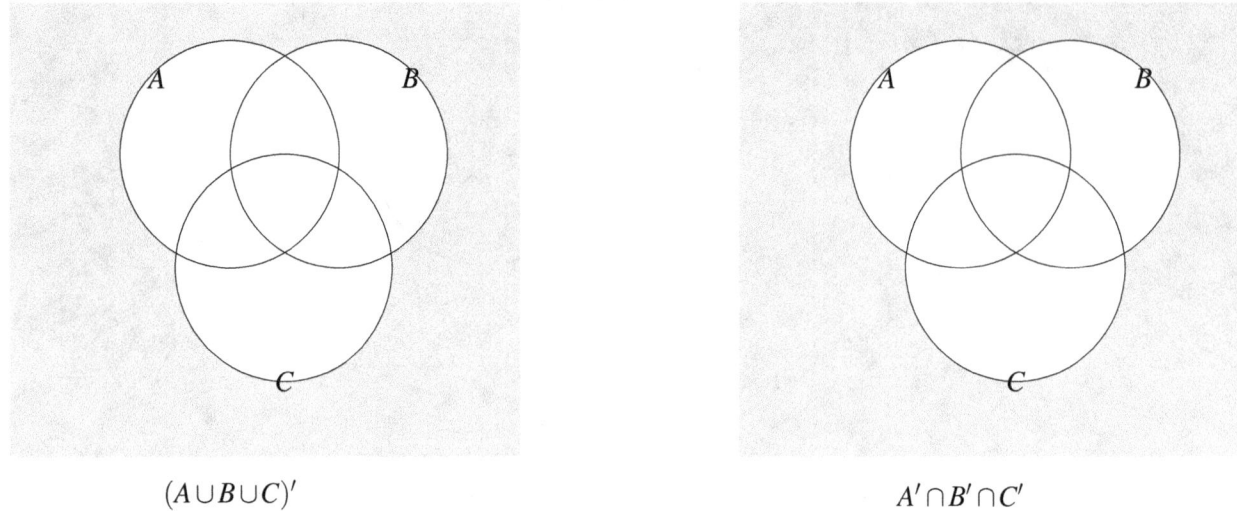

$(A \cup B \cup C)'$ $\qquad\qquad A' \cap B' \cap C'$

Figura 5.2.7: *Visualización de la primera ley de De Morgan para tres conjuntos*

Las áreas sombreadas en ambos diagramas son equivalentes, lo que confirma la validez de la ley. Los diagramas de Venn son especialmente útiles para resolver problemas que involucran conteo y análisis de conjuntos.

■ **Example 5.7** En una encuesta a 100 personas, se obtuvieron los siguientes resultados:
- 60 personas hablan inglés (E).
- 30 personas hablan francés (F).
- 20 personas hablan alemán (A).
- 25 personas hablan inglés y francés.
- 15 personas hablan inglés y alemán.
- 10 personas hablan francés y alemán.
- 5 personas hablan los tres idiomas.

¿Cuántas personas no hablan ninguno de estos idiomas?

■

Representamos la información en un diagrama de Venn con tres conjuntos E, F y A.

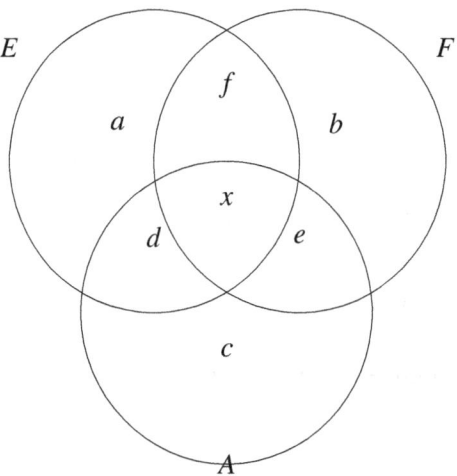

Figura 5.2.8: *Diagrama de Venn para el problema de los idiomas*

Asignamos valores:

5.2 Diagramas de Venn: representación visual de conjuntos.

- $x = 5$ (personas que hablan los tres idiomas).
- $f = 25 - x = 25 - 5 = 20$ (personas que hablan inglés y francés, pero no alemán).
- $d = 15 - x = 15 - 5 = 10$ (personas que hablan inglés y alemán, pero no francés).
- $e = 10 - x = 10 - 5 = 5$ (personas que hablan francés y alemán, pero no inglés).
- $a = 60 - (f + d + x) = 60 - (20 + 10 + 5) = 25$ (personas que solo hablan inglés).
- $b = 30 - (f + e + x) = 30 - (20 + 5 + 5) = 0$ (personas que solo hablan francés).
- $c = 20 - (d + e + x) = 20 - (10 + 5 + 5) = 0$ (personas que solo hablan alemán).

Total de personas que hablan al menos un idioma:

$$\text{Total} = a + b + c + d + e + f + x = 25 + 0 + 0 + 10 + 5 + 20 + 5 = 65.$$

Personas que no hablan ninguno de los idiomas:

$$100 - 65 = 35.$$

Al trabajar con diagramas de Venn de tres conjuntos, es importante:
- Etiquetar claramente cada región y conjunto.
- Usar diferentes tonos o patrones de sombreado para distinguir entre áreas.
- Verificar que todas las posibles combinaciones de pertenencia estén representadas.
- Aplicar principios del álgebra de conjuntos para simplificar y resolver problemas.

Los diagramas de Venn con tres conjuntos son herramientas poderosas para visualizar y analizar relaciones complejas entre conjuntos. Permiten representar todas las posibles intersecciones y uniones, facilitando la comprensión de leyes matemáticas y la resolución de problemas prácticos en áreas como la estadística, la lógica y la teoría de conjuntos.

5.2.2 Diagramas para problemas de probabilidad

Los diagramas son herramientas visuales poderosas que facilitan la comprensión y resolución de problemas de probabilidad. Al representar situaciones probabilísticas de manera gráfica, podemos visualizar eventos, sus relaciones y calcular probabilidades con mayor facilidad. Entre los diagramas más utilizados en probabilidad se encuentran los **diagramas de Venn**, los **diagramas de árbol** y los **tablas de contingencia**.

Los **diagramas de Venn** son útiles para representar eventos y sus intersecciones. Ayudan a visualizar la unión, intersección y complementos de eventos, así como a calcular probabilidades relacionadas.

Definition 5.2.3 En el contexto de probabilidad, un **evento** es un subconjunto del espacio muestral S, que es el conjunto de todos los resultados posibles de un experimento aleatorio.

■ **Example 5.8** Supongamos que lanzamos una moneda y un dado. Definimos los siguientes eventos:
- A: "Sale cara en la moneda".
- B: "El dado muestra un número par".

El espacio muestral S tiene $2 \times 6 = 12$ posibles resultados. Podemos representar A y B en un diagrama de Venn.

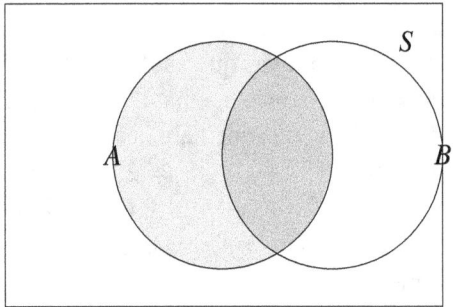

Figura 5.2.9: *Diagrama de Venn de los eventos A y B*

En este diagrama, el área sombreada más oscura representa $A \cap B$, es decir, los resultados en los que sale cara y el dado muestra un número par.

Definition 5.2.4 La **probabilidad** de un evento E, denotada $P(E)$, es una medida de la posibilidad de que E ocurra. Para espacios muestrales equiprobables:

$$P(E) = \frac{\text{Número de resultados favorables a } E}{\text{Número total de resultados en } S}$$

■ **Example 5.9** Continuando con el ejemplo anterior, calculemos:
- $P(A)$: Probabilidad de que salga cara.
- $P(B)$: Probabilidad de que el dado muestre un número par.
- $P(A \cap B)$: Probabilidad de que salga cara y número par.

El espacio muestral S tiene 12 resultados:

$$S = \{(C,1),(C,2),(C,3),(C,4),(C,5),(C,6),(S,1),(S,2),(S,3),(S,4),(S,5),(S,6)\}$$

Donde C es cara y S es sello.
- A tiene 6 resultados favorables (todos los casos donde sale cara):

$$A = \{(C,1),(C,2),(C,3),(C,4),(C,5),(C,6)\}$$

Entonces, $P(A) = \dfrac{6}{12} = \dfrac{1}{2}$.
- B tiene 6 resultados favorables (todos los casos donde el dado muestra 2, 4 o 6):

$$B = \{(C,2),(C,4),(C,6),(S,2),(S,4),(S,6)\}$$

Entonces, $P(B) = \dfrac{6}{12} = \dfrac{1}{2}$.
- $A \cap B$ tiene 3 resultados favorables (casos donde sale cara y número par):

$$A \cap B = \{(C,2),(C,4),(C,6)\}$$

Entonces, $P(A \cap B) = \dfrac{3}{12} = \dfrac{1}{4}$.

5.2 Diagramas de Venn: representación visual de conjuntos.

Theorem 5.2.1 Para cualquier par de eventos A y B en un espacio de probabilidad:

$$P(A \cup B) = P(A) + P(B) - P(A \cap B)$$

Demostración. Queremos demostrar que

$$P(A \cup B) = P(A) + P(B) - P(A \cap B).$$

El evento $A \cup B$ representa todos los resultados en los que ocurre al menos uno de los eventos A o B. Sin embargo, al sumar $P(A)$ y $P(B)$, contamos dos veces los resultados en los que ocurren ambos eventos, es decir, el evento $A \cap B$. Para corregir esta duplicación, restamos $P(A \cap B)$.
Por lo tanto,

$$P(A \cup B) = P(A) + P(B) - P(A \cap B),$$

como queríamos demostrar. ■

■ **Example 5.10** Usando los valores anteriores, calculemos $P(A \cup B)$.
Tenemos:

$$P(A \cup B) = P(A) + P(B) - P(A \cap B) = \frac{1}{2} + \frac{1}{2} - \frac{1}{4} = \frac{3}{4}$$

■

Los **diagramas de árbol** son representaciones que muestran todas las posibles secuencias de eventos en experimentos compuestos, especialmente útiles cuando los eventos ocurren en etapas o pasos sucesivos.

Definition 5.2.5 Un **diagrama de árbol** es una representación gráfica que muestra todas las posibles rutas o caminos que pueden seguirse en un proceso aleatorio, donde cada rama representa un posible resultado y está etiquetada con su probabilidad.

■ **Example 5.11** Supongamos que en una caja hay 3 bolas: 1 roja (R) y 2 azules (A). Sacamos una bola al azar, registramos su color y sin devolverla a la caja, sacamos una segunda bola. Queremos determinar las probabilidades de obtener diferentes combinaciones de colores.

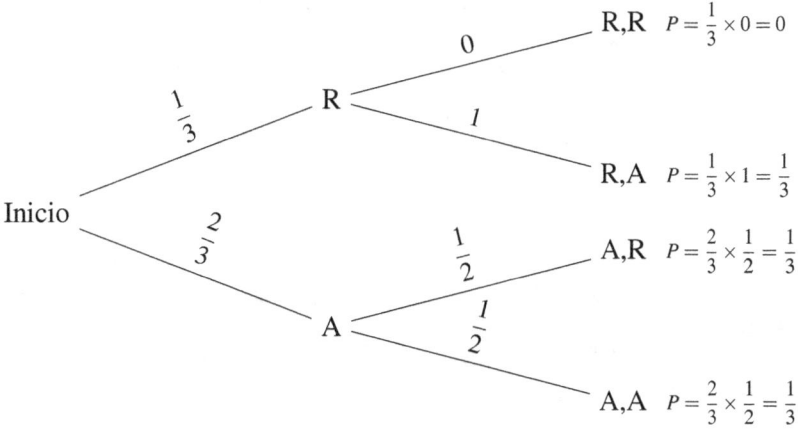

Figura 5.2.10: *Diagrama de árbol para la extracción de dos bolas sin reemplazo*

Calculamos las probabilidades:

- Probabilidad de sacar primero la bola roja (R): $P(R_1) = \dfrac{1}{3}$.
- Probabilidad de sacar una bola roja después de haber sacado la roja: $P(R_2|R_1) = 0$ (no quedan bolas rojas).
- Probabilidad de sacar una bola azul después de haber sacado la roja: $P(A_2|R_1) = \dfrac{2}{2} = 1$ (quedan dos azules).
- Probabilidad de sacar primero una bola azul: $P(A_1) = \dfrac{2}{3}$.
- Probabilidad de sacar una bola roja después de haber sacado una azul: $P(R_2|A_1) = \dfrac{1}{2}$ (queda una roja y una azul).
- Probabilidad de sacar una bola azul después de haber sacado una azul: $P(A_2|A_1) = \dfrac{1}{2}$ (quedan una roja y una azul).

Las probabilidades de los diferentes caminos son:

- $P(R,R) = P(R_1) \times P(R_2|R_1) = \dfrac{1}{3} \times 0 = 0$.
- $P(R,A) = P(R_1) \times P(A_2|R_1) = \dfrac{1}{3} \times 1 = \dfrac{1}{3}$.
- $P(A,R) = P(A_1) \times P(R_2|A_1) = \dfrac{2}{3} \times \dfrac{1}{2} = \dfrac{1}{3}$.
- $P(A,A) = P(A_1) \times P(A_2|A_1) = \dfrac{2}{3} \times \dfrac{1}{2} = \dfrac{1}{3}$.

> **Theorem 5.2.2** La suma de las probabilidades de todos los caminos posibles en un diagrama de árbol es igual a 1.

Demostración. Esto se debe a que los caminos representan todos los posibles resultados mutuamente excluyentes y exhaustivos del experimento. La suma de sus probabilidades cubre todo el espacio muestral. ■

Las **tablas de contingencia** son matrices que muestran la distribución de frecuencias de variables categóricas y ayudan a calcular probabilidades conjuntas y condicionales.

■ **Example 5.12** En una clase de 100 estudiantes, se registran los siguientes datos sobre si aprueban o no un examen y si estudiaron o no:

	Estudiaron	No estudiaron	Total
Aprobaron	60	10	70
No aprobaron	20	10	30
Total	80	20	100

■

Podemos calcular:

- $P(\text{Estudiaron}) = \dfrac{80}{100} = 0{,}8$
- $P(\text{Aprobaron}) = \dfrac{70}{100} = 0{,}7$
- $P(\text{Aprobaron y estudiaron}) = \dfrac{60}{100} = 0{,}6$
- $P(\text{Aprobaron}|\text{Estudiaron}) = \dfrac{P(\text{Aprobaron y estudiaron})}{P(\text{Estudiaron})} = \dfrac{0{,}6}{0{,}8} = 0{,}75$
- $P(\text{Estudiaron}|\text{Aprobaron}) = \dfrac{P(\text{Aprobaron y estudiaron})}{P(\text{Aprobaron})} = \dfrac{0{,}6}{0{,}7} \approx 0{,}857$

5.2 Diagramas de Venn: representación visual de conjuntos.

Theorem 5.2.3 La probabilidad condicional $P(A|B)$ se calcula como:

$$P(A|B) = \frac{P(A \cap B)}{P(B)}, \quad \text{si } P(B) > 0.$$

Demostración. La probabilidad condicional $P(A|B)$ se define como la probabilidad de que ocurra el evento A dado que el evento B ha ocurrido. Dado que sabemos que B ha ocurrido, restringimos nuestro espacio de posibles resultados a los que están en B.

La probabilidad de que A ocurra bajo la condición de que B ha ocurrido es entonces la fracción de $P(B)$ que corresponde a $A \cap B$, es decir,

$$P(A|B) = \frac{\text{Probabilidad de que ocurran ambos } A \text{ y } B}{\text{Probabilidad de que ocurra } B} = \frac{P(A \cap B)}{P(B)}.$$

Esto es válido siempre que $P(B) > 0$. Por lo tanto,

$$P(A|B) = \frac{P(A \cap B)}{P(B)},$$

como queríamos demostrar. ∎

Los diagramas de árbol y las tablas de contingencia son especialmente útiles para aplicar el **Teorema de Bayes**, que permite actualizar probabilidades basadas en nueva información.

Theorem 5.2.4 — Teorema de Bayes. Sea $\{B_1, B_2, \ldots, B_n\}$ una partición del espacio muestral S, y sea A un evento tal que $P(A) > 0$. Entonces, para cada i:

$$P(B_i|A) = \frac{P(A|B_i)P(B_i)}{\sum_{k=1}^{n} P(A|B_k)P(B_k)}$$

Demostración. Queremos demostrar que

$$P(B_i|A) = \frac{P(A|B_i)P(B_i)}{\sum_{k=1}^{n} P(A|B_k)P(B_k)}.$$

Por definición de la probabilidad condicional, tenemos

$$P(B_i|A) = \frac{P(A \cap B_i)}{P(A)}.$$

Aplicando la regla de multiplicación, $P(A \cap B_i) = P(A|B_i)P(B_i)$, por lo que

$$P(B_i|A) = \frac{P(A|B_i)P(B_i)}{P(A)}.$$

Para calcular $P(A)$, observamos que $\{B_1, B_2, \ldots, B_n\}$ es una partición del espacio muestral S. Esto significa que A puede expresarse como la unión disjunta de los eventos $A \cap B_k$ para $k = 1, 2, \ldots, n$. Por lo tanto,

$$P(A) = \sum_{k=1}^{n} P(A \cap B_k) = \sum_{k=1}^{n} P(A|B_k)P(B_k).$$

Sustituyendo $P(A)$ en la expresión de $P(B_i|A)$, obtenemos

$$P(B_i|A) = \frac{P(A|B_i)P(B_i)}{\sum_{k=1}^{n} P(A|B_k)P(B_k)},$$

como queríamos demostrar. ∎

■ **Example 5.13** Una prueba médica tiene una tasa de verdaderos positivos del 99 % y una tasa de falsos positivos del 5 %. La enfermedad tiene una prevalencia del 1 % en la población. Si una persona obtiene un resultado positivo, ¿cuál es la probabilidad de que realmente tenga la enfermedad?
■

Definimos:
- D: La persona tiene la enfermedad.
- D': La persona no tiene la enfermedad.
- T: El resultado del test es positivo.

Tenemos:
- $P(D) = 0{,}01$
- $P(D') = 0{,}99$
- $P(T|D) = 0{,}99$
- $P(T|D') = 0{,}05$

Aplicando el Teorema de Bayes:

$$P(D|T) = \frac{P(T|D)P(D)}{P(T|D)P(D) + P(T|D')P(D')}$$

Calculamos:

$$P(D|T) = \frac{0{,}99 \times 0{,}01}{0{,}99 \times 0{,}01 + 0{,}05 \times 0{,}99} = \frac{0{,}0099}{0{,}0099 + 0{,}0495} = \frac{0{,}0099}{0{,}0594} \approx 0{,}1667$$

Por lo tanto, la probabilidad de que realmente tenga la enfermedad es aproximadamente 16.67 %.

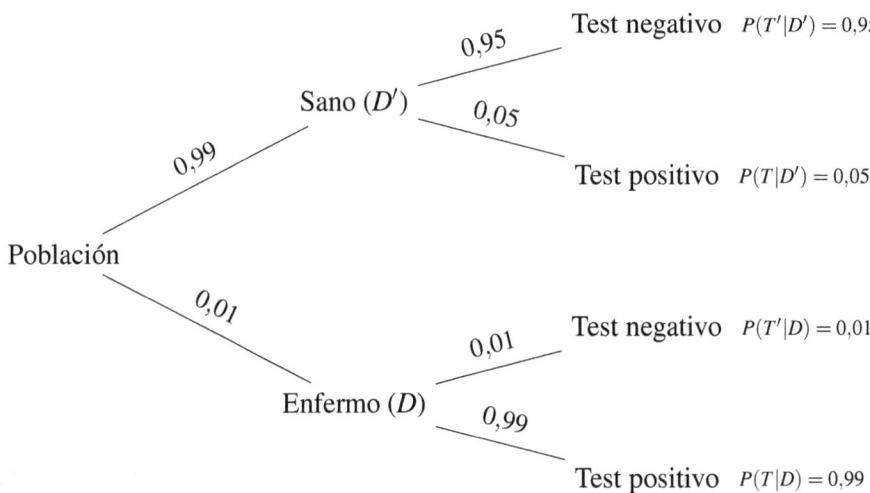

Figura 5.2.11: *Diagrama de árbol para el problema del test médico*

El diagrama de árbol muestra las probabilidades en cada rama, facilitando el cálculo de probabilidades conjuntas y condicionales.

Al utilizar diagramas para resolver problemas de probabilidad, es importante:
- Definir claramente los eventos y el espacio muestral.
- Etiquetar adecuadamente las probabilidades en cada rama o región.
- Verificar que la suma de probabilidades sea coherente (por ejemplo, las ramas que salen de un nodo deben sumar 1).

- Utilizar diagramas como apoyo visual, complementando con cálculos matemáticos precisos.

Los diagramas, ya sean de Venn, de árbol o tablas de contingencia, son herramientas esenciales en la resolución de problemas de probabilidad. Facilitan la comprensión de las relaciones entre eventos, la visualización de espacios muestrales y el cálculo de probabilidades complejas. Su uso adecuado mejora la capacidad para analizar y resolver situaciones probabilísticas en diversos contextos.

5.3 Problemas de aplicación

5.3.1 Resolución de problemas con conjuntos disjuntos

Los conjuntos disjuntos son una noción fundamental en teoría de conjuntos y en matemáticas en general. Dos o más conjuntos son disjuntos si no tienen elementos en común. La comprensión y aplicación de este concepto es esencial para resolver problemas que involucran la partición de conjuntos, conteo, probabilidad y otros campos.

Definition 5.3.1 Dos conjuntos A y B son **disjuntos** si su intersección es el conjunto vacío:

$$A \cap B = \emptyset.$$

Este concepto se extiende a colecciones de más de dos conjuntos:

Definition 5.3.2 Una colección de conjuntos $\{A_i\}_{i \in I}$ es **disjunta por pares** (parwise disjoint) si para todo $i, j \in I$, con $i \neq j$, se cumple que:

$$A_i \cap A_j = \emptyset.$$

Los conjuntos disjuntos tienen propiedades que son útiles al resolver problemas.

- La cardinalidad de la unión de conjuntos disjuntos es igual a la suma de las cardinalidades:

$$|A \cup B| = |A| + |B|, \quad \text{si } A \cap B = \emptyset.$$

- En probabilidad, si A y B son eventos disjuntos, entonces:

$$P(A \cup B) = P(A) + P(B).$$

■ **Example 5.14** Considere los conjuntos:

$$A = \{1, 2, 3\}, \quad B = \{4, 5, 6\}.$$

Entonces, A y B son disjuntos, ya que no comparten elementos:

$$A \cap B = \emptyset.$$

■

■ **Example 5.15** En un espacio muestral de lanzamiento de un dado, definimos los eventos:

$$E = \{\text{salir un número par}\} = \{2, 4, 6\}, \quad O = \{\text{salir un número impar mayor que } 4\} = \{5\}.$$

Entonces, E y O son disjuntos, ya que:

$$E \cap O = \emptyset.$$

■

Los diagramas de Venn son útiles para visualizar conjuntos disjuntos.

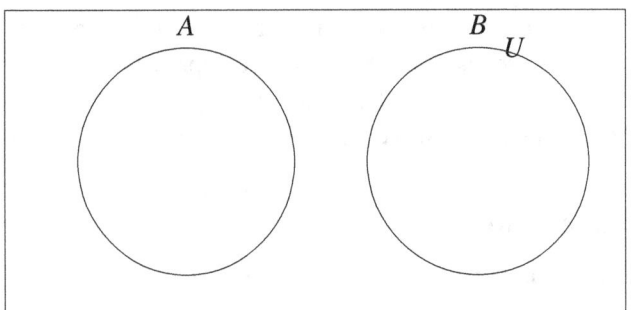

Figura 5.3.1: *Representación de conjuntos disjuntos A y B*

En este diagrama, los conjuntos A y B no se superponen, lo que indica que son disjuntos.

Al resolver problemas que involucran conjuntos disjuntos, a menudo se aprovechan las propiedades de suma de cardinalidades o probabilidades. A continuación, se presentan varios ejemplos que ilustran cómo abordar estos problemas.

■ **Example 5.16** En una clase de 40 estudiantes, 15 estudian francés, 20 estudian alemán y ningún estudiante estudia ambos idiomas. ¿Cuántos estudiantes estudian francés o alemán?

Dado que ningún estudiante estudia ambos idiomas, los conjuntos de estudiantes que estudian francés (F) y alemán (A) son disjuntos:

$$F \cap A = \emptyset.$$

Por lo tanto, el número total de estudiantes que estudian francés o alemán es:

$$|F \cup A| = |F| + |A| = 15 + 20 = 35.$$

■

■ **Example 5.17** En un experimento, se lanzan dos monedas justas. Definimos los eventos:

$$E_1 = \{\text{La primera moneda cae cara}\}, \qquad E_2 = \{\text{La segunda moneda cae cara}\}.$$

Los eventos E_1 y E_2 no son disjuntos, ya que pueden ocurrir simultáneamente. Sin embargo, podemos definir nuevos eventos disjuntos.
Definimos:

$$A = \{\text{Ambas monedas caen cara}\}, \qquad B = \{\text{Ambas monedas caen sello}\}.$$

Ahora, A y B son disjuntos, ya que no pueden ocurrir simultáneamente:

$$A \cap B = \emptyset.$$

Calculamos las probabilidades:

$$P(A) = \frac{1}{4}, \quad P(B) = \frac{1}{4}.$$

La probabilidad de que ocurran A o B es:

$$P(A \cup B) = P(A) + P(B) = \frac{1}{4} + \frac{1}{4} = \frac{1}{2}.$$

■

Los conjuntos disjuntos son esenciales en problemas de conteo, especialmente en el principio de adición.

5.3 Problemas de aplicación

> **Theorem 5.3.1** — **Principio de adición.** Si A y B son conjuntos disjuntos, entonces el número de elementos en su unión es la suma de los números de elementos en cada conjunto:
> $$|A \cup B| = |A| + |B|.$$

Demostración. Queremos demostrar que si A y B son conjuntos disjuntos, entonces

$$|A \cup B| = |A| + |B|.$$

Dado que A y B son disjuntos, no tienen elementos en común, es decir, $A \cap B = \emptyset$. Esto significa que cada elemento de $A \cup B$ pertenece exclusivamente a A o exclusivamente a B, pero no a ambos. Entonces, el número de elementos en $A \cup B$ es simplemente la suma del número de elementos en A y el número de elementos en B, ya que no hay elementos duplicados al combinar ambos conjuntos. Por lo tanto,

$$|A \cup B| = |A| + |B|,$$

como queríamos demostrar. ∎

■ **Example 5.18** ¿Cuántos números enteros entre 1 y 100 son múltiplos de 3 o múltiplos de 5 pero no de ambos?

Definamos los conjuntos: $= \{$Múltiplos de 15 entre 1 y 100$\}$.

$M_3 = \{$Múltiplos de 3 entre 1 y 100$\}, M_5 = \{$Múltiplos de 5 entre 1 y 100$\}, M_{15}$

Los múltiplos de 15 son los números que son múltiplos tanto de 3 como de 5.
Calculamos:

$$|M_3| = \left\lfloor \frac{100}{3} \right\rfloor = 33, \qquad |M_5| = \left\lfloor \frac{100}{5} \right\rfloor = 20, \qquad |M_{15}| = \left\lfloor \frac{100}{15} \right\rfloor = 6.$$

Los números que son múltiplos de 3 o 5 pero no de ambos son:

$$(|M_3| - |M_{15}|) + (|M_5| - |M_{15}|) = (33 - 6) + (20 - 6) = 27 + 14 = 41.$$

■

Los diagramas de Venn ayudan a visualizar la relación entre conjuntos y facilitan la solución de problemas.

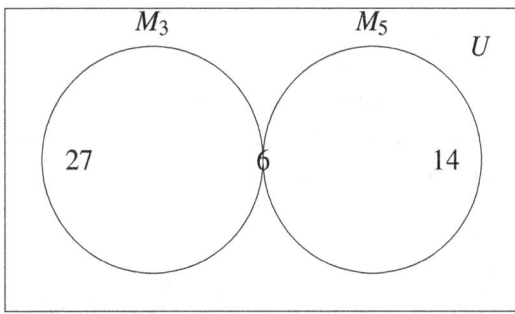

Figura 5.3.2: *Diagrama de Venn para múltiplos de 3 y 5 entre 1 y 100*

En este diagrama, la región sombreada representa los múltiplos de 15. Los números en las regiones indican la cantidad de elementos en cada sección.

En probabilidad, los eventos disjuntos (mutuamente excluyentes) son aquellos que no pueden ocurrir simultáneamente.

Capítulo 5. Conjuntos y Álgebra de Conjuntos

Definition 5.3.3 Dos eventos A y B son **mutuamente excluyentes** si:

$$P(A \cap B) = 0.$$

■ **Example 5.19** En una baraja estándar de 52 cartas, ¿cuál es la probabilidad de sacar una carta que sea un as o una carta de corazones?
Definimos los eventos:

$$A = \{\text{Sacar un as}\}, \quad |A| = 4, \qquad H = \{\text{Sacar una carta de corazones}\}, \quad |H| = 13.$$

Los eventos A y H no son mutuamente excluyentes, ya que el as de corazones pertenece a ambos. La probabilidad es:

$$P(A \cup H) = P(A) + P(H) - P(A \cap H) = \frac{4}{52} + \frac{13}{52} - \frac{1}{52} = \frac{16}{52} = \frac{4}{13}.$$

■

Sin embargo, si preguntamos por la probabilidad de sacar un as o un rey, los eventos son disjuntos:

■ **Example 5.20** ¿Cuál es la probabilidad de sacar un as o un rey de una baraja estándar?
Los eventos:

$$A = \{\text{Sacar un as}\}, \quad K = \{\text{Sacar un rey}\},$$

son mutuamente excluyentes:

$$A \cap K = \emptyset.$$

Por lo tanto:

$$P(A \cup K) = P(A) + P(K) = \frac{4}{52} + \frac{4}{52} = \frac{8}{52} = \frac{2}{13}.$$

■

■ **Example 5.21** En un grupo de 100 personas, se sabe que:
- 45 personas hablan inglés.
- 30 personas hablan francés.
- 20 personas hablan alemán.
- 15 personas hablan inglés y francés.
- 10 personas hablan inglés y alemán.
- 5 personas hablan francés y alemán.
- 0 personas hablan los tres idiomas.

¿Cuántas personas no hablan ninguno de estos idiomas?
Dado que ninguna persona habla los tres idiomas, los conjuntos de personas que hablan dos idiomas son disjuntos en las intersecciones de dos idiomas.
Definimos:

$$E = \{\text{Hablan inglés}\}, \quad F = \{\text{Hablan francés}\}, \quad A = \{\text{Hablan alemán}\}.$$

Utilizamos el principio de inclusión-exclusión:

$$|E \cup F \cup A| = |E| + |F| + |A| - |E \cap F| - |E \cap A| - |F \cap A| + |E \cap F \cap A|.$$

Dado que $|E \cap F \cap A| = 0$, tenemos:

5.3 Problemas de aplicación

$$|E \cup F \cup A| = 45 + 30 + 20 - 15 - 10 - 5 + 0 = 65.$$

Por lo tanto, el número de personas que no hablan ninguno de los idiomas es:

$$100 - 65 = 35.$$

∎

La comprensión de conjuntos disjuntos es esencial para resolver problemas en teoría de conjuntos, probabilidad y combinatoria. Los conjuntos disjuntos simplifican el cálculo de cardinalidades y probabilidades, ya que las intersecciones son vacías y no es necesario ajustar por elementos comunes. El uso de diagramas de Venn y una comprensión sólida de las propiedades de los conjuntos disjuntos facilitan la resolución de problemas complejos.

Al abordar problemas con conjuntos disjuntos, es fundamental identificar correctamente los conjuntos y sus relaciones. Utilizar las propiedades y teoremas asociados con conjuntos disjuntos permite simplificar cálculos y obtener soluciones precisas. Los diagramas de Venn son herramientas valiosas que proporcionan una representación visual clara de las relaciones entre conjuntos y apoyan el razonamiento lógico en la resolución de problemas.

5.3.2 Aplicación de conjuntos en probabilidad condicional

La **probabilidad condicional** es una herramienta fundamental en la teoría de la probabilidad que permite calcular la probabilidad de un evento dado que otro evento ha ocurrido. Los conjuntos y sus operaciones son esenciales para entender y calcular probabilidades condicionales, ya que los eventos se pueden representar como conjuntos en un espacio muestral.

> **Definition 5.3.4 — Probabilidad Condicional.** Sea $(\Omega, \mathscr{F}, P)$ un espacio de probabilidad, y sean A y B eventos con $P(B) > 0$. La **probabilidad condicional** de A dado B se define como:
>
> $$P(A \mid B) = \frac{P(A \cap B)}{P(B)}.$$

Esta definición muestra cómo la intersección de conjuntos y las operaciones entre ellos son clave para calcular probabilidades condicionales.

En términos de conjuntos, la probabilidad condicional $P(A \mid B)$ representa la fracción de B que también está en A. Visualmente, esto se puede representar mediante diagramas de Venn.

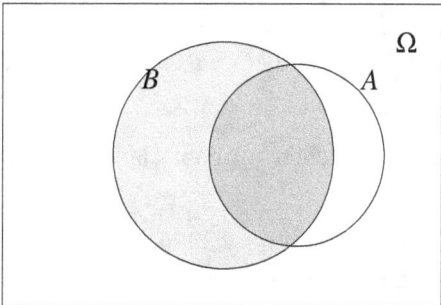

Figura 5.3.3: *Representación de la probabilidad condicional $P(A \mid B)$ mediante conjuntos*

En este diagrama, el área más oscura representa la intersección $A \cap B$. La probabilidad condicional $P(A \mid B)$ es la proporción del área de B que también pertenece a A.

> **Theorem 5.3.2** La probabilidad condicional satisface las siguientes propiedades:
> 1. $0 \leq P(A \mid B) \leq 1$.
> 2. Si A y B son independientes, entonces $P(A \mid B) = P(A)$.
> 3. Si $A \subseteq B$, entonces $P(A \mid B) = \dfrac{P(A)}{P(B)}$.

Demostración. Queremos demostrar que

$$P(A \cap B) = P(B) \cdot P(A \mid B).$$

Por definición de probabilidad condicional, tenemos que

$$P(A \mid B) = \frac{P(A \cap B)}{P(B)},$$

siempre que $P(B) > 0$. Reorganizando esta ecuación, podemos despejar $P(A \cap B)$ como

$$P(A \cap B) = P(B) \cdot P(A \mid B).$$

Esto muestra que la probabilidad de la intersección de A y B es el producto de la probabilidad de B y la probabilidad condicional de A dado B, lo cual es lo que queríamos demostrar. ∎

> **Theorem 5.3.3 — Regla de la multiplicación.** Para cualquier par de eventos A y B con $P(B) > 0$, se cumple:
>
> $$P(A \cap B) = P(B) \cdot P(A \mid B).$$

Demostración. Queremos demostrar que

$$P(A \cap B) = P(B) \cdot P(A \mid B).$$

Por definición de probabilidad condicional, sabemos que

$$P(A \mid B) = \frac{P(A \cap B)}{P(B)},$$

siempre que $P(B) > 0$. Reorganizando esta ecuación, podemos expresar $P(A \cap B)$ como

$$P(A \cap B) = P(B) \cdot P(A \mid B).$$

Esto muestra que la probabilidad de que ocurran ambos eventos A y B es el producto de la probabilidad de B y la probabilidad de A dado que B ha ocurrido, lo cual es lo que queríamos demostrar. ∎

Este teorema es fundamental para calcular probabilidades conjuntas mediante probabilidades condicionales.

■ **Example 5.22** En una caja hay 5 bolas rojas y 3 bolas azules. Se extrae una bola al azar. ¿Cuál es la probabilidad de que sea azul dado que sabemos que la bola extraída no es roja?
Sea A el evento "la bola es azul" B el evento "la bola no es roja". Dado que solo hay bolas rojas y azules, B es equivalente a A, es decir, $B = A$.
Calculamos:

$$P(A \mid B) = \frac{P(A \cap B)}{P(B)} = \frac{P(A)}{P(B)}.$$

5.3 Problemas de aplicación

Como $B = A$, entonces $P(B) = P(A)$. Por lo tanto:

$$P(A \mid B) = \frac{P(A)}{P(A)} = 1.$$

La probabilidad de que sea azul dado que no es roja es 1.
Alternativamente, podemos pensar que si sabemos que la bola no es roja, entonces necesariamente es azul.

∎

■ **Example 5.23** En una encuesta a 200 personas, se encontró que 120 son mujeres, 80 son hombres, 50 mujeres son zurdas y 20 hombres son zurdos. Si seleccionamos una persona al azar, ¿cuál es la probabilidad de que sea zurda dado que es mujer?
Sea Z el evento "la persona es zurda M el evento "la persona es mujer".
Tenemos:

$$P(Z \mid M) = \frac{P(Z \cap M)}{P(M)} = \frac{\text{Número de mujeres zurdas}}{\text{Número total de mujeres}} = \frac{50}{120} = \frac{5}{12}.$$

Por lo tanto, la probabilidad de que una persona sea zurda dado que es mujer es $\frac{5}{12}$.

∎

Los diagramas de Venn son herramientas útiles para visualizar eventos y sus intersecciones, facilitando el cálculo de probabilidades condicionales.

■ **Example 5.24** En una universidad, el 40% de los estudiantes toman el curso de Matemáticas (M), el 30% toman el curso de Física (F), y el 20% toman ambos cursos. Si un estudiante es seleccionado al azar y sabemos que está tomando Matemáticas, ¿cuál es la probabilidad de que también esté tomando Física?
Tenemos:

$$P(M) = 0{,}4, \quad P(F) = 0{,}3, \quad P(M \cap F) = 0{,}2.$$

Queremos calcular $P(F \mid M)$.
Usando la definición de probabilidad condicional:

$$P(F \mid M) = \frac{P(F \cap M)}{P(M)} = \frac{0{,}2}{0{,}4} = 0{,}5.$$

Por lo tanto, la probabilidad de que un estudiante esté tomando Física dado que está tomando Matemáticas es 0.5.
Podemos representar esta situación mediante un diagrama de Venn.

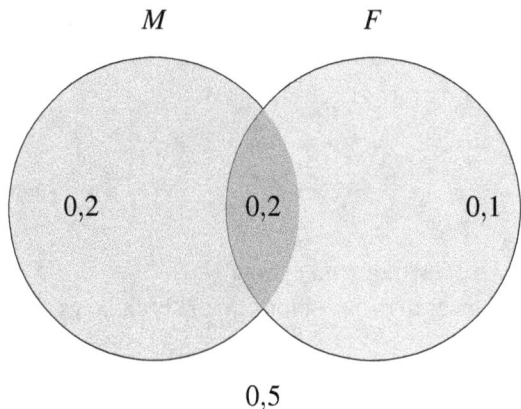

Figura 5.3.4: *Diagrama de Venn mejorado de los cursos de Matemáticas y Física*

En este diagrama, las áreas representan las probabilidades de cada evento y sus intersecciones. ∎

5.3.3 Teorema de Bayes con conjuntos

El Teorema de Bayes relaciona las probabilidades condicionales y es especialmente útil cuando se requiere invertir las condiciones.

> **Theorem 5.3.4 — Teorema de Bayes.** Sea $\{B_1, B_2, \ldots, B_n\}$ una partición del espacio muestral Ω, con $P(B_i) > 0$ para todo i, y sea A un evento tal que $P(A) > 0$. Entonces, para cada i,
>
> $$P(B_i \mid A) = \frac{P(A \mid B_i)P(B_i)}{\sum_{j=1}^{n} P(A \mid B_j)P(B_j)}.$$

Demostración. Queremos demostrar que

$$P(B_i \mid A) = \frac{P(A \mid B_i)P(B_i)}{\sum_{j=1}^{n} P(A \mid B_j)P(B_j)}.$$

Por definición de probabilidad condicional, tenemos

$$P(B_i \mid A) = \frac{P(A \cap B_i)}{P(A)}.$$

Aplicando la regla de la multiplicación, podemos expresar $P(A \cap B_i)$ como $P(A \mid B_i)P(B_i)$, lo que nos da

$$P(B_i \mid A) = \frac{P(A \mid B_i)P(B_i)}{P(A)}.$$

Ahora, para calcular $P(A)$, notamos que $\{B_1, B_2, \ldots, B_n\}$ es una partición del espacio muestral Ω. Esto significa que A puede expresarse como la unión disjunta de los eventos $A \cap B_j$ para $j = 1, 2, \ldots, n$. Por lo tanto,

$$P(A) = \sum_{j=1}^{n} P(A \cap B_j) = \sum_{j=1}^{n} P(A \mid B_j)P(B_j).$$

Sustituyendo $P(A)$ en la expresión de $P(B_i \mid A)$, obtenemos

$$P(B_i \mid A) = \frac{P(A \mid B_i)P(B_i)}{\sum_{j=1}^{n} P(A \mid B_j)P(B_j)},$$

5.3 Problemas de aplicación

como queríamos demostrar.

■ **Example 5.25** En una fábrica, hay tres máquinas (M_1, M_2, M_3) que producen el 50%, 30% y 20% de los productos, respectivamente. Las tasas de defectuosos son 2% para M_1, 3% para M_2 y 5% para M_3. Si se selecciona un producto al azar y resulta ser defectuoso, ¿cuál es la probabilidad de que provenga de la máquina M_2?

Definimos:
- B_1: ."El producto proviene de M_1".
- B_2: ."El producto proviene de M_2".
- B_3: ."El producto proviene de M_3".
- A: ."El producto es defectuoso".

Tenemos:

$$P(B_1) = 0{,}5, \quad P(B_2) = 0{,}3, \quad P(B_3) = 0{,}2.$$

Las probabilidades condicionales:

$$P(A \mid B_1) = 0{,}02, \quad P(A \mid B_2) = 0{,}03, \quad P(A \mid B_3) = 0{,}05.$$

Aplicando el Teorema de Bayes:

$$P(B_2 \mid A) = \frac{P(A \mid B_2)P(B_2)}{P(A \mid B_1)P(B_1) + P(A \mid B_2)P(B_2) + P(A \mid B_3)P(B_3)}.$$

Calculamos:

$$P(B_2 \mid A) = \frac{0{,}03 \times 0{,}3}{0{,}02 \times 0{,}5 + 0{,}03 \times 0{,}3 + 0{,}05 \times 0{,}2} = \frac{0{,}009}{0{,}01 + 0{,}009 + 0{,}01} = \frac{0{,}009}{0{,}029} \approx 0{,}3103.$$

Por lo tanto, la probabilidad de que el producto defectuoso provenga de M_2 es aproximadamente 31.03%.

■

La independencia condicional es un concepto importante en probabilidad, donde dos eventos pueden ser independientes bajo la condición de un tercer evento.

Definition 5.3.5 Dos eventos A y B son **independientes condicionalmente** dado un evento C con $P(C) > 0$ si:

$$P(A \cap B \mid C) = P(A \mid C) \cdot P(B \mid C).$$

■ **Example 5.26** En una bolsa hay 3 bolas rojas y 2 azules. Se extraen dos bolas sin reemplazo. Sea A el evento "la primera bola es roja", B el evento "la segunda bola es azul" C el evento "la segunda bola es extraída".

Como las bolas se extraen sin reemplazo, los eventos A y B no son independientes. Sin embargo, dado que C es cierto (la segunda bola es extraída), podemos analizar la independencia condicional. Calculamos:

$$P(A \mid C) = P(\text{Primera bola es roja}) = \frac{3}{5}.$$

$$P(B \mid C) = P(\text{Segunda bola es azul}) = \frac{2}{5}.$$

Ahora, $P(A \cap B \mid C)$ es la probabilidad de que la primera bola sea roja y la segunda sea azul:

$$P(A \cap B \mid C) = P(A) \cdot P(B \mid A) = \frac{3}{5} \cdot \frac{2}{4} = \frac{3}{5} \cdot \frac{1}{2} = \frac{3}{10}.$$

Sin embargo, $P(A \mid C) \cdot P(B \mid C) = \frac{3}{5} \cdot \frac{2}{5} = \frac{6}{25} \neq \frac{3}{10}.$
Por lo tanto, A y B no son independientes condicionalmente dado C. ∎

La teoría de conjuntos proporciona una base sólida para comprender y calcular probabilidades condicionales. Las operaciones entre conjuntos, como la unión, intersección y complemento, son directamente aplicables en el cálculo de probabilidades.

> **Theorem 5.3.5 — Regla de la probabilidad total.** Sea $\{B_1, B_2, \ldots, B_n\}$ una partición del espacio muestral Ω. Para cualquier evento A, se cumple:
>
> $$P(A) = \sum_{i=1}^{n} P(A \mid B_i) P(B_i).$$

Demostración. Queremos demostrar que

$$P(A) = \sum_{i=1}^{n} P(A \mid B_i) P(B_i).$$

Dado que $\{B_1, B_2, \ldots, B_n\}$ es una partición del espacio muestral Ω, cualquier evento A puede expresarse como la unión disjunta de los eventos $A \cap B_i$ para $i = 1, 2, \ldots, n$. Así,

$$P(A) = P\left(\bigcup_{i=1}^{n} (A \cap B_i)\right).$$

Como los eventos $A \cap B_i$ son mutuamente excluyentes (disjuntos), podemos aplicar la aditividad de la probabilidad:

$$P(A) = \sum_{i=1}^{n} P(A \cap B_i).$$

Utilizando la regla de la multiplicación, expresamos $P(A \cap B_i)$ como $P(A \mid B_i) P(B_i)$, de modo que

$$P(A) = \sum_{i=1}^{n} P(A \mid B_i) P(B_i),$$

lo cual es lo que queríamos demostrar. ∎

Esta regla es fundamental en problemas donde se requiere considerar todas las formas en que un evento A puede ocurrir, a través de diferentes eventos B_i.

Exercise 5.3 En un colegio, el 60 % de los estudiantes son de primaria y el 40 % son de secundaria. El 70 % de los estudiantes de primaria participan en actividades extracurriculares, mientras que solo el 50 % de los estudiantes de secundaria participan en ellas. Si se selecciona un estudiante al azar y sabemos que participa en actividades extracurriculares, ¿cuál es la probabilidad de que sea de primaria?

Definamos:
- P: El estudiante es de primaria.
- S: El estudiante es de secundaria.
- E: El estudiante participa en actividades extracurriculares.

Tenemos:

$$P(P) = 0{,}6, \quad P(S) = 0{,}4.$$

Probabilidades condicionales:

$$P(E \mid P) = 0{,}7, \quad P(E \mid S) = 0{,}5.$$

Aplicamos el Teorema de Bayes para calcular $P(P \mid E)$:

$$P(P \mid E) = \frac{P(E \mid P)P(P)}{P(E \mid P)P(P) + P(E \mid S)P(S)} = \frac{0{,}7 \times 0{,}6}{0{,}7 \times 0{,}6 + 0{,}5 \times 0{,}4} = \frac{0{,}42}{0{,}42 + 0{,}20} = \frac{0{,}42}{0{,}62} \approx 0{,}6774.$$

Por lo tanto, la probabilidad de que el estudiante sea de primaria dado que participa en actividades extracurriculares es aproximadamente 67.74 %.

La aplicación de conjuntos en la probabilidad condicional es esencial para comprender y resolver problemas probabilísticos. La teoría de conjuntos proporciona una representación clara y visual de eventos y sus relaciones, facilitando el cálculo de probabilidades condicionales, conjuntas y totales. Herramientas como los diagramas de Venn y teoremas fundamentales como el de Bayes y la regla de la probabilidad total son fundamentales en este ámbito.

El uso de conjuntos y sus operaciones es fundamental en la probabilidad condicional. Al representar eventos como conjuntos y utilizar las propiedades de intersección y unión, podemos calcular de manera eficiente probabilidades condicionales y resolver problemas complejos en probabilidades. La comprensión profunda de estos conceptos es esencial para avanzar en el estudio de la estadística y la teoría de la probabilidad.

5.4 Ejercicios Resueltos

Exercise 5.4 Demuestra que la suma de dos números pares es un número par.

Demostración. Sea $a = 2k$ y $b = 2m$, donde k y m son enteros. La suma de a y b es:

$$a + b = 2k + 2m = 2(k + m).$$

Dado que $k + m$ es un entero, $a + b$ es divisible por 2 y, por lo tanto, es un número par. ∎

Exercise 5.5 Encuentra el valor de x tal que $3x + 5 = 20$.

Demostración. Restamos 5 de ambos lados de la ecuación:

$$3x + 5 - 5 = 20 - 5 \Rightarrow 3x = 15.$$

Dividimos ambos lados entre 3:

$$x = \frac{15}{3} = 5.$$

Por lo tanto, el valor de x es 5. ∎

Exercise 5.6 Demuestra que el producto de dos números racionales es un número racional.

Demostración. Sea $a = \frac{p}{q}$ y $b = \frac{r}{s}$, donde p, q, r, s son enteros y $q, s \neq 0$. El producto de a y b es:

$$a \cdot b = \frac{p}{q} \cdot \frac{r}{s} = \frac{p \cdot r}{q \cdot s}.$$

Dado que $p \cdot r$ y $q \cdot s$ son enteros y $q \cdot s \neq 0$, $a \cdot b$ es un número racional. ∎

Exercise 5.7 Resuelve la ecuación cuadrática $x^2 - 5x + 6 = 0$.

Demostración. La ecuación cuadrática $x^2 - 5x + 6 = 0$ se puede factorizar como:

$$(x - 2)(x - 3) = 0.$$

Esto implica que $x - 2 = 0$ o $x - 3 = 0$. Resolviendo cada ecuación, obtenemos:

$$x = 2 \quad \text{y} \quad x = 3.$$

Por lo tanto, las soluciones son $x = 2$ y $x = 3$. ∎

Exercise 5.8 Demuestra que si n es un número impar, entonces n^2 también es impar.

Demostración. Sea $n = 2k + 1$, donde k es un entero, lo cual significa que n es impar. Elevando al cuadrado, tenemos:

$$n^2 = (2k+1)^2 = 4k^2 + 4k + 1 = 2(2k^2 + 2k) + 1.$$

Como $2k^2 + 2k$ es un entero, n^2 tiene la forma $2m + 1$ (para algún entero m), lo cual implica que es impar. ∎

5.5 Ejercicios Propuestos

5.5.1 Operaciones con Conjuntos: Unión, Intersección, Complemento

Exercise 5.9 Sean los conjuntos $A = \{1, 2, 3, 4\}$ y $B = \{3, 4, 5, 6\}$. Calcula $A \cup B$.

Exercise 5.10 Sean los conjuntos $A = \{1, 2, 3, 4\}$ y $B = \{3, 4, 5, 6\}$. Calcula $A \cap B$.

Exercise 5.11 Dado el conjunto universal $U = \{1,2,3,4,5,6,7,8\}$ y el conjunto $A = \{2,4,6\}$, encuentra el complemento de A en U.

Exercise 5.12 Si $A = \{x \in \mathbb{Z} \mid -3 \leq x \leq 3\}$ y $B = \{x \in \mathbb{Z} \mid 1 \leq x \leq 5\}$, determina $A \cup B$.

Exercise 5.13 Sean los conjuntos $A = \{a,b,c,d\}$ y $B = \{c,d,e,f\}$. Encuentra $A - B$ y $B - A$.

5.5.2 Diagramas de Venn: Representación Visual de Conjuntos

Exercise 5.14 Dibuja un diagrama de Venn para representar dos conjuntos A y B que tengan una intersección no vacía.

Exercise 5.15 Usa un diagrama de Venn para representar la unión de tres conjuntos A, B y C, donde todos tienen alguna intersección entre ellos.

Exercise 5.16 Dibuja un diagrama de Venn para tres conjuntos A, B y C, en el cual solo A y B se intersecten, pero C no se interseca con los otros conjuntos.

Exercise 5.17 Representa en un diagrama de Venn un conjunto A y su complemento A' respecto a un conjunto universal U.

Exercise 5.18 Utiliza un diagrama de Venn para representar la diferencia $A - B$ de dos conjuntos A y B.

5.5.3 Problemas de Aplicación

Exercise 5.19 En una encuesta a 100 estudiantes, 60 toman matemáticas y 45 toman física. Si 20 toman ambas materias, ¿cuántos estudiantes no toman ninguna de las dos?

Exercise 5.20 De 80 personas encuestadas, 50 prefieren el chocolate y 30 prefieren la vainilla. Si 15 personas prefieren ambos sabores, ¿cuántas personas no prefieren ni chocolate ni vainilla?

Exercise 5.21 En un club, 40 personas practican natación, 30 practican ciclismo y 20 practican ambas actividades. ¿Cuántas personas en total hay en el club si todos practican al menos una de las actividades?

Exercise 5.22 Una clase de 30 estudiantes tiene 18 estudiantes que hablan inglés, 15 que hablan francés y 10 que hablan ambos idiomas. ¿Cuántos estudiantes no hablan ninguno de los dos idiomas?

Exercise 5.23 En una encuesta sobre deportes, 70 personas practican fútbol, 40 practican baloncesto y 25 practican ambos deportes. Calcula cuántas personas practican al menos uno de los dos deportes.

II Razonamiento Aritmético

6 Sistema de Numeración y Operaciones 155

6.1 Sistemas de numeración: decimal, binario y otros sistemas.
6.2 Problemas de edades: planteamiento de ecuaciones para resolver problemas de edades.
6.3 Cronometría: conversión de unidades de tiempo y resolución de problemas.
6.4 Ejercicios Resueltos
6.5 Ejercicios Propuestos

7 Divisibilidad y Fracciones 171

7.1 MCD y MCM: métodos de descomposición en factores primos.
7.2 Problemas de divisibilidad: cómo identificar múltiplos y divisores.
7.3 Operaciones con fracciones: suma, resta, multiplicación y división con problemas aplicados.
7.4 Ejercicios Resueltos
7.5 Ejercicios Propuestos

8 Razones, Proporciones y Porcentajes 191

8.1 Razones y proporciones: simplificación y resolución de problemas.
8.2 Regla de tres: directa e inversa.
8.3 Porcentajes: problemas de aumento y descuento.
8.4 Ejercicios Resueltos
8.5 Ejercicios Propuestos

9 Sucesiones y Series 209

9.1 Sucesiones aritméticas: fórmula del término general y suma de términos.
9.2 Sucesiones geométricas: razón común y suma de la serie.
9.3 Patrones y generalización: identificación y análisis de patrones.
9.4 Ejercicios Resueltos
9.5 Ejercicios Propuestos

6. Sistema de Numeración y Operaciones

6.1 Sistemas de numeración: decimal, binario y otros sistemas.

6.1.1 Conversión entre sistemas numéricos

En este apartado, exploraremos la conversión entre diferentes sistemas numéricos, un tema fundamental en matemáticas y ciencias de la computación. Comprender cómo representar números en distintas bases y cómo convertir entre ellas es esencial para el razonamiento matemático avanzado.

Definition 6.1.1 Un **sistema numérico posicional** es un sistema de numeración en el que el valor de un dígito depende de su posición dentro del número y de la base b del sistema. Un número en base b se representa como:

$$N = (d_n d_{n-1} \ldots d_1 d_0 . d_{-1} d_{-2} \ldots d_{-m})_b = \sum_{k=-m}^{n} d_k b^k$$

donde cada dígito d_k satisface $0 \leq d_k < b$.

Esta definición formaliza cómo se construyen los números en distintas bases y nos permite establecer métodos para convertir entre ellas.

■ **Example 6.1** Consideremos el número decimal 45 y su conversión a base 2. Descomponemos 45 en potencias de 2:

$$45 = 32 + 8 + 4 + 1 = 2^5 + 2^3 + 2^2 + 2^0$$

Por lo tanto, su representación en base 2 es $(101101)_2$. ■

Es útil establecer un algoritmo general para realizar estas conversiones.

Theorem 6.1.1 El algoritmo de divisiones sucesivas permite convertir un número entero positivo N en base 10 a una base b cualquiera. Se define recursivamente como:

$$d_k = N \mod b \quad \text{y} \quad N = \left\lfloor \frac{N}{b} \right\rfloor$$

repitiendo hasta que $N = 0$, donde d_k son los dígitos del número en base b.

Demostración. Queremos demostrar que el algoritmo de divisiones sucesivas convierte correctamente un número entero positivo N en base 10 a una base b.

Sea N el número en base 10 que queremos representar en base b. Comenzamos dividiendo N por b y obtenemos el residuo $d_0 = N \bmod b$, que será el dígito menos significativo en la representación en base b. Luego actualizamos N como $N = \lfloor \frac{N}{b} \rfloor$ y repetimos el proceso.

En cada iteración, calculamos el nuevo residuo $d_k = N \bmod b$, que representa el siguiente dígito en la representación en base b, y actualizamos $N = \lfloor \frac{N}{b} \rfloor$. Continuamos este proceso hasta que $N = 0$. Al final, los restos $d_0, d_1, \ldots, d_k$ corresponden a los dígitos del número en base b, leídos de manera inversa al orden en que fueron calculados. Esto se debe a que cada residuo captura el valor de la posición de menor peso en cada paso, y al dividir N repetidamente, avanzamos hacia posiciones de mayor peso.

Por lo tanto, el algoritmo de divisiones sucesivas produce correctamente la representación de N en la base b. ∎

Este algoritmo es fundamental y nos lleva a un corolario importante sobre la unicidad de la representación.

Corollary 6.1.2 Todo número entero positivo tiene una representación única en cualquier base $b \geq 2$.

Demostración. La unicidad se deriva de que cada paso del algoritmo de divisiones sucesivas es determinista y que los restos obtenidos son únicos para cada división. Dado que el número de dígitos es finito y los dígitos pertenecen al conjunto $\{0, 1, \ldots, b-1\}$, la representación es única. ∎

Además de enteros, es importante considerar números fraccionarios.

Lema 6.1.1 El algoritmo de multiplicaciones sucesivas permite convertir la parte fraccionaria de un número decimal a una base b mediante:

$$d_{-k} = \lfloor b \cdot F \rfloor \quad \text{y} \quad F = b \cdot F - d_{-k}$$

repitiendo hasta obtener la precisión deseada, donde F es la parte fraccionaria actual.

Demostración. En cada iteración, multiplicamos la parte fraccionaria por b y extraemos la parte entera como el siguiente dígito. El proceso continúa con la nueva parte fraccionaria hasta alcanzar la precisión requerida. ∎

■ **Example 6.2** Convirtamos el número decimal 0,625 a base 2:

$$0{,}625 \times 2 = 1{,}25 \Rightarrow d_{-1} = 1 \quad 0{,}25 \times 2 = 0{,}5 \Rightarrow d_{-2} = 0 \quad 0{,}5 \times 2 = 1{,}0 \Rightarrow d_{-3} = 1$$

Por lo tanto, 0,625 en base 2 es $(0{,}101)_2$. ■

> La conversión de números fraccionarios puede generar expansiones periódicas en ciertas bases, lo cual es análogo a las fracciones decimales periódicas en base 10.

Un aspecto crucial es entender cómo las propiedades de divisibilidad se transfieren entre bases.

Theorem 6.1.3 Un número en base b es divisible por $b - 1$ si y solo si la suma de sus dígitos es divisible por $b - 1$.

6.1 Sistemas de numeración: decimal, binario y otros sistemas.

Demostración. Queremos demostrar que el algoritmo de divisiones sucesivas convierte correctamente un número entero positivo N en base 10 a una base b.

Sea N el número en base 10 que queremos representar en base b. Comenzamos dividiendo N por b y obtenemos el residuo $d_0 = N \mod b$, que será el dígito menos significativo en la representación en base b. Luego actualizamos N como $N = \lfloor \frac{N}{b} \rfloor$ y repetimos el proceso.

En cada iteración, calculamos el nuevo residuo $d_k = N \mod b$, que representa el siguiente dígito en la representación en base b, y actualizamos $N = \lfloor \frac{N}{b} \rfloor$. Continuamos este proceso hasta que $N = 0$.

Al final, los restos $d_0, d_1, \ldots, d_k$ corresponden a los dígitos del número en base b, leídos de manera inversa al orden en que fueron calculados. Esto se debe a que cada residuo captura el valor de la posición de menor peso en cada paso, y al dividir N repetidamente, avanzamos hacia posiciones de mayor peso.

Por lo tanto, el algoritmo de divisiones sucesivas produce correctamente la representación de N en la base b. ∎

Este teorema generaliza la conocida regla de divisibilidad por 9 en base 10.

Exercise 6.1 Convierta el número hexadecimal $(2A3)_{16}$ a base 10 y luego a base 8.

Exercise 6.2 Demuestre que el número binario $(1111)_2$ es divisible por 15 en base 10, utilizando el teorema de la suma de dígitos.

Al dominar estos métodos y teoremas, el lector estará equipado para abordar problemas complejos que involucran diferentes sistemas numéricos y su interconversión, fortaleciendo así su razonamiento matemático avanzado.

6.1.2 Aplicaciones del sistema binario en computación

En esta sección, examinaremos cómo el sistema binario es esencial en el campo de la computación. El sistema binario, basado en dos dígitos, 0 y 1, es la piedra angular en el diseño y funcionamiento de los computadores y dispositivos digitales. Entender sus propiedades y aplicaciones es fundamental para el razonamiento matemático en informática.

Definition 6.1.2 Un **bit** (dígito binario) es la unidad básica de información en computación digital, que puede tomar el valor de 0 o 1. Un **byte** consiste en una secuencia de 8 bits y es una unidad estándar para medir la cantidad de datos.

La representación binaria permite que los sistemas digitales realicen operaciones lógicas y aritméticas de manera eficiente. Veamos un ejemplo de cómo los números decimales se representan en binario.

■ **Example 6.3** El número decimal 25 puede convertirse al sistema binario mediante divisiones sucesivas por 2:

$$25 \div 2 = 12 \text{ con residuo } 1$$
$$12 \div 2 = 6 \text{ con residuo } 0$$
$$6 \div 2 = 3 \text{ con residuo } 0$$
$$3 \div 2 = 1 \text{ con residuo } 1$$
$$1 \div 2 = 0 \text{ con residuo } 1$$

Leyendo los residuos en orden inverso, obtenemos $(11001)_2$. ∎

Las operaciones aritméticas en binario son fundamentales en computación, especialmente la suma y multiplicación de bits.

Theorem 6.1.4 La suma binaria de dos bits a y b se define por:

$$\text{Suma} = a \oplus b$$
$$\text{Acarreo} = a \cdot b$$

donde $\oplus$ denota la operación XOR (o exclusivo) y $\cdot$ la operación AND (y lógico).

Demostración. La tabla de verdad de la suma binaria es:

a	b	Suma	Acarreo
0	0	0	0
0	1	1	0
1	0	1	0
1	1	0	1

La operación Suma $= a \oplus b$ produce 1 cuando a y b son diferentes, y 0 cuando son iguales. El acarreo Acarreo $= a \cdot b$ es 1 solo cuando ambos a y b son 1. ∎

Este principio es esencial en el diseño de **sumadores lógicos** en circuitos digitales.

Corollary 6.1.5 La suma de tres bits a, b y un acarreo previo c se calcula como:

$$\text{Suma} = a \oplus b \oplus c$$
$$\text{Acarreo Saliente} = (a \cdot b) \vee (b \cdot c) \vee (a \cdot c)$$

donde $\vee$ denota la operación OR (o lógico).

Demostración. Extendemos el teorema anterior considerando el acarreo previo c y aplicando las propiedades de las operaciones lógicas. El acarreo saliente es 1 si al menos dos de las entradas son 1. ∎

Las **puertas lógicas** implementan estas operaciones en hardware, permitiendo construir circuitos más complejos.

Definition 6.1.3 Una **puerta lógica** es un componente electrónico que realiza una operación lógica sobre una o más señales de entrada para producir una señal de salida. Las puertas básicas incluyen AND, OR, NOT, NAND, NOR, XOR y XNOR.

Estas puertas son fundamentales en la construcción de **circuitos digitales** que realizan operaciones aritméticas y lógicas.

■ **Example 6.4** Un **sumador completo** es un circuito que suma dos bits y un acarreo de entrada, produciendo una suma y un acarreo de salida. Se puede implementar utilizando dos sumadores semicompletos y una puerta OR. ∎

Además de las operaciones aritméticas, el sistema binario es crucial para la representación y manipulación de datos.

Lema 6.1.2 Cualquier tipo de datos (números, caracteres, imágenes, etc.) puede ser representado en formato binario mediante codificaciones apropiadas, permitiendo su procesamiento y almacenamiento en sistemas computacionales.

Demostración. Los datos se convierten a secuencias de bits utilizando esquemas de codificación estándar, como ASCII para caracteres o formatos de imagen como BMP, donde cada pixel se representa por una combinación de bits. ∎

6.2 Problemas de edades: planteamiento de ecuaciones para resolver problemas de edades.

> (R) La eficiencia en la representación binaria de datos es fundamental para optimizar el uso de recursos en sistemas computacionales, impactando en áreas como la compresión de datos y la transmisión de información.

El sistema binario también es esencial en la lógica computacional y en la teoría de autómatas.

> **Theorem 6.1.6** Los **autómatas finitos** pueden ser modelados utilizando sistemas binarios, donde los estados y transiciones se representan mediante bits y operaciones lógicas, permitiendo su implementación en hardware y software.

Demostración. Cada estado de un autómata finito puede ser codificado como una combinación única de bits. Las transiciones entre estados se definen mediante funciones lógicas que dependen de las entradas y el estado actual, lo que permite su representación en circuitos digitales. ∎

Este teorema conecta la teoría de lenguajes formales con la implementación práctica en sistemas digitales.

■ **Example 6.5** Un **registro de desplazamiento** es un circuito que utiliza flip-flops (biestables) para almacenar y desplazar bits en serie, siendo esencial en la transmisión y procesamiento secuencial de datos. ■

> **Exercise 6.3** Diseñe un circuito lógico utilizando puertas AND, OR y NOT que implemente una función de paridad par para un conjunto de cuatro bits de entrada, y demuestre su funcionamiento.

> **Exercise 6.4** Explique cómo el **algoritmo de encriptación RSA** utiliza operaciones aritméticas en binario, y analice la importancia de la representación binaria en la eficiencia del algoritmo.

Entender las aplicaciones del sistema binario en computación es esencial para el desarrollo de tecnología y algoritmos eficientes, fortaleciendo el razonamiento matemático y su aplicación práctica en la ingeniería y las ciencias computacionales.

6.2 Problemas de edades: planteamiento de ecuaciones para resolver problemas de edades.

6.2.1 Ecuaciones lineales aplicadas a problemas de edades

En este apartado, exploraremos cómo las ecuaciones lineales pueden aplicarse para resolver problemas relacionados con edades, combinando razonamiento matemático con situaciones cotidianas. Estos problemas son excelentes para ilustrar la traducción de información verbal a expresiones algebraicas y la aplicación de métodos analíticos para encontrar soluciones.

> **Definition 6.2.1** Una **ecuación lineal** es una igualdad algebraica de la forma $ax + b = 0$, donde a y b son constantes reales y $a \neq 0$, y x es la variable desconocida.

Esta definición nos proporciona la base para formular problemas donde las relaciones entre edades se expresan mediante ecuaciones lineales.

■ **Example 6.6** Supongamos que la edad de Ana es el doble de la edad de Beatriz, y la suma de sus edades es 36 años. Podemos representar esto con las ecuaciones:

$$\begin{cases} A = 2B \\ A + B = 36 \end{cases}$$

Sustituyendo A en la segunda ecuación:

$$2B + B = 36 \implies 3B = 36 \implies B = 12$$

Por lo tanto, Ana tiene $A = 2 \times 12 = 24$ años. ∎

Este ejemplo demuestra cómo traducir una situación verbal en un sistema de ecuaciones lineales y resolverlo.

> **Theorem 6.2.1** Todo sistema lineal de n ecuaciones con n incógnitas tiene una solución única si y solo si el determinante de su matriz de coeficientes es distinto de cero.

Demostración. Sea $AX = B$ un sistema lineal de n ecuaciones con n incógnitas, donde A es la matriz de coeficientes, X es el vector de incógnitas y B es el vector de términos independientes. Si el determinante de A, denotado $\det(A)$, es distinto de cero, entonces A es una matriz invertible. En este caso, podemos resolver el sistema usando la inversa de A:

$$X = A^{-1}B.$$

Esta expresión da una solución única para X, ya que A^{-1} existe y es única.

Por otro lado, si $\det(A) = 0$, entonces A no es invertible y el sistema no tiene solución única. En este caso, el sistema puede tener infinitas soluciones o ninguna, dependiendo de si el sistema es consistente o no.

Por lo tanto, el sistema tiene una solución única si y solo si $\det(A) \neq 0$, como queríamos demostrar. ∎

Este resultado es crucial, ya que garantiza que los problemas de edades formulados correctamente tendrán una solución única, reflejando la consistencia lógica de la situación planteada.

Lema 6.2.1 En un sistema lineal homogéneo de la forma $Ax = 0$, donde A es una matriz cuadrada de orden n, si $\det(A) = 0$, entonces el sistema tiene infinitas soluciones.

Demostración. Si $\det(A) = 0$, la matriz A no es invertible, lo que implica que el espacio de soluciones es un subespacio de dimensión al menos uno. Por lo tanto, existen infinitas soluciones no triviales que satisfacen $Ax = 0$. ∎

Aunque este lema se refiere a sistemas homogéneos, es relevante en problemas de edades cuando las relaciones entre variables conducen a soluciones no únicas o requieren condiciones adicionales.

> (R) Al resolver problemas de edades, es esencial identificar correctamente las variables y establecer ecuaciones que reflejen con precisión las relaciones temporales y aritméticas descritas.

Consideremos otro ejemplo que incorpora diferencias de edades en distintos momentos.

■ **Example 6.7** Hace cinco años, la edad de Carlos era tres veces la edad que tenía Diana. Dentro de cinco años, la edad de Carlos será el doble de la edad de Diana. ¿Cuáles son sus edades actuales? Denotemos:

$$\begin{cases} C = \text{Edad actual de Carlos} \\ D = \text{Edad actual de Diana} \end{cases}$$

Las ecuaciones son:

$$\begin{cases} C - 5 = 3(D - 5) \\ C + 5 = 2(D + 5) \end{cases}$$

Resolviendo el sistema: Primera ecuación:

$$C - 5 = 3D - 15 \implies C = 3D - 10$$

Segunda ecuación:
$$C + 5 = 2D + 10 \implies C = 2D + 15$$

Igualando ambas expresiones de C:
$$3D - 10 = 2D + 15 \implies D = 25$$

Entonces, $C = 2 \times 25 + 15 = 65$.
Por lo tanto, Carlos tiene 65 años y Diana tiene 25 años. ■

Este ejemplo muestra cómo manejar ecuaciones que involucran edades en diferentes momentos del tiempo, lo que añade complejidad al problema.

> **Corollary 6.2.2** En problemas de edades que involucran múltiplos y sumas en distintos momentos temporales, el número de ecuaciones necesarias para encontrar una solución única es igual al número de variables desconocidas.

Demostración. Cada condición independiente proporciona una ecuación distinta. Para n variables desconocidas, se requieren n ecuaciones linealmente independientes para asegurar una solución única, según el teorema fundamental de sistemas lineales. ■

> (R) Es fundamental verificar que las ecuaciones obtenidas de las condiciones del problema sean linealmente independientes para garantizar la unicidad de la solución.

Ahora, presentamos un ejercicio para aplicar estos conceptos.

> **Exercise 6.5** Hace diez años, la edad de Eduardo era cuatro veces la edad de Fernanda. En diez años, Eduardo tendrá el doble de la edad de Fernanda. Determine las edades actuales de Eduardo y Fernanda.

Este ejercicio es similar al ejemplo anterior y permite practicar la formulación y resolución de sistemas de ecuaciones lineales en el contexto de problemas de edades.

> **Exercise 6.6** La suma de las edades de Gabriela y Hugo es 50 años. Hace cinco años, Gabriela tenía el triple de la edad que tenía Hugo. Calcule las edades actuales de ambos. ■

Al resolver estos ejercicios, el lector fortalecerá su capacidad para modelar situaciones verbales con ecuaciones lineales y aplicar métodos algebraicos para encontrar soluciones, habilidades esenciales en el razonamiento matemático avanzado.

6.3 Cronometría: conversión de unidades de tiempo y resolución de problemas.

6.3.1 Conversión entre horas, minutos y segundos

En esta sección, analizaremos la conversión entre horas, minutos y segundos desde una perspectiva matemática avanzada. Este tema no solo es relevante en cálculos cotidianos, sino que también tiene implicaciones en áreas como la teoría de números y la aritmética modular. Exploraremos definiciones formales, teoremas y ejemplos que profundizan en la comprensión de estos sistemas de medición del tiempo.

> **Definition 6.3.1** El **sistema sexagesimal** es un sistema de numeración posicional de base 60, utilizado históricamente en diversas culturas para medir el tiempo y los ángulos. En este sistema, una hora se divide en 60 minutos, y un minuto se divide en 60 segundos.

Esta definición nos permite formalizar las operaciones y conversiones entre unidades de tiempo utilizando propiedades del sistema sexagesimal.

Theorem 6.3.1 La conversión entre horas (h), minutos (m) y segundos (s) puede expresarse mediante las siguientes relaciones lineales:

$$\begin{cases} 1 \text{ hora} = 60 \text{ minutos} \\ 1 \text{ minuto} = 60 \text{ segundos} \\ 1 \text{ hora} = 3600 \text{ segundos} \end{cases}$$

Por lo tanto, cualquier cantidad de tiempo puede representarse en términos de una sola unidad utilizando estas relaciones.

Demostración. Las relaciones se derivan directamente de la definición del sistema sexagesimal. Multiplicando las equivalencias:

$$1 \text{ hora} = 60 \text{ minutos} = 60 \times 60 \text{ segundos} = 3600 \text{ segundos}$$

∎

Este teorema nos permite realizar conversiones precisas entre diferentes unidades de tiempo, lo cual es esencial en cálculos temporales avanzados.

Lema 6.3.1 Sea $T = h + \dfrac{m}{60} + \dfrac{s}{3600}$ una representación decimal de una cantidad de tiempo en horas. Entonces, T puede convertirse completamente a segundos mediante la relación:

$$T_{\text{segundos}} = 3600h + 60m + s$$

Demostración. Multiplicando cada término por su factor de conversión a segundos:

$$T_{\text{segundos}} = h \times 3600 + m \times 60 + s$$

∎

Este lema es útil para normalizar diferentes representaciones de tiempo en una sola unidad, facilitando operaciones aritméticas y comparaciones.

■ **Example 6.8** Convierta 2 horas, 45 minutos y 30 segundos a segundos totales.
Aplicando el lema anterior:

$$T_{\text{segundos}} = 3600 \times 2 + 60 \times 45 + 30 = 7200 + 2700 + 30 = 9930 \text{ segundos}$$

∎

Este ejemplo ilustra la aplicación práctica del lema en una situación concreta.

Theorem 6.3.2 El conjunto de equivalencias entre horas, minutos y segundos forma un espacio vectorial sobre el campo de los números reales, donde las operaciones de suma y multiplicación escalar están definidas naturalmente.

Demostración. Para demostrar que el conjunto de equivalencias entre horas, minutos y segundos forma un espacio vectorial sobre el campo de los números reales, verificaremos que cumple con los axiomas de un espacio vectorial, considerando horas, minutos y segundos como vectores y definiendo las operaciones de suma y multiplicación escalar de forma natural.

1. **Conjunto**: Consideramos el conjunto de todas las combinaciones lineales de horas, minutos y segundos, donde cada combinación puede representarse como un vector (h, m, s), con h en horas, m en minutos y s en segundos, y las equivalencias 1 hora = 60 minutos y 1 minuto = 60 segundos.

6.3 Cronometría: conversión de unidades de tiempo y resolución de problemas

2. **Suma**: Definimos la suma de dos vectores (h_1, m_1, s_1) y (h_2, m_2, s_2) como

$$(h_1, m_1, s_1) + (h_2, m_2, s_2) = (h_1 + h_2, m_1 + m_2, s_1 + s_2).$$

Esta operación es cerrada y cumple con los axiomas de conmutatividad y asociatividad, y tiene un elemento neutro $(0, 0, 0)$ y un inverso aditivo para cada vector.

3. **Multiplicación escalar**: Para un escalar $\alpha \in \mathbb{R}$ y un vector (h, m, s), definimos

$$\alpha(h, m, s) = (\alpha h, \alpha m, \alpha s).$$

Esta operación es cerrada y cumple con los axiomas de distributividad, asociatividad de la multiplicación escalar y existencia del elemento unidad 1.

4. **Verificación de las equivalencias**: Dado que horas, minutos y segundos están relacionados por factores constantes (60 minutos por hora y 60 segundos por minuto), cualquier combinación lineal de estos vectores sigue respetando estas equivalencias.

Por lo tanto, el conjunto de equivalencias entre horas, minutos y segundos, con las operaciones de suma y multiplicación escalar definidas, cumple todos los axiomas de un espacio vectorial sobre $\mathbb{R}$. ∎

Este teorema proporciona una estructura algebraica al conjunto de unidades de tiempo, permitiendo aplicar técnicas del álgebra lineal en su estudio.

Corollary 6.3.3 Las operaciones de conversión entre horas, minutos y segundos son lineales y pueden representarse mediante matrices de transformación en el espacio vectorial V.

Demostración. Las conversiones pueden expresarse como multiplicaciones matriciales. Por ejemplo, para convertir de horas a segundos:

$$\left(T_{\text{segundos}}\right) = \left(3600\right)\left(h\right)$$

Esto es una transformación lineal, ya que satisface la propiedad de linealidad. ∎

Este corolario muestra cómo las conversiones pueden integrarse en un marco algebraico más amplio.

> (R) El uso de la aritmética modular es relevante en la medición del tiempo, especialmente al considerar relojes de 12 o 24 horas, donde las operaciones se realizan módulo 12 o 24.

Esta observación conecta el tema con otros conceptos matemáticos, ampliando su aplicación.

■ **Example 6.9** Si son las 22:00 horas, ¿qué hora será dentro de 5 horas?
Usando aritmética modular:

$$(22 + 5) \mod 24 = 3$$

Por lo tanto, serán las 3:00 horas. ∎

Este ejemplo demuestra la utilidad de la aritmética modular en cálculos temporales.

Exercise 6.7 Demuestre que la suma de dos tiempos expresados en horas, minutos y segundos puede generar un resultado que requiere normalización, y formule un algoritmo para realizar dicha normalización.

Exercise 6.8 Si una tarea comienza a las 8:35:50 y dura exactamente 2 horas, 55 minutos y 15 segundos, determine la hora exacta de finalización utilizando las propiedades estudiadas.

Al abordar estos ejercicios, el lector aplicará los conceptos avanzados de conversión y manipulación de unidades de tiempo, fortaleciendo su razonamiento matemático y su capacidad para resolver problemas complejos.

6.3.2 Cálculo de tiempos en recorridos

En este apartado, analizaremos el cálculo de tiempos en recorridos, considerando variables fundamentales como la distancia, la velocidad y el tiempo. Este estudio es esencial en la comprensión de fenómenos físicos y en la optimización de procesos en ingeniería y ciencias aplicadas.

Definition 6.3.2 Sea d la distancia recorrida, v la velocidad y t el tiempo empleado. La relación entre estas variables en un **movimiento rectilíneo uniforme** se expresa mediante la ecuación:
$$d = v \cdot t$$

Esta ecuación establece una proporcionalidad directa entre la distancia y el tiempo cuando la velocidad es constante. A partir de ella, podemos deducir fórmulas para calcular cualquiera de las tres variables si conocemos las otras dos.

Theorem 6.3.4 En un movimiento donde la velocidad varía de forma continua y diferenciable respecto al tiempo, la distancia recorrida se puede obtener integrando la velocidad:
$$d(t) = \int_{t_0}^{t} v(\tau) \, d\tau$$

Demostración. Por definición, la velocidad es la derivada de la distancia respecto al tiempo:
$$v(t) = \frac{d}{dt} d(t)$$

Integrando ambos lados respecto al tiempo desde t_0 hasta t, obtenemos:
$$\int_{t_0}^{t} v(\tau) \, d\tau = \int_{t_0}^{t} \frac{d}{d\tau} d(\tau) \, d\tau = d(t) - d(t_0)$$

Si consideramos $d(t_0) = 0$, entonces:
$$d(t) = \int_{t_0}^{t} v(\tau) \, d\tau$$

■

Este teorema es fundamental en el análisis de movimientos con velocidad variable, permitiendo calcular distancias recorridas mediante integración.

Lema 6.3.2 Si un objeto recorre una distancia d en dos tramos a velocidades constantes v_1 y v_2, empleando tiempos t_1 y t_2 respectivamente, entonces la distancia total es:
$$d = v_1 t_1 + v_2 t_2$$

6.3 Cronometría: conversión de unidades de tiempo y resolución de problemas

Demostración. La distancia recorrida en cada tramo es $d_1 = v_1 t_1$ y $d_2 = v_2 t_2$. La distancia total es la suma de ambas:

$$d = d_1 + d_2 = v_1 t_1 + v_2 t_2$$

∎

Este resultado es útil para descomponer recorridos complejos en segmentos más manejables, facilitando el cálculo de la distancia total.

■ **Example 6.10** Un tren viaja durante 2 horas a una velocidad de 80 km/h y luego durante 1,5 horas a 100 km/h. Calcule la distancia total recorrida.
Aplicando el lema anterior:

$$d = 80 \times 2 + 100 \times 1{,}5 = 160 + 150 = 310 \text{ km}$$

∎

Este ejemplo ilustra cómo aplicar el lema para determinar la distancia total en recorridos con velocidades diferentes.

> **Corollary 6.3.5** La velocidad media v_{media} en un recorrido compuesto por varios tramos con velocidades constantes es:
>
> $$v_{\text{media}} = \frac{\text{Distancia total}}{\text{Tiempo total}} = \frac{\sum_i v_i t_i}{\sum_i t_i}$$

Demostración. La distancia total es $d = \sum_i v_i t_i$ y el tiempo total es $t_{\text{total}} = \sum_i t_i$. Por definición de velocidad media:

$$v_{\text{media}} = \frac{d}{t_{\text{total}}} = \frac{\sum_i v_i t_i}{\sum_i t_i}$$

∎

Este corolario nos permite calcular la velocidad media sin necesidad de conocer la distancia total explícitamente, utilizando solo las velocidades y los tiempos de cada tramo.

> (R) Es importante distinguir entre la **velocidad media** y la **media de las velocidades**. La velocidad media se calcula considerando las distancias y tiempos recorridos, mientras que la media de las velocidades es simplemente el promedio aritmético de las velocidades individuales, y generalmente no representa la velocidad efectiva del recorrido total.

Profundizando en el análisis, consideremos el caso de velocidades dependientes del tiempo.

> **Theorem 6.3.6** Si la velocidad de un objeto es una función lineal del tiempo, es decir, $v(t) = at + b$, entonces la distancia recorrida entre los tiempos t_0 y t es:
>
> $$d(t) = \frac{a}{2}(t^2 - t_0^2) + b(t - t_0)$$

Demostración. La distancia recorrida $d(t)$ entre los tiempos t_0 y t se obtiene integrando la velocidad $v(t) = at + b$ con respecto al tiempo desde t_0 hasta t.

La expresión para la distancia es

$$d(t) = \int_{t_0}^{t} v(\tau)\,d\tau = \int_{t_0}^{t} (a\tau + b)\,d\tau.$$

Descomponemos la integral en dos términos:

$$d(t) = \int_{t_0}^{t} a\tau\,d\tau + \int_{t_0}^{t} b\,d\tau.$$

Calculamos cada término por separado. Para el primer término,

$$\int_{t_0}^{t} a\tau\,d\tau = a\int_{t_0}^{t} \tau\,d\tau = a\left[\frac{\tau^2}{2}\right]_{t_0}^{t} = \frac{a}{2}(t^2 - t_0^2).$$

Para el segundo término,

$$\int_{t_0}^{t} b\,d\tau = b\int_{t_0}^{t} 1\,d\tau = b[\tau]_{t_0}^{t} = b(t - t_0).$$

Sumando ambos resultados, obtenemos

$$d(t) = \frac{a}{2}(t^2 - t_0^2) + b(t - t_0),$$

como queríamos demostrar. ∎

Este teorema es útil en el estudio de movimientos con aceleración constante, como en el caso de cuerpos en caída libre sin resistencia del aire.

■ **Example 6.11** Un automóvil acelera uniformemente desde el reposo ($v_0 = 0$) con una aceleración constante de 2 m/s². Calcule la distancia recorrida en 10 segundos.
La velocidad en función del tiempo es $v(t) = at = 2t$. Aplicando el teorema:

$$d(10) = \frac{2}{2}(10^2 - 0^2) = 1 \times 100 = 100 \text{ m}$$

■

Este ejemplo muestra la aplicación del teorema en un contexto de aceleración constante.

> Exercise 6.9 Un avión recorre una pista de despegue acelerando uniformemente desde el reposo con una aceleración de 3 m/s². Si necesita alcanzar una velocidad de 60 m/s para despegar, calcule la longitud mínima de la pista requerida. ■

> Exercise 6.10 Un corredor realiza una carrera de 400 m en dos etapas: acelera uniformemente desde el reposo hasta una velocidad máxima durante 8 segundos, y luego mantiene esa velocidad constante hasta el final. Si su aceleración es de 1,5 m/s², determine el tiempo total de la carrera. ■

Al abordar estos conceptos y ejercicios, el lector profundizará en el análisis matemático avanzado del cálculo de tiempos y distancias en movimientos con diferentes condiciones, fortaleciendo su razonamiento y habilidad para aplicar principios matemáticos en situaciones complejas.

6.4 Ejercicios Resueltos

6.4 Ejercicios Resueltos

Exercise 6.11 Convierte el número decimal 156 a su equivalente en base 2.

Demostración. Para convertir el número decimal 156 a base 2, aplicamos el método de divisiones sucesivas por 2.

$156 \div 2 = 78$, residuo 0 $78 \div 2 = 39$, residuo 0 $39 \div 2 = 19$, residuo 1

$19 \div 2 = 9$, residuo 1 $9 \div 2 = 4$, residuo 1 $4 \div 2 = 2$, residuo 0

$2 \div 2 = 1$, residuo 0 $1 \div 2 = 0$, residuo 1

Leyendo los residuos de abajo hacia arriba, obtenemos que 156 en base 2 es $(10011100)_2$. ■

Exercise 6.12 Resuelve el sistema de ecuaciones lineales para encontrar las edades actuales de Ana y Beatriz: $A = 2B$ y $A + B = 36$.

Demostración. Del sistema de ecuaciones dado, tenemos:

$$A = 2B \quad \text{y} \quad A + B = 36$$

Sustituyendo $A = 2B$ en la segunda ecuación:

$$2B + B = 36 \implies 3B = 36 \implies B = 12$$

Sustituyendo $B = 12$ en $A = 2B$:

$$A = 2 \times 12 = 24$$

Por lo tanto, Ana tiene 24 años y Beatriz tiene 12 años. ■

Exercise 6.13 Convierte el número hexadecimal $(2F)_{16}$ a decimal.

Demostración. Para convertir el número hexadecimal $(2F)_{16}$ a decimal, descomponemos el número en potencias de 16:

$$(2F)_{16} = 2 \times 16^1 + 15 \times 16^0 = 2 \times 16 + 15 \times 1 = 32 + 15 = 47$$

Por lo tanto, el número $(2F)_{16}$ en decimal es 47. ■

Exercise 6.14 Determina si el número binario $(11101)_2$ es divisible por 3 en base decimal.

Demostración. Primero, convertimos $(11101)_2$ a base 10:

$$(11101)_2 = 1 \times 2^4 + 1 \times 2^3 + 1 \times 2^2 + 0 \times 2^1 + 1 \times 2^0$$

$$= 16 + 8 + 4 + 0 + 1 = 29$$

Ahora verificamos si 29 es divisible por 3. Sumamos los dígitos del número decimal 29: $2 + 9 = 11$. Como 11 no es divisible por 3, concluimos que 29 no es divisible por 3. Por lo tanto, $(11101)_2$ no es divisible por 3. ■

Exercise 6.15 Hace cinco años, la edad de Carla era el triple de la edad de Diana. Hoy en día, Carla tiene 25 años. ¿Cuál es la edad actual de Diana?

Demostración. Llamemos D a la edad actual de Diana. Hace cinco años, Carla tenía $25 - 5 = 20$ años y Diana tenía $D - 5$ años. Según el problema:

$$20 = 3(D-5)$$

Resolviendo para D:

$$20 = 3D - 15 \implies 3D = 35 \implies D = \frac{35}{3} \approx 11{,}67$$

Por lo tanto, Diana tiene aproximadamente 11 años y 8 meses. ∎

6.5 Ejercicios Propuestos

6.5.1 Sistemas de Numeración: Decimal, Binario y Otros Sistemas

Exercise 6.16 Convierte el número decimal 45 a su equivalente en base 2.

Exercise 6.17 Convierte el número binario $(1101)_2$ a su equivalente en base 10.

Exercise 6.18 Convierte el número hexadecimal $(3A7)_{16}$ a decimal.

Exercise 6.19 Convierte el número octal $(127)_8$ a base 10.

Exercise 6.20 Convierte el número decimal 255 a su equivalente en base 16.

6.5.2 Problemas de Edades: Planteamiento de Ecuaciones para Resolver Problemas de Edades

Exercise 6.21 Hace cinco años, la edad de Juan era el triple de la edad de Ana. Actualmente, Juan tiene 40 años. ¿Cuál es la edad actual de Ana?

Exercise 6.22 Dentro de diez años, la edad de Pedro será el doble de la edad que tenía hace cinco años. Si actualmente Pedro tiene 30 años, ¿qué edad tendrá dentro de diez años?

Exercise 6.23 La suma de las edades de Carlos y María es 50 años. Hace diez años, la edad de Carlos era el doble de la edad de María. ¿Cuáles son sus edades actuales?

Exercise 6.24 La edad de Andrés es el doble de la edad de su hermana Sara. Si la diferencia entre sus edades es de 15 años, ¿cuál es la edad de cada uno?

Exercise 6.25 Hace ocho años, la edad de Sofía era la mitad de la edad que tiene ahora. ¿Cuál es su edad actual?

6.5.3 Cronometría: Conversión de Unidades de Tiempo y Resolución de Problemas

6.5 Ejercicios Propuestos

Exercise 6.26 Convierte 2 horas, 30 minutos y 45 segundos a segundos.

Exercise 6.27 Convierte 5000 segundos a horas, minutos y segundos.

Exercise 6.28 Si una tarea comienza a las 14 : 20 : 00 y dura exactamente 3 horas, 45 minutos y 30 segundos, ¿a qué hora finaliza?

Exercise 6.29 Convierte 1 día, 4 horas y 15 minutos a minutos.

Exercise 6.30 ¿Cuántos días, horas, minutos y segundos son 900,000 segundos?

7. Divisibilidad y Fracciones

7.1 MCD y MCM: métodos de descomposición en factores primos.

7.1.1 Método de descomposición simultánea

En esta sección, profundizaremos en el **método de descomposición simultánea** para calcular el máximo común divisor (MCD) y el mínimo común múltiplo (MCM) de dos o más números enteros. Este método se basa en la descomposición en factores primos y aprovecha las propiedades fundamentales de la aritmética para simplificar cálculos y entender mejor la estructura de los números.

> **Definition 7.1.1** El **Máximo Común Divisor** (MCD) de dos enteros a y b, no ambos cero, es el mayor entero positivo d que divide a ambos números, es decir, $d \mid a$ y $d \mid b$. Se denota como $\gcd(a,b)$.

> **Definition 7.1.2** El **Mínimo Común Múltiplo** (MCM) de dos enteros a y b, no ambos cero, es el menor entero positivo m que es múltiplo de ambos números, es decir, $a \mid m$ y $b \mid m$. Se denota como $\mathrm{lcm}(a,b)$.

Para aplicar el método de descomposición simultánea, necesitamos comprender la descomposición en factores primos.

> **Theorem 7.1.1 — Teorema Fundamental de la Aritmética.** Todo entero positivo mayor que 1 puede expresarse de manera única (exceptuando el orden de los factores) como un producto de números primos.

Demostración. Demostraremos el teorema en dos partes: existencia y unicidad de la factorización en primos.

Primero, consideramos la existencia de una factorización en primos. Sea n un entero positivo mayor que 1. Si n es primo, entonces ya está expresado como un producto de un solo número primo. Si n es compuesto, entonces existe al menos un divisor d tal que $1 < d < n$. Dividimos n por d y repetimos el proceso con los cocientes obtenidos hasta llegar a divisores que son primos. Este proceso termina porque los divisores son menores que n y estamos trabajando en un conjunto finito de divisores positivos. Así, hemos descompuesto n como un producto de números primos.

Para la unicidad, supongamos que un número n tiene dos factorizaciones en primos:

$$n = p_1 p_2 \ldots p_k = q_1 q_2 \ldots q_m,$$

donde p_i y q_j son números primos. Por el lema de Euclides, si un número primo p divide un producto, entonces p debe dividir al menos uno de los factores de ese producto. Aplicando este lema repetidamente, concluimos que cada p_i debe ser igual a algún q_j, y viceversa, hasta que las dos descomposiciones son idénticas en cuanto a los factores primos involucrados, excepto quizá por el orden.

Por lo tanto, la factorización en primos es única, como queríamos demostrar. ∎

Con este fundamento, podemos proceder al método de descomposición simultánea.

■ **Example 7.1** Calculemos el MCD y el MCM de $a = 60$ y $b = 84$ utilizando el método de descomposición simultánea.

Primero, descomponemos cada número en sus factores primos:

$$60 = 2^2 \times 3 \times 5$$
$$84 = 2^2 \times 3 \times 7$$

Ahora, identificamos los factores comunes y los no comunes:
- Los factores comunes son 2^2 y 3. - Los factores no comunes son 5 y 7.

El MCD es el producto de los menores exponentes de los factores primos comunes:

$$\gcd(60, 84) = 2^2 \times 3 = 12$$

El MCM es el producto de los mayores exponentes de todos los factores primos presentes:

$$\operatorname{lcm}(60, 84) = 2^2 \times 3 \times 5 \times 7 = 420$$

■

El método de descomposición simultánea consiste en descomponer simultáneamente los números en sus factores primos y utilizar estas descomposiciones para calcular el MCD y el MCM.

> **Theorem 7.1.2** Sea a y b enteros positivos con descomposiciones primarias:
>
> $$a = p_1^{\alpha_1} p_2^{\alpha_2} \ldots p_k^{\alpha_k}, \quad b = p_1^{\beta_1} p_2^{\beta_2} \ldots p_k^{\beta_k}$$
>
> donde p_i son los números primos comunes y no comunes en las descomposiciones de a y b (con exponentes α_i o β_i igual a cero si el primo p_i no está presente en la descomposición de a o b respectivamente). Entonces,
>
> $$\gcd(a,b) = \prod_{i=1}^{k} p_i^{\min(\alpha_i, \beta_i)}, \quad \operatorname{lcm}(a,b) = \prod_{i=1}^{k} p_i^{\max(\alpha_i, \beta_i)}$$

Demostración. Para demostrar las fórmulas de $\gcd(a,b)$ y $\operatorname{lcm}(a,b)$ usando las descomposiciones primarias de a y b, consideremos las descomposiciones dadas:

$$a = p_1^{\alpha_1} p_2^{\alpha_2} \ldots p_k^{\alpha_k}, \quad b = p_1^{\beta_1} p_2^{\beta_2} \ldots p_k^{\beta_k},$$

7.1 MCD y MCM: métodos de descomposición en factores primos.

donde p_i son los números primos presentes en las descomposiciones de a o b, y los exponentes α_i o β_i pueden ser cero si el primo p_i no está presente en la descomposición de a o b respectivamente. Para el máximo común divisor $\gcd(a,b)$, necesitamos encontrar el mayor entero que divide tanto a a como a b. Este número debe estar compuesto de los mismos factores primos presentes en ambas descomposiciones, y cada factor primo p_i debe elevarse al menor exponente entre α_i y β_i, ya que cualquier exponente mayor no dividiría a ambos números. Por lo tanto,

$$\gcd(a,b) = \prod_{i=1}^{k} p_i^{\min(\alpha_i,\beta_i)}.$$

Para el mínimo común múltiplo $\text{lcm}(a,b)$, necesitamos el menor entero divisible por tanto a como b. Esto requiere que cada primo p_i esté elevado al mayor exponente entre α_i y β_i, ya que cualquier exponente menor no garantizaría la divisibilidad por a o b. Así,

$$\text{lcm}(a,b) = \prod_{i=1}^{k} p_i^{\max(\alpha_i,\beta_i)}.$$

Estas fórmulas garantizan que obtenemos el mayor divisor común y el menor múltiplo común de a y b, como queríamos demostrar. ∎

Este teorema es fundamental para el método de descomposición simultánea, ya que formaliza el proceso y proporciona una fórmula general para calcular el MCD y el MCM.

> (R) El método de descomposición simultánea es especialmente útil cuando se trabaja con números relativamente pequeños o cuando se requiere una comprensión profunda de la estructura factorial de los números involucrados. Sin embargo, para números grandes, otros métodos como el algoritmo de Euclides pueden ser más eficientes.

■ **Example 7.2** Calcule el MCD y el MCM de $a = 210$ y $b = 231$.
Descomposición en factores primos:

$$210 = 2 \times 3 \times 5 \times 7$$
$$231 = 3 \times 7 \times 11$$

Factores comunes: 3 y 7.
MCD:

$$\gcd(210, 231) = 3 \times 7 = 21$$

MCM:

$$\text{lcm}(210, 231) = 2 \times 3 \times 5 \times 7 \times 11 = 2310$$

■

Este ejemplo demuestra la aplicación del método en números con más factores primos y muestra cómo identificar correctamente los factores comunes y no comunes.

Corollary 7.1.3 Para cualquier par de enteros positivos a y b, se cumple que:

$$a \times b = \gcd(a,b) \times \text{lcm}(a,b)$$

Demostración. Utilizando las descomposiciones en factores primos:

$$a = \prod_i p_i^{\alpha_i}, \quad b = \prod_i p_i^{\beta_i}$$

Entonces,

$$a \times b = \prod_i p_i^{\alpha_i + \beta_i}, \quad \gcd(a,b) \times \operatorname{lcm}(a,b) = \left(\prod_i p_i^{\min(\alpha_i, \beta_i)}\right)\left(\prod_i p_i^{\max(\alpha_i, \beta_i)}\right) = \prod_i p_i^{\alpha_i + \beta_i}$$

Por lo tanto,

$$a \times b = \gcd(a,b) \times \operatorname{lcm}(a,b)$$

■

Esta relación es muy útil para verificar cálculos y entender la conexión entre el MCD y el MCM de dos números.

Exercise 7.1 Encuentre el MCD y el MCM de los números $a = 252$ y $b = 105$, y verifique que $a \times b = \gcd(a,b) \times \operatorname{lcm}(a,b)$.

Exercise 7.2 Dados los números $a = 128$ y $b = 48$, utilice el método de descomposición simultánea para calcular $\gcd(a,b)$ y $\operatorname{lcm}(a,b)$, y explique por qué este método es más conveniente en este caso que otros métodos.

Al resolver estos ejercicios, el lector aplicará el método de descomposición simultánea en diferentes contextos, fortaleciendo su comprensión y habilidad para manejar descomposiciones en factores primos, y apreciando la elegancia y potencia de este enfoque en la teoría de números.

7.1.2 Algoritmo de Euclides para el MCD

El **Algoritmo de Euclides** es un método eficiente y fundamental en teoría de números para calcular el máximo común divisor (MCD) de dos números enteros. Este algoritmo, con más de dos milenios de antigüedad, no solo es esencial por su simplicidad y rapidez, sino también por sus profundas implicaciones en matemáticas y criptografía.

Definition 7.1.3 Dado dos enteros a y b, no ambos cero, el **máximo común divisor** $\gcd(a,b)$ es el mayor entero positivo que divide a ambos sin dejar residuo.

El algoritmo se basa en el principio de que el MCD de dos números también es el MCD del menor número y el residuo de dividir el mayor entre el menor.

Theorem 7.1.4 — Algoritmo de Euclides. Para enteros positivos a y b, con $a \geq b$, se tiene que:

$$\gcd(a,b) = \gcd(b, a \bmod b)$$

Donde $a \bmod b$ es el residuo de dividir a entre b. Repitiendo este proceso recursivamente, el último residuo distinto de cero es el MCD de a y b.

7.1 MCD y MCM: métodos de descomposición en factores primos.

Demostración. Queremos demostrar que, para enteros positivos a y b con $a \geq b$,

$$\gcd(a,b) = \gcd(b, a \bmod b),$$

donde $a \bmod b$ es el residuo de dividir a entre b.
Por el algoritmo de la división, podemos escribir a como

$$a = bq + r,$$

donde q es el cociente, $r = a \bmod b$ es el residuo y $0 \leq r < b$.
Observamos que cualquier divisor común de a y b también divide $r = a - bq$. Por lo tanto, los divisores comunes de a y b son exactamente los mismos que los divisores comunes de b y r. Esto implica que

$$\gcd(a,b) = \gcd(b,r) = \gcd(b, a \bmod b).$$

Repitiendo este proceso recursivamente, reemplazamos (a,b) por $(b, a \bmod b)$, luego por $(a \bmod b, b \bmod (a \bmod b))$, y así sucesivamente, hasta que el residuo sea cero. En este punto, el último residuo distinto de cero será el máximo común divisor de a y b.
Esto completa la demostración del algoritmo de Euclides. ∎

Este resultado permite reducir el cálculo del MCD a un problema más sencillo, iterando hasta llegar a un caso trivial.

■ **Example 7.3** Calcule el MCD de $a = 252$ y $b = 198$ utilizando el algoritmo de Euclides.
Procedemos con las divisiones sucesivas:

$$\begin{aligned} 252 &= 198 \times 1 + 54 &\implies r_1 &= 54 \\ 198 &= 54 \times 3 + 36 &\implies r_2 &= 36 \\ 54 &= 36 \times 1 + 18 &\implies r_3 &= 18 \\ 36 &= 18 \times 2 + 0 &\implies r_4 &= 0 \end{aligned}$$

El último residuo no nulo es 18, por lo tanto, $\gcd(252, 198) = 18$. ∎

Además de calcular el MCD, el algoritmo de Euclides puede extenderse para encontrar coeficientes enteros que expresen el MCD como una combinación lineal de a y b.

> **Theorem 7.1.5 — Identidad de Bézout.** Para enteros a y b, existen enteros x y y tales que:
>
> $$\gcd(a,b) = ax + by.$$
>
> Esta identidad establece que el MCD de a y b puede escribirse como una combinación lineal de ellos.

Demostración. La identidad de Bézout establece que, para enteros a y b, existen enteros x y y tales que

$$\gcd(a,b) = ax + by.$$

Para demostrar esto, utilizamos el algoritmo de Euclides para calcular $\gcd(a,b)$ y expresarlo como una combinación lineal de a y b.
Mediante el algoritmo de Euclides, encontramos una secuencia de divisiones:

$$a = bq_1 + r_1,$$

$$b = r_1 q_2 + r_2,$$
$$r_1 = r_2 q_3 + r_3,$$
$$\vdots$$
$$r_{n-2} = r_{n-1} q_n + r_n,$$
$$r_{n-1} = r_n q_{n+1} + 0,$$

donde el último residuo distinto de cero, r_n, es $\gcd(a,b)$.

Ahora, retrocedemos en las ecuaciones del algoritmo de Euclides y expresamos cada residuo como una combinación lineal de a y b, comenzando desde r_n. Como cada residuo r_k es una combinación lineal de los residuos anteriores, al sustituir sucesivamente, finalmente expresamos r_n (que es $\gcd(a,b)$) como una combinación lineal de a y b.

Por lo tanto, existen enteros x y y tales que

$$\gcd(a,b) = ax + by,$$

lo cual demuestra la identidad de Bézout. ∎

■ **Example 7.4** Encuentre enteros x y y tales que $18 = 252x + 198y$.

Utilizando el algoritmo de Euclides extendido:

$$252 = 198 \times 1 + 54 \implies 54 = 252 - 198 \times 1$$
$$198 = 54 \times 3 + 36 \implies 36 = 198 - 54 \times 3$$
$$54 = 36 \times 1 + 18 \implies 18 = 54 - 36 \times 1$$
$$36 = 18 \times 2 + 0$$

Retrocediendo:

$$\begin{aligned}18 &= 54 - 36 \times 1\\ &= 54 - (198 - 54 \times 3) \times 1\\ &= 54 - 198 \times 1 + 54 \times 3\\ &= 54 \times 4 - 198 \times 1\\ &= (252 - 198 \times 1) \times 4 - 198 \times 1\\ &= 252 \times 4 - 198 \times 4 - 198 \times 1\\ &= 252 \times 4 - 198 \times 5\end{aligned}$$

Por lo tanto, $x = 4$ y $y = -5$, y tenemos $18 = 252 \times 4 - 198 \times 5$. ∎

> (R) La identidad de Bézout es esencial en la resolución de ecuaciones diofánticas lineales y tiene aplicaciones en áreas como la criptografía, particularmente en el algoritmo RSA.

Es importante destacar que el algoritmo de Euclides es eficiente incluso para números grandes, lo que lo hace relevante en contextos computacionales.

Lema 7.1.1 El número de pasos en el algoritmo de Euclides para números a y b con $a \geq b$ está acotado por $\log_2 b$.

Demostración. Cada paso del algoritmo reduce el par (a,b) a $(b, a \bmod b)$, donde $a \bmod b < b$. Además, existe una secuencia de Fibonacci que muestra que el número de pasos es proporcional al logaritmo del menor de los números. Formalmente, se puede demostrar que el número máximo de pasos no excede $5 \log_{10} b$. ∎

7.2 Problemas de divisibilidad: cómo identificar múltiplos y divisores.

Esta eficiencia es clave para su uso en algoritmos criptográficos y otras aplicaciones que requieren operaciones con números grandes.

Corollary 7.1.6 Para enteros positivos a y b, se cumple que:

$$a \times b = \gcd(a,b) \times \text{lcm}(a,b),$$

donde $\text{lcm}(a,b)$ es el mínimo común múltiplo de a y b.

Demostración. Dado que $\gcd(a,b)$ divide a ambos a y b, podemos escribir $a = \gcd(a,b) \times m$ y $b = \gcd(a,b) \times n$, donde m y n son enteros sin factores comunes. Entonces:

$$\text{lcm}(a,b) = \gcd(a,b) \times m \times n,$$

y multiplicando $\gcd(a,b)$ por $\text{lcm}(a,b)$:

$$\gcd(a,b) \times \text{lcm}(a,b) = \gcd(a,b)^2 \times m \times n = (\gcd(a,b) \times m) \times (\gcd(a,b) \times n) = a \times b.$$

∎

Esta relación es útil para calcular el MCM cuando se conoce el MCD y viceversa.

Exercise 7.3 Utilice el algoritmo de Euclides para encontrar el MCD de $a = 391$ y $b = 299$, y exprese el MCD como una combinación lineal de a y b.

Exercise 7.4 Si $\gcd(a,b) = 14$ y $a \times b = 10976$, encuentre el MCM de a y b.

Al comprender y aplicar el algoritmo de Euclides y sus extensiones, se fortalecen las habilidades en teoría de números y se adquieren herramientas fundamentales para el razonamiento matemático avanzado y aplicaciones prácticas en diversas áreas de las matemáticas.

7.2 Problemas de divisibilidad: cómo identificar múltiplos y divisores.

7.2.1 Problemas de divisibilidad con números primos

En esta sección, exploraremos problemas de divisibilidad que involucran números primos, fundamentales en la teoría de números y con aplicaciones profundas en diversas áreas de las matemáticas y la criptografía. Comprender las propiedades de los números primos y su papel en la divisibilidad es esencial para el razonamiento matemático avanzado.

Definition 7.2.1 Un **número primo** es un entero positivo mayor que 1 que tiene exactamente dos divisores positivos distintos: 1 y sí mismo. Es decir, un número p es primo si $p > 1$ y las únicas soluciones enteras positivas de $d \mid p$ son $d = 1$ y $d = p$.

Esta definición nos permite distinguir los números primos de los **números compuestos**, que tienen más de dos divisores.

Theorem 7.2.1 — Infinitud de los números primos. Existen infinitos números primos.

Demostración. Demostraremos la infinitud de los números primos por contradicción.
Supongamos que existen solo finitos números primos, y llamemos a estos $p_1, p_2, \ldots, p_n$. Consideremos el número

$$N = p_1 p_2 \ldots p_n + 1,$$

que se obtiene multiplicando todos los números primos y sumando 1.

Capítulo 7. Divisibilidad y Fracciones

Este número N no es divisible por ninguno de los primos $p_1, p_2, \ldots, p_n$, ya que al dividir N entre cualquier p_i, obtenemos un residuo de 1. Por lo tanto, N es un número primo o tiene un divisor primo distinto de $p_1, p_2, \ldots, p_n$.

En ambos casos, llegamos a una contradicción: si N es primo, entonces hemos encontrado un primo que no está en nuestra lista finita de primos; si N es compuesto, entonces debe tener un divisor primo que no está en la lista. Esto contradice la suposición de que había solo finitos números primos.

Por lo tanto, debe haber infinitos números primos. ∎

Este teorema fundamental establece que siempre hay nuevos números primos por descubrir, lo que tiene implicaciones significativas en la teoría de números.

Lema 7.2.1 Si p es un número primo y $p \mid ab$, entonces $p \mid a$ o $p \mid b$.

Demostración. Este es un caso particular del **Teorema Fundamental de la Aritmética**. Si p divide al producto ab y no divide a a, entonces debe dividir a b. Esto se debe a que, si p no divide a a, a y p son coprimos, y por el **Lema de Euclides**, p divide a b. ∎

Este lema es crucial en problemas de divisibilidad, ya que permite descomponer la divisibilidad de productos en factores individuales.

> **Theorem 7.2.2 — Teorema de Wilson.** Un entero $p > 1$ es un número primo si y solo si:
> $$(p-1)! \equiv -1 \quad \text{mód } p$$

Demostración. Demostraremos el teorema de Wilson, que establece que un entero $p > 1$ es primo si y solo si

$$(p-1)! \equiv -1 \pmod{p}.$$

Primero, consideremos el caso en que p es primo. En el conjunto $\{1, 2, \ldots, p-1\}$, cada número tiene un inverso multiplicativo distinto de sí mismo módulo p, excepto los elementos que son sus propios inversos, es decir, 1 y $p-1$. Así, podemos emparejar todos los elementos de $\{1, 2, \ldots, p-1\}$ en productos que son congruentes a 1 módulo p, excepto 1 y $p-1$.

Por lo tanto,

$$(p-1)! = 1 \cdot 2 \cdots (p-2) \cdot (p-1) \equiv (p-1) \pmod{p}.$$

Como $p - 1 \equiv -1 \pmod{p}$, obtenemos

$$(p-1)! \equiv -1 \pmod{p}.$$

Para el caso en que p no es primo, supongamos que $p = ab$ para enteros a, b tales que $1 < a, b < p$. Entonces, tanto a como b son divisores de $(p-1)!$ y, por lo tanto, p divide $(p-1)!$. Esto implica que

$$(p-1)! \equiv 0 \pmod{p},$$

lo cual no es congruente con $-1 \pmod{p}$.

Por lo tanto, $(p-1)! \equiv -1 \pmod{p}$ si y solo si p es primo, como queríamos demostrar. ∎

El Teorema de Wilson proporciona una caracterización de los números primos, aunque no es práctico para grandes valores de p debido al cálculo factorial.

7.2 Problemas de divisibilidad: cómo identificar múltiplos y divisores.

Corollary 7.2.3 Si p es un número primo mayor que 2, entonces p es impar y $2^{p-1} \equiv 1$ mód p.

Demostración. Dado que $p > 2$ es primo, es impar. Por el **Pequeño Teorema de Fermat**, para cualquier entero a coprimo con p, se cumple que $a^{p-1} \equiv 1$ mód p. Tomando $a = 2$, obtenemos $2^{p-1} \equiv 1$ mód p. ∎

Este corolario es útil en pruebas de primalidad y en criptografía.

■ **Example 7.5** Determine si $p = 7$ es primo utilizando el Teorema de Wilson. Calculamos $(7-1)! = 6! = 720$. Luego, verificamos si $720 \equiv -1$ mód 7:

$$720 \mod 7 = 720 - 7 \times 102 = 720 - 714 = 6$$

Pero $6 \not\equiv -1$ mód 7, sin embargo, recordemos que en módulo 7, $-1 \equiv 6$ (ya que $7 - 1 = 6$), por lo tanto, $6 \equiv -1$ mód 7, confirmando que 7 es primo. ∎

Este ejemplo muestra la aplicación del Teorema de Wilson en un caso concreto.

> (R) Aunque el Teorema de Wilson es teóricamente interesante, métodos como la **Prueba de Primalidad de Fermat** son más eficientes para números grandes.

Es importante también considerar la contraposición del Pequeño Teorema de Fermat en problemas de divisibilidad.

Lema 7.2.2 Si n es un entero compuesto, entonces existen enteros a tales que $a^{n-1} \not\equiv 1$ mód n.

Demostración. Para un número compuesto n, no todos los enteros a menores que n son coprimos con n. Además, existen valores de a tales que la congruencia de Fermat no se cumple, lo que permite identificar números compuestos. ∎

Este lema es la base de las pruebas de primalidad basadas en el Pequeño Teorema de Fermat.

Exercise 7.5 Utilice el Pequeño Teorema de Fermat para demostrar que $n = 341$ es un número compuesto.

Exercise 7.6 Demuestre que si p es un número primo y a es un entero que no es múltiplo de p, entonces p divide a $(a^{p-1} - 1)$.

Al resolver estos ejercicios, el lector fortalecerá su comprensión sobre cómo los números primos interactúan con las propiedades de divisibilidad y cómo se pueden utilizar teoremas fundamentales para identificar primos y compuestos, lo que es esencial en el razonamiento matemático avanzado.

7.2.2 Aplicación en divisibilidad de números compuestos

En esta sección, exploraremos cómo las propiedades de la divisibilidad se aplican a números compuestos, profundizando en técnicas y teoremas que permiten analizar y resolver problemas relacionados. Los números compuestos, al ser productos de números primos, presentan características particulares que podemos aprovechar para entender mejor su estructura y comportamiento en contextos de divisibilidad.

Definition 7.2.2 Un **número compuesto** es un entero positivo mayor que 1 que no es primo; es decir, tiene al menos un divisor positivo distinto de 1 y de sí mismo. En otras palabras, un número compuesto n puede expresarse como el producto de dos enteros positivos a y b, tales que $1 < a \leq b < n$ y $n = a \cdot b$.

Esta definición nos permite identificar números compuestos y analizar sus factores, lo cual es esencial para estudiar problemas de divisibilidad asociados a ellos.

Lema 7.2.3 Si n es un número compuesto, entonces existe un número primo p tal que $p \mid n$ y $p \leq \sqrt{n}$.

Demostración. Dado que n es compuesto, puede expresarse como $n = a \cdot b$, con $1 < a \leq b < n$. Si $a \leq \sqrt{n}$, entonces a es un divisor de n menor o igual que $\sqrt{n}$. Si a es primo, entonces hemos encontrado un primo $p = a$ tal que $p \mid n$ y $p \leq \sqrt{n}$. Si a es compuesto, podemos descomponerlo en factores primos, y al menos uno de esos primos será menor o igual que $a \leq \sqrt{n}$. Por lo tanto, existe un primo $p \leq \sqrt{n}$ que divide a n. ∎

Este lema es útil para desarrollar algoritmos de factorización y para pruebas de divisibilidad en números compuestos.

> **Theorem 7.2.4** Sea n un número compuesto y a un entero tal que $1 < a < n$. Si $n \mid a^k$ para algún entero positivo k, entonces n divide a $a^{\gcd(k, \varphi(n))}$, donde $\varphi(n)$ es la función totiente de Euler.

Demostración. Sea n un número compuesto y a un entero tal que $1 < a < n$. Supongamos que $n \mid a^k$ para algún entero positivo k. Queremos demostrar que n también divide a $a^{\gcd(k, \varphi(n))}$, donde $\varphi(n)$ es la función totiente de Euler.

Dado que n es compuesto, podemos escribir $n = p_1^{e_1} p_2^{e_2} \ldots p_m^{e_m}$ como el producto de sus factores primos. Por el teorema de divisibilidad en módulos, tenemos que $n \mid a^k$ implica que $p_i^{e_i} \mid a^k$ para cada $i = 1, 2, \ldots, m$.

Consideremos cada primo p_i en la factorización de n. Dado que $p_i^{e_i} \mid a^k$, se sigue que el exponente mínimo t tal que $p_i^{e_i} \mid a^t$ divide a k. Este exponente t está relacionado con $\varphi(n)$, ya que $\varphi(n)$ es el menor número tal que $a^{\varphi(n)} \equiv 1 \pmod{p_i^{e_i}}$ para todos los i.

Por el algoritmo de Euclides, podemos escribir $\gcd(k, \varphi(n))$ como una combinación lineal de k y $\varphi(n)$, es decir, existen enteros x y y tales que

$$\gcd(k, \varphi(n)) = xk + y\varphi(n).$$

Entonces,

$$a^{\gcd(k, \varphi(n))} = a^{xk + y\varphi(n)} = (a^k)^x \cdot (a^{\varphi(n)})^y.$$

Dado que $n \mid a^k$, tenemos que $(a^k)^x$ es divisible por n. Además, $a^{\varphi(n)} \equiv 1 \pmod{n}$ por la propiedad de la función totiente de Euler, por lo que $(a^{\varphi(n)})^y \equiv 1 \pmod{n}$. Esto implica que $a^{\gcd(k, \varphi(n))}$ es divisible por n.

Por lo tanto, $n \mid a^{\gcd(k, \varphi(n))}$, como queríamos demostrar. ∎

Este teorema nos ayuda a comprender cómo las potencias de números se relacionan con la divisibilidad por números compuestos, especialmente en el contexto de exponentes y la función totiente de Euler.

■ **Example 7.6** Sea $n = 8$ (un número compuesto) y $a = 4$. Calculemos k mínimo tal que $n \mid a^k$.
La función totiente de Euler es $\varphi(8) = 4$, ya que los números menores que 8 y coprimos con 8 son $1, 3, 5, 7$.
Buscamos k tal que $8 \mid 4^k$.
Calculamos $4^1 = 4 \pmod 8 \equiv 4$
$4^2 = 16 \pmod 8 \equiv 0$
Entonces, $k = 2$ es el mínimo entero positivo tal que $8 \mid 4^k$.
Observamos que $\gcd(k, \varphi(8)) = \gcd(2, 4) = 2$.
Por el teorema anterior, n divide a $a^{\gcd(k, \varphi(n))} = a^2 = 4^2 = 16$, y efectivamente $8 \mid 16$. ∎

7.2 Problemas de divisibilidad: cómo identificar múltiplos y divisores.

Este ejemplo ilustra cómo aplicar el teorema en un caso concreto, verificando la relación entre k, $\varphi(n)$ y la divisibilidad.

Corollary 7.2.5 Si n es un número compuesto y a es un entero tal que $n \mid a^{n-1}$, entonces n es un **número de Carmichael** o a es múltiplo de un factor primo de n.

Demostración. Supongamos que n es un número compuesto y $n \mid a^{n-1}$. Queremos demostrar que n es un número de Carmichael o que a es múltiplo de un factor primo de n.

Recordemos que un número compuesto n es un número de Carmichael si, para cualquier entero a tal que $\gcd(a,n) = 1$, se cumple que $a^{n-1} \equiv 1 \pmod{n}$.

Si a es coprimo con n (es decir, $\gcd(a,n) = 1$), entonces n debe ser un número de Carmichael para que se cumpla $n \mid a^{n-1}$. Esto se debe a que, para números de Carmichael, la propiedad $a^{n-1} \equiv 1 \pmod{n}$ se mantiene para todos los a coprimos con n.

Por otro lado, si a no es coprimo con n, entonces a es múltiplo de un factor primo de n. Esto implica que a comparte un factor primo con n, y, en este caso, $n \mid a^{n-1}$ puede cumplirse independientemente de si n es un número de Carmichael.

Por lo tanto, si $n \mid a^{n-1}$, entonces n es un número de Carmichael o a es múltiplo de un factor primo de n, como queríamos demostrar. ∎

Este corolario conecta la divisibilidad en números compuestos con los números de Carmichael, que son de interés en teoría de números y criptografía.

> Los números de Carmichael son ejemplos de números compuestos que satisfacen propiedades similares a los números primos respecto al Pequeño Teorema de Fermat, lo que los hace "pseudo-primos." en cierto sentido.

Además, es importante considerar cómo identificar números compuestos que pueden pasar ciertas pruebas de primalidad.

■ **Example 7.7** Verifiquemos si $n = 561$ es un número de Carmichael.
Los factores primos de 561 son 3, 11 y 17.
Calculamos $\varphi(561) = (3-1)(11-1)(17-1) = 2 \times 10 \times 16 = 320$.
Tomemos un entero a coprimo con 561, por ejemplo, $a = 2$.
Calculamos $2^{560} \mod 561$.
Usando el Teorema de Euler, puesto que $\gcd(2, 561) = 1$, tenemos:
$2^{\varphi(561)} \equiv 1 \mod 561$
Entonces, $2^{320} \equiv 1 \mod 561$
Sin embargo, necesitamos verificar si $2^{560} \equiv 1 \mod 561$.
Notamos que $560 = 2 \times 280$, y como $2^{320} \equiv 1 \mod 561$, podemos inferir que $2^{560} \equiv (2^{320})^2 \equiv 1^2 \equiv 1 \mod 561$.
Esto sugiere que 561 es un número de Carmichael, ya que para todos los enteros a coprimos con 561, se cumple que $a^{560} \equiv 1 \mod 561$. ∎

Este ejemplo muestra cómo un número compuesto puede tener propiedades que lo hacen pasar pruebas de primalidad basadas en el Pequeño Teorema de Fermat, destacando la importancia de considerar números de Carmichael en aplicaciones criptográficas.

Exercise 7.7 Sea $n = 15$. Demuestre que para cualquier entero a, si $15 \mid a^k$, entonces $15 \mid a^{\gcd(k,8)}$, donde $8 = \operatorname{lcm}(\varphi(3), \varphi(5))$.

Exercise 7.8 Encuentre todos los números enteros positivos n tales que n es compuesto y divide a $2^n - 2$.

Estos ejercicios permiten al lector aplicar los conceptos y teoremas discutidos, profundizando en la comprensión de la divisibilidad en números compuestos y sus implicaciones en teoría de números.

7.3 Operaciones con fracciones: suma, resta, multiplicación y división con problemas aplicados.

7.3.1 Fracciones homogéneas y heterogéneas

En esta sección, exploraremos las fracciones homogéneas y heterogéneas, conceptos fundamentales en el estudio de la aritmética y el álgebra. Comprender estas distinciones es esencial para realizar operaciones con fracciones de manera eficiente y para desarrollar un razonamiento matemático sólido.

Definition 7.3.1 Una **fracción homogénea** es aquella en la que dos o más fracciones tienen el mismo denominador. Es decir, dadas las fracciones $\frac{a}{d}$ y $\frac{b}{d}$, ambas son homogéneas porque comparten el denominador común d.

Definition 7.3.2 Una **fracción heterogénea** es aquella en la que dos o más fracciones tienen denominadores diferentes. Por ejemplo, las fracciones $\frac{a}{d}$ y $\frac{b}{e}$ son heterogéneas si $d \neq e$.

El reconocimiento de fracciones homogéneas y heterogéneas es crucial al realizar operaciones como la suma y resta de fracciones, ya que los métodos difieren dependiendo de si los denominadores son iguales o distintos.

Theorem 7.3.1 La suma de fracciones homogéneas $\frac{a}{d}$ y $\frac{b}{d}$ es otra fracción homogénea cuyo numerador es la suma de los numeradores y cuyo denominador es el denominador común:

$$\frac{a}{d} + \frac{b}{d} = \frac{a+b}{d}$$

Demostración. Queremos demostrar que la suma de las fracciones homogéneas $\frac{a}{d}$ y $\frac{b}{d}$ es otra fracción homogénea con numerador $a+b$ y denominador d.

Para sumar $\frac{a}{d}$ y $\frac{b}{d}$, escribimos

$$\frac{a}{d} + \frac{b}{d} = \frac{a+b}{d}.$$

Dado que ambas fracciones tienen el mismo denominador d, sumamos los numeradores directamente y mantenemos el denominador común. Por lo tanto,

$$\frac{a}{d} + \frac{b}{d} = \frac{a+b}{d},$$

lo cual es la forma deseada para la suma de dos fracciones homogéneas, como queríamos demostrar. ∎

Este teorema simplifica el proceso de suma cuando las fracciones son homogéneas. Sin embargo, cuando se trata de fracciones heterogéneas, es necesario encontrar un denominador común.

Lema 7.3.1 Para sumar o restar fracciones heterogéneas, es necesario convertirlas en fracciones homogéneas mediante la determinación de un denominador común, preferiblemente el mínimo común múltiplo (MCM) de los denominadores.

7.3 Operaciones con fracciones: suma, resta, multiplicación y división con problemas aplicados.

Demostración. Al encontrar el MCM de los denominadores, garantizamos que las fracciones resultantes tengan el menor denominador común posible, simplificando los cálculos y evitando denominadores innecesariamente grandes. ∎

Veamos un ejemplo que ilustra este proceso.

- **Example 7.8** Sume las fracciones heterogéneas $\frac{2}{3}$ y $\frac{5}{4}$.

Primero, encontramos el MCM de los denominadores 3 y 4, que es 12. Luego, convertimos las fracciones a fracciones equivalentes con denominador 12:

$$\frac{2}{3} = \frac{2 \times 4}{3 \times 4} = \frac{8}{12}, \quad \frac{5}{4} = \frac{5 \times 3}{4 \times 3} = \frac{15}{12}$$

Ahora que las fracciones son homogéneas, sumamos los numeradores:

$$\frac{8}{12} + \frac{15}{12} = \frac{23}{12}$$

∎

Este ejemplo demuestra la importancia de convertir fracciones heterogéneas en homogéneas para realizar operaciones aritméticas básicas.

> **Theorem 7.3.2** El producto de dos fracciones $\frac{a}{b}$ y $\frac{c}{d}$ es otra fracción cuyo numerador es el producto de los numeradores y cuyo denominador es el producto de los denominadores:
> $$\frac{a}{b} \times \frac{c}{d} = \frac{a \times c}{b \times d}$$

Demostración. Queremos demostrar que el producto de las fracciones $\frac{a}{b}$ y $\frac{c}{d}$ es otra fracción cuyo numerador es el producto de los numeradores y cuyo denominador es el producto de los denominadores.

Por definición de multiplicación de fracciones, tenemos

$$\frac{a}{b} \times \frac{c}{d} = \frac{a \cdot c}{b \cdot d}.$$

Al multiplicar las fracciones, multiplicamos directamente los numeradores y los denominadores. Así, el numerador de la fracción resultante es $a \cdot c$ y el denominador es $b \cdot d$.
Por lo tanto,

$$\frac{a}{b} \times \frac{c}{d} = \frac{a \cdot c}{b \cdot d},$$

como queríamos demostrar. ∎

La multiplicación y división de fracciones no requieren que las fracciones sean homogéneas, lo que simplifica las operaciones en comparación con la suma y resta.

> **Corollary 7.3.3** La división de dos fracciones $\frac{a}{b}$ y $\frac{c}{d}$ (con $c \neq 0$) es equivalente a multiplicar la primera fracción por el inverso multiplicativo de la segunda:
> $$\frac{a}{b} \div \frac{c}{d} = \frac{a}{b} \times \frac{d}{c}$$

Demostración. Queremos demostrar que la división de las fracciones $\frac{a}{b}$ y $\frac{c}{d}$ (con $c \neq 0$) es equivalente a multiplicar la primera fracción por el inverso de la segunda.

Por definición de división de fracciones, tenemos

$$\frac{a}{b} \div \frac{c}{d} = \frac{a}{b} \times \frac{d}{c}.$$

La razón es que dividir por $\frac{c}{d}$ es equivalente a multiplicar por su inverso multiplicativo $\frac{d}{c}$, dado que $c \neq 0$. Al multiplicar, obtenemos

$$\frac{a}{b} \times \frac{d}{c} = \frac{a \cdot d}{b \cdot c}.$$

Por lo tanto,

$$\frac{a}{b} \div \frac{c}{d} = \frac{a}{b} \times \frac{d}{c},$$

como queríamos demostrar. ■

> (R) La simplificación previa de fracciones antes de realizar operaciones puede reducir la complejidad de los cálculos y evitar errores aritméticos.

■ **Example 7.9** Calcule $\frac{7}{9} \div \frac{14}{27}$.

Primero, encontramos el inverso multiplicativo de $\frac{14}{27}$, que es $\frac{27}{14}$.

Entonces:

$$\frac{7}{9} \times \frac{27}{14} = \frac{7 \times 27}{9 \times 14}$$

Simplificamos antes de multiplicar: - 27 y 9 comparten un factor común de 9:

$$\frac{7 \times 3}{1 \times 14} = \frac{21}{14}$$

Simplificamos $\frac{21}{14}$ dividiendo numerador y denominador por 7:

$$\frac{21 \div 7}{14 \div 7} = \frac{3}{2}$$

■

Este ejemplo muestra cómo la simplificación puede facilitar los cálculos y llevar a una respuesta más manejable.

> Exercise 7.9 Sume las fracciones $\frac{5}{6}$ y $\frac{7}{8}$ y simplifique el resultado.

> Exercise 7.10 Multiplique las fracciones $\frac{3}{4}$ y $\frac{16}{9}$ y exprese el resultado en su forma más simple.

Al comprender y aplicar las propiedades de las fracciones homogéneas y heterogéneas, se fortalecen las habilidades en operaciones aritméticas y se desarrolla un fundamento sólido para estudios más avanzados en álgebra y análisis matemático.

7.3.2 Aplicación en problemas financieros

Los conceptos de fracciones y operaciones con ellas son fundamentales en el ámbito financiero. En esta sección, exploraremos cómo las fracciones y las operaciones aritméticas avanzadas se aplican en problemas financieros, como el cálculo de intereses, amortizaciones y análisis de inversiones.

7.3 Operaciones con fracciones: suma, resta, multiplicación y división con problemas aplicados.

Definition 7.3.3 Un **interés simple** es el interés calculado únicamente sobre el capital inicial, sin considerar los intereses acumulados de periodos anteriores. Se define mediante la fórmula:

$$I = C \cdot r \cdot t$$

donde I es el interés, C es el capital inicial, r es la tasa de interés (expresada como fracción o porcentaje), y t es el tiempo.

Este concepto básico de interés simple se puede extender y analizar utilizando operaciones con fracciones para comprender mejor cómo varía el interés con respecto a cambios en la tasa o el tiempo.

■ **Example 7.10** Supongamos que un inversor deposita $C = \$10,000$ en una cuenta que paga una tasa de interés simple anual de $r = \frac{5}{100} = 0,05$. Si mantiene el dinero invertido durante $t = 3$ años, el interés generado es:

$$I = \$10,000 \times 0,05 \times 3 = \$1,500$$

El monto total al final del periodo es $C + I = \$11,500$. ■

Sin embargo, en finanzas es común utilizar el **interés compuesto**, donde el interés generado se agrega al capital para calcular intereses futuros.

Definition 7.3.4 El **interés compuesto** es el interés calculado sobre el capital inicial y los intereses acumulados de periodos anteriores. La fórmula general es:

$$C_t = C_0 \left(1 + \frac{r}{n}\right)^{nt}$$

donde C_t es el capital después de t periodos, C_0 es el capital inicial, r es la tasa de interés nominal anual, n es el número de periodos de capitalización por año, y t es el tiempo en años.

El interés compuesto puede analizarse utilizando series geométricas y propiedades exponenciales, lo que requiere un manejo avanzado de fracciones y exponentes.

Theorem 7.3.4 Para una tasa de interés r, conforme el número de periodos de capitalización n tiende a infinito, el monto acumulado en interés compuesto continuo se aproxima a:

$$C_t = C_0 e^{rt}$$

donde e es la base del logaritmo natural.

Demostración. Consideremos una inversión inicial C_0 y una tasa de interés r, con capitalización n veces por año. El monto acumulado C_t al cabo de t años en interés compuesto es

$$C_t = C_0 \left(1 + \frac{r}{n}\right)^{nt}.$$

Queremos encontrar el límite de C_t conforme n tiende a infinito, es decir,

$$\lim_{n \to \infty} C_0 \left(1 + \frac{r}{n}\right)^{nt}.$$

Observamos que

$$\lim_{n \to \infty} \left(1 + \frac{r}{n}\right)^n = e^r,$$

por la definición del número e como el límite de $\left(1+\frac{1}{n}\right)^n$ cuando $n \to \infty$. Por lo tanto,

$$\lim_{n\to\infty} \left(1+\frac{r}{n}\right)^{nt} = e^{rt}.$$

Sustituyendo en la expresión para C_t, obtenemos

$$C_t = C_0 \lim_{n\to\infty} \left(1+\frac{r}{n}\right)^{nt} = C_0 e^{rt}.$$

Por lo tanto, el monto acumulado en interés compuesto continuo se aproxima a

$$C_t = C_0 e^{rt},$$

como queríamos demostrar. ∎

Este teorema es fundamental en finanzas para entender cómo funciona el interés compuesto continuo, que es una idealización útil en cálculos financieros avanzados.

Corollary 7.3.5 El crecimiento del capital en interés compuesto continuo es exponencial, y el tiempo necesario para que el capital se duplique se puede calcular mediante:

$$t = \frac{\ln 2}{r}$$

Demostración. Dado que el monto acumulado en interés compuesto continuo está dado por

$$C_t = C_0 e^{rt},$$

queremos encontrar el tiempo t necesario para que el capital inicial C_0 se duplique, es decir, para que $C_t = 2C_0$.
Sustituyendo $C_t = 2C_0$ en la fórmula, tenemos

$$2C_0 = C_0 e^{rt}.$$

Dividimos ambos lados por C_0:

$$2 = e^{rt}.$$

Aplicamos el logaritmo natural a ambos lados:

$$\ln 2 = rt.$$

Despejando t, obtenemos

$$t = \frac{\ln 2}{r}.$$

Por lo tanto, el tiempo necesario para que el capital se duplique en interés compuesto continuo es

$$t = \frac{\ln 2}{r},$$

como queríamos demostrar. ∎

Este resultado permite calcular el tiempo necesario para duplicar una inversión a una tasa de interés dada, lo cual es una aplicación práctica en la planificación financiera.

■ **Example 7.11** Si una inversión crece a una tasa de interés compuesto continuo del 6% anual ($r = 0{,}06$), el tiempo necesario para duplicar el capital es:

$$t = \frac{\ln 2}{0{,}06} \approx \frac{0{,}6931}{0{,}06} \approx 11{,}55 \text{ años}$$

(R) El concepto de **Valor Presente Neto** (VPN) también utiliza operaciones con fracciones y sumatorias para evaluar la viabilidad de proyectos de inversión, considerando flujos de caja futuros descontados al presente.

Definition 7.3.5 El **Valor Presente Neto** de una serie de flujos de caja C_t es:

$$VPN = \sum_{t=0}^{n} \frac{C_t}{(1+r)^t}$$

donde r es la tasa de descuento.

Este cálculo involucra operaciones con fracciones y potencias, y es esencial para la toma de decisiones en inversiones.

Exercise 7.11 Un proyecto de inversión requiere un desembolso inicial de $50,000 y promete generar ingresos de $15,000 al final de cada uno de los próximos 5 años. Si la tasa de descuento es del 8%, determine el VPN del proyecto y evalúe si es una inversión rentable.

Exercise 7.12 Calcule el monto acumulado después de 10 años para una inversión de $20,000 a una tasa de interés compuesto anual del 5%, capitalizada semestralmente.

Estos ejercicios permiten aplicar los conceptos de fracciones y operaciones aritméticas avanzadas en contextos financieros reales, fortaleciendo la comprensión y habilidades de razonamiento matemático en el ámbito de las finanzas.

7.4 Ejercicios Resueltos

Exercise 7.13 Encuentra el MCD y el MCM de los números 48 y 180 utilizando el método de descomposición en factores primos.

Demostración. Primero, descomponemos cada número en factores primos:

$$48 = 2^4 \times 3, \quad 180 = 2^2 \times 3^2 \times 5.$$

Para el MCD, tomamos el menor exponente de los factores comunes:

$$\text{MCD}(48, 180) = 2^2 \times 3 = 12.$$

Para el MCM, tomamos el mayor exponente de todos los factores presentes:

$$\text{MCM}(48, 180) = 2^4 \times 3^2 \times 5 = 720.$$

Por lo tanto, el MCD es 12 y el MCM es 720. ∎

Exercise 7.14 Convierte el número decimal 125 a base 2.

Demostración. Dividimos sucesivamente 125 por 2, registrando los residuos:

$125 \div 2 = 62$, residuo 1 $62 \div 2 = 31$, residuo 0 $31 \div 2 = 15$, residuo 1 $15 \div 2 = 7$, residuo 1 $7 \div 2 = 3$, residuo 1 $3 \div 2 = 1$, residuo 1 $1 \div 2 = 0$, residuo 1

Leyendo los residuos de abajo hacia arriba, obtenemos: $125_{10} = 1111101_2$. ∎

Exercise 7.15 Resuelve el siguiente problema de edades: Hace 10 años, la edad de Carlos era el doble de la edad de Ana. Si actualmente la suma de sus edades es 50, ¿cuáles son sus edades actuales?

Demostración. Sea C la edad actual de Carlos y A la edad actual de Ana. Las ecuaciones son:

$$C - 10 = 2(A - 10)$$

$$C + A = 50.$$

Resolviendo la primera ecuación:

$$C - 10 = 2A - 20 \Rightarrow C = 2A - 10.$$

Sustituyendo en la segunda ecuación:

$$2A - 10 + A = 50 \Rightarrow 3A = 60 \Rightarrow A = 20.$$

Entonces, $C = 50 - 20 = 30$. Por lo tanto, Carlos tiene 30 años y Ana tiene 20 años. ∎

Exercise 7.16 Un capital de $2000 se invierte a una tasa de interés compuesto del 5% anual durante 3 años. Calcula el monto total al final del periodo.

Demostración. La fórmula del interés compuesto es:

$$C_t = C_0 \left(1 + \frac{r}{n}\right)^{nt}.$$

En este caso, $C_0 = 2000$, $r = 0{,}05$, $n = 1$, y $t = 3$. Sustituyendo los valores:

$$C_t = 2000 \left(1 + 0{,}05\right)^3 = 2000 \times 1{,}157625 = 2315{,}25.$$

Por lo tanto, el monto total al final del periodo es $2315.25. ∎

Exercise 7.17 Demuestra que si p es un número primo y $p \mid ab$, entonces $p \mid a$ o $p \mid b$.

Demostración. Supongamos que p divide al producto ab pero no divide a a. Como p es primo y no divide a a, a y p son coprimos. Por el **Lema de Euclides**, si p divide ab y p no divide a, entonces p debe dividir b. Por lo tanto, $p \mid a$ o $p \mid b$, como queríamos demostrar. ∎

7.5 Ejercicios Propuestos

7.5.1 MCD y MCM: métodos de descomposición en factores primos

Exercise 7.18 Encuentra el MCD de los números 96 y 144 utilizando el método de descomposición en factores primos.

Exercise 7.19 Calcula el MCM de los números 45 y 60 mediante la descomposición en factores primos.

Exercise 7.20 Determina el MCD y el MCM de los números 84 y 120, y verifica que el producto de ambos números es igual al producto de su MCD y su MCM.

Exercise 7.21 Usando el método de descomposición en factores primos, encuentra el MCD de los números 210 y 315.

Exercise 7.22 Calcula el MCM de los números 18, 24 y 36 utilizando la descomposición en factores primos.

7.5.2 Problemas de divisibilidad: cómo identificar múltiplos y divisores

Exercise 7.23 Determina si el número 135 es divisible por 3, 5 y 9.

Exercise 7.24 Encuentra todos los divisores del número 72 y determina si es un número perfecto (la suma de sus divisores propios es igual al número).

Exercise 7.25 Dado el número 210, encuentra todos los múltiplos de 7 menores que 210.

Exercise 7.26 Verifica si 385 es divisible por 5, 7, y 11. Justifica tu respuesta utilizando reglas de divisibilidad.

Exercise 7.27 Encuentra el mayor divisor común de 56 y 98 utilizando el algoritmo de Euclides.

7.5.3 Operaciones con fracciones: suma, resta, multiplicación y división con problemas aplicados

Exercise 7.28 Simplifica la fracción $\frac{84}{126}$ a su forma irreducible.

Exercise 7.29 Suma las fracciones $\frac{3}{4}$ y $\frac{5}{6}$, y expresa el resultado en su forma más simple.

Exercise 7.30 Multiplica las fracciones $\frac{7}{8}$ y $\frac{4}{9}$ y simplifica el resultado.

Exercise 7.31 Calcula el resultado de dividir $\frac{5}{12}$ entre $\frac{3}{8}$.

Exercise 7.32 Un pastel se divide en $\frac{3}{4}$ para Ana y $\frac{2}{5}$ para Beatriz. ¿Cuánto pastel queda sin repartir?

8. Razones, Proporciones y Porcentajes

8.1 Razones y proporciones: simplificación y resolución de problemas.

8.1.1 Proporciones directas e inversas

En esta sección, estudiaremos las proporciones directas e inversas, conceptos fundamentales en el análisis de relaciones funcionales entre variables en matemáticas. Estos conceptos son esenciales para comprender cómo cambian las magnitudes en relación unas con otras y tienen aplicaciones en diversas áreas, como la física, la economía y la ingeniería.

Definition 8.1.1 Dos magnitudes x e y están en **proporción directa** si existe una constante $k \neq 0$ tal que:

$$y = kx$$

La constante k se denomina **constante de proporcionalidad**.

Esta definición implica que al aumentar x, y aumenta proporcionalmente, y viceversa. Veamos un ejemplo para ilustrar este concepto.

■ **Example 8.1** Si un automóvil viaja a una velocidad constante, la distancia recorrida d es directamente proporcional al tiempo t de viaje. Si la velocidad es v, entonces:

$$d = vt$$

Aquí, la constante de proporcionalidad es la velocidad v. ■

Además de las proporciones directas, es importante comprender las proporciones inversas.

Definition 8.1.2 Dos magnitudes x e y están en **proporción inversa** si existe una constante $k \neq 0$ tal que:

$$y = \frac{k}{x}$$

En este caso, al aumentar x, y disminuye proporcionalmente, y viceversa. Un ejemplo ayudará a clarificar esta relación.

■ **Example 8.2** La intensidad I de la iluminación en un punto es inversamente proporcional al cuadrado de la distancia r a la fuente de luz. Esto se expresa como:

$$I = \frac{k}{r^2}$$

donde k es una constante que depende de la fuente de luz. ■

Es fundamental reconocer las propiedades matemáticas que rigen estas proporciones.

> **Theorem 8.1.1** Si x e y están en proporción directa, entonces la razón $\frac{y}{x}$ es constante e igual a k para todos los valores de x e y.

Demostración. Si x e y están en proporción directa, esto significa que y es directamente proporcional a x, lo cual se puede expresar como

$$y = kx,$$

donde k es una constante de proporcionalidad.
Dividiendo ambos lados de esta ecuación por x (suponiendo $x \neq 0$), obtenemos

$$\frac{y}{x} = k.$$

Esto muestra que la razón $\frac{y}{x}$ es igual a k y es constante para todos los valores de x e y que cumplen con la relación de proporcionalidad directa.

Por lo tanto, si x e y están en proporción directa, entonces $\frac{y}{x}$ es constante e igual a k, como queríamos demostrar. ■

De manera similar, podemos establecer una propiedad análoga para las proporciones inversas.

> **Theorem 8.1.2** Si x e y están en proporción inversa, entonces el producto xy es constante e igual a k para todos los valores de x e y.

Demostración. Si x e y están en proporción inversa, esto significa que y es inversamente proporcional a x, lo cual se puede expresar como

$$y = \frac{k}{x},$$

donde k es una constante de proporcionalidad.
Multiplicando ambos lados de esta ecuación por x (suponiendo $x \neq 0$), obtenemos

$$xy = k.$$

Esto muestra que el producto xy es igual a k y es constante para todos los valores de x e y que cumplen con la relación de proporcionalidad inversa.

Por lo tanto, si x e y están en proporción inversa, entonces xy es constante e igual a k, como queríamos demostrar. ■

Estas propiedades nos permiten resolver problemas prácticos donde se requiere determinar una variable en función de la otra.

8.1 Razones y proporciones: simplificación y resolución de problemas.

 Las proporciones directas e inversas son casos particulares de funciones de variación lineal y racional, respectivamente. Entender su comportamiento es clave en el estudio de funciones más complejas.

Veamos otro ejemplo que ilustra la aplicación de las proporciones inversas.

■ **Example 8.3** El tiempo t que tarda en llenarse un tanque es inversamente proporcional al caudal q de llenado. Si el tanque se llena en $t_1 = 4$ horas con un caudal de $q_1 = 50$ litros por hora, ¿cuánto tiempo t_2 tardará en llenarse con un caudal de $q_2 = 100$ litros por hora?
Sabemos que $tq = k$, por lo tanto:

$$t_1 q_1 = t_2 q_2 \implies 4 \times 50 = t_2 \times 100 \implies t_2 = \frac{4 \times 50}{100} = 2 \text{ horas}$$

■

Es interesante analizar cómo estas relaciones se representan gráficamente.

Theorem 8.1.3 La gráfica de una proporción directa $y = kx$ es una línea recta que pasa por el origen, mientras que la gráfica de una proporción inversa $y = \frac{k}{x}$ es una hipérbola equilátera en los cuadrantes donde $x \neq 0$.

Demostración. Para la proporción directa, $y = kx$ es la ecuación de una línea recta con pendiente k y ordenada al origen 0.
Para la proporción inversa, $y = \frac{k}{x}$ es una función hiperbólica. Los puntos (x, y) tales que $xy = k$ forman una hipérbola equilátera centrada en el origen. ■

Esta comprensión gráfica es útil para visualizar el comportamiento de las variables y anticipar cómo cambios en una afectan a la otra.

Exercise 8.1 Si y es directamente proporcional a x y $y = 15$ cuando $x = 5$, determine la constante de proporcionalidad y encuentre el valor de y cuando $x = 9$. ■

Exercise 8.2 Si x es inversamente proporcional a z y $x = 8$ cuando $z = 6$, calcula el valor de z cuando $x = 12$. ■

Al resolver estos ejercicios, el lector aplicará los conceptos de proporciones directas e inversas, reforzando su comprensión y habilidad para modelar situaciones matemáticas utilizando estas relaciones fundamentales.

8.1.2 Problemas de escalas y mapas

En esta sección, abordaremos el estudio de las escalas y su aplicación en la interpretación y creación de mapas. Las escalas son herramientas fundamentales que permiten representar distancias y áreas reales en dimensiones manejables, facilitando el análisis geográfico y arquitectónico. Comprender las matemáticas detrás de las escalas es esencial para resolver problemas que involucran proporcionalidad y similitud geométrica.

Definition 8.1.3 Una **escala** es la relación matemática que indica cuántas veces se ha reducido o ampliado una medida real para representarla en un mapa o modelo. Se expresa como una razón del tipo $1 : n$, donde 1 unidad en el mapa equivale a n unidades en la realidad.

Esta definición nos permite establecer una correspondencia precisa entre las medidas en el mapa y las medidas reales. Veamos cómo se aplica este concepto en un contexto práctico.

■ **Example 8.4** Si un mapa tiene una escala de $1 : 50\,000$, esto significa que 1 centímetro en el mapa representa $50\,000$ centímetros en la realidad, es decir, 500 metros. Por lo tanto, una distancia de 7 cm en el mapa corresponde a:

$$7 \text{ cm} \times 50\,000 = 350\,000 \text{ cm} = 3{,}5 \text{ km}$$

■

Este ejemplo ilustra cómo utilizar la escala para convertir medidas del mapa a medidas reales. Ahora, profundizaremos en las propiedades matemáticas que sustentan este proceso.

> **Theorem 8.1.4** En un mapa con escala $1 : n$, las distancias lineales en el mapa (d_m) y las distancias reales (d_r) están relacionadas por una proporción directa:
>
> $$\frac{d_m}{d_r} = \frac{1}{n}$$

Demostración. Por definición de escala, 1 unidad en el mapa corresponde a n unidades en la realidad. Por lo tanto, para cualquier distancia d_m en el mapa, la distancia real es $d_r = n \cdot d_m$. Al reorganizar, obtenemos la proporción:

$$\frac{d_m}{d_r} = \frac{1}{n}$$

■

Este teorema confirma que la razón entre las distancias en el mapa y las distancias reales es constante y está determinada por la escala. Además, es importante considerar cómo las áreas y volúmenes se relacionan en los mapas.

Lema 8.1.1 Las áreas en un mapa (A_m) y las áreas reales (A_r) están relacionadas por el cuadrado de la escala:

$$\frac{A_m}{A_r} = \left(\frac{1}{n}\right)^2$$

Demostración. Si las dimensiones lineales se reducen por un factor de $\frac{1}{n}$, entonces las áreas, que son bidimensionales, se reducen por el cuadrado de ese factor. Por lo tanto:

$$A_m = A_r \times \left(\frac{1}{n}\right)^2 \implies \frac{A_m}{A_r} = \left(\frac{1}{n}\right)^2$$

■

> (R) Esta relación se extiende a los volúmenes, donde la proporción es cúbica:
>
> $$\frac{V_m}{V_r} = \left(\frac{1}{n}\right)^3$$
>
> Esto es crucial en modelos tridimensionales y en aplicaciones como maquetas arquitectónicas.

Continuando con aplicaciones prácticas, consideremos el siguiente ejemplo.

8.2 Regla de tres: directa e inversa.

■ **Example 8.5** Un arquitecto diseña una maqueta a escala 1 : 100 de un edificio cuya altura real es de 50 metros. La altura de la maqueta será:

$$h_m = \frac{h_r}{n} = \frac{50 \text{ m}}{100} = 0,5 \text{ m}$$

Si queremos calcular el volumen del edificio en la maqueta, y conocemos que el volumen real es $V_r = 10\,000$ m^3, entonces:

$$V_m = V_r \times \left(\frac{1}{n}\right)^3 = 10\,000 \text{ m}^3 \times \left(\frac{1}{100}\right)^3 = 0,01 \text{ m}^3$$

■

Este ejemplo muestra cómo aplicar las relaciones de escala en contextos tridimensionales.

> **Theorem 8.1.5** Al cambiar la escala de un mapa o modelo de $1 : n_1$ a $1 : n_2$, las nuevas medidas se pueden obtener multiplicando las medidas originales por el factor de escala relativo $k = \frac{n_1}{n_2}$.

Demostración. Sea d_{m1} una medida en el mapa original. La medida real correspondiente es $d_r = n_1 \cdot d_{m1}$. En la nueva escala, la medida en el mapa será:

$$d_{m2} = \frac{d_r}{n_2} = \frac{n_1 \cdot d_{m1}}{n_2} = d_{m1} \cdot \frac{n_1}{n_2}$$

■

> **Corollary 8.1.6** Si $n_2 < n_1$, el mapa o modelo se amplía; si $n_2 > n_1$, se reduce. El factor de escala relativo determina el grado de ampliación o reducción.

Este conocimiento es esencial al modificar mapas para ajustarlos a diferentes formatos o propósitos.

> **Exercise 8.3** En un mapa a escala 1 : 25 000, la superficie de un lago es de 8 cm^2. Calcule la superficie real del lago en kilómetros cuadrados.

> **Exercise 8.4** Un ingeniero necesita crear un plano detallado a escala 1 : 500 de una parcela rectangular que mide 200 m por 150 m. Determine las dimensiones del plano y calcule el área de la parcela en el plano en centímetros cuadrados.

Al comprender y aplicar los principios matemáticos de las escalas, estaremos mejor equipados para interpretar y crear representaciones precisas en mapas y modelos, lo que es fundamental en disciplinas como la cartografía, la arquitectura y la ingeniería.

8.2 Regla de tres: directa e inversa.

8.2.1 Aplicaciones en problemas de mezclas

En esta sección, exploraremos los problemas de mezclas, que son situaciones comunes en química, física y otras áreas aplicadas, donde se combinan sustancias o componentes en diferentes proporciones. Resolver estos problemas requiere un sólido razonamiento matemático y el uso de ecuaciones algebraicas que modelan las relaciones entre las cantidades involucradas.

> **Definition 8.2.1** Un **problema de mezcla** es aquel que involucra la combinación de dos o más sustancias con diferentes concentraciones o propiedades, y busca determinar la composición final o las cantidades necesarias de cada componente para obtener una

mezcla con características específicas.

Los problemas de mezclas suelen involucrar proporciones, porcentajes y ecuaciones lineales. Es fundamental comprender cómo establecer ecuaciones que representen las relaciones entre las cantidades y concentraciones de los componentes.

■ **Example 8.6** Supongamos que se desea obtener 100 litros de una solución salina al 30% de concentración. Si se dispone de soluciones al 20% y al 50% de concentración, ¿cuántos litros de cada una deben mezclarse para obtener la solución deseada?

Sea x la cantidad en litros de la solución al 20% y y la cantidad en litros de la solución al 50%. Tenemos el sistema de ecuaciones:

$$\begin{cases} x+y = 100 \\ 0{,}20x + 0{,}50y = 0{,}30 \times 100 \end{cases}$$

Resolviendo el sistema, obtenemos:

$$x+y = 100$$
$$0{,}20x + 0{,}50y = 30$$

Restando 0,20 veces la primera ecuación de la segunda:

$$0{,}20x + 0{,}50y - 0{,}20x - 0{,}20y = 30 - 20 \implies 0{,}30y = 10 \implies y = \frac{10}{0{,}30} = 33{,}\overline{3}$$

Entonces, $x = 100 - y = 66{,}\overline{6}$. Por lo tanto, se necesitan aproximadamente $66{.}\overline{6}$ litros de la solución al 20% y $33{.}\overline{3}$ litros de la solución al 50%.

■

Este ejemplo ilustra cómo formular y resolver ecuaciones lineales en el contexto de problemas de mezclas. Para generalizar estos métodos, consideremos el siguiente teorema.

Theorem 8.2.1 Sea necesario obtener una cantidad Q de una mezcla con concentración C_m, combinando dos soluciones de concentraciones C_1 y C_2, con $C_1 < C_m < C_2$. Las cantidades Q_1 y Q_2 de cada solución necesarias para obtener la mezcla deseada están dadas por:

$$Q_1 = Q \times \frac{C_2 - C_m}{C_2 - C_1}$$
$$Q_2 = Q - Q_1$$

Demostración. El contenido total de soluto en la mezcla es $C_m Q$. Este soluto proviene de las cantidades Q_1 y Q_2 de las soluciones iniciales, es decir:

$$C_1 Q_1 + C_2 Q_2 = C_m Q$$

Además, como $Q = Q_1 + Q_2$, podemos despejar $Q_2 = Q - Q_1$. Sustituyendo en la ecuación anterior:

$$C_1 Q_1 + C_2(Q - Q_1) = C_m Q \implies C_1 Q_1 + C_2 Q - C_2 Q_1 = C_m Q$$

8.2 Regla de tres: directa e inversa.

Reagrupando términos:

$$(C_1 - C_2)Q_1 = C_m Q - C_2 Q \implies Q_1 = Q\frac{C_2 - C_m}{C_2 - C_1}$$

Y $Q_2 = Q - Q_1$.

∎

Este teorema proporciona una fórmula directa para calcular las cantidades necesarias de cada componente en una mezcla, simplificando la resolución de estos problemas.

> (R) Es importante que $C_1 \neq C_2$ y que C_m esté entre C_1 y C_2. De lo contrario, el problema no tendría solución física, ya que no se podría obtener una concentración fuera del rango de las concentraciones iniciales mediante mezcla simple.

Veamos otro ejemplo aplicando el teorema.

■ **Example 8.7** Se desea preparar 200 gramos de una aleación metálica con una pureza del 70%. Si se dispone de dos aleaciones, una con pureza del 60% y otra del 90%, ¿cuántos gramos de cada una deben mezclarse?

Aplicando el teorema:

$$Q_1 = 200 \times \frac{90\% - 70\%}{90\% - 60\%} = 200 \times \frac{20\%}{30\%} = 200 \times \frac{2}{3} \approx 133.\overline{3} \text{ gramos}$$

$$Q_2 = 200 - 133.\overline{3} \approx 66.\overline{6} \text{ gramos}$$

Por lo tanto, se deben mezclar aproximadamente $133.\overline{3}$ gramos de la aleación al 60% y $66.\overline{6}$ gramos de la aleación al 90%.

∎

Los problemas de mezclas también pueden involucrar ecuaciones diferenciales cuando se consideran procesos dinámicos, como la mezcla continua en tanques.

Lema 8.2.1 En un sistema donde una solución fluye dentro de un tanque a una tasa constante y la mezcla se mantiene uniforme, la cantidad de soluto $A(t)$ en el tanque en función del tiempo satisface la ecuación diferencial lineal de primer orden:

$$\frac{dA}{dt} = \text{Entrada de soluto} - \text{Salida de soluto}$$

Demostración. La tasa de cambio de la cantidad de soluto en el tanque es igual a la diferencia entre la tasa a la que el soluto entra y la tasa a la que sale. Si r_{in} es la tasa de flujo de entrada y C_{in} la concentración de entrada, y r_{out} y C_{out} las correspondientes de salida, entonces:

$$\frac{dA}{dt} = r_{\text{in}} C_{\text{in}} - r_{\text{out}} C_{\text{out}}$$

Si el volumen del tanque permanece constante, y la mezcla es uniforme, entonces $C_{\text{out}} = \frac{A(t)}{V}$, donde V es el volumen del tanque.

∎

Este lema es fundamental en modelos de mezclas dinámicas y es la base para resolver problemas en ingeniería química y ambiental.

Exercise 8.5 Un tanque de 100 litros contiene inicialmente agua pura. Se agrega solución salina al 20% a una tasa de 5 litros por minuto, y la mezcla sale del tanque a la misma tasa, manteniendo el volumen constante. Encuentre la cantidad de sal en el tanque después de 10 minutos.

Exercise 8.6 Se tiene una solución de ácido al 15% y se desea diluirla hasta obtener 500 ml de solución al 5%. ¿Cuánto volumen de agua debe añadirse a la solución original?

Al dominar estos conceptos y métodos, el lector estará preparado para abordar problemas de mezclas en diversos contextos, aplicando razonamiento matemático avanzado para encontrar soluciones precisas y eficientes.

8.2.2 Regla de tres compuesta

En esta sección, abordaremos la **regla de tres compuesta**, una herramienta fundamental en la resolución de problemas que involucran múltiples magnitudes relacionadas proporcionalmente. Comprender este método es esencial en el razonamiento matemático avanzado, ya que permite modelar y resolver situaciones complejas de proporcionalidad directa e inversa.

Definition 8.2.2 La **regla de tres compuesta** es un procedimiento que permite calcular el valor desconocido de una magnitud cuando están involucradas dos o más magnitudes relacionadas proporcionalmente, ya sea de manera directa o inversa. Se basa en establecer una proporción entre las magnitudes conocidas y las desconocidas, teniendo en cuenta el tipo de proporcionalidad entre ellas.

Para aplicar la regla de tres compuesta, es crucial identificar correctamente las relaciones de proporcionalidad entre las magnitudes involucradas y establecer una ecuación que refleje dichas relaciones.

■ Example 8.8 Supongamos que 6 máquinas idénticas pueden producir 180 unidades de un producto en 8 horas. ¿Cuántas unidades producirán 9 máquinas trabajando durante 6 horas?
Primero, identificamos las magnitudes involucradas:
- Número de máquinas (M)
- Tiempo de trabajo en horas (T)
- Unidades producidas (U)

Analizamos las relaciones de proporcionalidad:
1. El número de unidades producidas es directamente proporcional al número de máquinas ($U \propto M$).
2. El número de unidades producidas es directamente proporcional al tiempo de trabajo ($U \propto T$).

Establecemos la relación:

$$\frac{U_1}{U_2} = \frac{M_1}{M_2} \times \frac{T_1}{T_2}$$

Sustituyendo los valores conocidos:

$$\frac{180}{U_2} = \frac{6}{9} \times \frac{8}{6}$$

Calculamos:

8.2 Regla de tres: directa e inversa.

$$\frac{180}{U_2} = \frac{6 \times 8}{9 \times 6} = \frac{48}{54} = \frac{8}{9}$$

Despejando U_2:

$$U_2 = 180 \times \frac{9}{8} = 202{,}5$$

Por lo tanto, 9 máquinas trabajando 6 horas producirán 202,5 unidades. Si solo se pueden producir unidades enteras, producirán 202 unidades completas.

> **Theorem 8.2.2** En la regla de tres compuesta, si todas las magnitudes están en proporcionalidad directa, el valor desconocido se calcula mediante:
>
> $$\text{Valor desconocido} = \text{Valor conocido} \times \prod_{i=1}^{n} \frac{\text{Magnitud conocida}_i}{\text{Magnitud desconocida}_i}$$

Demostración. En una regla de tres compuesta con todas las magnitudes en proporcionalidad directa, tenemos que al aumentar o disminuir una magnitud, las demás cambian en la misma proporción.

Supongamos que tenemos un valor conocido V_k que está relacionado con varias magnitudes $M_{i,\text{conocida}}$ y queremos calcular un valor desconocido V_d que corresponde a otras magnitudes $M_{i,\text{desconocida}}$, manteniendo la proporcionalidad directa.

Dado que cada magnitud está en proporcionalidad directa, el valor desconocido V_d se relaciona con el valor conocido V_k multiplicado por el producto de las razones entre cada magnitud conocida y su magnitud correspondiente desconocida:

$$V_d = V_k \times \prod_{i=1}^{n} \frac{M_{i,\text{conocida}}}{M_{i,\text{desconocida}}}.$$

Esta fórmula mantiene la proporcionalidad directa entre las magnitudes y permite calcular el valor desconocido en función del valor conocido y las relaciones entre las magnitudes.

Por lo tanto, hemos demostrado que

$$\text{Valor desconocido} = \text{Valor conocido} \times \prod_{i=1}^{n} \frac{\text{Magnitud conocida}_i}{\text{Magnitud desconocida}_i},$$

∎

Cuando algunas magnitudes están en proporcionalidad inversa, se invierten las razones correspondientes.

> **Corollary 8.2.3** Si alguna magnitud está en proporcionalidad inversa, su razón se invierte en la fórmula:
>
> $$V = V_0 \times \prod_{\text{directas}} \frac{M_i}{M_{0i}} \times \prod_{\text{inversas}} \frac{M_{0j}}{M_j}$$

Demostración. En la regla de tres compuesta, cuando las magnitudes están en proporcionalidad directa, la razón de cada magnitud se incluye en la fórmula tal como se presenta. Sin embargo, si alguna magnitud está en proporcionalidad inversa, entonces un aumento en esta magnitud implica una disminución en el valor final, y viceversa.

Para incorporar esta inversa, invertimos la razón de cada magnitud que está en proporcionalidad inversa en la fórmula. Así, si V_0 es el valor inicial y queremos calcular el valor V al cambiar varias magnitudes M_i en proporcionalidad directa y M_j en proporcionalidad inversa, la fórmula se expresa como:

$$V = V_0 \times \prod_{\text{directas}} \frac{M_i}{M_{0i}} \times \prod_{\text{inversas}} \frac{M_{0j}}{M_j}.$$

Esto asegura que el efecto de las magnitudes inversamente proporcionales se ajuste correctamente en el cálculo del valor final V.

Por lo tanto, si alguna magnitud está en proporcionalidad inversa, su razón se invierte en la fórmula, como queríamos demostrar. ∎

■ **Example 8.9** Un equipo de 5 obreros puede completar una obra en 12 días trabajando 8 horas diarias. ¿Cuántos días tardará un equipo de 8 obreros trabajando 6 horas diarias en completar la misma obra?

Magnitudes:
- Número de obreros (O)
- Horas diarias de trabajo (H)
- Tiempo total en días (D)

Relaciones de proporcionalidad:
1. El tiempo D es inversamente proporcional al número de obreros ($D \propto \frac{1}{O}$).
2. El tiempo D es inversamente proporcional a las horas diarias de trabajo ($D \propto \frac{1}{H}$).

Aplicamos la regla de tres compuesta, invirtiendo las magnitudes inversas:

$$\frac{D}{D_0} = \frac{O_0}{O} \times \frac{H_0}{H}$$

Sustituyendo:

$$\frac{D}{12} = \frac{5}{8} \times \frac{8}{6}$$

Calculamos:

$$\frac{D}{12} = \frac{5 \times 8}{8 \times 6} = \frac{5}{6}$$

Despejando D:

$$D = 12 \times \frac{5}{6} = 10 \text{ días}$$

Por lo tanto, el equipo de 8 obreros tardará 10 días trabajando 6 horas diarias. ∎

Este ejemplo ilustra cómo manejar proporcionalidades inversas al aplicar la regla de tres compuesta.

8.3 Porcentajes: problemas de aumento y descuento.

> (R) Es fundamental identificar correctamente el tipo de proporcionalidad entre las magnitudes para aplicar adecuadamente la regla de tres compuesta. Un análisis erróneo puede conducir a resultados incorrectos.

Exercise 8.7 Un vehículo recorre 360 km en 6 horas a una velocidad constante. Si aumenta su velocidad en un 20 %, ¿cuánto tiempo tardará en recorrer 480 km?

Exercise 8.8 Una receta para 4 personas requiere 600 gramos de harina. Si se desea preparar la misma receta para 10 personas y aumentar la cantidad en un 15 % para compensar pérdidas, ¿cuánta harina se necesita?

Al dominar la regla de tres compuesta, el lector estará capacitado para resolver problemas complejos que involucran múltiples magnitudes relacionadas, aplicando un razonamiento matemático riguroso y estructurado.

8.3 Porcentajes: problemas de aumento y descuento.

8.3.1 Aplicación en problemas financieros.

El razonamiento matemático es una herramienta fundamental en el análisis y solución de problemas financieros. A través de conceptos matemáticos, podemos modelar situaciones reales y tomar decisiones informadas en el ámbito económico.

Definition 8.3.1 Una *anualidad* es una serie de pagos o cobros iguales que se realizan a intervalos de tiempo regulares.

Las anualidades son comunes en préstamos, hipotecas y planes de ahorro, donde los pagos o depósitos se hacen de manera periódica.

> **Theorem 8.3.1** La fórmula para calcular el valor futuro FV de una anualidad ordinaria (pagos al final de cada período) es:
>
> $$FV = P\left(\frac{(1+r)^n - 1}{r}\right),$$
>
> donde P es el pago periódico, r es la tasa de interés por período, y n es el número total de pagos.

Demostración. Para calcular el valor futuro FV de una anualidad ordinaria, consideramos que se realizan n pagos periódicos de monto P, al final de cada período, con una tasa de interés por período r.

El valor futuro de cada pago individual P depende de cuántos períodos queda invertido hasta el final de la anualidad. El primer pago se acumula por $n-1$ períodos, el segundo por $n-2$ períodos, y así sucesivamente, hasta que el último pago no acumula interés.

El valor futuro FV de la anualidad es la suma del valor futuro de todos los pagos:

$$FV = P(1+r)^{n-1} + P(1+r)^{n-2} + \cdots + P(1+r)^0.$$

Factorizamos P de la expresión:

$$FV = P\left((1+r)^{n-1} + (1+r)^{n-2} + \cdots + 1\right).$$

La expresión dentro del paréntesis es una suma geométrica con n términos, razón $1+r$, y primer término igual a 1. La suma de una serie geométrica es

$$\sum_{k=0}^{n-1}(1+r)^k = \frac{(1+r)^n - 1}{r}.$$

Por lo tanto,

$$FV = P\left(\frac{(1+r)^n - 1}{r}\right),$$

como queríamos demostrar. ∎

Este teorema nos permite determinar cuánto se acumulará al final de un período determinado al realizar pagos periódicos.

■ **Example 8.10** Si depositamos $500 al final de cada mes en una cuenta que paga un interés mensual del 0.5%, ¿cuánto tendremos al cabo de 5 años?

$$FV = 500\left(\frac{(1+0{,}005)^{60} - 1}{0{,}005}\right) \approx 500 \times 69{,}7617 = \$34{,}880{,}85.$$

■

Además de calcular el valor futuro, es importante entender cómo determinar el pago periódico necesario para alcanzar un objetivo financiero.

Corollary 8.3.2 La fórmula para calcular el pago periódico P necesario para alcanzar un valor futuro FV en una anualidad ordinaria es:

$$P = FV\left(\frac{r}{(1+r)^n - 1}\right).$$

Demostración. Partimos de la fórmula para el valor futuro FV de una anualidad ordinaria, que es

$$FV = P\left(\frac{(1+r)^n - 1}{r}\right),$$

donde P es el pago periódico, r es la tasa de interés por período y n es el número total de pagos. Queremos despejar P para calcular el pago periódico necesario para alcanzar un valor futuro dado FV. Dividimos ambos lados por $\frac{(1+r)^n - 1}{r}$:

$$P = FV \cdot \frac{r}{(1+r)^n - 1}.$$

De esta manera, obtenemos

$$P = FV\left(\frac{r}{(1+r)^n - 1}\right),$$

como queríamos demostrar. ∎

> Esta fórmula es útil para planificar ahorros o inversiones con un objetivo financiero específico en mente.

■ **Example 8.11** Deseamos tener $100,000 en 10 años para la educación universitaria de un hijo. Si la cuenta paga un interés anual del 6%, ¿cuánto debemos depositar al final de cada año?

$$P = 100{,}000\left(\frac{0{,}06}{(1+0{,}06)^{10} - 1}\right) \approx 100{,}000 \times 0{,}0609 = \$6{,}090{,}24.$$

■

8.3 Porcentajes: problemas de aumento y descuento.

En el ámbito de préstamos, el razonamiento matemático nos ayuda a comprender la amortización.

Lema 8.3.1 El pago periódico P para amortizar un préstamo de monto L con tasa de interés por período r en n períodos es:

$$P = L\left(\frac{r(1+r)^n}{(1+r)^n - 1}\right).$$

Demostración. El pago periódico se calcula de manera que el valor presente de los pagos futuros equivalga al monto del préstamo, aplicando la fórmula de valor presente de una anualidad. ■

Exercise 8.9 Un préstamo hipotecario de $200,000 se debe pagar en 30 años con pagos mensuales y una tasa de interés anual del 4.5 %. Calcula el pago mensual requerido.

Exercise 8.10 Planeas retirar $40,000 anuales durante 20 años de tu fondo de retiro. Si el fondo gana un interés anual del 5

Estos conceptos y ejercicios permiten aplicar el razonamiento matemático para tomar decisiones financieras sólidas y planificar adecuadamente el futuro económico.

8.3.2 Descuentos progresivos en el comercio.

Los descuentos progresivos son una práctica común en el comercio donde se aplican múltiples descuentos de manera sucesiva a un producto o servicio. Comprender cómo calcular el descuento total es esencial para una correcta gestión financiera y para el razonamiento matemático en situaciones comerciales.

Definition 8.3.2 Un *descuento progresivo* es una serie de descuentos porcentuales que se aplican secuencialmente al precio de un producto o servicio. Cada descuento se calcula sobre el precio resultante después de aplicar el descuento anterior.

Es importante notar que los descuentos progresivos no son aditivos en términos porcentuales; es decir, la suma de los porcentajes de descuento no equivale al porcentaje total de descuento aplicado al precio original.

Theorem 8.3.3 Sea P el precio original de un producto y se aplican n descuentos progresivos con porcentajes $d_1, d_2, \ldots, d_n$, expresados como fracciones decimales. El precio final P_f después de todos los descuentos es:

$$P_f = P \prod_{k=1}^{n} (1 - d_k).$$

Demostración. Sea P el precio original de un producto, y supongamos que se aplican n descuentos sucesivos con porcentajes $d_1, d_2, \ldots, d_n$, expresados como fracciones decimales.
Después del primer descuento de d_1, el precio se reduce a

$$P_1 = P(1 - d_1).$$

Aplicando el segundo descuento de d_2 al nuevo precio P_1, obtenemos

$$P_2 = P_1(1 - d_2) = P(1 - d_1)(1 - d_2).$$

Continuando de esta manera, después de aplicar todos los descuentos, el precio final P_f será

$$P_f = P \prod_{k=1}^{n} (1 - d_k).$$

Por lo tanto, el precio final después de aplicar n descuentos sucesivos es

$$P_f = P\prod_{k=1}^{n}(1-d_k),$$

como queríamos demostrar. ■

Este teorema nos permite calcular de manera eficiente el precio final sin necesidad de aplicar cada descuento individualmente de forma secuencial.

■ **Example 8.12** Una tienda ofrece un descuento del 20% y luego un descuento adicional del 10% sobre el precio ya rebajado. Si el precio original es $100, ¿cuál es el precio final?
Aplicamos el teorema:

$$P_f = 100 \times (1-0{,}20) \times (1-0{,}10) = 100 \times 0{,}80 \times 0{,}90 = \$72.$$

■

Observamos que el descuento total no es del 30%, sino que el precio final es $72, lo que representa un descuento del 28%.

Corollary 8.3.4 El porcentaje total de descuento D_t resultante de aplicar n descuentos progresivos con porcentajes $d_1, d_2, \ldots, d_n$ es:

$$D_t = 1 - \prod_{k=1}^{n}(1-d_k).$$

Demostración. Sea P el precio original de un producto y P_f el precio final después de aplicar n descuentos sucesivos con porcentajes $d_1, d_2, \ldots, d_n$, expresados como fracciones decimales. Según el teorema anterior, el precio final P_f es

$$P_f = P\prod_{k=1}^{n}(1-d_k).$$

El porcentaje total de descuento D_t es la fracción del precio original que se ha reducido, dado por

$$D_t = 1 - \frac{P_f}{P}.$$

Sustituyendo P_f en la expresión, tenemos

$$D_t = 1 - \frac{P\prod_{k=1}^{n}(1-d_k)}{P}.$$

Simplificando, obtenemos

$$D_t = 1 - \prod_{k=1}^{n}(1-d_k).$$

Por lo tanto, el porcentaje total de descuento es

$$D_t = 1 - \prod_{k=1}^{n}(1-d_k),$$

como queríamos demostrar. ■

Es común pensar que sumar los porcentajes individuales de descuento da el descuento total, pero como hemos visto, esto no es correcto debido a la naturaleza multiplicativa de los descuentos progresivos.

Comprender estas fórmulas permite a las empresas y consumidores tomar decisiones informadas al ofrecer o aprovechar descuentos múltiples.

■ **Example 8.13** Calcule el porcentaje total de descuento cuando se aplican tres descuentos progresivos de 15%, 10% y 5%.
Aplicamos el corolario:

$$D_t = 1 - (1-0{,}15)(1-0{,}10)(1-0{,}05) = 1 - (0{,}85 \times 0{,}90 \times 0{,}95) = 1 - 0{,}72675 = 0{,}27325.$$

El descuento total es del 27.325%. ■

Lema 8.3.2 Si todos los descuentos progresivos son iguales, es decir, $d_k = d$ para todo k, entonces el precio final es:

$$P_f = P(1-d)^n.$$

Demostración. Sustituimos $d_k = d$ en el teorema:

$$P_f = P \prod_{k=1}^{n}(1-d_k) = P(1-d)^n.$$

■

Este caso particular es útil cuando se aplican descuentos iguales en promociones especiales.

Exercise 8.11 Una tienda aplica dos descuentos progresivos iguales sobre un producto cuyo precio original es $150. Si el precio final es $108, determine el porcentaje de cada descuento.

Exercise 8.12 Un cliente tiene un cupón de descuento del 25% y se le ofrece un descuento adicional del 15% en caja. ¿Cuál es el porcentaje total de descuento aplicado al precio original?

Estos conceptos son fundamentales para el análisis de estrategias de precios y promociones en el comercio, y demuestran cómo el razonamiento matemático se aplica en contextos económicos reales.

8.4 Ejercicios Resueltos

Exercise 8.13 Dos magnitudes están en proporción directa. Si $x = 6$ cuando $y = 24$, encuentra el valor de y cuando $x = 9$.

Demostración. Dado que las magnitudes están en proporción directa, podemos escribir:

$$\frac{y}{x} = \frac{24}{6} = 4$$

Por lo tanto, cuando $x = 9$, tenemos:

$$y = 4 \times 9 = 36$$

Entonces, el valor de y es 36. ■

Capítulo 8. Razones, Proporciones y Porcentajes

Exercise 8.14 En un mapa a escala 1 : 50,000, la distancia entre dos puntos es de 3 cm. ¿Cuál es la distancia real entre esos puntos en kilómetros?

Demostración. La escala 1 : 50,000 significa que 1 cm en el mapa representa 50,000 cm en la realidad. Así, la distancia real es:

$$3 \times 50{,}000 = 150{,}000 \text{ cm}$$

Convertimos esta distancia a kilómetros:

$$150{,}000 \text{ cm} = 1{,}5 \text{ km}$$

Por lo tanto, la distancia real entre los puntos es 1,5 km. ∎

Exercise 8.15 Se desea preparar 100 litros de una solución al 25% de concentración. Si se dispone de soluciones al 10% y al 50%, ¿cuántos litros de cada una deben mezclarse?

Demostración. Sea x la cantidad de solución al 10% y y la cantidad de solución al 50%. Tenemos el sistema de ecuaciones:

$$x + y = 100$$

$$0{,}10x + 0{,}50y = 0{,}25 \times 100 = 25$$

Sustituyendo $y = 100 - x$ en la segunda ecuación:

$$0{,}10x + 0{,}50(100 - x) = 25$$

$$0{,}10x + 50 - 0{,}50x = 25$$

$$-0{,}40x = -25$$

$$x = 62{,}5$$

Entonces, $y = 100 - 62{,}5 = 37{,}5$. Se necesitan 62,5 litros de la solución al 10% y 37,5 litros de la solución al 50%. ∎

Exercise 8.16 Un artículo cuesta $200 y se le aplican dos descuentos sucesivos del 10% y el 20%. ¿Cuál es el precio final del artículo?

Demostración. Aplicamos el primer descuento del 10%:

$$200 \times (1 - 0{,}10) = 200 \times 0{,}90 = 180$$

Luego aplicamos el segundo descuento del 20% sobre el precio reducido:

$$180 \times (1 - 0{,}20) = 180 \times 0{,}80 = 144$$

Por lo tanto, el precio final del artículo es $144. ∎

Exercise 8.17 Una inversión inicial de $1,000 se coloca en una cuenta que paga un interés compuesto anual del 5%. ¿Cuál será el valor de la inversión después de 3 años?

Demostración. La fórmula del interés compuesto es:

$$A = P(1+r)^t$$

donde P es el monto inicial, r es la tasa de interés y t es el tiempo en años. Sustituyendo los valores:

$$A = 1000 \times (1+0{,}05)^3$$
$$A = 1000 \times (1{,}05)^3$$
$$A \approx 1000 \times 1{,}157625 = 1157{,}63$$

Entonces, el valor de la inversión después de 3 años es aproximadamente $1,157.63. ∎

8.5 Ejercicios Propuestos

8.5.1 Razones y proporciones: simplificación y resolución de problemas

Exercise 8.18 Simplifica la razón 24 : 36.

Exercise 8.19 Si a y b están en proporción directa, y cuando $a = 3$, $b = 12$, encuentra el valor de b cuando $a = 8$.

Exercise 8.20 En una receta, la proporción de azúcar a harina es de 2 : 5. Si se utilizan 500 gramos de harina, ¿cuántos gramos de azúcar se necesitan?

Exercise 8.21 Un mapa tiene una escala de 1 : 200,000. Si la distancia entre dos puntos en el mapa es de 7 cm, ¿cuál es la distancia real en kilómetros?

Exercise 8.22 Si tres números están en la razón 2 : 3 : 5 y su suma es 50, encuentra cada uno de los números.

8.5.2 Regla de tres: directa e inversa

Exercise 8.23 Si 4 trabajadores pueden completar una tarea en 10 días, ¿cuántos días tardarán 8 trabajadores en completar la misma tarea, asumiendo que todos trabajan al mismo ritmo?

Exercise 8.24 Una máquina produce 200 artículos en 5 horas. ¿Cuántos artículos producirá en 8 horas a la misma tasa de producción?

Exercise 8.25 Si 6 metros de tela cuestan $90, ¿cuánto costarán 10 metros de la misma tela?

Exercise 8.26 Un vehículo que viaja a 60 km/h tarda 3 horas en recorrer cierta distancia. ¿Cuánto tiempo tardará en recorrer la misma distancia a una velocidad de 80 km/h?

Exercise 8.27 Si 5 pintores pintan una pared en 12 horas, ¿cuántos pintores se necesitan para pintar la misma pared en 8 horas?

8.5.3 Porcentajes: problemas de aumento y descuento

Exercise 8.28 Un artículo tiene un precio de $120 y se le aplica un descuento del 15%. ¿Cuál es el precio final después del descuento?

Exercise 8.29 Un producto cuesta $80. Si su precio aumenta en un 20%, ¿cuál será su nuevo precio?

Exercise 8.30 Una tienda ofrece un descuento del 10% en el primer artículo y un 5% adicional en el segundo artículo. Si el primer artículo cuesta $150 y el segundo $100, ¿cuál es el precio total después de aplicar los descuentos?

Exercise 8.31 Un inversor obtiene un retorno del 8% anual sobre una inversión de $10,000. ¿Cuánto tendrá al final de un año?

Exercise 8.32 Un cliente paga $160 por un producto después de un descuento del 20%. ¿Cuál era el precio original del producto?

9. Sucesiones y Series

9.1 Sucesiones aritméticas: fórmula del término general y suma de términos.

9.1.1 Aplicaciones en problemas de interés simple.

El interés simple es un concepto fundamental en matemáticas financieras que permite analizar cómo crecen las inversiones o las deudas a lo largo del tiempo sin considerar la capitalización del interés. A diferencia del interés compuesto, el interés simple se calcula únicamente sobre el capital inicial, lo que simplifica ciertos cálculos y es aplicable en situaciones financieras específicas.

Definition 9.1.1 Sea P el *capital principal* o monto inicial invertido o prestado, r la *tasa de interés simple* por período (expresada como fracción decimal), y t el número de períodos. El *interés simple* I acumulado se define como:

$$I = P \cdot r \cdot t.$$

Esta definición establece la base para calcular el interés ganado o adeudado en función del tiempo, la tasa y el capital inicial.

Theorem 9.1.1 El *monto total* A después de t períodos bajo interés simple es:

$$A = P(1+rt).$$

Demostración. El monto total es la suma del capital inicial y el interés acumulado:

$$A = P + I = P + Prt = P(1+rt).$$

■

Este resultado es crucial para determinar el valor futuro de una inversión o préstamo cuando se aplica interés simple.

■ **Example 9.1** Si invertimos $5,000 a una tasa de interés simple anual del 6% durante 4 años, el interés acumulado y el monto total serán:

$$I = 5000 \times 0{,}06 \times 4 = \$1{,}200,$$

$$A = 5000(1 + 0{,}06 \times 4) = 5000 \times 1{,}24 = \$6{,}200.$$

El ejemplo ilustra cómo aplicar las fórmulas de interés simple para calcular ganancias en inversiones a plazo fijo.

Lema 9.1.1 Si se conoce el monto total A, el capital principal P y el tiempo t, la tasa de interés simple r se puede determinar mediante:

$$r = \frac{A - P}{Pt}.$$

Demostración. Despejamos r de la fórmula del monto total:

$$A = P(1 + rt) \implies \frac{A}{P} = 1 + rt \implies r = \frac{\frac{A}{P} - 1}{t} = \frac{A - P}{Pt}.$$

Este lema es útil para encontrar la tasa de interés aplicada en una inversión o préstamo cuando se conocen los demás parámetros.

> (R) Es importante destacar que el interés simple no considera la capitalización; es decir, el interés generado no se reinvierte para generar interés adicional.

Comprender esta diferencia es esencial al comparar con el interés compuesto y al elegir el tipo de inversión adecuado.

Corollary 9.1.2 El tiempo t necesario para alcanzar un monto total A a partir de un capital P con una tasa de interés simple r es:

$$t = \frac{A - P}{Pr}.$$

Demostración. Despejamos t de la fórmula del monto total:

$$A = P(1 + rt) \implies \frac{A}{P} = 1 + rt \implies t = \frac{\frac{A}{P} - 1}{r} = \frac{A - P}{Pr}.$$

Este corolario es útil para determinar el plazo necesario para alcanzar ciertos objetivos financieros.

■ **Example 9.2** Queremos que una inversión de $2,000 crezca hasta $2,500 con una tasa de interés simple anual del 5 %. ¿Cuánto tiempo tardará?

$$t = \frac{2500 - 2000}{2000 \times 0{,}05} = \frac{500}{100} = 5 \text{ años}.$$

Este cálculo nos ayuda a planificar inversiones a futuro basadas en objetivos financieros específicos.

9.1 Sucesiones aritméticas: fórmula del término general y suma de términos.

Definition 9.1.2 El *descuento comercial* D es el interés simple que se deduce del valor nominal N de un documento por pagarse en el futuro cuando se descuenta antes de su vencimiento. Se calcula como:

$$D = Nrt,$$

donde r es la tasa de descuento y t es el tiempo hasta el vencimiento.

El descuento comercial es esencial en operaciones financieras como el descuento de letras de cambio o pagarés.

Lema 9.1.2 El *valor actual* V de un documento descontado comercialmente es:

$$V = N(1 - rt).$$

Demostración. El valor actual es el valor nominal menos el descuento:

$$V = N - D = N - Nrt = N(1 - rt).$$

∎

Este resultado permite calcular cuánto recibirá efectivamente quien descuenta el documento antes de su vencimiento.

■ **Example 9.3** Un pagaré con valor nominal de $8,000 vence en 9 meses y se descuenta al 7% anual de interés simple. El valor actual es:

$$D = 8000 \times 0{,}07 \times \frac{9}{12} = 8000 \times 0{,}07 \times 0{,}75 = \$420,$$

$$V = 8000 - 420 = \$7,580.$$

■

Este ejemplo muestra cómo calcular el valor actual de un documento descontado antes de su fecha de vencimiento.

(R) En el descuento comercial, el interés se calcula sobre el valor nominal y no sobre el valor actual, lo que diferencia este método del *descuento racional*.

Comprender esta distinción es vital para analizar y comparar distintas opciones de financiamiento.

Exercise 9.1 Un inversionista desea obtener un interés de $900 en 3 años mediante interés simple. Si la tasa de interés es del 4% anual, ¿cuánto debe invertir inicialmente? ■

Exercise 9.2 Un documento con valor nominal de $15,000 vence en 1 año. Si se descuenta hoy al 5% anual de interés simple, ¿cuál es el valor actual del documento? ■

Estos conceptos y resultados permiten aplicar el razonamiento matemático en contextos financieros, facilitando la toma de decisiones informadas y el análisis de inversiones y préstamos bajo el esquema de interés simple.

9.1.2 Resolución de problemas con progresiones aritméticas.

Las progresiones aritméticas son secuencias numéricas en las que la diferencia entre términos consecutivos es constante. Estas progresiones aparecen en múltiples áreas de las matemáticas y son herramientas esenciales para resolver diversos problemas.

Definition 9.1.3 Una *progresión aritmética* es una secuencia de números $(a_n)_{n=1}^{\infty}$ tal que para todo $n \in \mathbb{N}$, se cumple:

$$a_{n+1} = a_n + d,$$

donde d es la *diferencia común* de la progresión.

Comprender la estructura de las progresiones aritméticas nos permite analizar patrones y resolver problemas que involucran sumas y términos específicos.

Theorem 9.1.3 El término general a_n de una progresión aritmética se expresa como:

$$a_n = a_1 + (n-1)d,$$

donde a_1 es el primer término y d es la diferencia común.

Demostración. Procedemos por inducción matemática. Para $n = 1$, tenemos $a_1 = a_1 + (1-1)d = a_1$, lo cual es verdadero. Supongamos que la fórmula es válida para algún $n = k$, es decir, $a_k = a_1 + (k-1)d$. Entonces:

$$a_{k+1} = a_k + d = [a_1 + (k-1)d] + d = a_1 + kd = a_1 + [(k+1) - 1]d,$$

lo que demuestra que la fórmula es válida para $n = k + 1$. ∎

Esta fórmula nos permite encontrar cualquier término de la progresión sin necesidad de listar todos los términos anteriores.

■ **Example 9.4** Consideremos una progresión aritmética donde el primer término es 3 y la diferencia común es 5. El quinto término es:

$$a_5 = 3 + (5-1) \times 5 = 3 + 20 = 23.$$

■

Además de encontrar términos individuales, a menudo es necesario calcular la suma de los términos de una progresión aritmética.

Theorem 9.1.4 La suma S_n de los primeros n términos de una progresión aritmética es:

$$S_n = \frac{n}{2}(a_1 + a_n) = \frac{n}{2}[2a_1 + (n-1)d].$$

Demostración. La suma de los primeros n términos es:

$$S_n = a_1 + a_2 + a_3 + \cdots + a_n.$$

Reescribiendo la suma al revés:

$$S_n = a_n + a_{n-1} + a_{n-2} + \cdots + a_1.$$

Sumando ambas expresiones término a término:

$$2S_n = (a_1 + a_n) + (a_2 + a_{n-1}) + \cdots + (a_n + a_1).$$

Como cada par suma $a_1 + a_n$, y hay n términos, tenemos:

$$2S_n = n(a_1 + a_n) \implies S_n = \frac{n}{2}(a_1 + a_n).$$

9.1 Sucesiones aritméticas: fórmula del término general y suma de términos.

Sustituyendo $a_n = a_1 + (n-1)d$, obtenemos:

$$S_n = \frac{n}{2}[a_1 + a_1 + (n-1)d] = \frac{n}{2}[2a_1 + (n-1)d].$$

■

■ **Example 9.5** Calcule la suma de los primeros 20 términos de una progresión aritmética donde $a_1 = 7$ y $d = 3$.

$$S_{20} = \frac{20}{2}[2 \times 7 + (20-1) \times 3] = 10[14 + 57] = 10 \times 71 = 710.$$

■

Las progresiones aritméticas también son útiles en la resolución de problemas que implican patrones numéricos y series finitas.

Lema 9.1.3 En una progresión aritmética, el promedio de los términos equidistantes de los extremos es igual al promedio de los primeros y últimos términos:

$$\frac{a_k + a_{n-k+1}}{2} = \frac{a_1 + a_n}{2}.$$

Demostración. Consideremos los términos a_k y a_{n-k+1}. Usando la fórmula del término general:

$$a_k = a_1 + (k-1)d, \quad a_{n-k+1} = a_1 + [n - (k-1) - 1]d = a_1 + (n-k)d.$$

La suma de estos términos es:

$$a_k + a_{n-k+1} = [a_1 + (k-1)d] + [a_1 + (n-k)d] = 2a_1 + (n-1)d = a_1 + a_n.$$

Por lo tanto, su promedio es:

$$\frac{a_k + a_{n-k+1}}{2} = \frac{a_1 + a_n}{2}.$$

■

> (R) Este resultado indica que en una progresión aritmética, los términos simétricos respecto al centro tienen el mismo promedio que el promedio de los extremos, lo cual es útil en diversos cálculos y demostraciones.

Corollary 9.1.5 Si una progresión aritmética tiene un número impar de términos, el término medio es igual al promedio de los extremos:

$$a_{\frac{n+1}{2}} = \frac{a_1 + a_n}{2}.$$

Demostración. Para n impar, $k = \frac{n+1}{2}$. Aplicando el lema anterior:

$$\frac{a_k + a_{n-k+1}}{2} = \frac{a_1 + a_n}{2}.$$

Pero $n - k + 1 = n - \frac{n+1}{2} + 1 = \frac{n+1}{2}$, entonces $a_k = a_{n-k+1} = a_{\frac{n+1}{2}}$, por lo que:

$$\frac{a_{\frac{n+1}{2}} + a_{\frac{n+1}{2}}}{2} = \frac{a_1 + a_n}{2} \implies a_{\frac{n+1}{2}} = \frac{a_1 + a_n}{2}.$$

■

Este corolario es especialmente útil al trabajar con progresiones aritméticas de longitud impar.

■ **Example 9.6** En una progresión aritmética de 9 términos donde $a_1 = 4$ y $a_9 = 20$, el quinto término es:

$$a_5 = \frac{a_1 + a_n}{2} = \frac{4 + 20}{2} = 12.$$

■

Las progresiones aritméticas también se aplican en la resolución de problemas cotidianos y matemáticos avanzados.

> Exercise 9.3 Encuentre el número de términos en una progresión aritmética donde $a_1 = 5$, $d = 3$, y el último término es 62.

> Exercise 9.4 La suma de cierta cantidad de términos consecutivos de una progresión aritmética es 210. Si el primer término es 7 y la diferencia común es 3, ¿cuántos términos se sumaron?

Estos ejercicios permiten profundizar en la comprensión y aplicación de las progresiones aritméticas en diversos contextos matemáticos.

9.2 Sucesiones geométricas: razón común y suma de la serie.

9.2.1 Aplicaciones en problemas de crecimiento exponencial.

El crecimiento exponencial es un fenómeno que aparece en diversas áreas como la biología, economía y física. Se caracteriza por una tasa de cambio proporcional al valor actual de la función, lo que conduce a un crecimiento acelerado. El razonamiento matemático es esencial para modelar y entender este tipo de procesos.

> **Definition 9.2.1** Una función $f(t)$ exhibe *crecimiento exponencial* si satisface la ecuación diferencial:
>
> $$\frac{df}{dt} = kf(t),$$
>
> donde $k > 0$ es una constante llamada *tasa de crecimiento*.

Esta definición formaliza el concepto de que la tasa de cambio de $f(t)$ es proporcional a su valor actual.

> **Theorem 9.2.1** La solución general de la ecuación diferencial de crecimiento exponencial es:
>
> $$f(t) = f_0 e^{kt},$$
>
> donde f_0 es el valor inicial de la función en $t = 0$.

Demostración. Consideremos la ecuación diferencial $\frac{df}{dt} = kf(t)$. Separando variables:

$$\frac{df}{f} = kdt.$$

Integrando ambos lados:

$$\int \frac{df}{f} = \int kdt \implies \ln|f| = kt + C,$$

9.2 Sucesiones geométricas: razón común y suma de la serie.

donde C es la constante de integración. Exponenciando ambos lados:

$$f(t) = e^{kt+C} = e^C e^{kt}.$$

Sea $f_0 = e^C$, entonces:

$$f(t) = f_0 e^{kt}.$$

∎

Este resultado es fundamental para modelar procesos que siguen un patrón de crecimiento exponencial.

■ **Example 9.7** La población de una colonia de bacterias se duplica cada 3 horas. Si inicialmente hay 100 bacterias, ¿cuál será la población después de t horas?

Usando la fórmula del crecimiento exponencial, sabemos que el tiempo de duplicación es $T = 3$ horas, por lo que la tasa de crecimiento k satisface:

$$2 = e^{kT} \implies k = \frac{\ln 2}{T} = \frac{\ln 2}{3}.$$

Entonces, la población en función del tiempo es:

$$f(t) = 100 e^{(\ln 2/3)t} = 100 \times 2^{t/3}.$$

∎

Este ejemplo muestra cómo utilizar el modelo exponencial para predecir el crecimiento poblacional.

Lema 9.2.1 Para cualquier tiempo t, la razón de crecimiento de la función exponencial es constante y igual a la tasa k:

$$\frac{f'(t)}{f(t)} = k.$$

Demostración. Dado que $f(t) = f_0 e^{kt}$, derivamos $f(t)$ respecto a t:

$$f'(t) = f_0 k e^{kt} = k f(t).$$

Entonces:

$$\frac{f'(t)}{f(t)} = \frac{k f(t)}{f(t)} = k.$$

∎

Este lema reafirma que en crecimiento exponencial, la tasa de cambio relativa es constante.

Corollary 9.2.2 El tiempo de duplicación T de una cantidad que crece exponencialmente con tasa k es:

$$T = \frac{\ln 2}{k}.$$

Demostración. Queremos encontrar T tal que $f(T) = 2f_0$. Usando la fórmula de $f(t)$:

$$2f_0 = f_0 e^{kT} \implies 2 = e^{kT} \implies \ln 2 = kT \implies T = \frac{\ln 2}{k}.$$

∎

Este corolario es útil para determinar en cuánto tiempo una cantidad se duplicará en procesos de crecimiento exponencial.

> (R) De manera similar, el tiempo de triplicación y otras multiplicaciones pueden calcularse reemplazando $\ln 2$ por $\ln 3$, $\ln 4$, etc.

Además de aplicaciones biológicas, el crecimiento exponencial aparece en finanzas, especialmente en interés compuesto.

Definition 9.2.2 El *interés compuesto continuo* se calcula utilizando la fórmula:

$$A = Pe^{rt},$$

donde A es el monto final, P es el capital inicial, r es la tasa de interés anual, y t es el tiempo en años.

Esta fórmula es un caso particular del crecimiento exponencial aplicado a finanzas.

■ **Example 9.8** Si invertimos \$1,000 a una tasa de interés anual del 5 % compuesta continuamente, ¿cuánto tendremos después de 10 años?
Aplicamos la fórmula del interés compuesto continuo:

$$A = 1000 \times e^{0,05 \times 10} = 1000 \times e^{0,5} \approx 1000 \times 1,64872 = \$1,648,72.$$

■

Este ejemplo demuestra el efecto del interés compuesto continuo en inversiones a largo plazo.

Theorem 9.2.3 El valor presente P necesario para alcanzar un monto futuro A después de tiempo t bajo crecimiento exponencial con tasa k es:

$$P = Ae^{-kt}.$$

Demostración. Despejamos P de la fórmula del crecimiento exponencial:

$$A = Pe^{kt} \implies P = Ae^{-kt}.$$

■

Este teorema es esencial para calcular inversiones iniciales necesarias para objetivos futuros.

Lema 9.2.2 La *vida media* $T_{1/2}$ de una sustancia radiactiva que decae exponencialmente con una tasa de decaimiento k es:

$$T_{1/2} = \frac{\ln 2}{k}.$$

Demostración. El decaimiento exponencial se modela por $N(t) = N_0 e^{-kt}$. La vida media es el tiempo $T_{1/2}$ tal que $N(T_{1/2}) = \frac{N_0}{2}$. Entonces:

$$\frac{N_0}{2} = N_0 e^{-kT_{1/2}} \implies \frac{1}{2} = e^{-kT_{1/2}} \implies \ln\left(\frac{1}{2}\right) = -kT_{1/2} \implies T_{1/2} = \frac{\ln 2}{k}.$$

■

Este resultado es fundamental en física nuclear y química para comprender procesos de decaimiento radiactivo.

9.2 Sucesiones geométricas: razón común y suma de la serie.

> **Exercise 9.5** Una población de células se incrementa exponencialmente con una tasa de crecimiento del 8% por hora. Si inicialmente hay 1,000 células, ¿cuántas habrá después de 15 horas?

> **Exercise 9.6** Un isótopo radiactivo tiene una vida media de 5 años. ¿Qué porcentaje de la sustancia original permanecerá después de 20 años?

Estos ejercicios permiten aplicar los conceptos de crecimiento y decaimiento exponencial en contextos prácticos.

> (R) El crecimiento exponencial puede conducir a cantidades extremadamente grandes en períodos de tiempo relativamente cortos, lo que subraya la importancia de comprender y manejar este tipo de procesos.

A través de estos resultados, podemos apreciar cómo el razonamiento matemático y las herramientas analíticas son esenciales para modelar y resolver problemas que involucran crecimiento exponencial en diversas disciplinas.

9.2.2 Resolución de series infinitas.

Las series infinitas son fundamentales en análisis matemático y aparecen en diversas áreas como la física, la ingeniería y la economía. Comprender cómo resolver y analizar estas series es esencial para el razonamiento matemático avanzado.

> **Definition 9.2.3** Una *serie infinita* es una expresión de la forma
>
> $$\sum_{n=1}^{\infty} a_n,$$
>
> donde $\{a_n\}_{n=1}^{\infty}$ es una sucesión de números reales o complejos.

El estudio de las series infinitas se centra en determinar si esta suma tiene sentido, es decir, si converge a un valor finito o diverge.

> **Definition 9.2.4** Una serie infinita $\sum_{n=1}^{\infty} a_n$ *converge* si la sucesión de sumas parciales $S_N = \sum_{n=1}^{N} a_n$ tiene un límite finito cuando $N \to \infty$. En caso contrario, la serie *diverge*.

Para analizar la convergencia de series infinitas, existen diversos criterios y pruebas que permiten determinar el comportamiento de una serie sin calcular explícitamente las sumas parciales.

> **Theorem 9.2.4 — Criterio de comparación.** Sea $\sum_{n=1}^{\infty} a_n$ una serie de términos positivos, y sea $\sum_{n=1}^{\infty} b_n$ una serie conocida que converge. Si existe N tal que para todo $n \geq N$, se cumple $0 \leq a_n \leq b_n$, entonces la serie $\sum_{n=1}^{\infty} a_n$ también converge.

Para demostrar el Criterio de comparación, sea $\sum_{n=1}^{\infty} a_n$ una serie con términos positivos, y supongamos que $\sum_{n=1}^{\infty} b_n$ es una serie convergente también de términos positivos. Además, existe un entero N tal que para todo $n \geq N$, se cumple $0 \leq a_n \leq b_n$.

Como $\sum_{n=1}^{\infty} b_n$ converge, su sucesión de sumas parciales $\{S_m\}_{m=1}^{\infty}$, donde $S_m = \sum_{n=1}^{m} b_n$, es acotada. Es decir, existe una constante $M > 0$ tal que para todo m, se tiene $S_m \leq M$.

Ahora, consideremos las sumas parciales de la serie $\sum_{n=1}^{\infty} a_n$, denotadas por $T_m = \sum_{n=1}^{m} a_n$. Para $m \geq N$, tenemos:

$$T_m = \sum_{n=1}^{m} a_n = \sum_{n=1}^{N-1} a_n + \sum_{n=N}^{m} a_n.$$

Dado que $0 \leq a_n \leq b_n$ para $n \geq N$, se sigue que:

$$\sum_{n=N}^{m} a_n \leq \sum_{n=N}^{m} b_n \leq M - \sum_{n=1}^{N-1} b_n.$$

Entonces, T_m es acotada para $m \geq N$, lo cual implica que la sucesión $\{T_m\}$ es acotada. Por el criterio de convergencia de series de términos positivos, esto implica que $\sum_{n=1}^{\infty} a_n$ converge.

Así, hemos demostrado el Criterio de comparación.

Este teorema es útil cuando podemos comparar la serie en cuestión con otra serie cuyo comportamiento ya conocemos.

■ **Example 9.9** Consideremos la serie

$$\sum_{n=1}^{\infty} \frac{1}{n^2}.$$

Sabemos que la serie $\sum_{n=1}^{\infty} \frac{1}{n^p}$ converge si $p > 1$. Dado que $p = 2 > 1$, la serie converge. ■

Además del criterio de comparación, otro método poderoso es el criterio de la razón.

> **Theorem 9.2.5 — Criterio de la razón de D'Alembert.** Sea $\sum_{n=1}^{\infty} a_n$ una serie de términos positivos. Si existe
>
> $$L = \lim_{n \to \infty} \frac{a_{n+1}}{a_n},$$
>
> entonces:
> - Si $L < 1$, la serie converge.
> - Si $L > 1$, la serie diverge.
> - Si $L = 1$, el criterio es inconcluso.

Sea $\sum_{n=1}^{\infty} a_n$ una serie de términos positivos y supongamos que existe el límite

$$L = \lim_{n \to \infty} \frac{a_{n+1}}{a_n}.$$

Consideremos los siguientes casos:

1. **Si $L < 1$:**

En este caso, existe un número r tal que $L < r < 1$. Entonces, existe un entero N tal que para todo $n \geq N$, se cumple

$$\frac{a_{n+1}}{a_n} < r.$$

Esto implica que $a_{n+1} < r a_n$ para $n \geq N$, por lo que los términos de la serie disminuyen geométricamente a partir de un cierto índice. Dado que una serie geométrica de razón $r < 1$ converge, se sigue que la serie $\sum_{n=1}^{\infty} a_n$ también converge.

2. **Si $L > 1$:**

En este caso, para algún r tal que $r < L$, existe un entero N tal que para todo $n \geq N$, se cumple

$$\frac{a_{n+1}}{a_n} > r > 1.$$

Esto significa que los términos a_n crecen sin límite a partir de un cierto punto, lo cual implica que la serie $\sum_{n=1}^{\infty} a_n$ diverge, ya que sus términos no tienden a cero.

9.2 Sucesiones geométricas: razón común y suma de la serie.

3. **Si $L = 1$:**

En este caso, el criterio de la razón no proporciona información concluyente sobre la convergencia o divergencia de la serie.

Esto concluye la demostración del Criterio de la razón de D'Alembert.

Este criterio es particularmente útil para series que involucran factoriales o potencias.

■ **Example 9.10** Analicemos la convergencia de la serie

$$\sum_{n=1}^{\infty} \frac{n!}{n^n}.$$

Calculamos

$$L = \lim_{n \to \infty} \frac{a_{n+1}}{a_n} = \lim_{n \to \infty} \frac{(n+1)!}{(n+1)^{n+1}} \cdot \frac{n^n}{n!} = \lim_{n \to \infty} \left(\frac{n}{n+1}\right)^n = \frac{1}{e} < 1.$$

Por tanto, la serie converge. ■

Otro criterio esencial es el criterio integral.

> **Theorem 9.2.6 — Criterio integral de Cauchy.** Sea $f : [1, \infty) \to \mathbb{R}$ una función continua, positiva y decreciente. Entonces, la serie $\sum_{n=1}^{\infty} f(n)$ y la integral $\int_1^{\infty} f(x)dx$ convergen o divergen simultáneamente.

Para demostrar el Criterio integral de Cauchy, sea $f : [1, \infty) \to \mathbb{R}$ una función continua, positiva y decreciente. Consideramos la serie $\sum_{n=1}^{\infty} f(n)$ y la integral impropia $\int_1^{\infty} f(x)\,dx$.

Dividimos la integral impropia en sumas parciales:

$$\int_1^{\infty} f(x)\,dx = \lim_{b \to \infty} \int_1^b f(x)\,dx.$$

Como f es decreciente, para cada entero $n \geq 1$, se cumple:

$$\int_n^{n+1} f(x)\,dx \leq f(n) \quad \text{y} \quad f(n+1) \leq \int_n^{n+1} f(x)\,dx.$$

Sumando estas desigualdades para $n = 1, 2, \ldots, N$, obtenemos:

$$\int_1^{N+1} f(x)\,dx \leq \sum_{n=1}^{N} f(n) \leq f(1) + \int_1^N f(x)\,dx.$$

Tomando el límite cuando $N \to \infty$, se obtiene:

$$\int_1^{\infty} f(x)\,dx \leq \sum_{n=1}^{\infty} f(n) \leq f(1) + \int_1^{\infty} f(x)\,dx.$$

Así, si la integral $\int_1^{\infty} f(x)\,dx$ converge, entonces la serie $\sum_{n=1}^{\infty} f(n)$ también converge. De manera similar, si la integral diverge, entonces la serie también diverge.

Esto concluye la demostración del Criterio integral de Cauchy.

Este criterio es útil cuando podemos integrar la función asociada a los términos de la serie.

- **Example 9.11** Consideremos la serie armónica

$$\sum_{n=1}^{\infty} \frac{1}{n}.$$

La función $f(x) = \frac{1}{x}$ es continua, positiva y decreciente en $[1, \infty)$. Calculamos la integral:

$$\int_1^{\infty} \frac{1}{x} dx = \lim_{b \to \infty} \ln b = \infty.$$

Como la integral diverge, la serie armónica también diverge.

En algunos casos, es útil considerar series de términos alternantes.

> **Theorem 9.2.7 — Criterio de Leibniz.** Sea $\{a_n\}$ una sucesión de números reales positivos que decrece monótonamente a cero. Entonces, la serie alternante
>
> $$\sum_{n=1}^{\infty} (-1)^{n+1} a_n$$
>
> converge.

Para demostrar el Criterio de Leibniz, sea $\{a_n\}$ una sucesión de números reales positivos que decrece monótonamente a cero, es decir, $a_{n+1} \leq a_n$ para todo n y $\lim_{n \to \infty} a_n = 0$.
Consideremos la serie alternante

$$\sum_{n=1}^{\infty} (-1)^{n+1} a_n = a_1 - a_2 + a_3 - a_4 + \ldots$$

y sus sumas parciales $S_N = \sum_{n=1}^{N} (-1)^{n+1} a_n$.
Observamos que las sumas parciales S_N forman una sucesión alternante. Además, dado que $\{a_n\}$ es decreciente y tiende a cero, la sucesión de sumas parciales $\{S_N\}$ es acotada y converge de forma monótona. Esto implica que la sucesión $\{S_N\}$ tiene un límite finito.
Por lo tanto, la serie $\sum_{n=1}^{\infty} (-1)^{n+1} a_n$ converge.
Esto concluye la demostración del Criterio de Leibniz.
Este criterio es especialmente útil para series donde los términos cambian de signo.

- **Example 9.12** La serie alternante

$$\sum_{n=1}^{\infty} \frac{(-1)^{n+1}}{n}$$

converge, ya que $\frac{1}{n}$ es decreciente y tiende a cero.

> (R) Aunque la serie armónica diverge, su versión alternante converge, lo que resalta la importancia del signo de los términos en la convergencia de una serie.

Para series más complejas, podemos utilizar el criterio de Raabe o el criterio de Cauchy.

> **Theorem 9.2.8 — Criterio de Raabe.** Sea $\sum_{n=1}^{\infty} a_n$ una serie de términos positivos. Si existe el límite
>
> $$\lim_{n \to \infty} n \left(\frac{a_n}{a_{n+1}} - 1 \right) = R,$$
>
> entonces:

9.2 Sucesiones geométricas: razón común y suma de la serie.

- Si $R > 1$, la serie converge.
- Si $R < 1$, la serie diverge.
- Si $R = 1$, el criterio es inconcluso.

Para demostrar el Criterio de Raabe, consideremos la serie $\sum_{n=1}^{\infty} a_n$ de términos positivos y supongamos que existe el límite

$$\lim_{n \to \infty} n\left(\frac{a_n}{a_{n+1}} - 1\right) = R.$$

Analizamos los tres casos según el valor de R:

1. Si $R > 1$:
En este caso, el criterio de Raabe implica que la serie $\sum_{n=1}^{\infty} a_n$ converge. Esto se debe a que, cuando $R > 1$, el término a_n decrece "suficientemente rápido" de forma que la serie converge, similar al comportamiento de una serie p-armónica con $p > 1$.

2. Si $R < 1$:
En este caso, la serie $\sum_{n=1}^{\infty} a_n$ diverge. Esto ocurre porque, cuando $R < 1$, el término a_n no decrece lo suficientemente rápido, asemejándose a una serie p-armónica con $p \leq 1$, que diverge.

3. Si $R = 1$:
En este caso, el criterio es inconcluso. No se puede determinar la convergencia o divergencia de la serie únicamente a partir de este criterio.

Con esto se concluye la demostración del Criterio de Raabe.

■ **Example 9.13** Consideremos la serie

$$\sum_{n=1}^{\infty} \frac{1}{n^p},$$

con $p > 0$. Calculamos

$$n\left(\frac{a_n}{a_{n+1}} - 1\right) = n\left(\frac{n^p}{(n+1)^p} - 1\right).$$

Para n grande,

$$\frac{n^p}{(n+1)^p} \approx \left(1 - \frac{1}{n}\right)^p \approx 1 - \frac{p}{n}.$$

Entonces,

$$n\left(\left(1 - \frac{p}{n}\right) - 1\right) = -p.$$

Por tanto, el límite es $R = p$. Si $p > 1$, $R > 1$ y la serie converge; si $p \leq 1$, $R \leq 1$ y la serie diverge.

■

Exercise 9.7 Determine la convergencia de la serie

$$\sum_{n=2}^{\infty} \frac{1}{n(\ln n)^2}.$$

> **Exercise 9.8** Estudie la convergencia de la serie
> $$\sum_{n=1}^{\infty} \frac{(-1)^{n+1}}{\sqrt{n}}.$$

Estos ejercicios permiten aplicar los criterios estudiados y profundizar en la comprensión de las series infinitas.

> (R) La resolución de series infinitas requiere no solo conocer los criterios de convergencia, sino también saber elegir el más adecuado para cada serie en particular.

A través de estos resultados y ejemplos, se evidencia la importancia del razonamiento matemático en el análisis y resolución de series infinitas, herramienta esencial en diversas ramas de la ciencia y la ingeniería.

9.3 Patrones y generalización: identificación y análisis de patrones.

9.3.1 Identificación de patrones en figuras geométricas.

La identificación de patrones en figuras geométricas es esencial para desarrollar habilidades de razonamiento matemático avanzado. Analizar estos patrones nos permite predecir comportamientos, formular conjeturas y establecer propiedades generales.

> **Definition 9.3.1** Un **patrón geométrico** es una secuencia ordenada de figuras geométricas donde cada término sigue una regla o relación específica respecto al anterior.

Entender estos patrones implica reconocer relaciones numéricas y espaciales entre las figuras.

■ **Example 9.14** Considere una secuencia de figuras formada por triángulos equiláteros donde, en cada paso, se añaden triángulos para formar una figura mayor:
1. Paso 1: Un triángulo equilátero. 2. Paso 2: Un triángulo grande compuesto por 4 triángulos equiláteros más pequeños. 3. Paso 3: Un triángulo aún mayor compuesto por 9 triángulos equiláteros más pequeños.
Observamos que el número de triángulos pequeños en cada paso forma los cuadrados perfectos 1^2, 2^2, 3^2, etc. ∎

Este ejemplo nos lleva a establecer propiedades matemáticas sobre la relación entre el número de pasos y la cantidad de triángulos.

> **Theorem 9.3.1** En la construcción descrita, el número total de triángulos equiláteros pequeños T en el paso n es $T = n^2$.

Demostración. Se observa que en cada paso n, la figura se compone de una matriz triangular de lado n, donde cada nivel añade n triángulos más pequeños. Por lo tanto, el total es la suma de los primeros n números naturales:

$$T = \sum_{k=1}^{n} k = \frac{n(n+1)}{2}.$$

Sin embargo, dado que la estructura forma un cuadrado de $n \times n$ triángulos cuando se reorganiza, concluimos que $T = n^2$. ∎

Este resultado simplifica el cálculo del número de triángulos en cualquier paso de la construcción.

9.3 Patrones y generalización: identificación y análisis de patrones.

Corollary 9.3.2 En el paso n, el perímetro P de la figura es proporcional a n, dado por $P = 3n$ unidades de longitud.

Demostración. Cada lado del triángulo grande tiene una longitud de n veces la longitud del lado del triángulo pequeño. Como un triángulo equilátero tiene tres lados, el perímetro es $P = 3n$. ∎

Es importante reconocer cómo los patrones numéricos se reflejan en propiedades geométricas.

Lema 9.3.1 En una secuencia de polígonos regulares inscritos en círculos de radio constante, el perímetro del polígono P_n tiende al perímetro de la circunferencia a medida que el número de lados n tiende a infinito.

Demostración. El perímetro de un polígono regular inscrito en una circunferencia de radio r es:

$$P_n = 2nr\sin\left(\frac{\pi}{n}\right).$$

Cuando $n \to \infty$, $\sin\left(\frac{\pi}{n}\right) \approx \frac{\pi}{n}$, por lo que:

$$P_n \approx 2nr\left(\frac{\pi}{n}\right) = 2r\pi = C,$$

donde C es el perímetro de la circunferencia. ∎

> (R) Este resultado muestra cómo las figuras poligonales pueden aproximar formas curvas mediante el incremento del número de lados, un concepto fundamental en cálculo y geometría.

Veamos un ejemplo que ilustra este concepto.

■ **Example 9.15** Calcule el perímetro de un hexágono regular inscrito en una circunferencia de radio $r = 1$ unidad.

∎

Usando la fórmula:

$$P_6 = 2 \times 6 \times 1 \times \sin\left(\frac{\pi}{6}\right) = 12 \times \frac{1}{2} = 6 \text{ unidades}.$$

El perímetro del hexágono es 6 unidades.

Para consolidar estos conceptos, presentamos los siguientes ejercicios.

> **Exercise 9.9** Considere una secuencia de figuras donde cada figura es un círculo rodeado por seis círculos tangentes del mismo radio, formando un patrón hexagonal. Si cada círculo tiene radio r, encuentre la relación entre el radio del círculo central y el perímetro total de la figura formada. ∎

> **Exercise 9.10** Una espiral cuadrada se construye agregando cuadrados consecutivos alrededor de un cuadrado inicial de lado a. Cada cuadrado nuevo tiene un lado que es una constante multiplicativa del anterior. Si la constante es $k > 0$, encuentre la expresión para el perímetro total después de n cuadrados añadidos. ∎

Estos ejercicios permiten aplicar el análisis de patrones geométricos para resolver problemas complejos y desarrollar un pensamiento matemático más profundo.

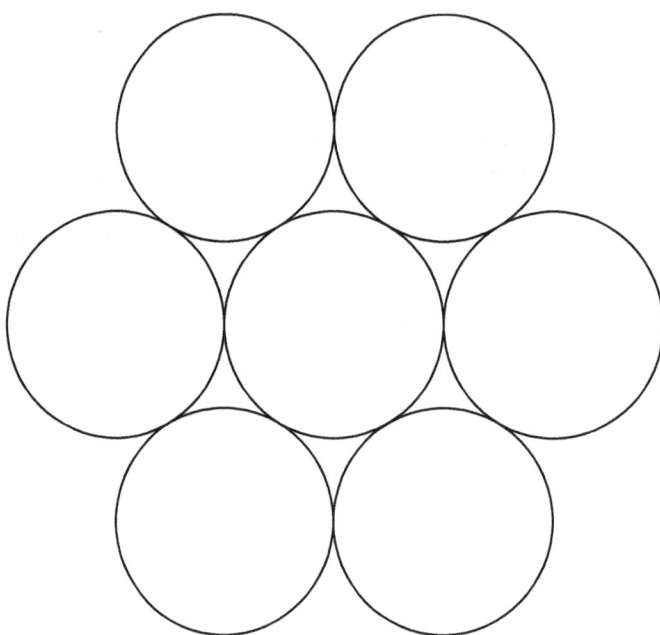

Figura 9.3.1: *Patrón de círculos tangentes formando una estructura hexagonal.*

9.3.2 Generalización de patrones numéricos.

La generalización de patrones numéricos es una habilidad fundamental en matemáticas que permite identificar regularidades y formular conjeturas que pueden ser probadas rigurosamente. A través del razonamiento matemático, es posible extender patrones observados en casos particulares a formulaciones generales que aplican en contextos más amplios.

> **Definition 9.3.2** Un *patrón numérico* es una secuencia o arreglo de números que siguen una regla o relación específica. La *generalización* de un patrón numérico implica encontrar una expresión matemática que describa esa regla para cualquier término en la secuencia.

Para ilustrar cómo generalizar patrones numéricos, consideremos secuencias definidas por relaciones recurrentes o fórmulas explícitas.

■ **Example 9.16** Considere la secuencia de números naturales impares: $1, 3, 5, 7, 9, \ldots$. El patrón es que cada número es dos unidades mayor que el anterior. La generalización de este patrón es $a_n = 2n - 1$, donde n es un número natural. ■

La capacidad de generalizar patrones numéricos nos lleva al estudio de sucesiones y series, y al desarrollo de fórmulas generales que describen su comportamiento.

> **Theorem 9.3.3** Sea $\{a_n\}$ una sucesión definida por $a_n = kn + b$, donde k y b son constantes reales. Entonces, $\{a_n\}$ es una *progresión aritmética* con diferencia común $d = k$.

Para demostrar que $\{a_n\}$ es una progresión aritmética, consideremos la sucesión definida por $a_n = kn + b$, donde k y b son constantes reales.
En una progresión aritmética, la diferencia común d entre términos consecutivos debe ser constante. Verifiquemos esto calculando la diferencia entre términos consecutivos de $\{a_n\}$:

$$a_{n+1} - a_n = (k(n+1) + b) - (kn + b).$$

Simplificando, obtenemos:

$$a_{n+1} - a_n = kn + k + b - kn - b = k.$$

9.3 Patrones y generalización: identificación y análisis de patrones.

Esta diferencia es constante e igual a k, lo cual muestra que $\{a_n\}$ es una progresión aritmética con diferencia común $d = k$.

Esto concluye la demostración.

Este teorema muestra cómo una fórmula general puede describir un patrón numérico lineal, lo cual es una herramienta poderosa para analizar y predecir comportamientos en secuencias.

Lema 9.3.2 Sea $\{a_n\}$ una sucesión definida por $a_n = r^{n-1}a_1$, donde $r \neq 0$ es una constante real. Entonces, $\{a_n\}$ es una *progresión geométrica* con razón común r.

Demostración. En una progresión geométrica, el cociente entre términos consecutivos es constante. Calculamos $\frac{a_{n+1}}{a_n} = \frac{r^n a_1}{r^{n-1} a_1} = r$, que es constante para todo n. Por lo tanto, $\{a_n\}$ es una progresión geométrica con razón común r. ■

La generalización de patrones numéricos también involucra secuencias más complejas, como las definidas por relaciones recursivas.

■ **Example 9.17** La sucesión de Fibonacci está definida por la relación recurrente $F_n = F_{n-1} + F_{n-2}$, con $F_1 = 1$ y $F_2 = 1$. La generalización de este patrón numérico es la fórmula explícita conocida como *fórmula de Binet*:

$$F_n = \frac{\varphi^n - \psi^n}{\varphi - \psi},$$

donde $\varphi = \frac{1+\sqrt{5}}{2}$ y $\psi = \frac{1-\sqrt{5}}{2}$. ■

Esta generalización permite calcular cualquier término de la sucesión sin recurrir a los anteriores.

Theorem 9.3.4 Sea $\{a_n\}$ una sucesión definida por una relación lineal de recurrencia de orden k:

$$a_n = c_1 a_{n-1} + c_2 a_{n-2} + \cdots + c_k a_{n-k},$$

donde c_i son constantes y $n > k$. Entonces, la solución general de la sucesión es una combinación lineal de funciones exponenciales de la forma $a_n = \sum_{i=1}^{k} \lambda_i r_i^n$, donde r_i son las raíces de la ecuación característica asociada.

Para demostrar este teorema, consideremos la sucesión $\{a_n\}$ definida por una relación de recurrencia lineal de orden k:

$$a_n = c_1 a_{n-1} + c_2 a_{n-2} + \cdots + c_k a_{n-k},$$

donde c_i son constantes y $n > k$.

Para resolver esta recurrencia, planteamos una solución de la forma $a_n = r^n$, donde r es una constante a determinar. Sustituyendo en la relación de recurrencia, obtenemos

$$r^n = c_1 r^{n-1} + c_2 r^{n-2} + \cdots + c_k r^{n-k}.$$

Dividiendo ambos lados por r^{n-k} (asumiendo que $r \neq 0$), se obtiene la **ecuación característica** asociada:

$$r^k = c_1 r^{k-1} + c_2 r^{k-2} + \cdots + c_k.$$

Esta es una ecuación polinómica de grado k en r. Denotemos por $r_1, r_2, \ldots, r_k$ las raíces de esta ecuación característica, que pueden ser reales o complejas y tener multiplicidad.

La solución general de la relación de recurrencia depende de estas raíces. Si las raíces son distintas, la solución general es una combinación lineal de las potencias de las raíces:

$$a_n = \lambda_1 r_1^n + \lambda_2 r_2^n + \cdots + \lambda_k r_k^n,$$

donde $\lambda_1, \lambda_2, \ldots, \lambda_k$ son constantes determinadas por las condiciones iniciales de la sucesión. Si alguna raíz tiene multiplicidad $m > 1$, entonces los términos correspondientes en la solución general se multiplican por potencias crecientes de n hasta n^{m-1}.

Así, la solución general de la sucesión es una combinación lineal de términos de la forma $a_n = \sum_{i=1}^{k} \lambda_i r_i^n$, donde r_i son las raíces de la ecuación característica asociada. Esto concluye la demostración.

Este teorema generaliza el patrón numérico definido por una relación de recurrencia lineal, permitiendo encontrar fórmulas explícitas para las sucesiones.

> (R) La identificación y generalización de patrones numéricos pueden extenderse a patrones multidimensionales y a estructuras más complejas, como series de potencias y funciones generadoras.

La generalización de patrones numéricos no solo se limita a sucesiones, sino que también puede aplicarse a sumas y productos.

Corollary 9.3.5 La suma de los primeros n números naturales es:

$$S_n = \sum_{k=1}^{n} k = \frac{n(n+1)}{2}.$$

Demostración. La demostración clásica considera sumar la serie en orden ascendente y descendente y luego sumarlas término a término:

$$S_n + S_n = (1+n) + (2+(n-1)) + \cdots + (n+1) = n(n+1).$$

Por lo tanto, $2S_n = n(n+1)$ y despejando S_n obtenemos la fórmula. ∎

Esta fórmula generaliza el patrón numérico de la suma de números naturales y es útil en diversos cálculos matemáticos.

Exercise 9.11 Encuentre una expresión general para la suma de los primeros n cuadrados de números naturales:

$$S_n = \sum_{k=1}^{n} k^2.$$

Exercise 9.12 Demuestre que la suma de los primeros n términos de una progresión geométrica con razón común $r \neq 1$ es:

$$S_n = \sum_{k=0}^{n-1} ar^k = a\left(\frac{r^n - 1}{r - 1}\right).$$

Estos ejercicios permiten aplicar el razonamiento matemático para generalizar patrones numéricos y derivar fórmulas generales que describen el comportamiento de secuencias y series.

9.4 Ejercicios Resueltos

La habilidad para generalizar patrones numéricos es esencial en matemáticas, ya que facilita la comprensión profunda de estructuras y relaciones, y es fundamental en áreas como el álgebra, la teoría de números y la combinatoria.

Al explorar y generalizar patrones numéricos, desarrollamos un pensamiento matemático más robusto y una mayor capacidad para resolver problemas complejos.

9.4 Ejercicios Resueltos

Exercise 9.13 Encuentra el término general de una sucesión aritmética donde el primer término es $a_1 = 4$ y la diferencia común es $d = 3$. Calcula el décimo término de la sucesión.

Demostración. El término general de una sucesión aritmética se define como:

$$a_n = a_1 + (n-1)d.$$

Sustituyendo los valores dados:

$$a_{10} = 4 + (10-1) \cdot 3 = 4 + 9 \cdot 3 = 4 + 27 = 31.$$

Por lo tanto, el décimo término es $a_{10} = 31$. ∎

Exercise 9.14 Calcula la suma de los primeros 15 términos de una progresión aritmética donde el primer término es $a_1 = 7$ y la diferencia común es $d = 5$.

Demostración. La fórmula para la suma de los primeros n términos de una progresión aritmética es:

$$S_n = \frac{n}{2}(2a_1 + (n-1)d).$$

Sustituyendo los valores dados:

$$S_{15} = \frac{15}{2}(2 \cdot 7 + (15-1) \cdot 5) = \frac{15}{2}(14 + 70) = \frac{15}{2} \cdot 84 = 15 \cdot 42 = 630.$$

Por lo tanto, la suma de los primeros 15 términos es $S_{15} = 630$. ∎

Exercise 9.15 Determina el valor de la suma infinita de una serie geométrica cuyo primer término es $a = 8$ y la razón común es $r = \frac{1}{2}$.

Demostración. La fórmula para la suma infinita de una serie geométrica es:

$$S = \frac{a}{1-r},$$

donde $|r| < 1$. Sustituyendo los valores dados:

$$S = \frac{8}{1 - \frac{1}{2}} = \frac{8}{\frac{1}{2}} = 8 \cdot 2 = 16.$$

Por lo tanto, la suma infinita de la serie es $S = 16$. ∎

Exercise 9.16 En una sucesión geométrica, el segundo término es 12 y el cuarto término es 48. Encuentra el primer término y la razón común de la sucesión.

Demostración. Sea el primer término a y la razón común r. Sabemos que:

$$a_2 = a \cdot r = 12 \quad \text{y} \quad a_4 = a \cdot r^3 = 48.$$

Dividiendo la segunda ecuación entre la primera:

$$\frac{a \cdot r^3}{a \cdot r} = \frac{48}{12} \Rightarrow r^2 = 4 \Rightarrow r = 2.$$

Sustituyendo $r = 2$ en la primera ecuación:

$$a \cdot 2 = 12 \Rightarrow a = 6.$$

Por lo tanto, el primer término es $a = 6$ y la razón común es $r = 2$. ∎

Exercise 9.17 En una secuencia de números naturales impares $1, 3, 5, 7, 9, \ldots$, encuentra el término general de la secuencia y calcula el vigésimo término.

Demostración. Observamos que cada término de la secuencia es un número impar y aumenta en 2 con respecto al término anterior. El primer término es 1, y la diferencia común es $d = 2$. La fórmula del término general es:

$$a_n = a_1 + (n-1)d.$$

Sustituyendo $a_1 = 1$ y $d = 2$:

$$a_n = 1 + (n-1) \cdot 2 = 1 + 2n - 2 = 2n - 1.$$

Para el vigésimo término:

$$a_{20} = 2 \cdot 20 - 1 = 40 - 1 = 39.$$

Por lo tanto, el vigésimo término es $a_{20} = 39$. ∎

9.5 Ejercicios Propuestos

9.5.1 Sucesiones aritméticas: fórmula del término general y suma de términos

Exercise 9.18 Encuentra el término general de una sucesión aritmética donde el primer término es 3 y la diferencia común es 5.

Exercise 9.19 En una sucesión aritmética, el quinto término es 18 y el décimo término es 33. Encuentra el primer término y la diferencia común.

Exercise 9.20 Calcula la suma de los primeros 15 términos de una progresión aritmética con primer término 7 y diferencia común 4.

Exercise 9.21 Si en una sucesión aritmética la suma de los primeros n términos es 150 y la diferencia común es 2, encuentra el valor de n si el primer término es 3.

9.5 Ejercicios Propuestos

Exercise 9.22 Una progresión aritmética tiene 20 términos, el primer término es 6 y el último término es 56. Calcula la suma de todos los términos.

9.5.2 Sucesiones geométricas: razón común y suma de la serie

Exercise 9.23 Determina el término general de una sucesión geométrica donde el primer término es 5 y la razón común es 3.

Exercise 9.24 En una sucesión geométrica, el segundo término es 12 y el cuarto término es 48. Encuentra el primer término y la razón común.

Exercise 9.25 Calcula la suma de los primeros 8 términos de una sucesión geométrica con primer término 2 y razón común 3.

Exercise 9.26 Encuentra el valor de la suma infinita de una serie geométrica cuyo primer término es 4 y la razón común es $\frac{1}{2}$.

Exercise 9.27 Si en una sucesión geométrica el tercer término es 16 y el sexto término es 128, encuentra la razón común y el primer término.

9.5.3 Patrones y generalización: identificación y análisis de patrones

Exercise 9.28 Identifica el patrón y encuentra el término general de la secuencia: $2, 5, 10, 17, 26, \ldots$

Exercise 9.29 Observa la secuencia de figuras formadas por triángulos equiláteros donde el primer paso tiene 1 triángulo, el segundo paso tiene 4 triángulos, el tercer paso tiene 9 triángulos, y así sucesivamente. Encuentra el número de triángulos en el décimo paso.

Exercise 9.30 Generaliza el patrón de la secuencia $3, 7, 15, 31, 63, \ldots$ y encuentra el término general.

Exercise 9.31 En una espiral de cuadrados donde cada cuadrado tiene un lado que es el doble del anterior, encuentra el área del décimo cuadrado si el primer cuadrado tiene un lado de 1 unidad.

Exercise 9.32 Determina una fórmula general para la suma de los primeros n términos de una progresión aritmética cuyo primer término es a y cuya diferencia común es d.

10 Modelación Matemática 233
10.1 Ecuaciones lineales: planteamiento de problemas y modelado.
10.2 Resolución gráfica y algebraica: representación en el plano cartesiano.
10.3 Sistemas de ecuaciones: solución mediante sustitución y eliminación.
10.4 Ejercicios Resueltos
10.5 Ejercicios Propuestos

11 Modelación con Ecuaciones Cuadráticas 257
11.1 Ecuaciones cuadráticas: factorización y fórmula general.
11.2 Aplicaciones prácticas: problemas que involucran áreas y trayectorias.
11.3 Gráfica de funciones cuadráticas: vértice, eje de simetría y raíces.
11.4 Ejercicios Resueltos
11.5 Ejercicios Propuestos

12 Modelación Matemática con Inecuaciones 279
12.1 Inecuaciones lineales y cuadráticas: resolución y representación en la recta numérica.
12.2 Intervalos y notación: definición de intervalos y desigualdades.
12.3 Aplicaciones: problemas de optimización con restricciones.
12.4 Ejercicios Resueltos
12.5 Ejercicios Propuestos

10. Modelación Matemática

10.1 Ecuaciones lineales: planteamiento de problemas y modelado.

10.1.1 Problemas de movimiento y velocidad.

Los problemas de movimiento y velocidad son fundamentales en el estudio de ecuaciones lineales, ya que permiten modelar situaciones donde objetos se desplazan a velocidades constantes. A través del razonamiento algebraico, podemos establecer relaciones entre distancia, velocidad y tiempo, facilitando la solución de problemas prácticos y teóricos.

> **Definition 10.1.1** La *velocidad constante* es la razón entre la distancia recorrida y el tiempo empleado cuando dicha razón permanece invariable. Matemáticamente, se expresa como:
> $$v = \frac{d}{t},$$
> donde v es la velocidad, d es la distancia y t es el tiempo.

Esta relación básica nos permite plantear ecuaciones lineales para describir el movimiento de objetos que viajan a velocidad constante.

■ **Example 10.1** Un automóvil recorre una distancia de 180 km en 3 horas a velocidad constante. ¿Cuál es su velocidad?
Aplicamos la fórmula:
$$v = \frac{d}{t} = \frac{180 \text{ km}}{3 \text{ h}} = 60 \text{ km/h}.$$

■

Cuando dos objetos se mueven simultáneamente, podemos modelar sus movimientos con ecuaciones lineales y analizar sus interacciones.

> **Theorem 10.1.1** Si dos objetos se mueven en sentidos opuestos con velocidades constantes

v_1 y v_2, la distancia total D entre ellos después de un tiempo t es:

$$D = (v_1 + v_2)t.$$

Para demostrar esta afirmación, consideremos dos objetos que se mueven en sentidos opuestos con velocidades constantes v_1 y v_2, partiendo desde una posición inicial en la que están a una distancia cero entre sí.

Después de un tiempo t:
- El primer objeto recorre una distancia $d_1 = v_1 t$. - El segundo objeto recorre una distancia $d_2 = v_2 t$. Como se mueven en sentidos opuestos, la distancia total D entre ellos es la suma de las distancias recorridas por cada uno:

$$D = d_1 + d_2 = v_1 t + v_2 t = (v_1 + v_2)t.$$

Esto concluye la demostración.

Este teorema es útil para calcular distancias o tiempos cuando dos objetos se alejan o se acercan entre sí.

■ **Example 10.2** Dos trenes salen de una estación al mismo tiempo en direcciones opuestas. Uno viaja a 80 km/h y el otro a 100 km/h. ¿Qué distancia habrá entre ellos después de 2 horas?

$$D = (80 \text{ km/h} + 100 \text{ km/h}) \times 2 \text{ h} = 180 \text{ km/h} \times 2 \text{ h} = 360 \text{ km}.$$

■

Cuando los objetos se mueven en la misma dirección, la distancia que los separa cambia en función de la diferencia de sus velocidades.

Corollary 10.1.2 Si un objeto A persigue a un objeto B que tiene una ventaja inicial de d kilómetros y se mueven en la misma dirección con velocidades constantes $v_A > v_B$, el tiempo t que tarda A en alcanzar a B es:

$$t = \frac{d}{v_A - v_B}.$$

Para demostrar este corolario, consideremos que el objeto B tiene una ventaja inicial de d kilómetros sobre el objeto A, y ambos se mueven en la misma dirección con velocidades constantes v_A y v_B, donde $v_A > v_B$.

Sea t el tiempo que tarda el objeto A en alcanzar al objeto B. Durante este tiempo, ambos objetos habrán recorrido la misma distancia desde el punto en que A comenzó su persecución hasta el punto de encuentro. Para que A alcance a B, la distancia recorrida por A debe superar la ventaja inicial d. La distancia recorrida por A en el tiempo t es $v_A t$, y la distancia recorrida por B en el mismo tiempo es $v_B t$. Al alcanzar B, la distancia adicional que A recorre respecto a B es precisamente d. Esto se expresa como:

$$v_A t - v_B t = d.$$

Factorizando t, tenemos:

$$t(v_A - v_B) = d.$$

Despejando t, se obtiene:

$$t = \frac{d}{v_A - v_B}.$$

Esto concluye la demostración.

10.1 Ecuaciones lineales: planteamiento de problemas y modelado.

■ **Example 10.3** Un corredor que puede correr a 12 km/h intenta alcanzar a otro que corre a 10 km/h y que comenzó a correr 15 minutos antes. ¿Cuánto tiempo le tomará alcanzarlo?
Primero, convertimos 15 minutos a horas: $t_0 = \frac{15}{60} = 0{,}25$ h.
La ventaja en distancia es:

$$d = v_B t_0 = 10 \text{ km/h} \times 0{,}25 \text{ h} = 2{,}5 \text{ km}.$$

El tiempo para alcanzar al corredor es:

$$t = \frac{d}{v_A - v_B} = \frac{2{,}5 \text{ km}}{12 \text{ km/h} - 10 \text{ km/h}} = \frac{2{,}5}{2} = 1{,}25 \text{ h}.$$

■

(R) Al resolver problemas de movimiento y velocidad, es crucial mantener consistencia en las unidades de medida y establecer claramente las variables y ecuaciones involucradas.

La comprensión de estos conceptos permite modelar situaciones más complejas y desarrollar habilidades en el planteamiento y resolución de ecuaciones lineales.

> Exercise 10.1 Un ciclista sale de un punto A hacia un punto B a una velocidad constante de 20 km/h. Dos horas más tarde, otro ciclista sale de A en la misma dirección a 30 km/h. ¿A qué distancia de A alcanzará el segundo ciclista al primero?

> Exercise 10.2 Dos barcos salen del mismo puerto al mismo tiempo. Uno navega hacia el norte a 15 km/h y el otro hacia el este a 20 km/h. ¿A qué distancia estarán entre sí después de 3 horas?

Estos ejercicios proporcionan práctica adicional en la aplicación de ecuaciones lineales a problemas de movimiento y velocidad, fortaleciendo el razonamiento matemático y la habilidad para modelar situaciones reales.

10.1.2 Problemas con costos y precios.

Los problemas relacionados con costos y precios son fundamentales en matemáticas aplicadas, especialmente en economía y finanzas. A través del planteamiento de ecuaciones lineales, podemos modelar situaciones que involucran costos de producción, precios de venta, ganancias y pérdidas, permitiendo así una comprensión profunda y la toma de decisiones informadas.

> **Definition 10.1.2** El *costo total* C de producción es la suma de los costos fijos C_f y los costos variables C_v. Matemáticamente, se expresa como:
>
> $$C = C_f + C_v.$$

Los costos fijos son aquellos que no dependen del nivel de producción, como el alquiler de un local o los salarios administrativos. Los costos variables dependen directamente de la cantidad producida, como materia prima o mano de obra directa.

> **Definition 10.1.3** El *ingreso total* I es el producto del precio de venta p por la cantidad de unidades vendidas q:
>
> $$I = p \times q.$$

El análisis del ingreso total es crucial para determinar la rentabilidad de un producto o servicio.

Theorem 10.1.3 El *punto de equilibrio* se alcanza cuando el ingreso total es igual al costo total. Es decir:

$$I = C \implies p \times q = C_f + C_v.$$

Para demostrar esta afirmación, consideremos el concepto de **punto de equilibrio**, que se alcanza cuando el ingreso total I es igual al costo total C.

Sea:
- p el precio de venta por unidad, - q la cantidad de unidades vendidas, - C_f el costo fijo total (costos que no dependen de la cantidad producida), - C_v el costo variable total (costos que dependen de la cantidad producida).

El ingreso total I está dado por:

$$I = p \times q.$$

El costo total C es la suma de los costos fijos y los costos variables:

$$C = C_f + C_v.$$

Para el punto de equilibrio, se requiere que $I = C$. Esto implica:

$$p \times q = C_f + C_v.$$

De este modo, el punto de equilibrio se alcanza cuando el ingreso total iguala al costo total, confirmando la afirmación.

Esto concluye la demostración.

Este teorema es fundamental para las empresas, ya que conocer el punto de equilibrio permite establecer objetivos de ventas y estrategias de precios.

■ **Example 10.4** Una empresa tiene costos fijos de $10,000 y costos variables de $50 por unidad producida. Si el precio de venta es de $100 por unidad, ¿cuántas unidades debe vender para alcanzar el punto de equilibrio?

Aplicamos el teorema del punto de equilibrio:

$$p \times q = C_f + C_v \implies 100q = 10,000 + 50q.$$

Despejamos q:

$$100q - 50q = 10,000 \implies 50q = 10,000 \implies q = 200.$$

Por lo tanto, la empresa debe vender 200 unidades para alcanzar el punto de equilibrio. ■

Lema 10.1.1 El *beneficio* B obtenido es la diferencia entre el ingreso total y el costo total:

$$B = I - C = pq - (C_f + C_v).$$

Demostración. El beneficio representa las ganancias netas después de cubrir todos los costos asociados con la producción y venta de los bienes o servicios. ∎

10.1 Ecuaciones lineales: planteamiento de problemas y modelado.

Corollary 10.1.4 Para maximizar el beneficio, es necesario maximizar la diferencia $pq - (C_f + C_v)$. Si los costos fijos y variables son constantes, el beneficio máximo se logra incrementando q y/o p, considerando las limitaciones del mercado y la demanda.

(R) Es importante tener en cuenta la elasticidad de la demanda al ajustar precios, ya que un aumento en el precio podría reducir la cantidad vendida, afectando negativamente el ingreso total y, por ende, el beneficio.

■ **Example 10.5** Supongamos que una empresa puede vender hasta 500 unidades de su producto al precio actual de $80. Los costos fijos son $8,000 y los costos variables son $40 por unidad. ¿Cuál es el beneficio si se venden todas las unidades posibles?
Calculamos el ingreso total:

$$I = p \times q = 80 \times 500 = \$40,000.$$

Calculamos el costo total:

$$C = C_f + C_v = 8,000 + (40 \times 500) = 8,000 + 20,000 = \$28,000.$$

El beneficio es:

$$B = I - C = 40,000 - 28,000 = \$12,000.$$

■

Este ejemplo muestra cómo aplicar las fórmulas para determinar el beneficio en función de los costos y el precio de venta.

Theorem 10.1.5 Si se desea obtener un beneficio objetivo B_0, la cantidad mínima de unidades q que se deben vender es:

$$q = \frac{C_f + B_0}{p - c_v},$$

donde c_v es el costo variable por unidad.

Para demostrar esta afirmación, consideremos que deseamos obtener un beneficio objetivo B_0. Esto significa que el ingreso total debe exceder al costo total en una cantidad igual a B_0.
Sea:
- p el precio de venta por unidad, - q la cantidad de unidades vendidas, - C_f el costo fijo total, - c_v el costo variable por unidad.
El ingreso total I al vender q unidades es:

$$I = p \times q.$$

El costo total C es la suma de los costos fijos y los costos variables:

$$C = C_f + c_v \times q.$$

Para alcanzar un beneficio objetivo B_0, el ingreso total menos el costo total debe ser igual a B_0:

$$I - C = B_0.$$

Sustituyendo las expresiones para I y C, obtenemos:

$$p \times q - (C_f + c_v \times q) = B_0.$$

Reorganizando términos, tenemos:

$$(p - c_v)q = C_f + B_0.$$

Despejando q, se obtiene:

$$q = \frac{C_f + B_0}{p - c_v}.$$

Esto concluye la demostración.

> **Exercise 10.3** Una compañía desea obtener un beneficio de $15,000. Sus costos fijos son $5,000, el costo variable por unidad es $25 y el precio de venta es $75 por unidad. ¿Cuántas unidades debe vender para lograr este beneficio? ■

> **Exercise 10.4** Una tienda ofrece un descuento del 10% sobre el precio de venta de un producto que inicialmente cuesta $200. Si el costo variable por unidad es $120 y los costos fijos son $4,000, ¿cuántas unidades debe vender para alcanzar el punto de equilibrio? ■

Estos ejercicios permiten practicar la aplicación de ecuaciones lineales en contextos de costos y precios, reforzando el razonamiento matemático y la habilidad para modelar y resolver problemas reales.

> (R) La comprensión de cómo los costos y precios interactúan es esencial no solo en matemáticas, sino también en economía y negocios. El uso de ecuaciones lineales para modelar estas relaciones proporciona una herramienta poderosa para el análisis y la toma de decisiones estratégicas.

A través de estos conceptos y ejemplos, se evidencia la importancia del razonamiento algebraico en la modelación de situaciones prácticas, permitiendo optimizar recursos y maximizar beneficios en diversos contextos empresariales.

10.2 Resolución gráfica y algebraica: representación en el plano cartesiano.

10.2.1 Gráficas de ecuaciones de primer grado.

Las ecuaciones de primer grado, también conocidas como ecuaciones lineales, son fundamentales en matemáticas y tienen representaciones gráficas que son rectas en el plano cartesiano. Comprender cómo graficar estas ecuaciones y analizar sus propiedades es esencial para el razonamiento matemático y para aplicaciones en diversas áreas.

> **Definition 10.2.1** Una *ecuación lineal* en dos variables x e y es una ecuación de la forma:
>
> $$ax + by + c = 0,$$
>
> donde a, b y c son constantes reales, y al menos uno de a o b es diferente de cero.

Esta forma general puede manipularse para obtener distintas representaciones que facilitan su graficación y análisis.

> **Theorem 10.2.1** La gráfica de una ecuación lineal en dos variables es una línea recta en el plano cartesiano.

Demostración. Consideremos la ecuación $ax + by + c = 0$. Para cualquier valor de x, podemos resolver y (si $b \neq 0$) y obtener un par ordenado (x, y) que satisface la ecuación. La colección de todos estos pares ordenados forma una línea recta, ya que la relación entre x e y es lineal. De manera similar, si $a \neq 0$, podemos resolver para x en términos de y. ■

10.2 Resolución gráfica y algebraica: representación en el plano cartesiano.

Para graficar una ecuación lineal, es común utilizar la forma pendiente-intersección.

Definition 10.2.2 La *forma pendiente-intersección* de una ecuación lineal es:

$$y = mx + b,$$

donde m es la *pendiente* de la recta y b es el *intercepto* en el eje y.

Esta forma es especialmente útil para graficar rápidamente una recta, ya que b indica dónde la recta cruza el eje y, y m indica la inclinación de la recta.

■ **Example 10.6** Grafiquemos la ecuación lineal $y = 2x + 1$.

La pendiente es $m = 2$, y el intercepto es $b = 1$. Esto significa que la recta cruza el eje y en el punto $(0, 1)$ y tiene una pendiente que indica que por cada unidad que x incrementa, y incrementa en 2 unidades.

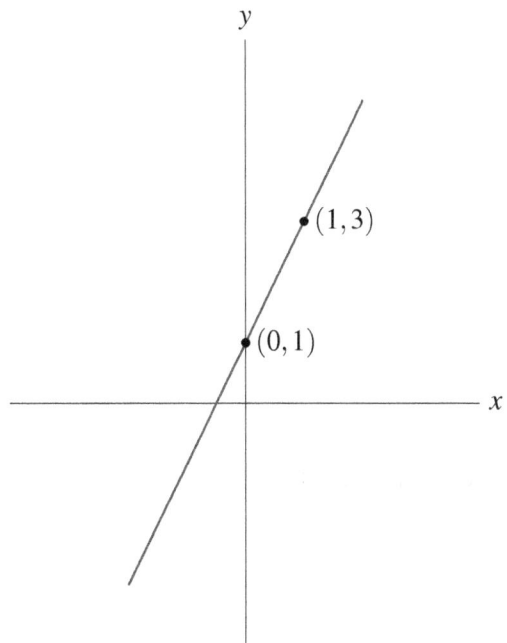

Figura 10.2.1: *Gráfica de la ecuación* $y = 2x + 1$.

■

Definition 10.2.3 La *pendiente* m de una recta que pasa por dos puntos (x_1, y_1) y (x_2, y_2) es:

$$m = \frac{y_2 - y_1}{x_2 - x_1},$$

si $x_2 \neq x_1$.

La pendiente indica la inclinación y dirección de la recta: si $m > 0$, la recta es ascendente; si $m < 0$, es descendente; si $m = 0$, es horizontal; y si m es indefinida (cuando $x_2 = x_1$), la recta es vertical.

Theorem 10.2.2 Dos rectas son paralelas si y solo si tienen la misma pendiente, es decir, $m_1 = m_2$.

Demostración. Para demostrar esta afirmación, consideremos dos rectas con pendientes m_1 y m_2.
1. Si las rectas son paralelas, entonces $m_1 = m_2$:
Dos rectas son paralelas si no se intersectan en ningún punto. Si ambas rectas tienen la misma

pendiente, sus inclinaciones son iguales, lo que implica que se extienden en la misma dirección sin nunca cruzarse. Esto significa que si las rectas son paralelas, necesariamente $m_1 = m_2$.

2. Si $m_1 = m_2$, entonces las rectas son paralelas:

Si dos rectas tienen la misma pendiente, entonces tienen la misma inclinación y dirección. Esto implica que las rectas son paralelas, ya que nunca se intersectarán.

Por lo tanto, dos rectas son paralelas si y solo si $m_1 = m_2$, lo que concluye la demostración. ∎

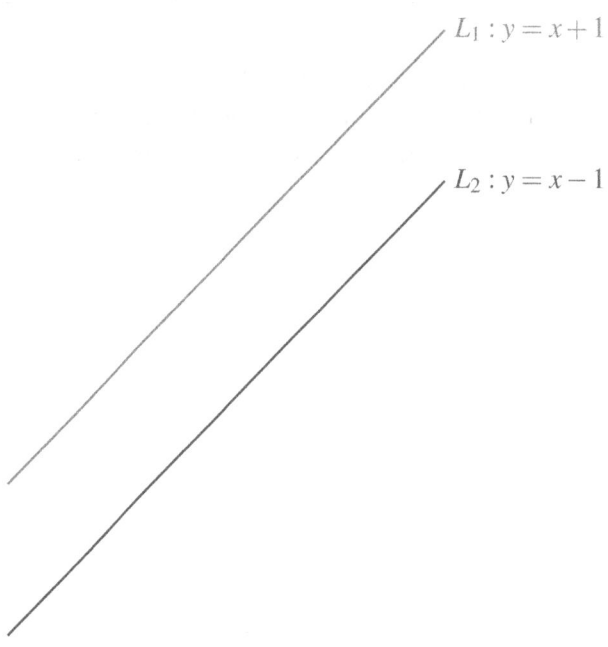

Theorem 10.2.3 Dos rectas son perpendiculares si y solo si el producto de sus pendientes es -1, es decir, $m_1 \cdot m_2 = -1$.

Demostración. Para demostrar esta afirmación, consideremos dos rectas con pendientes m_1 y m_2.

1. Si las rectas son perpendiculares, entonces $m_1 \cdot m_2 = -1$:

Dos rectas son perpendiculares si el ángulo entre ellas es de 90°. Si una recta tiene pendiente m_1, entonces una recta perpendicular a ella debe tener una pendiente m_2 tal que el producto $m_1 \cdot m_2$ sea -1. Esto se debe a la relación geométrica de las pendientes de rectas perpendiculares en el plano cartesiano.

2. Si $m_1 \cdot m_2 = -1$, entonces las rectas son perpendiculares:

Si $m_1 \cdot m_2 = -1$, las rectas tienen pendientes inversas y de signo opuesto, lo que implica que el ángulo entre ellas es de 90°, es decir, las rectas son perpendiculares.

Por lo tanto, dos rectas son perpendiculares si y solo si $m_1 \cdot m_2 = -1$, lo que concluye la demostración. ∎

■ **Example 10.7** Determine si las rectas $y = 3x + 2$ y $y = -\frac{1}{3}x + 5$ son perpendiculares.
Las pendientes son $m_1 = 3$ y $m_2 = -\frac{1}{3}$. Calculamos el producto:

$$m_1 m_2 = 3\left(-\frac{1}{3}\right) = -1.$$

Por lo tanto, las rectas son perpendiculares.

■

10.2 Resolución gráfica y algebraica: representación en el plano cartesiano.

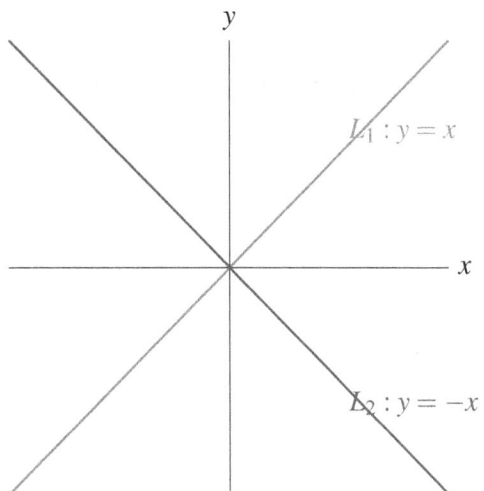

Figura 10.2.2: *Dos rectas perpendiculares: L_1 y L_2*

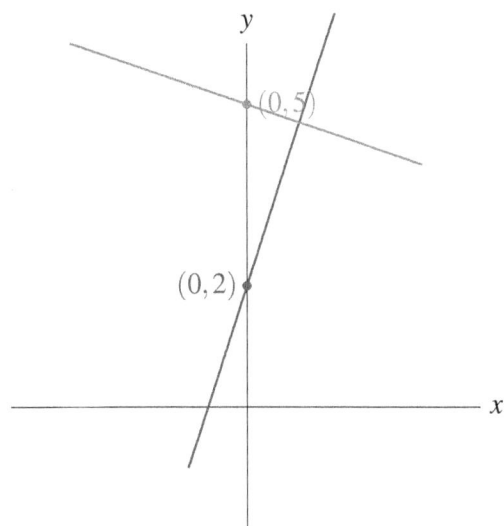

Figura 10.2.3: *Gráficas de las rectas $y = 3x + 2$ y $y = -\frac{1}{3}x + 5$.*

(R) La comprensión de las propiedades de las pendientes y su relación con la orientación de las rectas es crucial para analizar gráficamente ecuaciones lineales y resolver problemas geométricos.

Además de la forma pendiente-intersección, otra representación útil es la forma general.

Definition 10.2.4 La *forma general* de una ecuación de recta es:

$$Ax + By + C = 0,$$

donde A, B y C son constantes y A y B no son ambos cero.

Esta forma es conveniente para ciertos cálculos algebraicos y para determinar intersecciones con los ejes.

Lema 10.2.1 La intersección de una recta con el eje x ocurre cuando $y = 0$, y con el eje y cuando $x = 0$.

Demostración. Para encontrar la intersección con el eje x, establecemos $y = 0$ en la ecuación de la recta y resolvemos para x. Similarmente, para la intersección con el eje y, establecemos $x = 0$ y resolvemos para y.

■ **Example 10.8** Encuentre las intersecciones con los ejes de la recta $3x - 2y + 6 = 0$.
Para el eje x ($y = 0$):

$$3x + 6 = 0 \implies x = -2.$$

Intersección en $(-2, 0)$.
Para el eje y ($x = 0$):

$$-2y + 6 = 0 \implies y = 3.$$

Intersección en $(0, 3)$.

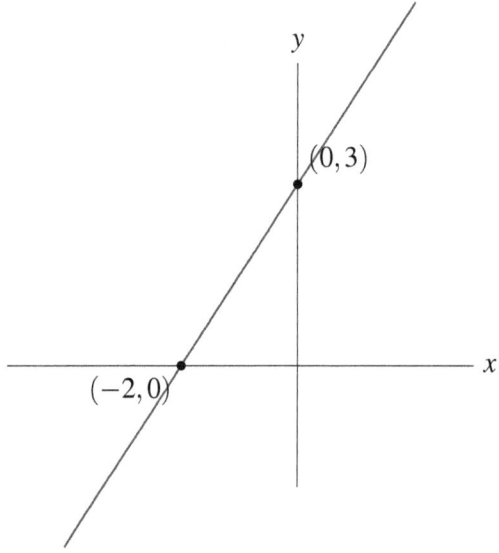

Figura 10.2.4: *Gráfica de la recta $3x - 2y + 6 = 0$ y sus intersecciones con los ejes.*

Exercise 10.5 Determine la ecuación de la recta que pasa por los puntos $(1, 4)$ y $(3, 0)$. Grafíquela y encuentre su intersección con el eje x.

Exercise 10.6 Verifique si las rectas dadas por las ecuaciones $2x + 3y - 6 = 0$ y $4x + 6y - 12 = 0$ son coincidentes, paralelas o se intersectan. Justifique su respuesta y grafíquelas.

La representación gráfica de ecuaciones de primer grado es una herramienta esencial que permite visualizar relaciones lineales y resolver problemas geométricos y algebraicos de manera más intuitiva.

> (R) La habilidad para transformar entre las diferentes formas de la ecuación de una recta y para interpretar gráficamente estas ecuaciones es fundamental en el razonamiento matemático y en la comprensión profunda del álgebra lineal.

Con estas herramientas, estamos equipados para explorar sistemas de ecuaciones y analizar situaciones más complejas que involucran múltiples rectas y sus intersecciones.

10.2 Resolución gráfica y algebraica: representación en el plano cartesiano.

10.2.2 Intersecciones y pendientes en gráficas.

La comprensión de las intersecciones y pendientes en las gráficas de ecuaciones es fundamental para el análisis y resolución de problemas matemáticos. Estas nociones permiten determinar puntos clave en las gráficas y entender cómo cambian las funciones lineales y no lineales.

Definition 10.2.5 La *pendiente* m de una recta en el plano cartesiano es una medida de su inclinación y se define como la razón de cambio de y respecto a x entre dos puntos distintos (x_1, y_1) y (x_2, y_2) en la recta:

$$m = \frac{y_2 - y_1}{x_2 - x_1},$$

si $x_2 \neq x_1$.

La pendiente nos indica cómo cambia el valor de y por cada unidad que aumenta x. Una pendiente positiva indica una recta ascendente, mientras que una negativa indica una recta descendente.

Definition 10.2.6 La *intersección* de una gráfica con un eje es el punto donde la gráfica corta dicho eje. La intersección con el eje y ocurre cuando $x = 0$, y la intersección con el eje x ocurre cuando $y = 0$.

Conocer las intersecciones es esencial para dibujar gráficas precisas y para resolver ecuaciones.

Theorem 10.2.4 La ecuación de una recta en el plano cartesiano puede expresarse en la forma pendiente-intersección:

$$y = mx + b,$$

donde m es la pendiente de la recta y b es la intersección con el eje y.

Demostración. Consideremos una recta con pendiente m que corta al eje y en el punto $(0, b)$. Para cualquier punto (x, y) en la recta, la variación en y respecto a x debe satisfacer:

$$m = \frac{y - b}{x - 0} = \frac{y - b}{x}.$$

Despejando y, obtenemos:

$$y = mx + b.$$

∎

Este teorema nos proporciona una forma directa de graficar rectas conociendo su pendiente y su intersección con el eje y.

■ **Example 10.9** Dibujar la gráfica de la recta $y = -\frac{2}{3}x + 4$ e identificar su pendiente e intersecciones con los ejes.

- **Pendiente**: $m = -\frac{2}{3}$.
- **Intersección con el eje** y: Cuando $x = 0$, $y = 4$.
- **Intersección con el eje** x: Cuando $y = 0$, resolvemos $0 = -\frac{2}{3}x + 4$:

$$\frac{2}{3}x = 4 \implies x = \frac{4 \times 3}{2} = 6.$$

Por lo tanto, la intersección con el eje x es en $(6, 0)$.

Observamos que la recta desciende de izquierda a derecha debido a la pendiente negativa, y las intersecciones con los ejes nos ayudan a dibujarla con precisión.

■

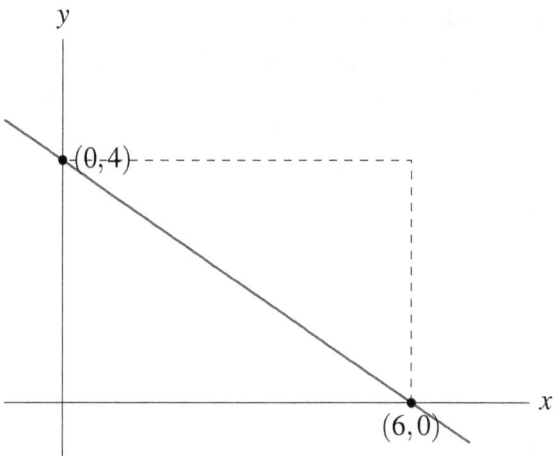

Figura 10.2.5: *Gráfica de la recta* $y = -\frac{2}{3}x + 4$ *con sus intersecciones con los ejes.*

La relación entre la pendiente y las intersecciones es clave para entender cómo se comportan las rectas en el plano.

Lema 10.2.2 Dos rectas no verticales son paralelas si y solo si tienen la misma pendiente.

Demostración. Si dos rectas tienen pendientes m_1 y m_2, y son paralelas, entonces nunca se cruzan y tienen la misma inclinación, por lo que $m_1 = m_2$. Recíprocamente, si $m_1 = m_2$, sus pendientes son iguales y, por lo tanto, las rectas son paralelas. ∎

Este resultado es útil para determinar si dos rectas son paralelas analizando sus ecuaciones.

Demostración. Si dos rectas son perpendiculares, el ángulo entre ellas es de 90°. La pendiente de una es el negativo del recíproco de la otra:

$$m_2 = -\frac{1}{m_1} \implies m_1 m_2 = -1.$$

Recíprocamente, si $m_1 m_2 = -1$, entonces $m_2 = -\frac{1}{m_1}$, indicando que las rectas son perpendiculares. ∎

■ **Example 10.10** Determine si las rectas $L_1 : y = \frac{1}{2}x - 3$ y $L_2 : y = -2x + 5$ son perpendiculares. Las pendientes son $m_1 = \frac{1}{2}$ y $m_2 = -2$. Calculamos el producto:

$$m_1 m_2 = \left(\frac{1}{2}\right)(-2) = -1.$$

Dado que el producto es -1, las rectas L_1 y L_2 son perpendiculares.

■

Este ejemplo ilustra cómo utilizar las pendientes para determinar la relación entre dos rectas.

Corollary 10.2.6 Si una recta L tiene pendiente m, entonces cualquier recta perpendicular a L tendrá una pendiente $m' = -\frac{1}{m}$, siempre que $m \neq 0$.

Demostración. Este resultado se deriva directamente del teorema anterior, ya que si $mm' = -1$, entonces $m' = -\frac{1}{m}$. ∎

10.2 Resolución gráfica y algebraica: representación en el plano cartesiano. 245

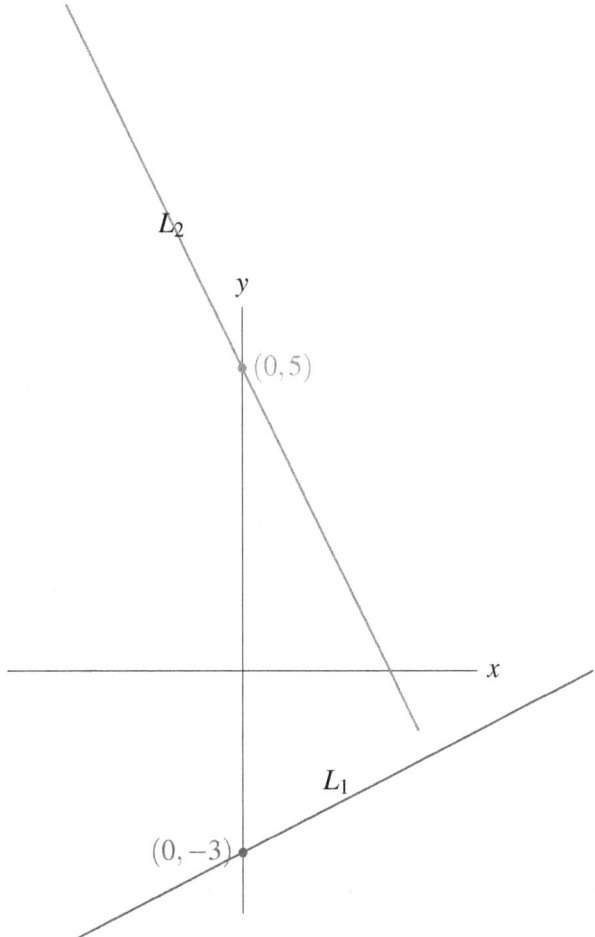

Figura 10.2.6: *Gráficas de las rectas L_1 y L_2, las cuales son perpendiculares.*

(R) Cuando $m = 0$, es decir, cuando la recta es horizontal, la recta perpendicular es vertical, cuya pendiente es indefinida. De manera similar, una recta vertical tiene pendiente indefinida y su perpendicular es horizontal con pendiente $m = 0$.

Exercise 10.7 Encuentre la ecuación de la recta que pasa por el punto $(2, -1)$ y es perpendicular a la recta $y = 3x + 4$. Grafique ambas rectas en el mismo plano.

Exercise 10.8 Determine si las rectas dadas por las ecuaciones $2x - 3y + 6 = 0$ y $3x + 2y - 12 = 0$ se intersectan, y en caso afirmativo, calcule el punto de intersección. Grafique las rectas y verifique gráficamente el punto de intersección.

Al resolver estos ejercicios, se profundiza en la comprensión de cómo las pendientes y las intersecciones determinan la posición y orientación de las rectas en el plano.

(R) El análisis de pendientes e intersecciones es fundamental no solo en geometría analítica, sino también en cálculo, física e ingeniería, donde las rectas y sus propiedades son utilizadas para modelar y resolver problemas complejos.

Comprender cómo interactúan las pendientes y las intersecciones nos permite predecir comportamientos, encontrar soluciones a sistemas de ecuaciones y analizar tendencias en datos gráficos.

10.3 Sistemas de ecuaciones: solución mediante sustitución y eliminación.

10.3.1 Solución por igualación y reducción.

La resolución de sistemas de ecuaciones lineales es una habilidad fundamental en el razonamiento matemático. Los métodos de igualación y reducción son técnicas esenciales que permiten encontrar soluciones exactas a estos sistemas. A continuación, exploraremos estos métodos en detalle, proporcionando definiciones, teoremas y ejemplos que facilitan su comprensión y aplicación.

Definition 10.3.1 Un *sistema de ecuaciones lineales* es un conjunto de dos o más ecuaciones lineales que involucran las mismas variables. La solución del sistema es el conjunto de valores que satisfacen simultáneamente todas las ecuaciones.

Estos sistemas aparecen frecuentemente en diversas áreas como la física, la ingeniería y la economía, donde es necesario modelar y resolver problemas con múltiples variables interrelacionadas.

Theorem 10.3.1 — Método de igualación. Sea un sistema de dos ecuaciones lineales con dos variables:
$$\begin{cases} a_1 x + b_1 y = c_1, \\ a_2 x + b_2 y = c_2. \end{cases}$$

Si se despeja la misma variable en ambas ecuaciones y se igualan las expresiones obtenidas, se puede resolver para la otra variable.

Demostración. Para demostrar el método de igualación, consideremos el sistema de dos ecuaciones lineales con dos variables:
$$\begin{cases} a_1 x + b_1 y = c_1, \\ a_2 x + b_2 y = c_2. \end{cases}$$

1. Despeje de una variable en ambas ecuaciones:

Elegimos una de las variables, por ejemplo, x, y despejamos en cada ecuación. De la primera ecuación, despejamos x:
$$x = \frac{c_1 - b_1 y}{a_1}.$$

De la segunda ecuación, despejamos x de manera similar:
$$x = \frac{c_2 - b_2 y}{a_2}.$$

2. Igualación de las expresiones obtenidas:

Como ambas expresiones representan a x, igualamos:
$$\frac{c_1 - b_1 y}{a_1} = \frac{c_2 - b_2 y}{a_2}.$$

3. Resolución para y:

Multiplicamos ambos lados por $a_1 a_2$ para eliminar los denominadores:
$$a_2(c_1 - b_1 y) = a_1(c_2 - b_2 y).$$

Expandiendo y agrupando términos en y, obtenemos una ecuación lineal en y que podemos resolver. Una vez que hallamos y, sustituimos el valor de y en cualquiera de las expresiones despejadas para encontrar x. ∎

10.3 Sistemas de ecuaciones: solución mediante sustitución y eliminación.

Este procedimiento muestra cómo el método de igualación permite resolver el sistema para la otra variable. Esto concluye la demostración.

Este método es eficiente cuando es fácil despejar una variable en ambas ecuaciones. Veamos un ejemplo para ilustrar su aplicación.

■ **Example 10.11** Resuelva el siguiente sistema por el método de igualación:

$$\begin{cases} 2x+3y=8, \\ x-y=1. \end{cases}$$

Despejamos x en la segunda ecuación:

$$x = y+1.$$

Sustituimos en la primera ecuación:

$$2(y+1)+3y=8 \implies 2y+2+3y=8 \implies 5y+2=8 \implies 5y=6 \implies y=\frac{6}{5}.$$

Ahora, encontramos x:

$$x = \frac{6}{5}+1 = \frac{6}{5}+\frac{5}{5} = \frac{11}{5}.$$

La solución es $(x,y) = \left(\dfrac{11}{5}, \dfrac{6}{5}\right)$. ■

(R) El método de igualación es especialmente útil cuando las ecuaciones están simplificadas o cuando una de las variables tiene coeficiente 1 o -1, facilitando el despeje.

Ahora, consideremos el método de reducción, también conocido como método de eliminación.

Theorem 10.3.2 — Método de reducción. En un sistema de ecuaciones lineales, si multiplicamos las ecuaciones por constantes adecuadas para que los coeficientes de una variable sean opuestos, al sumar o restar las ecuaciones, dicha variable se elimina, permitiendo resolver para la otra variable.

Demostración. Para demostrar el método de reducción, consideremos un sistema de dos ecuaciones lineales con dos variables:

$$\begin{cases} a_1 x + b_1 y = c_1, \\ a_2 x + b_2 y = c_2. \end{cases}$$

1. Multiplicación por constantes adecuadas:
Para eliminar una de las variables, elegimos una variable, por ejemplo, x, y multiplicamos cada ecuación por una constante de forma que los coeficientes de x en ambas ecuaciones se vuelvan opuestos. Esto significa que buscamos constantes k_1 y k_2 tales que:

$$k_1 a_1 = -k_2 a_2.$$

Multiplicamos la primera ecuación por k_1 y la segunda por k_2, obteniendo:

$$\begin{cases} k_1 a_1 x + k_1 b_1 y = k_1 c_1, \\ k_2 a_2 x + k_2 b_2 y = k_2 c_2. \end{cases}$$

2. Suma o resta de las ecuaciones:

Ahora, al sumar ambas ecuaciones, los términos en x se cancelan, ya que sus coeficientes son opuestos:

$$(k_1a_1 + k_2a_2)x + (k_1b_1 + k_2b_2)y = k_1c_1 + k_2c_2.$$

Como $k_1a_1 + k_2a_2 = 0$, obtenemos una ecuación con solo la variable y:

$$(k_1b_1 + k_2b_2)y = k_1c_1 + k_2c_2.$$

3. Resolución para y:

Podemos resolver esta ecuación para y. Una vez obtenido el valor de y, sustituimos en una de las ecuaciones originales para encontrar el valor de x.

Esto concluye la demostración del método de reducción, que permite resolver el sistema al eliminar una de las variables. ∎

Este método es muy poderoso, especialmente cuando las ecuaciones tienen coeficientes que son múltiplos entre sí.

■ **Example 10.12** Resuelva el siguiente sistema por el método de reducción:

$$\begin{cases} 3x + 2y = 16, \\ 5x - 2y = 4. \end{cases}$$

Observamos que los coeficientes de y son 2 y -2. Al sumar ambas ecuaciones, eliminamos y:

$$(3x + 2y) + (5x - 2y) = 16 + 4 \implies 8x = 20 \implies x = \frac{20}{8} = \frac{5}{2}.$$

Sustituimos x en la primera ecuación:

$$3\left(\frac{5}{2}\right) + 2y = 16 \implies \frac{15}{2} + 2y = 16 \implies 2y = 16 - \frac{15}{2} = \frac{32}{2} - \frac{15}{2} = \frac{17}{2} \implies y = \frac{17}{4}.$$

La solución es $(x, y) = \left(\frac{5}{2}, \frac{17}{4}\right)$. ∎

Corollary 10.3.3 El método de reducción se puede generalizar para resolver sistemas con tres o más variables al eliminar una variable a la vez mediante combinaciones lineales de las ecuaciones.

Es importante saber elegir el método más adecuado según las características del sistema.

(R) En algunos casos, combinar los métodos de igualación y reducción puede simplificar la resolución del sistema. La flexibilidad en el enfoque es clave para resolver sistemas más complejos.

Veamos ahora algunos ejercicios para aplicar estos métodos.

Exercise 10.9 Resuelva el siguiente sistema utilizando el método que considere más apropiado:

$$\begin{cases} 2x - 3y = 7, \\ 4x + y = 1. \end{cases}$$

10.3 Sistemas de ecuaciones: solución mediante sustitución y eliminación.

Exercise 10.10 Utilice el método de reducción para resolver el sistema de tres ecuaciones:
$$\begin{cases} x+2y-z=4, \\ 2x-y+3z=-6, \\ -3x+4y+2z=7. \end{cases}$$

Estos ejercicios permiten practicar y consolidar el uso de los métodos de igualación y reducción en diferentes contextos y niveles de complejidad.

> (R) La habilidad para resolver sistemas de ecuaciones lineales es fundamental en muchas áreas de las matemáticas y sus aplicaciones, incluyendo álgebra lineal, análisis y modelado matemático.

Comprender y dominar estos métodos amplía nuestras herramientas para abordar problemas más avanzados y nos prepara para estudios más profundos en matemáticas y ciencias.

10.3.2 Aplicaciones en problemas geométricos.

Las ecuaciones lineales son herramientas fundamentales para resolver problemas geométricos, ya que permiten modelar y analizar relaciones entre puntos, rectas y figuras en el plano cartesiano. A través del razonamiento algebraico, podemos establecer conexiones entre las propiedades geométricas y las ecuaciones algebraicas.

Definition 10.3.2 El *punto medio* M de un segmento definido por los puntos $A(x_1, y_1)$ y $B(x_2, y_2)$ es el punto cuyas coordenadas son:
$$M\left(\frac{x_1+x_2}{2}, \frac{y_1+y_2}{2}\right).$$

Esta definición nos permite encontrar el punto que divide un segmento en dos partes iguales, lo cual es útil en diversos problemas geométricos.

Theorem 10.3.4 La *distancia* d entre dos puntos $A(x_1, y_1)$ y $B(x_2, y_2)$ en el plano cartesiano es:
$$d = \sqrt{(x_2-x_1)^2 + (y_2-y_1)^2}.$$

Demostración. Para demostrar la fórmula de la distancia entre dos puntos en el plano cartesiano, consideremos dos puntos $A(x_1, y_1)$ y $B(x_2, y_2)$.
Aplicación del Teorema de Pitágoras:
La distancia d entre los puntos A y B se puede interpretar como la longitud de la hipotenusa de un triángulo rectángulo, donde:
- La base es la diferencia en las coordenadas x, que es $|x_2 - x_1|$. - La altura es la diferencia en las coordenadas y, que es $|y_2 - y_1|$.
Cálculo de la distancia usando el Teorema de Pitágoras:
Según el Teorema de Pitágoras, la hipotenusa d de este triángulo rectángulo satisface:
$$d = \sqrt{(x_2-x_1)^2 + (y_2-y_1)^2}.$$

Esto demuestra que la distancia entre los puntos $A(x_1,y_1)$ y $B(x_2,y_2)$ es:

$$d = \sqrt{(x_2-x_1)^2 + (y_2-y_1)^2}.$$

Esto concluye la demostración. ∎

Conocer la distancia entre puntos es esencial para calcular perímetros, diagonales y para analizar la congruencia y semejanza de figuras geométricas.

■ **Example 10.13** Determine la ecuación de la mediatriz del segmento que une los puntos $A(2,3)$ y $B(6,7)$.

Solución:
La mediatriz de un segmento es la recta perpendicular al segmento que pasa por su punto medio.
1. Calculamos el punto medio M:

$$M\left(\frac{2+6}{2}, \frac{3+7}{2}\right) = M(4,5).$$

2. Calculamos la pendiente m_{AB} del segmento AB:

$$m_{AB} = \frac{y_2-y_1}{x_2-x_1} = \frac{7-3}{6-2} = \frac{4}{4} = 1.$$

3. La pendiente m de la mediatriz es la pendiente perpendicular a m_{AB}:

$$m = -\frac{1}{m_{AB}} = -1.$$

4. Usamos la forma punto-pendiente de la ecuación de una recta:

$$y - y_0 = m(x - x_0),$$

donde $(x_0, y_0) = M(4,5)$ y $m = -1$.
5. Entonces, la ecuación de la mediatriz es:

$$y - 5 = -1(x-4) \implies y - 5 = -x + 4 \implies y = -x + 9.$$

∎

En este ejemplo, hemos utilizado la relación entre pendientes perpendiculares y el punto medio para encontrar la ecuación de la mediatriz, una aplicación geométrica directa de las ecuaciones lineales.

Lema 10.3.1 La pendiente de una recta perpendicular a otra recta de pendiente m es $m' = -\dfrac{1}{m}$, siempre que $m \neq 0$.

Demostración. Si dos rectas son perpendiculares, el producto de sus pendientes es -1: $m \cdot m' = -1$. Despejando m' obtenemos $m' = -\dfrac{1}{m}$. ∎

Este lema es fundamental para resolver problemas que involucran rectas perpendiculares, como en el ejemplo anterior.

10.3 Sistemas de ecuaciones: solución mediante sustitución y eliminación.

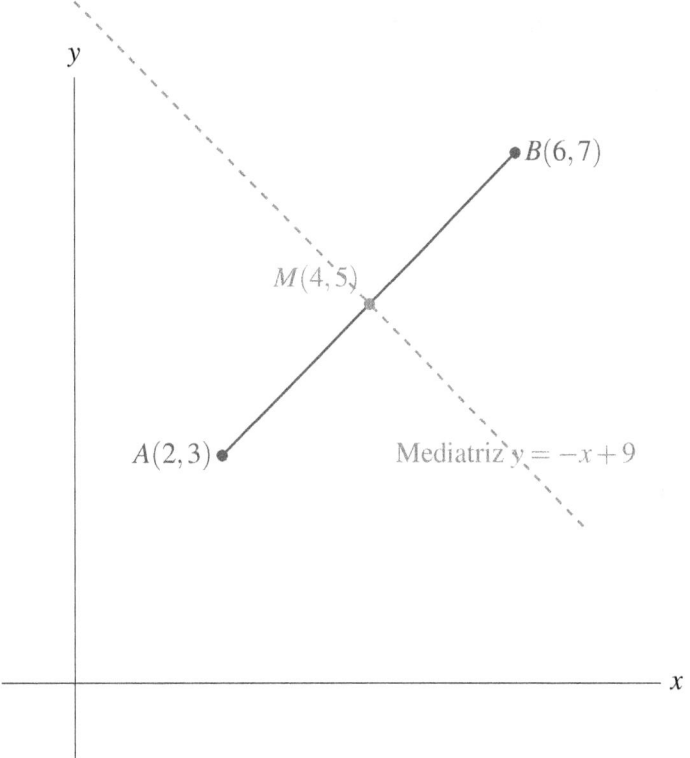

Figura 10.3.1: *Gráfica del segmento AB y su mediatriz.*

> **Theorem 10.3.5** La ecuación general de la circunferencia con centro en (h,k) y radio r es:
>
> $$(x-h)^2 + (y-k)^2 = r^2.$$

Demostración. Consideremos una circunferencia con centro en el punto (h,k) y radio r. Por definición, cualquier punto (x,y) sobre la circunferencia está a una distancia r del centro (h,k). Usando la fórmula de la distancia entre dos puntos, la distancia d entre (x,y) y (h,k) es:

$$d = \sqrt{(x-h)^2 + (y-k)^2}.$$

Para que el punto (x,y) esté en la circunferencia, esta distancia debe ser igual a r. Por lo tanto,

$$\sqrt{(x-h)^2 + (y-k)^2} = r.$$

Elevando ambos lados al cuadrado para eliminar la raíz, obtenemos:

$$(x-h)^2 + (y-k)^2 = r^2.$$

Esta es la ecuación de la circunferencia con centro en (h,k) y radio r, lo cual concluye la demostración. ∎

■ **Example 10.14** Encuentre los puntos de intersección entre la circunferencia de ecuación $(x-2)^2 + (y-3)^2 = 25$ y la recta $y = x+1$.
Solución:

1. Sustituimos y en la ecuación de la circunferencia:

$$(x-2)^2 + ((x+1) - 3)^2 = 25.$$

2. Simplificamos:

$$(x-2)^2 + (x-2)^2 = 25 \implies 2(x-2)^2 = 25.$$

3. Despejamos:

$$(x-2)^2 = \frac{25}{2} \implies x-2 = \pm\sqrt{\frac{25}{2}} = \pm\frac{5}{\sqrt{2}}.$$

4. Entonces, $x = 2 \pm \frac{5}{\sqrt{2}}$.
5. Calculamos y para cada valor de x:

$$y = x + 1.$$

Para $x = 2 + \frac{5}{\sqrt{2}}$:

$$y = 2 + \frac{5}{\sqrt{2}} + 1 = 3 + \frac{5}{\sqrt{2}}.$$

Para $x = 2 - \frac{5}{\sqrt{2}}$:

$$y = 2 - \frac{5}{\sqrt{2}} + 1 = 3 - \frac{5}{\sqrt{2}}.$$

6. Los puntos de intersección son:

$$\left(2 + \frac{5}{\sqrt{2}}, 3 + \frac{5}{\sqrt{2}}\right), \quad \left(2 - \frac{5}{\sqrt{2}}, 3 - \frac{5}{\sqrt{2}}\right).$$

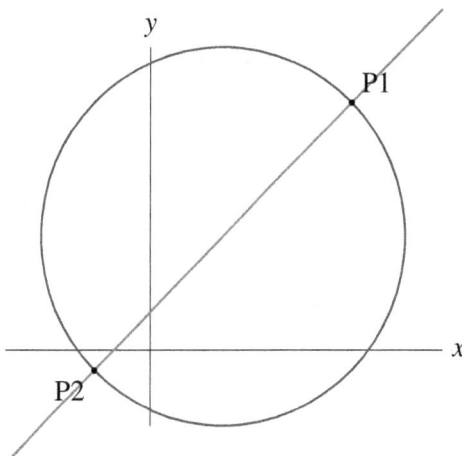

Figura 10.3.2: *Intersección entre la circunferencia y la recta.*

■

Este ejemplo muestra cómo las ecuaciones lineales pueden utilizarse en conjunto con ecuaciones de segundo grado para resolver problemas geométricos más complejos.

> **Exercise 10.11** Determine la ecuación de la recta que es tangente a la circunferencia de ecuación $(x-1)^2 + (y+2)^2 = 10$ en el punto $P(4,0)$.

> **Exercise 10.12** Encuentre las coordenadas del punto C que divide al segmento AB, donde $A(-2,1)$ y $B(4,5)$, en una razón de 2:1, es decir, $\dfrac{AC}{CB} = \dfrac{2}{1}$.

(R) Los problemas geométricos a menudo requieren combinar conceptos de álgebra y geometría. El uso de ecuaciones lineales para modelar rectas, mediatrices, tangentes y otras figuras geométricas permite resolver problemas de manera analítica y precisa.

La capacidad de traducir propiedades geométricas en ecuaciones algebraicas es una habilidad clave en matemáticas avanzadas, ya que facilita el análisis y la resolución de problemas complejos.

A través de estos ejemplos y ejercicios, hemos explorado cómo las ecuaciones lineales pueden aplicarse en problemas geométricos, demostrando la potencia del razonamiento algebraico en la comprensión y solución de cuestiones geométricas.

10.4 Ejercicios Resueltos

> **Exercise 10.13** Un tren se desplaza a una velocidad constante de 90 km/h. ¿Cuánto tiempo tardará en recorrer una distancia de 270 km?

Demostración. Sabemos que la velocidad $v = \frac{d}{t}$, donde d es la distancia y t el tiempo. Despejamos el tiempo:

$$t = \frac{d}{v} = \frac{270 \text{ km}}{90 \text{ km/h}} = 3 \text{ horas.}$$

Por lo tanto, el tren tardará 3 horas en recorrer la distancia de 270 km. ∎

> **Exercise 10.14** Resuelve el sistema de ecuaciones lineales:
> $$\begin{cases} 2x + 3y = 13, \\ 4x - y = 5. \end{cases}$$

Demostración. Para resolver este sistema, utilizamos el método de sustitución. Despejamos y en la primera ecuación:

$$3y = 13 - 2x \Rightarrow y = \frac{13 - 2x}{3}.$$

Sustituimos y en la segunda ecuación:

$$4x - \frac{13 - 2x}{3} = 5.$$

Multiplicamos por 3 para eliminar el denominador:

$$12x - (13 - 2x) = 15 \Rightarrow 12x - 13 + 2x = 15 \Rightarrow 14x = 28 \Rightarrow x = 2.$$

Sustituimos $x = 2$ en la ecuación de y:

$$y = \frac{13 - 2(2)}{3} = \frac{13 - 4}{3} = 3.$$

La solución es $(x, y) = (2, 3)$.

Exercise 10.15 Encuentra el área de un triángulo con vértices en los puntos $(1, 2)$, $(4, 6)$ y $(7, 2)$.

Demostración. Utilizamos la fórmula del área para un triángulo con vértices (x_1, y_1), (x_2, y_2) y (x_3, y_3):

$$A = \frac{1}{2} |x_1(y_2 - y_3) + x_2(y_3 - y_1) + x_3(y_1 - y_2)|.$$

Sustituyendo los valores:

$$A = \frac{1}{2} |1(6 - 2) + 4(2 - 2) + 7(2 - 6)| = \frac{1}{2} |1 \cdot 4 + 4 \cdot 0 + 7 \cdot (-4)|.$$

$$A = \frac{1}{2} |4 - 28| = \frac{1}{2} |-24| = \frac{24}{2} = 12.$$

El área del triángulo es 12 unidades cuadradas.

Exercise 10.16 Calcula el valor de x si $3^x = 81$.

Demostración. Sabemos que $81 = 3^4$. Por lo tanto, podemos escribir la ecuación como:

$$3^x = 3^4.$$

Igualando los exponentes, obtenemos:

$$x = 4.$$

El valor de x es 4.

Exercise 10.17 Determina la pendiente de la recta que pasa por los puntos $A(2, -3)$ y $B(5, 4)$.

Demostración. La pendiente m de una recta que pasa por dos puntos (x_1, y_1) y (x_2, y_2) se calcula con la fórmula:

$$m = \frac{y_2 - y_1}{x_2 - x_1}.$$

Sustituyendo los valores:

$$m = \frac{4 - (-3)}{5 - 2} = \frac{4 + 3}{3} = \frac{7}{3}.$$

La pendiente de la recta es $\frac{7}{3}$.

10.5 Ejercicios Propuestos

10.5.1 Ecuaciones lineales: planteamiento de problemas y modelado

10.5 Ejercicios Propuestos

Exercise 10.18 Un ciclista recorre 120 km a una velocidad constante. Si le toma 4 horas, ¿cuál es su velocidad?

Exercise 10.19 Un automóvil viaja a 80 km/h. ¿Cuánto tiempo tardará en recorrer una distancia de 200 km?

Exercise 10.20 Dos trenes salen de la misma estación en direcciones opuestas. Uno viaja a 90 km/h y el otro a 110 km/h. ¿Qué distancia habrá entre ellos después de 3 horas?

Exercise 10.21 Una empresa fabrica productos a un costo fijo de $500 y un costo variable de $10 por unidad. Si vende cada producto a $25, ¿cuántas unidades debe vender para alcanzar el punto de equilibrio?

Exercise 10.22 Un corredor que va a una velocidad de 12 km/h intenta alcanzar a otro que va a 9 km/h y que partió 30 minutos antes. ¿Cuánto tiempo tardará en alcanzarlo?

10.5.2 Resolución gráfica y algebraica: representación en el plano cartesiano

Exercise 10.23 Dibuja la gráfica de la ecuación $y = 2x + 3$ e identifica su pendiente e intersección con el eje y.

Exercise 10.24 Encuentra la ecuación de la recta que pasa por los puntos $(1,2)$ y $(4,6)$.

Exercise 10.25 Determina si las rectas $y = 3x + 2$ y $y = -\frac{1}{3}x + 5$ son perpendiculares.

Exercise 10.26 Calcula la distancia entre los puntos $(2,3)$ y $(5,7)$ en el plano cartesiano.

Exercise 10.27 Encuentra el punto de intersección entre las rectas $y = x + 2$ y $y = -x + 4$.

10.5.3 Sistemas de ecuaciones: solución mediante sustitución y eliminación

Exercise 10.28 Resuelve el siguiente sistema de ecuaciones:

$$\begin{cases} x + 2y = 5, \\ 3x - y = 4. \end{cases}$$

Exercise 10.29 Encuentra los valores de x e y que satisfacen el sistema:

$$\begin{cases} 2x + 3y = 12, \\ x - y = 2. \end{cases}$$

Exercise 10.30 Resuelve el sistema utilizando el método de eliminación:

$$\begin{cases} 4x + 5y = 20, \\ 2x - 3y = -4. \end{cases}$$

Exercise 10.31 Utiliza el método de sustitución para resolver el sistema:

$$\begin{cases} 3x + 4y = 10, \\ x - 2y = -1. \end{cases}$$

Exercise 10.32 Determina si el sistema tiene solución y, de ser así, resuélvelo:

$$\begin{cases} x + y = 7, \\ x - y = 3. \end{cases}$$

11. Modelación con Ecuaciones Cuadráticas

11.1 Ecuaciones cuadráticas: factorización y fórmula general.

11.1.1 Método de completar el cuadrado.

El método de completar el cuadrado es una técnica fundamental en álgebra que permite transformar una expresión cuadrática en una forma que facilita su análisis y resolución. Este método es especialmente útil para resolver ecuaciones cuadráticas, analizar funciones cuadráticas y demostrar teoremas relacionados con ellas.

> **Definition 11.1.1** Una *expresión cuadrática* es una función polinomial de segundo grado de la forma:
>
> $$f(x) = ax^2 + bx + c,$$
>
> donde a, b y c son coeficientes reales y $a \neq 0$.

El objetivo de completar el cuadrado es reescribir la expresión cuadrática en la forma canónica o estándar:

$$f(x) = a(x-h)^2 + k,$$

donde (h,k) es el vértice de la parábola representada por $f(x)$. Esta forma es particularmente útil para identificar propiedades geométricas de la función.

> **Theorem 11.1.1** Cualquier expresión cuadrática $f(x) = ax^2 + bx + c$ puede expresarse en la forma $f(x) = a(x-h)^2 + k$, donde:
>
> $$h = -\frac{b}{2a}, \quad k = f(h) = c - \frac{b^2}{4a}.$$

Demostración. Consideremos la expresión cuadrática $f(x) = ax^2 + bx + c$. Nuestro objetivo es expresar esta función en la forma $f(x) = a(x-h)^2 + k$, donde $h = -\frac{b}{2a}$ y $k = f(h) = c - \frac{b^2}{4a}$. Para ello, completamos el cuadrado.

Factorizamos a de los primeros dos términos:

$$f(x) = a\left(x^2 + \frac{b}{a}x\right) + c.$$

Completamos el cuadrado dentro del paréntesis: tomamos el término lineal $\frac{b}{a}x$ y hallamos $\left(\frac{b}{2a}\right)^2 = \frac{b^2}{4a^2}$. Añadimos y restamos $\frac{b^2}{4a^2}$ dentro del paréntesis:

$$f(x) = a\left(x^2 + \frac{b}{a}x + \frac{b^2}{4a^2} - \frac{b^2}{4a^2}\right) + c.$$

Reescribimos el paréntesis como un cuadrado perfecto y simplificamos:

$$f(x) = a\left(\left(x + \frac{b}{2a}\right)^2 - \frac{b^2}{4a^2}\right) + c.$$

Expandiendo y simplificando, obtenemos:

$$f(x) = a\left(x + \frac{b}{2a}\right)^2 - \frac{b^2}{4a} + c.$$

Observamos que la expresión ahora tiene la forma deseada:

$$f(x) = a(x-h)^2 + k,$$

donde $h = -\frac{b}{2a}$ y $k = c - \frac{b^2}{4a}$. Esto concluye la demostración. ■

Este resultado es crucial para comprender la estructura de las funciones cuadráticas y facilita el análisis de sus propiedades gráficas.

■ **Example 11.1** Completar el cuadrado para la expresión cuadrática $f(x) = 2x^2 + 8x + 5$ y expresar $f(x)$ en forma canónica.

Solución:

1. Factoremos el coeficiente a:

$$f(x) = 2\left(x^2 + 4x\right) + 5.$$

2. Añadimos y restamos $\left(\frac{4}{2}\right)^2 = 4$ dentro del paréntesis:

$$f(x) = 2\left(x^2 + 4x + 4 - 4\right) + 5.$$

3. Reescribimos dentro del paréntesis:

$$f(x) = 2\left((x+2)^2 - 4\right) + 5.$$

4. Distribuimos 2:

$$f(x) = 2(x+2)^2 - 8 + 5 = 2(x+2)^2 - 3.$$

Por lo tanto, la forma canónica es:

$$f(x) = 2(x+2)^2 - 3.$$

El vértice de la parábola es $(-2, -3)$.

11.1 Ecuaciones cuadráticas: factorización y fórmula general.

 Al expresar $f(x)$ en forma canónica, podemos identificar fácilmente el vértice y la dirección de apertura de la parábola, lo cual es útil en gráficas y en la resolución de problemas de optimización.

El método de completar el cuadrado también es una herramienta poderosa para resolver ecuaciones cuadráticas.

Lema 11.1.1 La ecuación cuadrática $ax^2 + bx + c = 0$ puede resolverse completando el cuadrado y obteniendo:

$$x = -\frac{b}{2a} \pm \sqrt{\frac{b^2 - 4ac}{4a^2}}.$$

Demostración. Siguiendo el proceso de completar el cuadrado como en la demostración anterior, llegamos a:

$$a\left(x + \frac{b}{2a}\right)^2 = \frac{b^2 - 4ac}{4a}.$$

Dividimos ambos lados entre a:

$$\left(x + \frac{b}{2a}\right)^2 = \frac{b^2 - 4ac}{4a^2}.$$

Tomamos la raíz cuadrada en ambos lados:

$$x + \frac{b}{2a} = \pm\frac{\sqrt{b^2 - 4ac}}{2a}.$$

Despejamos x:

$$x = -\frac{b}{2a} \pm \frac{\sqrt{b^2 - 4ac}}{2a}.$$

Observamos que este resultado es equivalente a la fórmula cuadrática, lo que demuestra la conexión entre ambos métodos.

Corollary 11.1.2 El método de completar el cuadrado permite derivar la fórmula cuadrática y comprender la naturaleza de las soluciones en términos del discriminante $D = b^2 - 4ac$.

Además, completar el cuadrado es útil en el estudio de cónicas y en la resolución de integrales en cálculo.

■ **Example 11.2** Resolver la ecuación $x^2 + 6x + 5 = 0$ completando el cuadrado.
Solución:
1. La ecuación está en la forma $x^2 + 6x + 5 = 0$.
2. Movemos el término constante al otro lado:

$$x^2 + 6x = -5.$$

3. Completamos el cuadrado añadiendo $\left(\frac{6}{2}\right)^2 = 9$ a ambos lados:

$$x^2 + 6x + 9 = -5 + 9 \implies (x+3)^2 = 4.$$

4. Tomamos la raíz cuadrada en ambos lados:

$$x+3 = \pm 2.$$

5. Despejamos x:

$$x = -3 \pm 2.$$

6. Las soluciones son:

$$x = -3+2 = -1, \quad x = -3-2 = -5.$$

■

> (R) El método de completar el cuadrado es especialmente útil cuando el coeficiente del término cuadrático es 1, pero puede aplicarse en general, como se muestra en los ejemplos anteriores.

Exercise 11.1 Completar el cuadrado para la expresión $f(x) = -x^2 + 4x - 1$ y expresar $f(x)$ en forma canónica. Determine el vértice de la parábola y su dirección de apertura.

Exercise 11.2 Utilizando el método de completar el cuadrado, resuelva la ecuación $3x^2 - 12x + 9 = 0$. Clasifique las raíces y analice su multiplicidad.

El método de completar el cuadrado es una técnica versátil que no solo facilita la resolución de ecuaciones cuadráticas, sino que también es esencial en el análisis de funciones y en diversas áreas de las matemáticas avanzadas.

> (R) La habilidad para completar el cuadrado es fundamental en el estudio del cálculo integral, especialmente al resolver integrales que involucran expresiones cuadráticas en el denominador o bajo una raíz.

Comprender y dominar este método amplía nuestras herramientas matemáticas y profundiza nuestro razonamiento algebraico.

11.1.2 Aplicación de la fórmula cuadrática.

La ecuación cuadrática es una herramienta fundamental en matemáticas, especialmente en álgebra y análisis. La *fórmula cuadrática* permite encontrar las raíces de cualquier ecuación de segundo grado y es esencial para resolver problemas que involucran expresiones cuadráticas.

Definition 11.1.2 Una *ecuación cuadrática* es una ecuación polinomial de segundo grado de la forma:

$$ax^2 + bx + c = 0,$$

donde a, b y c son coeficientes reales con $a \neq 0$.

La solución general de una ecuación cuadrática se obtiene mediante la fórmula cuadrática, que deriva del proceso de completar el cuadrado.

11.1 Ecuaciones cuadráticas: factorización y fórmula general.

Theorem 11.1.3 — Fórmula cuadrática. Las raíces de la ecuación cuadrática $ax^2 + bx + c = 0$ están dadas por:

$$x = \frac{-b \pm \sqrt{b^2 - 4ac}}{2a}.$$

Demostración. Comenzamos con la ecuación general:

$$ax^2 + bx + c = 0.$$

Dividimos ambos lados entre a para obtener coeficiente principal igual a uno:

$$x^2 + \frac{b}{a}x + \frac{c}{a} = 0.$$

Procedemos a completar el cuadrado:

$$x^2 + \frac{b}{a}x = -\frac{c}{a}.$$

Añadimos y restamos $\left(\frac{b}{2a}\right)^2$ al lado izquierdo:

$$x^2 + \frac{b}{a}x + \left(\frac{b}{2a}\right)^2 - \left(\frac{b}{2a}\right)^2 = -\frac{c}{a}.$$

Reescribimos:

$$\left(x + \frac{b}{2a}\right)^2 = \frac{b^2}{4a^2} - \frac{c}{a}.$$

Simplificamos el lado derecho:

$$\left(x + \frac{b}{2a}\right)^2 = \frac{b^2 - 4ac}{4a^2}.$$

Tomamos la raíz cuadrada en ambos lados:

$$x + \frac{b}{2a} = \pm \frac{\sqrt{b^2 - 4ac}}{2a}.$$

Finalmente, despejamos x:

$$x = \frac{-b \pm \sqrt{b^2 - 4ac}}{2a}.$$

∎

La expresión $D = b^2 - 4ac$ se denomina *discriminante* y determina la naturaleza de las raíces de la ecuación cuadrática.

Definition 11.1.3 El *discriminante* de la ecuación cuadrática $ax^2 + bx + c = 0$ es:

$$D = b^2 - 4ac.$$

Lema 11.1.2 Sea D el discriminante de una ecuación cuadrática:
- Si $D > 0$, la ecuación tiene dos raíces reales y distintas.
- Si $D = 0$, la ecuación tiene una raíz real doble.
- Si $D < 0$, la ecuación tiene dos raíces complejas conjugadas.

Demostración. La naturaleza de las raíces depende del valor bajo la raíz cuadrada en la fórmula cuadrática:
- Si $D > 0$, $\sqrt{D}$ es real y positivo, resultando en dos soluciones reales distintas.
- Si $D = 0$, $\sqrt{D} = 0$, y ambas soluciones coinciden, dando una raíz real doble.
- Si $D < 0$, $\sqrt{D}$ es un número imaginario puro, lo que produce dos raíces complejas conjugadas.

∎

La comprensión del discriminante es crucial para anticipar el tipo de soluciones y analizar el comportamiento de las funciones cuadráticas.

■ **Example 11.3** Resuelva la ecuación cuadrática $x^2 - 6x + 8 = 0$ utilizando la fórmula cuadrática.
Solución:
Identificamos los coeficientes:

$$a = 1, \quad b = -6, \quad c = 8.$$

Calculamos el discriminante:

$$D = (-6)^2 - 4(1)(8) = 36 - 32 = 4.$$

Como $D > 0$, habrá dos raíces reales y distintas.
Aplicamos la fórmula cuadrática:

$$x = \frac{-(-6) \pm \sqrt{4}}{2(1)} = \frac{6 \pm 2}{2}.$$

Obtenemos las soluciones:

$$x_1 = \frac{6+2}{2} = \frac{8}{2} = 4, \quad x_2 = \frac{6-2}{2} = \frac{4}{2} = 2.$$

Por lo tanto, las raíces son $x = 4$ y $x = 2$.

(R) Estas raíces también pueden encontrarse mediante factorización, ya que la ecuación puede escribirse como $(x-4)(x-2) = 0$.

■

Este ejemplo muestra la aplicación directa de la fórmula cuadrática y cómo se relaciona con otros métodos de resolución.

Corollary 11.1.4 Si una ecuación cuadrática tiene un discriminante negativo, las raíces son complejas conjugadas y pueden expresarse como:

$$x = \frac{-b}{2a} \pm \frac{\sqrt{|D|}}{2a} i,$$

donde $i = \sqrt{-1}$.

11.1 Ecuaciones cuadráticas: factorización y fórmula general.

Demostración. Consideremos una ecuación cuadrática de la forma $ax^2 + bx + c = 0$, con discriminante $D = b^2 - 4ac$.

Si D es negativo, entonces $D < 0$, lo cual implica que no existe una raíz real para esta ecuación. Sin embargo, podemos resolver para raíces complejas utilizando la fórmula cuadrática:

$$x = \frac{-b \pm \sqrt{D}}{2a}.$$

Cuando D es negativo, escribimos $D = -|D|$ con $|D| > 0$, y sustituimos en la fórmula:

$$x = \frac{-b \pm \sqrt{-|D|}}{2a}.$$

Dado que $\sqrt{-|D|} = \sqrt{|D|} \cdot i$, donde $i = \sqrt{-1}$, obtenemos:

$$x = \frac{-b}{2a} \pm \frac{\sqrt{|D|}}{2a} i.$$

Así, las raíces son complejas conjugadas y pueden expresarse como

$$x = \frac{-b}{2a} \pm \frac{\sqrt{|D|}}{2a} i.$$

Esto concluye la demostración. ∎

■ **Example 11.4** Resuelva la ecuación cuadrática $2x^2 + 4x + 5 = 0$.
Solución:
Coeficientes:

$$a = 2, \quad b = 4, \quad c = 5.$$

Discriminante:

$$D = 4^2 - 4(2)(5) = 16 - 40 = -24.$$

Como $D < 0$, las raíces son complejas conjugadas.
Aplicamos la fórmula cuadrática:

$$x = \frac{-4 \pm \sqrt{-24}}{2 \times 2} = \frac{-4 \pm 2i\sqrt{6}}{4} = \frac{-4}{4} \pm \frac{2i\sqrt{6}}{4} = -1 \pm \frac{i\sqrt{6}}{2}.$$

Las raíces son $x = -1 + \frac{i\sqrt{6}}{2}$ y $x = -1 - \frac{i\sqrt{6}}{2}$.

■

Este ejemplo ilustra cómo manejar soluciones complejas utilizando la fórmula cuadrática.

> **Exercise 11.3** Resuelva la ecuación cuadrática $x^2 + 2x + 5 = 0$ y clasifique las raíces.

> **Exercise 11.4** Determine los valores de m para los cuales la ecuación $x^2 + (m-3)x + m = 0$ tiene una raíz real doble.

Estos ejercicios permiten profundizar en la aplicación de la fórmula cuadrática y en el análisis del discriminante en diferentes contextos.

> (R) La fórmula cuadrática no solo es útil para encontrar soluciones exactas, sino que también es fundamental en el análisis de funciones cuadráticas, como en la determinación de vértices, ejes de simetría y puntos de intersección con los ejes coordenados.

Comprender y aplicar la fórmula cuadrática es esencial en el razonamiento matemático avanzado, ya que establece las bases para estudios posteriores en álgebra, cálculo y otras áreas de las matemáticas.

11.2 Aplicaciones prácticas: problemas que involucran áreas y trayectorias.

11.2.1 Problemas de caída libre y trayectorias parabólicas.

En esta sección, exploraremos los fundamentos matemáticos que describen el movimiento de objetos bajo la influencia de la gravedad, específicamente en situaciones de caída libre y trayectorias parabólicas. Estos conceptos son esenciales para comprender fenómenos en física y matemáticas aplicadas.

> **Definition 11.2.1** Un *movimiento de caída libre* es aquel en el que un objeto se desplaza únicamente bajo la influencia de la gravedad, sin considerar la resistencia del aire u otras fuerzas. Matemáticamente, se modela mediante la ecuación:
> $$s(t) = s_0 + v_0 t - \frac{1}{2}gt^2,$$
> donde $s(t)$ es la posición en función del tiempo, s_0 es la posición inicial, v_0 es la velocidad inicial y g es la aceleración debido a la gravedad.

Comprender esta definición nos permite analizar situaciones cotidianas y científicas donde la gravedad juega un papel crucial.

> ■ **Example 11.5** Si se deja caer un objeto desde una altura de 50 metros ($s_0 = 50$) con velocidad inicial cero ($v_0 = 0$), su posición en función del tiempo es:
> $$s(t) = 50 - \frac{1}{2}gt^2.$$
> Al resolver $s(t) = 0$, podemos determinar el tiempo que tarda en llegar al suelo. ■

Avanzando en complejidad, consideremos movimientos que involucran dos dimensiones.

> **Definition 11.2.2** Una *trayectoria parabólica* describe el movimiento de un objeto que es lanzado con una velocidad inicial que forma un ángulo θ con la horizontal, bajo la influencia de la gravedad. Las ecuaciones paramétricas del movimiento son:
> $$\begin{cases} x(t) = v_0 \cos\theta\, t, \\ y(t) = v_0 \sin\theta\, t - \frac{1}{2}gt^2. \end{cases}$$

Estas ecuaciones permiten modelar el comportamiento de proyectiles y otros objetos en movimiento.

11.2 Aplicaciones prácticas: problemas que involucran áreas y trayectorias.

Theorem 11.2.1 La trayectoria de un proyectil lanzado en un campo gravitatorio uniforme es una parábola.

Demostración. Despejando t de la ecuación $x(t)$:

$$t = \frac{x}{v_0 \cos \theta},$$

y sustituyendo en $y(t)$:

$$y = v_0 \sin \theta \left(\frac{x}{v_0 \cos \theta} \right) - \frac{1}{2} g \left(\frac{x}{v_0 \cos \theta} \right)^2.$$

Simplificando:

$$y = x \tan \theta - \frac{gx^2}{2v_0^2 \cos^2 \theta},$$

que es una ecuación cuadrática en x, representando una parábola. ∎

Este resultado es fundamental para predecir y analizar el comportamiento de objetos en movimiento bajo gravedad.

Lema 11.2.1 El *tiempo total de vuelo* de un proyectil es:

$$T = \frac{2v_0 \sin \theta}{g}.$$

Demostración. El tiempo para alcanzar la altura máxima es $t_{\text{máx}} = \dfrac{v_0 \sin \theta}{g}$. Dado que el movimiento es simétrico, el tiempo total es $T = 2t_{\text{máx}}$. ∎

Demostración. El alcance se obtiene evaluando $x(T)$:

$$R = v_0 \cos \theta \, T = v_0 \cos \theta \left(\frac{2v_0 \sin \theta}{g} \right) = \frac{v_0^2 \sin 2\theta}{g}.$$

∎

Estos resultados nos permiten calcular parámetros clave en problemas de lanzamiento de proyectiles.

■ **Example 11.6** Un jugador de baloncesto lanza una pelota con una velocidad inicial de 8 m/s formando un ángulo de 60° con la horizontal. Determinar la altura máxima y el alcance horizontal del lanzamiento. ∎

> (R) Observar que el ángulo de 45° maximiza el alcance horizontal para una velocidad inicial dada, lo cual es una estrategia común en deportes y aplicaciones militares.

Para consolidar estos conceptos, se proponen los siguientes ejercicios.

Exercise 11.5 Un objeto es lanzado verticalmente hacia arriba con una velocidad inicial de 20 m/s. Calcule el tiempo que tarda en alcanzar su altura máxima y la altura máxima alcanzada.

Exercise 11.6 Demuestre que para un proyectil lanzado desde el origen, la ecuación de su trayectoria es $y = x\tan\theta - \dfrac{gx^2}{2v_0^2 \cos^2\theta}$.

Estos ejercicios facilitarán la comprensión y aplicación de las teorías presentadas en situaciones prácticas y complejas.

11.2.2 Cálculo de áreas con ecuaciones cuadráticas.

En esta sección, exploraremos cómo calcular áreas bajo curvas definidas por ecuaciones cuadráticas. Este tema es fundamental en el análisis matemático y tiene aplicaciones en diversas áreas como la física, la ingeniería y la economía.

Definition 11.2.3 Una *función cuadrática* es una función polinomial de grado dos de la forma:

$$f(x) = ax^2 + bx + c,$$

donde a, b y c son constantes y $a \neq 0$.

Para calcular el área bajo la curva de una función cuadrática entre dos puntos, utilizamos técnicas de integración definidas.

Theorem 11.2.3 El área bajo la curva de una función cuadrática $f(x) = ax^2 + bx + c$ entre $x = p$ y $x = q$ es:

$$A = \int_p^q f(x)\,dx = \left[\frac{a}{3}x^3 + \frac{b}{2}x^2 + cx\right]_p^q.$$

Demostración. Para encontrar el área bajo la curva de la función cuadrática $f(x) = ax^2 + bx + c$ entre $x = p$ y $x = q$, calculamos la integral definida:

$$A = \int_p^q f(x)\,dx = \int_p^q (ax^2 + bx + c)\,dx.$$

Usamos la regla de integración término a término:

$$A = \int_p^q ax^2\,dx + \int_p^q bx\,dx + \int_p^q c\,dx.$$

Integrando cada término, obtenemos:

$$\int ax^2\,dx = \frac{a}{3}x^3, \quad \int bx\,dx = \frac{b}{2}x^2, \quad \int c\,dx = cx.$$

Entonces,

$$A = \left[\frac{a}{3}x^3 + \frac{b}{2}x^2 + cx\right]_p^q.$$

Evaluamos en los límites p y q:

$$A = \left(\frac{a}{3}q^3 + \frac{b}{2}q^2 + cq\right) - \left(\frac{a}{3}p^3 + \frac{b}{2}p^2 + cp\right).$$

Esto concluye la demostración. ∎

11.2 Aplicaciones prácticas: problemas que involucran áreas y trayectorias.

Este resultado nos permite calcular áreas exactas bajo curvas cuadráticas, lo cual es esencial en problemas que involucran acumulación y cambio.

■ **Example 11.7** Calcule el área bajo la curva $f(x) = 2x^2 + 3x + 1$ entre $x = 0$ y $x = 2$. ■

Solución. Utilizamos el teorema anterior:

$$A = \left[\frac{2}{3}x^3 + \frac{3}{2}x^2 + x\right]_0^2 = \left(\frac{2}{3}(2)^3 + \frac{3}{2}(2)^2 + 2\right) - (0).$$

Calculamos:

$$A = \left(\frac{16}{3} + 6 + 2\right) = \frac{16}{3} + 8.$$

Sumamos:

$$A = \frac{16}{3} + \frac{24}{3} = \frac{40}{3}.$$

Por lo tanto, el área es $\frac{40}{3}$ unidades cuadradas. ■

Es útil visualizar la región cuya área hemos calculado. A continuación, se presenta la gráfica de la función y el área bajo la curva entre $x = 0$ y $x = 2$.

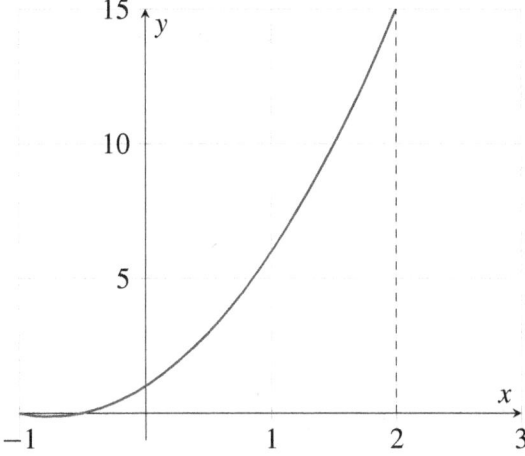

Figura 11.2.1: *Área bajo la curva $f(x) = 2x^2 + 3x + 1$ entre $x = 0$ y $x = 2$.*

Otra aplicación interesante es el cálculo del área entre dos funciones cuadráticas.

Definition 11.2.4 El *área entre dos curvas* $f(x)$ y $g(x)$ en el intervalo $[a,b]$ es:

$$A = \int_a^b |f(x) - g(x)|\, dx.$$

Este concepto nos permite calcular áreas más complejas, como se muestra en el siguiente teorema.

Theorem 11.2.4 Sea $f(x) = ax^2 + bx + c$ y $g(x) = dx^2 + ex + f$, dos funciones cuadráticas continuas en $[p,q]$. El área entre $f(x)$ y $g(x)$ es:

$$A = \int_p^q |(a-d)x^2 + (b-e)x + (c-f)|\,dx.$$

Demostración. Para encontrar el área entre las dos funciones cuadráticas $f(x) = ax^2 + bx + c$ y $g(x) = dx^2 + ex + f$ en el intervalo $[p,q]$, calculamos la integral del valor absoluto de su diferencia, ya que el área entre dos curvas es la integral de la distancia vertical entre ellas.
La diferencia entre $f(x)$ y $g(x)$ es:

$$f(x) - g(x) = (a-d)x^2 + (b-e)x + (c-f).$$

Entonces, el área A entre $f(x)$ y $g(x)$ es:

$$A = \int_p^q |(a-d)x^2 + (b-e)x + (c-f)|\,dx.$$

Esta integral calcula la magnitud de la diferencia entre $f(x)$ y $g(x)$ en el intervalo $[p,q]$, dando el área total entre las dos curvas.
Esto concluye la demostración. ∎

Para consolidar este concepto, consideremos un ejemplo práctico.

■ **Example 11.8** Calcule el área entre las curvas $f(x) = x^2$ y $g(x) = x + 2$ desde $x = -1$ hasta $x = 2$. ■

Solución. Primero, encontramos los puntos donde $f(x) = g(x)$ para determinar si las funciones se cruzan en el intervalo dado.
Igualamos:

$$x^2 = x + 2 \implies x^2 - x - 2 = 0.$$

Resolvemos la ecuación cuadrática:

$$x = \frac{1 \pm \sqrt{1+8}}{2} = \frac{1 \pm 3}{2}.$$

Obtenemos $x = 2$ y $x = -1$.
En el intervalo $[-1, 2]$, las funciones se cruzan en los extremos, por lo que el área entre las curvas es:

$$A = \int_{-1}^{2} |x^2 - x - 2|\,dx.$$

Calculamos el valor absoluto de $x^2 - x - 2$ en el intervalo:
Notamos que $x^2 - x - 2$ es negativo en $[-1, 1]$ y positivo en $[1, 2]$.
Dividimos la integral:

$$A = \int_{-1}^{1} -(x^2 - x - 2)\,dx + \int_{1}^{2} (x^2 - x - 2)\,dx.$$

Calculamos cada integral por separado.
Primera integral:

$$A_1 = -\int_{-1}^{1} (x^2 - x - 2)\,dx = -\left[\frac{x^3}{3} - \frac{x^2}{2} - 2x\right]_{-1}^{1}.$$

11.2 Aplicaciones prácticas: problemas que involucran áreas y trayectorias.

Evaluamos:
$$A_1 = -\left(\left(\frac{1}{3} - \frac{1}{2} - 2\right) - \left(\frac{-1}{3} - \frac{1}{2} + 2\right)\right).$$

Simplificamos:
$$A_1 = -\left(-\frac{7}{6} - \frac{7}{6}\right) = -\left(-\frac{14}{6}\right) = \frac{14}{6} = \frac{7}{3}.$$

Segunda integral:
$$A_2 = \int_1^2 (x^2 - x - 2)\,dx = \left[\frac{x^3}{3} - \frac{x^2}{2} - 2x\right]_1^2.$$

Evaluamos:
$$A_2 = \left(\frac{8}{3} - 2 - 4\right) - \left(\frac{1}{3} - \frac{1}{2} - 2\right) = -\frac{10}{3} + \frac{7}{6}.$$

Calculamos:
$$A_2 = -\frac{20}{6} + \frac{7}{6} = -\frac{13}{6}.$$

Tomamos el valor absoluto:
$$A_2 = \frac{13}{6}.$$

Sumamos ambas áreas:
$$A = A_1 + A_2 = \frac{7}{3} + \frac{13}{6} = \frac{14}{6} + \frac{13}{6} = \frac{27}{6} = \frac{9}{2}.$$

Por lo tanto, el área entre las curvas es $\frac{9}{2}$ unidades cuadradas. ■

La representación gráfica de estas funciones y el área entre ellas se muestra a continuación.

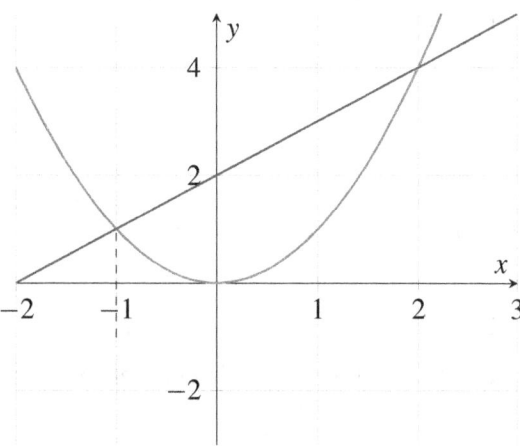

Figura 11.2.2: *Área entre las curvas* $f(x) = x^2$ *y* $g(x) = x + 2$ *desde* $x = -1$ *hasta* $x = 2$.

(R) Es importante notar que al calcular el área entre dos curvas, debemos considerar los puntos de intersección y evaluar si las funciones se cruzan dentro del intervalo dado. Esto garantiza que el cálculo del área sea correcto y que el valor absoluto se aplique adecuadamente.

Para afianzar los conocimientos adquiridos, se proponen los siguientes ejercicios.

Exercise 11.7 Calcule el área bajo la curva $f(x) = -x^2 + 4$ entre $x = 0$ y $x = 2$.

Exercise 11.8 Determine el área entre las curvas $f(x) = x^2 - 4$ y $g(x) = -x$ en el intervalo $x \in [-2, 2]$.

Estos ejercicios permitirán aplicar las técnicas aprendidas y profundizar en la comprensión del cálculo de áreas con ecuaciones cuadráticas.

11.3 Gráfica de funciones cuadráticas: vértice, eje de simetría y raíces.

11.3.1 Cálculo de vértices a partir de la fórmula general

La función cuadrática es fundamental en el estudio de las matemáticas, especialmente en el análisis y la geometría analítica. Para comprender mejor sus propiedades, es esencial saber cómo determinar el vértice de su gráfica a partir de su forma general.

Definition 11.3.1 Una **función cuadrática** es una función de la forma $f(x) = ax^2 + bx + c$, donde a, b y c son números reales y $a \neq 0$.

El vértice de la parábola representada por una función cuadrática es un punto crucial que indica el máximo o mínimo de la función.

Theorem 11.3.1 El **vértice** de la parábola dada por la función cuadrática $f(x) = ax^2 + bx + c$ se encuentra en el punto
$$V\left(-\frac{b}{2a}, f\left(-\frac{b}{2a}\right)\right).$$

Demostración. Para encontrar el vértice de la parábola dada por la función cuadrática $f(x) = ax^2 + bx + c$, consideramos que el vértice es el punto donde la parábola alcanza su valor máximo o mínimo. Esto ocurre en el valor de x que hace a la derivada de $f(x)$ igual a cero, ya que en el vértice la pendiente de la tangente es horizontal.
Calculamos la derivada de $f(x)$:

$$f'(x) = 2ax + b.$$

Igualando la derivada a cero para encontrar el punto crítico:

$$2ax + b = 0 \Rightarrow x = -\frac{b}{2a}.$$

Este es el valor de x en el vértice. Para encontrar la coordenada y del vértice, evaluamos f en $x = -\frac{b}{2a}$:

$$f\left(-\frac{b}{2a}\right) = a\left(-\frac{b}{2a}\right)^2 + b\left(-\frac{b}{2a}\right) + c.$$

Simplificando, obtenemos el valor de y en el vértice. Así, el vértice de la parábola es el punto

$$V\left(-\frac{b}{2a}, f\left(-\frac{b}{2a}\right)\right).$$

Esto concluye la demostración.

11.3 Gráfica de funciones cuadráticas: vértice, eje de simetría y raíces.

(R) Este resultado es esencial para el estudio de funciones cuadráticas y es ampliamente utilizado en problemas de optimización y modelación matemática.

■ **Example 11.9** Calcule el vértice de la función cuadrática $f(x) = 2x^2 - 4x + 1$ y represéntela gráficamente.

Identificamos los coeficientes:
$$a = 2, \quad b = -4, \quad c = 1.$$

Calculamos la coordenada x del vértice:
$$x_v = -\frac{b}{2a} = -\frac{-4}{2 \cdot 2} = 1.$$

Calculamos la coordenada y evaluando x_v en $f(x)$:
$$y_v = f(1) = 2(1)^2 - 4(1) + 1 = -1.$$

Por lo tanto, el vértice es $V(1, -1)$.

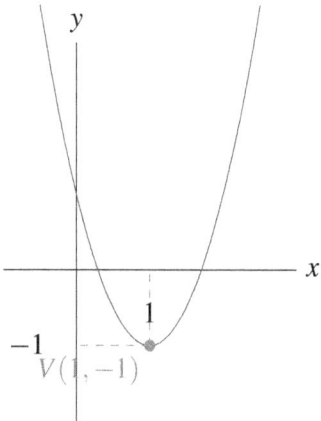

Figura 11.3.1: *Gráfica de la función $f(x) = 2x^2 - 4x + 1$ mostrando el vértice.*

■

La Figura 11.3.1 ilustra la parábola y destaca el vértice encontrado, lo cual facilita el análisis del comportamiento de la función.

Exercise 11.9 Determine el vértice de la función cuadrática $f(x) = -3x^2 + 6x - 2$ y dibuje su gráfica.

Exercise 11.10 Encuentre el vértice de $f(x) = x^2 - 4x + 7$ y analice si la función tiene un máximo o un mínimo. Justifique su respuesta.

(R) Observe que el signo del coeficiente a en $f(x) = ax^2 + bx + c$ determina la concavidad de la parábola:
- Si $a > 0$, la parábola abre hacia arriba y el vértice es un **mínimo**.
- Si $a < 0$, la parábola abre hacia abajo y el vértice es un **máximo**.

Esta propiedad es crucial en problemas que involucran la optimización de funciones cuadráticas.

En conclusión, conocer el método para calcular el vértice a partir de la fórmula general es una herramienta poderosa en el análisis de funciones cuadráticas y sus aplicaciones en diversos campos de las matemáticas y la física.

11.3.2 Gráficas en relación con problemas físicos.

En esta sección, exploraremos cómo las gráficas matemáticas se integran en la interpretación y resolución de problemas físicos. Las gráficas son herramientas esenciales que permiten visualizar relaciones entre variables físicas y comprender comportamientos dinámicos de sistemas.

> **Definition 11.3.2** Una *gráfica de una función* es la representación geométrica del conjunto de pares ordenados $(x, f(x))$, donde x pertenece al dominio de la función f. En física, estas gráficas ilustran cómo una magnitud física depende de otra.

Comprender las gráficas es fundamental para interpretar fenómenos como el movimiento, la energía y las fuerzas. Veamos un ejemplo que relaciona una gráfica con un problema físico.

■ **Example 11.10** Considere un oscilador armónico simple con ecuación de movimiento $x(t) = A\cos(\omega t + \phi)$, donde:

- A es la amplitud,
- ω es la frecuencia angular,
- ϕ es la fase inicial.

La gráfica de $x(t)$ en función del tiempo t muestra el movimiento periódico del sistema.
A continuación se presenta la gráfica para $A = 1$ m, $\omega = \pi$ rad/s y $\phi = 0$ rad.

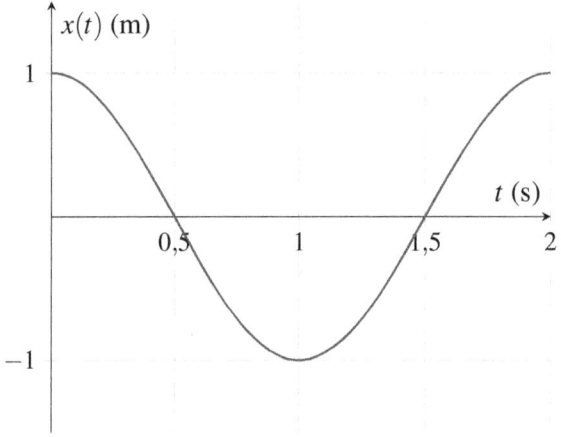

Figura 11.3.2: *Movimiento de un oscilador armónico simple con $A = 1$ m, $\omega = \pi$ rad/s y $\phi = 0$ rad.*

■

Este ejemplo ilustra cómo la gráfica permite visualizar el comportamiento oscilatorio y predecir posiciones futuras del sistema.

> **Theorem 11.3.2** Si una función $f : \mathbb{R} \to \mathbb{R}$ es continua y diferenciable en un intervalo I, entonces su gráfica en I representa un comportamiento físico sin discontinuidades ni cambios abruptos, lo cual es esencial para modelos de sistemas físicos reales.

Demostración. La continuidad de f garantiza que no existen saltos en la gráfica, es decir, que para todo $x \in I$, los valores de $f(x)$ varían sin interrupciones. La diferenciabilidad asegura que la tasa de cambio de $f(x)$ respecto a x está definida en todo punto de I, implicando un cambio suave en la magnitud física representada. ■

Este teorema es crucial en física, donde muchas magnitudes cambian de forma continua y diferenciable con respecto al tiempo o al espacio.

11.3 Gráfica de funciones cuadráticas: vértice, eje de simetría y raíces.

Corollary 11.3.3 Si f es dos veces diferenciable en I, entonces su segunda derivada $f''(x)$ existe en I, permitiendo analizar aceleraciones en sistemas físicos donde $f(x)$ representa posición o velocidad.

Demostración. Dado que f es diferenciable en I y su derivada f' es también diferenciable, la segunda derivada f'' existe y es continua en I. Esto es fundamental para calcular aceleraciones en mecánica clásica. ∎

La capacidad de graficar f, f', y f'' proporciona una visión completa del comportamiento dinámico del sistema.

> (R) En problemas físicos, la pendiente de la gráfica de posición frente al tiempo representa la velocidad, y la pendiente de la gráfica de velocidad frente al tiempo representa la aceleración. Esta interpretación geométrica es esencial para el análisis de movimiento.

Consideremos otro ejemplo que demuestra la aplicación de gráficas en un contexto físico.

■ **Example 11.11** Analicemos el movimiento de un proyectil lanzado desde el origen con una velocidad inicial $v_0 = 20$ m/s formando un ángulo $\theta = 45°$ con la horizontal. Las ecuaciones paramétricas del movimiento son:

$$\begin{cases} x(t) = v_0 \cos \theta \, t, \\ y(t) = v_0 \sin \theta \, t - \frac{1}{2}gt^2, \end{cases}$$

donde $g = 9{,}8$ m/s^2 es la aceleración debido a la gravedad.

La trayectoria del proyectil es una parábola, y su gráfica se muestra a continuación.

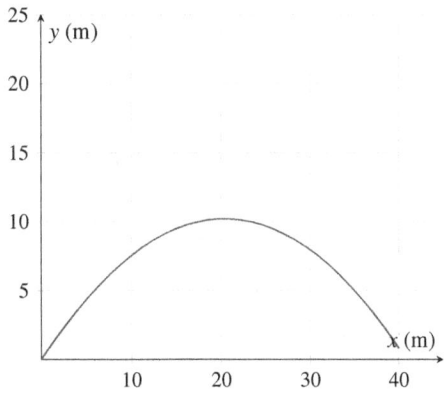

Figura 11.3.3: *Trayectoria de un proyectil con $v_0 = 20$ m/s y $\theta = 45°$.*

■

La gráfica permite visualizar la trayectoria y determinar características como el alcance máximo y la altura máxima alcanzada por el proyectil.

Lema 11.3.1 La pendiente de la gráfica de posición respecto al tiempo, $x(t)$, representa la velocidad instantánea $v(t) = \dfrac{dx}{dt}$.

Demostración. Por definición de derivada, la tasa de cambio instantánea de la posición con respecto al tiempo es la velocidad:

$$v(t) = \lim_{\Delta t \to 0} \frac{x(t + \Delta t) - x(t)}{\Delta t} = \frac{dx}{dt}.$$

Capítulo 11. Modelación con Ecuaciones Cuadráticas

Geométricamente, esta tasa de cambio corresponde a la pendiente de la recta tangente a la curva $x(t)$ en el punto t.

> La interpretación de derivadas y pendientes en gráficas es fundamental para comprender conceptos como velocidad y aceleración en física. Esto facilita la predicción y análisis del movimiento de partículas y objetos.

Veamos ahora cómo estas ideas se aplican en ejercicios prácticos.

Exercise 11.11 Dada la función de posición $x(t) = 5t^3 - 2t^2 + t$, realice lo siguiente:
1. Grafique la posición $x(t)$, la velocidad $v(t)$ y la aceleración $a(t)$ en el intervalo $t \in [0,2]$.
2. Interprete físicamente el comportamiento del objeto en ese intervalo.

Exercise 11.12 Un objeto se mueve en línea recta con velocidad $v(t) = 4\cos(2\pi t)$ m/s.
1. Grafique la velocidad en función del tiempo para $t \in [0,1]$ s.
2. Determine los instantes en los que el objeto cambia de dirección.

Estos ejercicios permiten aplicar conceptos teóricos en situaciones concretas, reforzando la comprensión de la relación entre gráficas y problemas físicos.

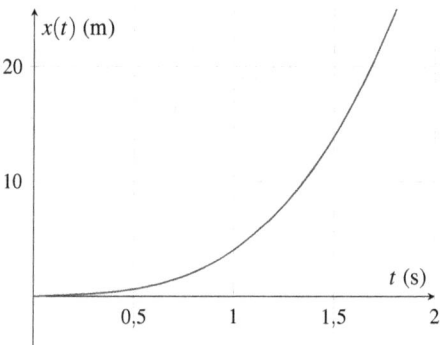

Figura 11.3.4: *Gráfica de la posición* $x(t) = 5t^3 - 2t^2 + t$ *en el intervalo* $t \in [0,2]$.

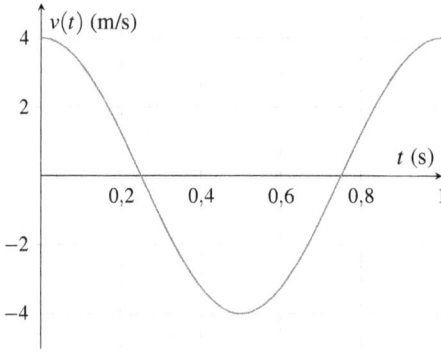

Figura 11.3.5: *Gráfica de la velocidad* $v(t) = 4\cos(2\pi t)$ *m/s para* $t \in [0,1]$ *s.*

> En la Figura 11.3.5, los puntos donde $v(t) = 0$ indican cambios de dirección en el movimiento del objeto. Esto ocurre cuando $\cos(2\pi t) = 0$, es decir, en $t = \dfrac{1}{4}$ s y $t = \dfrac{3}{4}$ s.

11.4 Ejercicios Resueltos

Exercise 11.13 Resuelve la ecuación cuadrática $x^2 - 6x + 8 = 0$ utilizando factorización.

Demostración. Para resolver $x^2 - 6x + 8 = 0$ por factorización, buscamos dos números que multiplicados den 8 y sumados den -6. Estos números son -4 y -2. Entonces, podemos factorizar como:

$$x^2 - 6x + 8 = (x-4)(x-2) = 0.$$

Al resolver cada factor igualado a cero, obtenemos:

$$x - 4 = 0 \Rightarrow x = 4,$$

$$x - 2 = 0 \Rightarrow x = 2.$$

Por lo tanto, las soluciones son $x = 4$ y $x = 2$. ∎

Exercise 11.14 Resuelve la ecuación cuadrática $3x^2 + 12x + 12 = 0$ usando la fórmula general.

Demostración. Para resolver $3x^2 + 12x + 12 = 0$ aplicamos la fórmula general:

$$x = \frac{-b \pm \sqrt{b^2 - 4ac}}{2a}.$$

Aquí, $a = 3$, $b = 12$, y $c = 12$. Calculamos el discriminante:

$$b^2 - 4ac = 12^2 - 4 \cdot 3 \cdot 12 = 144 - 144 = 0.$$

Como el discriminante es 0, hay una única solución real:

$$x = \frac{-12}{2 \cdot 3} = \frac{-12}{6} = -2.$$

Por lo tanto, la solución es $x = -2$. ∎

Exercise 11.15 Completa el cuadrado para expresar la función cuadrática $f(x) = x^2 + 6x + 5$ en su forma canónica.

Demostración. Para completar el cuadrado en $f(x) = x^2 + 6x + 5$, tomamos el coeficiente de x, que es 6, lo dividimos por 2 y lo elevamos al cuadrado:

$$\left(\frac{6}{2}\right)^2 = 9.$$

Entonces, reescribimos la función como:

$$f(x) = (x^2 + 6x + 9) - 9 + 5 = (x+3)^2 - 4.$$

La forma canónica es:

$$f(x) = (x+3)^2 - 4.$$

Por lo tanto, el vértice de la parábola es $(-3, -4)$. ∎

Capítulo 11. Modelación con Ecuaciones Cuadráticas

Exercise 11.16 Calcula el área bajo la curva $f(x) = 2x^2 + 3x$ en el intervalo $[0,2]$.

Demostración. Para calcular el área bajo la curva $f(x) = 2x^2 + 3x$ en el intervalo $[0,2]$, integramos la función en ese intervalo:

$$A = \int_0^2 (2x^2 + 3x)\,dx.$$

Integrando término a término, obtenemos:

$$A = \left[\frac{2}{3}x^3 + \frac{3}{2}x^2\right]_0^2.$$

Evaluamos en los límites:

$$A = \left(\frac{2}{3}(2)^3 + \frac{3}{2}(2)^2\right) - \left(\frac{2}{3}(0)^3 + \frac{3}{2}(0)^2\right).$$

Simplificando,

$$A = \frac{2}{3}\cdot 8 + \frac{3}{2}\cdot 4 = \frac{16}{3} + 6 = \frac{34}{3}.$$

Por lo tanto, el área es $\frac{34}{3}$ unidades cuadradas. ∎

Exercise 11.17 Determina el vértice y las raíces de la función cuadrática $f(x) = -x^2 + 4x - 3$.

Demostración. Para encontrar el vértice de $f(x) = -x^2 + 4x - 3$, usamos la fórmula del vértice:

$$x_v = -\frac{b}{2a}.$$

Aquí, $a = -1$ y $b = 4$, por lo que:

$$x_v = -\frac{4}{2\cdot(-1)} = 2.$$

Evaluamos $f(2)$ para encontrar la coordenada y del vértice:

$$f(2) = -(2)^2 + 4\cdot 2 - 3 = -4 + 8 - 3 = 1.$$

Así, el vértice es $(2,1)$.

Para encontrar las raíces, resolvemos la ecuación $-x^2 + 4x - 3 = 0$ usando la fórmula cuadrática:

$$x = \frac{-b \pm \sqrt{b^2 - 4ac}}{2a}.$$

Con $a = -1$, $b = 4$, y $c = -3$:

$$x = \frac{-4 \pm \sqrt{16 + 12}}{-2} = \frac{-4 \pm \sqrt{28}}{-2} = \frac{-4 \pm 2\sqrt{7}}{-2}.$$

Dividiendo cada término entre -2, obtenemos:

$$x = 2 \pm \sqrt{7}.$$

Por lo tanto, las raíces son $x = 2 + \sqrt{7}$ y $x = 2 - \sqrt{7}$. ∎

11.5 Ejercicios Propuestos

11.5.1 Ecuaciones cuadráticas: factorización y fórmula general

Exercise 11.18 Resuelve la ecuación cuadrática $x^2 - 5x + 6 = 0$ utilizando el método de factorización.

Exercise 11.19 Encuentra las raíces de la ecuación $2x^2 + 7x + 3 = 0$ aplicando la fórmula general.

Exercise 11.20 Resuelve la ecuación $x^2 + 4x + 4 = 0$ mediante el método de completar el cuadrado.

Exercise 11.21 Determina los valores de m para los cuales la ecuación $x^2 + mx + 16 = 0$ tiene raíces reales.

Exercise 11.22 Resuelve la ecuación cuadrática $3x^2 - x - 4 = 0$ y clasifica las raíces según su naturaleza.

11.5.2 Aplicaciones prácticas: problemas que involucran áreas y trayectorias

Exercise 11.23 Un objeto es lanzado verticalmente hacia arriba desde una altura de 20 metros con una velocidad inicial de 15 m/s. Escribe la ecuación que modela su posición en función del tiempo y determina cuánto tiempo tarda en llegar al suelo.

Exercise 11.24 Calcula el área bajo la curva de la función $f(x) = x^2 + 2x$ entre $x = 0$ y $x = 3$.

Exercise 11.25 Un proyectil es lanzado con una velocidad de 30 m/s en un ángulo de 45°. Determina la ecuación de su trayectoria y calcula el alcance máximo.

Exercise 11.26 Una pelota es lanzada desde una altura de 1.5 metros con una velocidad inicial de 10 m/s. ¿Cuánto tiempo tarda en alcanzar su altura máxima y cuál es esa altura?

Exercise 11.27 Encuentra el área entre las funciones $f(x) = x^2$ y $g(x) = 4x - x^2$ en el intervalo $[0, 2]$.

11.5.3 Gráfica de funciones cuadráticas: vértice, eje de simetría y raíces

Exercise 11.28 Determina el vértice, las raíces y el eje de simetría de la función cuadrática $f(x) = -2x^2 + 8x - 3$.

Exercise 11.29 Encuentra el vértice y representa gráficamente la función cuadrática $f(x) = x^2 - 4x + 5$.

Exercise 11.30 Dibuja la gráfica de la función cuadrática $f(x) = 3x^2 - 6x + 2$ y calcula las intersecciones con los ejes.

Exercise 11.31 Para la función $f(x) = -x^2 + 6x - 8$, determina el vértice y el intervalo en el que la función es decreciente.

Exercise 11.32 Analiza la concavidad y determina el vértice de la función $f(x) = \frac{1}{2}x^2 - 3x + 7$. ¿Tiene un máximo o un mínimo?

12. Modelación Matemática con Inecuaciones

12.1 Inecuaciones lineales y cuadráticas: resolución y representación en la recta numérica.

12.1.1 Resolución de inecuaciones con una variable.

En esta sección, abordaremos la resolución de inecuaciones con una variable real. Las inecuaciones son expresiones matemáticas que establecen una relación de orden entre dos expresiones algebraicas. La habilidad para resolver inecuaciones es fundamental en diversas áreas de las matemáticas y sus aplicaciones.

> **Definition 12.1.1** Una *inecuación* es una expresión de la forma $f(x) < g(x)$, $f(x) \leq g(x)$, $f(x) > g(x)$ o $f(x) \geq g(x)$, donde $f(x)$ y $g(x)$ son funciones o expresiones algebraicas. Resolver una inecuación implica encontrar todos los valores de x que satisfacen la relación establecida.

Es esencial comprender las propiedades fundamentales de las inecuaciones para manipularlas correctamente y obtener soluciones precisas.

> **Theorem 12.1.1 — Propiedades de las inecuaciones.** Sean a, b y c números reales.
> 1. Si $a < b$, entonces $a + c < b + c$.
> 2. Si $a < b$ y $c > 0$, entonces $ac < bc$.
> 3. Si $a < b$ y $c < 0$, entonces $ac > bc$.
> 4. Si $a < b$ y $b < c$, entonces $a < c$ (transitividad).

Demostración. Demostraremos cada propiedad por separado:

1. Si $a < b$, entonces $a + c < b + c$:
Al sumar c en ambos lados de la desigualdad $a < b$, obtenemos $a + c < b + c$, ya que la suma de una misma cantidad en ambos lados de una desigualdad no altera el orden.

2. Si $a < b$ y $c > 0$, entonces $ac < bc$:
Al multiplicar ambos lados de $a < b$ por $c > 0$, la dirección de la desigualdad se mantiene, por lo que $ac < bc$.

3. Si $a < b$ y $c < 0$, entonces $ac > bc$:

Al multiplicar ambos lados de $a < b$ por $c < 0$, la desigualdad invierte su dirección, resultando en $ac > bc$.

4. Si $a < b$ y $b < c$, entonces $a < c$ (transitividad):

Dado que $a < b$ y $b < c$, la propiedad de transitividad de las desigualdades nos permite concluir que $a < c$.

Esto concluye la demostración de las propiedades de las inecuaciones. ∎

Estas propiedades son herramientas indispensables al resolver inecuaciones, especialmente cuando se multiplican o dividen ambos lados por una cantidad que puede ser negativa.

■ **Example 12.1** Resuelva la inecuación lineal $3x - 5 < 7$. ■

Solución. Procedemos a aislar la variable x:

$$3x - 5 < 7$$
$$3x < 7 + 5$$
$$3x < 12$$
$$x < \frac{12}{3}$$
$$x < 4.$$

La solución es el conjunto de todos los números reales x tales que $x < 4$. ∎

La solución puede representarse gráficamente en la recta numérica para visualizar mejor el conjunto solución.

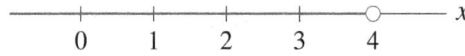

Figura 12.1.1: *Representación gráfica de la solución $x < 4$.*

Avanzando hacia inecuaciones más complejas, consideremos aquellas que involucran expresiones cuadráticas.

Definition 12.1.2 Una *inecuación cuadrática* es una inecuación de la forma $ax^2 + bx + c \,\square\, 0$, donde a, b, c son números reales, $a \neq 0$, y $\square$ es uno de los símbolos $<$, $\leq$, $>$ o $\geq$.

Para resolver inecuaciones cuadráticas, es útil analizar el signo de la función cuadrática correspondiente y sus raíces.

> **Theorem 12.1.2** Sea $f(x) = ax^2 + bx + c$ una función cuadrática, y sean x_1 y x_2 las raíces reales de la ecuación $f(x) = 0$ (suponiendo que existen y son distintas). Entonces:
> 1. Si $a > 0$, entonces $f(x) > 0$ para $x < x_1$ y $x > x_2$, y $f(x) < 0$ para $x_1 < x < x_2$.
> 2. Si $a < 0$, entonces $f(x) < 0$ para $x < x_1$ y $x > x_2$, y $f(x) > 0$ para $x_1 < x < x_2$.

Demostración. Consideremos la función cuadrática $f(x) = ax^2 + bx + c$, y sea $f(x) = 0$ la ecuación cuadrática asociada, cuyas raíces reales y distintas son x_1 y x_2. La factorización de $f(x)$ se puede escribir como:

$$f(x) = a(x - x_1)(x - x_2).$$

Analicemos el signo de $f(x)$ en los intervalos determinados por x_1 y x_2.

12.1 Inecuaciones lineales y cuadráticas: resolución y representación en la recta numérica.

1. Caso $a > 0$:
   - Para $x < x_1$: en este intervalo, ambos términos $(x-x_1)$ y $(x-x_2)$ son negativos, por lo que su producto $(x-x_1)(x-x_2)$ es positivo. Como $a > 0$, esto implica que $f(x) > 0$ en este intervalo.
   - Para $x_1 < x < x_2$: en este intervalo, $(x-x_1)$ es positivo y $(x-x_2)$ es negativo, lo que hace que su producto sea negativo. Dado que $a > 0$, tenemos $f(x) < 0$ en este intervalo. - Para $x > x_2$: en este intervalo, ambos términos $(x-x_1)$ y $(x-x_2)$ son positivos, por lo que su producto es positivo. Dado que $a > 0$, tenemos $f(x) > 0$ en este intervalo.

2. Caso $a < 0$:
   - Para $x < x_1$: en este intervalo, ambos términos $(x-x_1)$ y $(x-x_2)$ son negativos, por lo que su producto es positivo. Dado que $a < 0$, esto implica que $f(x) < 0$ en este intervalo. - Para $x_1 < x < x_2$: en este intervalo, $(x-x_1)$ es positivo y $(x-x_2)$ es negativo, lo que hace que su producto sea negativo. Dado que $a < 0$, tenemos $f(x) > 0$ en este intervalo. - Para $x > x_2$: en este intervalo, ambos términos $(x-x_1)$ y $(x-x_2)$ son positivos, por lo que su producto es positivo. Dado que $a < 0$, tenemos $f(x) < 0$ en este intervalo.

Esto concluye la demostración. ∎

Esta propiedad nos permite resolver inecuaciones cuadráticas analizando el signo de la función en diferentes intervalos definidos por sus raíces.

■ **Example 12.2** Resuelva la inecuación $x^2 - 5x + 6 > 0$. ■

Solución. Primero, encontremos las raíces de la ecuación cuadrática asociada $x^2 - 5x + 6 = 0$:

$$x^2 - 5x + 6 = 0 \implies (x-2)(x-3) = 0 \implies x = 2 \text{ y } x = 3.$$

Estas raíces dividen la recta real en tres intervalos: $(-\infty, 2)$, $(2, 3)$ y $(3, \infty)$. Evaluemos el signo de $f(x) = x^2 - 5x + 6$ en cada intervalo:

- Para $x < 2$, tomemos $x = 1$:

$$f(1) = 1^2 - 5 \cdot 1 + 6 = 1 - 5 + 6 = 2 > 0.$$

- Para $2 < x < 3$, tomemos $x = 2{,}5$:

$$f(2{,}5) = (2{,}5)^2 - 5 \cdot 2{,}5 + 6 = 6{,}25 - 12{,}5 + 6 = -0{,}25 < 0.$$

- Para $x > 3$, tomemos $x = 4$:

$$f(4) = 4^2 - 5 \cdot 4 + 6 = 16 - 20 + 6 = 2 > 0.$$

Por lo tanto, $f(x) > 0$ en $(-\infty, 2)$ y $(3, \infty)$, y $f(x) < 0$ en $(2, 3)$. Como buscamos $f(x) > 0$, la solución es:

$$x \in (-\infty, 2) \cup (3, \infty).$$

■

La representación gráfica de la solución es la siguiente:

> ⓡ Es importante considerar si las raíces se incluyen en la solución. En este caso, la inecuación es estricta ($>$), por lo que $x = 2$ y $x = 3$ no se incluyen en el conjunto solución.

Para inecuaciones más complejas, podemos utilizar el método de la tabla de signos.

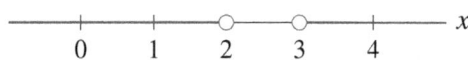

Figura 12.1.2: *Representación gráfica de la solución* $x \in (-\infty, 2) \cup (3, \infty)$.

Lema 12.1.1 — **Método de la tabla de signos.** Para resolver la inecuación $f(x) \square 0$, donde $f(x)$ es una expresión factorizada, se siguen los pasos:
1. Factorizar completamente $f(x)$.
2. Identificar los ceros de cada factor (puntos críticos).
3. Dividir la recta real en intervalos con base en estos puntos críticos.
4. Determinar el signo de $f(x)$ en cada intervalo.
5. Seleccionar los intervalos que satisfacen la inecuación.

■ **Example 12.3** Resuelva la inecuación $(x-1)(x+2)(x-3) \leq 0$. ■

Solución. Identificamos los puntos críticos estableciendo cada factor igual a cero:

$$x - 1 = 0 \implies x = 1,$$
$$x + 2 = 0 \implies x = -2,$$
$$x - 3 = 0 \implies x = 3.$$

Ordenamos los puntos críticos: $x = -2$, $x = 1$, $x = 3$. Dividimos la recta real en los intervalos:
1. $(-\infty, -2)$
2. $(-2, 1)$
3. $(1, 3)$
4. $(3, \infty)$

Analizamos el signo de $f(x)$ en cada intervalo:
- **Intervalo** $(-\infty, -2)$: Tomamos $x = -3$:

$$f(-3) = (-3-1)(-3+2)(-3-3) = (-4)(-1)(-6) = -24 < 0.$$

- **Intervalo** $(-2, 1)$: Tomamos $x = 0$:

$$f(0) = (-1)(2)(-3) = 6 > 0.$$

- **Intervalo** $(1, 3)$: Tomamos $x = 2$:

$$f(2) = (2-1)(2+2)(2-3) = (1)(4)(-1) = -4 < 0.$$

- **Intervalo** $(3, \infty)$: Tomamos $x = 4$:

$$f(4) = (4-1)(4+2)(4-3) = (3)(6)(1) = 18 > 0.$$

El signo de $f(x)$ es negativo en $(-\infty, -2)$ y $(1, 3)$, y positivo en $(-2, 1)$ y $(3, \infty)$. Dado que buscamos $f(x) \leq 0$, seleccionamos los intervalos donde $f(x)$ es negativo o cero.
Verificamos si los puntos críticos satisfacen la inecuación:

$$f(-2) = (-2-1)(-2+2)(-2-3) = (-3)(0)(-5) = 0,$$
$$f(1) = (1-1)(1+2)(1-3) = (0)(3)(-2) = 0,$$
$$f(3) = (3-1)(3+2)(3-3) = (2)(5)(0) = 0.$$

12.1 Inecuaciones lineales y cuadráticas: resolución y representación en la recta numérica.

Como $f(x) = 0$ en $x = -2, 1, 3$, y la inecuación incluye la igualdad ($\leq$), estos puntos se incluyen en la solución.

Por lo tanto, la solución es:

$$x \in (-\infty, -2] \cup [1, 3].$$

La representación gráfica de la solución es:

Figura 12.1.3: *Representación gráfica de la solución $x \in (-\infty, -2] \cup [1, 3]$.*

(R) El método de la tabla de signos es especialmente útil para inecuaciones que involucran productos o cocientes de factores lineales, permitiendo un análisis sistemático de los signos en cada intervalo.

Finalmente, abordemos inecuaciones que involucran valores absolutos, las cuales requieren una consideración especial debido a la naturaleza del valor absoluto.

> **Theorem 12.1.3** Para resolver una inecuación de la forma $|f(x)| \leq k$, con $k \geq 0$, se puede reescribir como $-k \leq f(x) \leq k$.

Demostración. Consideremos la inecuación $|f(x)| \leq k$ con $k \geq 0$. Por definición del valor absoluto, $|f(x)| \leq k$ significa que $f(x)$ está a una distancia de, como máximo, k del origen. Esto se traduce en la condición:

$$-k \leq f(x) \leq k.$$

Para justificar esto, notemos que $|f(x)| \leq k$ implica que $-k \leq f(x) \leq k$, ya que si $f(x) > k$ o $f(x) < -k$, entonces $|f(x)|$ sería mayor que k, lo cual contradiría la inecuación dada. Por lo tanto, podemos reescribir $|f(x)| \leq k$ como

$$-k \leq f(x) \leq k.$$

Esto concluye la demostración.

■ **Example 12.4** Resuelva la inecuación $|2x - 3| \leq 5$.

Solución. Aplicamos el teorema anterior:

$$-5 \leq 2x - 3 \leq 5.$$

Resolviendo las desigualdades simultáneamente:

$$-5 + 3 \leq 2x \leq 5 + 3$$
$$-2 \leq 2x \leq 8$$
$$\frac{-2}{2} \leq x \leq \frac{8}{2}$$
$$-1 \leq x \leq 4.$$

Por lo tanto, la solución es:

$$x \in [-1, 4].$$

La representación gráfica es:

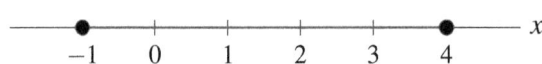

Figura 12.1.4: *Representación gráfica de la solución $x \in [-1, 4]$.*

Exercise 12.1 Resuelva la inecuación $\dfrac{x-4}{x+1} > 0$ y represente la solución en la recta numérica. ■

Exercise 12.2 Determine todos los valores de x que satisfacen la inecuación $|x^2 - 9| \geq 0$. ■

Las técnicas y conceptos presentados en esta sección son fundamentales para resolver inecuaciones con una variable. Una comprensión profunda de estos métodos permitirá abordar problemas más complejos y aplicar estas habilidades en diversas áreas de las matemáticas y sus aplicaciones.

12.1.2 Representación gráfica de inecuaciones cuadráticas.

En esta sección, exploraremos cómo representar gráficamente las soluciones de inecuaciones cuadráticas. Este tema es fundamental para comprender la relación entre las expresiones algebraicas y su interpretación geométrica en la recta numérica y el plano cartesiano.

Definition 12.1.3 Una *inecuación cuadrática* es una desigualdad de la forma:

$$ax^2 + bx + c \,\square\, 0,$$

donde $a, b, c \in \mathbb{R}$, $a \neq 0$, y $\square$ es uno de los símbolos $<, \leq, >$ o $\geq$.

La resolución de inecuaciones cuadráticas implica determinar los valores de x que satisfacen la desigualdad dada. Para ello, es útil analizar la función cuadrática asociada y su gráfica.

Theorem 12.1.4 Sea $f(x) = ax^2 + bx + c$ una función cuadrática, y sean x_1 y x_2 las raíces reales de la ecuación $f(x) = 0$ (suponiendo que existen y son distintas). Entonces, la gráfica de $f(x)$ es una parábola que corta al eje x en x_1 y x_2. La parábola abre hacia arriba si $a > 0$ y hacia abajo si $a < 0$.

Demostración. Consideremos la función cuadrática $f(x) = ax^2 + bx + c$ y la ecuación $f(x) = 0$, cuyas raíces reales y distintas son x_1 y x_2. Esto significa que podemos factorizar $f(x)$ como

$$f(x) = a(x - x_1)(x - x_2).$$

La gráfica de $f(x)$ es una parábola. Las raíces x_1 y x_2 representan los puntos donde $f(x) = 0$, es decir, los puntos donde la parábola corta al eje x.

Para determinar la dirección en la que abre la parábola, observamos el coeficiente a:

1. Si $a > 0$, el término ax^2 domina para valores grandes de $|x|$, y como es positivo, la parábola se abre hacia arriba.

12.1 Inecuaciones lineales y cuadráticas: resolución y representación en la recta numérica.

2. Si $a < 0$, el término ax^2 domina para valores grandes de $|x|$, y como es negativo, la parábola se abre hacia abajo.

Por lo tanto, la parábola corta al eje x en x_1 y x_2, abre hacia arriba si $a > 0$ y hacia abajo si $a < 0$. Esto concluye la demostración. ∎

Este teorema nos permite interpretar gráficamente las soluciones de la inecuación cuadrática en función de la posición de la parábola respecto al eje x.

■ **Example 12.5** Resuelva la inecuación $x^2 - 4x + 3 \geq 0$ y represente gráficamente la solución. ■

Solución. Primero, encontramos las raíces de la ecuación asociada $x^2 - 4x + 3 = 0$:

$$x^2 - 4x + 3 = 0 \implies (x-1)(x-3) = 0 \implies x = 1 \text{ y } x = 3.$$

Las raíces dividen la recta real en tres intervalos:
1. $(-\infty, 1]$ 2. $[1, 3]$ 3. $[3, \infty)$

Como $a = 1 > 0$, la parábola abre hacia arriba. Evaluamos el signo de $f(x)$ en cada intervalo:
- Para $x < 1$, tomemos $x = 0$:

$$f(0) = (0)^2 - 4(0) + 3 = 3 > 0$$

- Para $1 < x < 3$, tomemos $x = 2$:

$$f(2) = (2)^2 - 4(2) + 3 = 4 - 8 + 3 = -1 < 0$$

- Para $x > 3$, tomemos $x = 4$:

$$f(4) = (4)^2 - 4(4) + 3 = 16 - 16 + 3 = 3 > 0$$

Buscamos los valores de x donde $f(x) \geq 0$, es decir, donde la parábola está sobre o toca el eje x. Por lo tanto, la solución es:

$$x \in (-\infty, 1] \cup [3, \infty)$$

La representación gráfica es:

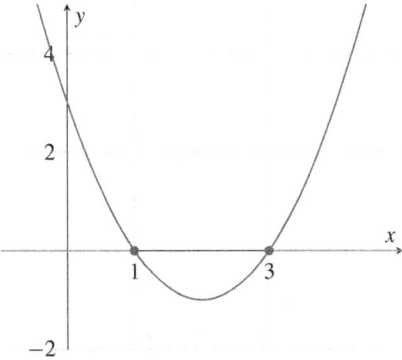

Figura 12.1.5: *Gráfica de* $y = x^2 - 4x + 3$ *y solución de* $x^2 - 4x + 3 \geq 0$.

En la Figura 12.1.5, las regiones donde la parábola está por encima o toca el eje x corresponden a la solución de la inecuación. ∎

La representación gráfica facilita la comprensión de las soluciones de inecuaciones cuadráticas, permitiendo visualizar los intervalos donde la función cumple la desigualdad.

Para generalizar este enfoque, consideremos el siguiente lema.

Lema 12.1.2 Sea $f(x) = a(x-x_1)(x-x_2)$, con $a \neq 0$, y $x_1 \leq x_2$. Entonces, para la inecuación $f(x) \square 0$:
- Si $a > 0$ y $\square$ es $\geq$ o $>$, la solución es: - $x \in (-\infty, x_1) \cup (x_2, \infty)$ para $f(x) > 0$ - $x \in (-\infty, x_1] \cup [x_2, \infty)$ para $f(x) \geq 0$ - Si $a > 0$ y $\square$ es $\leq$ o $<$, la solución es: - $x \in (x_1, x_2)$ para $f(x) < 0$ - $x \in [x_1, x_2]$ para $f(x) \leq 0$

Análogamente, si $a < 0$, los intervalos se invierten.

Demostración. La función $f(x)$ es una parábola con concavidad determinada por el signo de a. Los signos de $f(x)$ en los intervalos definidos por las raíces x_1 y x_2 se deducen del comportamiento de la parábola y se aplican las propiedades de las inecuaciones cuadráticas. ■

Este lema nos proporciona un método sistemático para resolver y representar gráficamente inecuaciones cuadráticas.

■ **Example 12.6** Resuelva la inecuación $-2x^2 + 8x - 6 > 0$ y represente gráficamente la solución. ■

Solución. Primero, factorizamos la ecuación cuadrática asociada $-2x^2 + 8x - 6 = 0$:
Dividimos por -2 (sin olvidar que el signo de la desigualdad se invierte si multiplicamos o dividimos por un número negativo, pero como estamos trabajando con una ecuación auxiliar, esto no afecta):

$$-2x^2 + 8x - 6 = 0 \implies x^2 - 4x + 3 = 0 \implies (x-1)(x-3) = 0$$

Por lo tanto, las raíces son $x = 1$ y $x = 3$.
Como $a = -2 < 0$, la parábola abre hacia abajo. Según el lema anterior y dado que buscamos $f(x) > 0$, la solución es:
- $x \in (1, 3)$

La representación gráfica es:

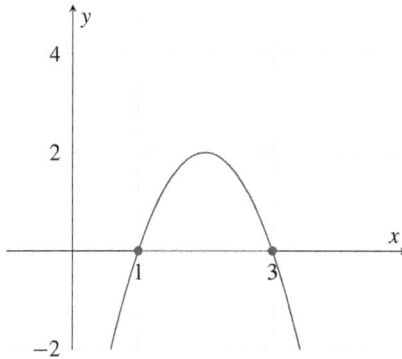

Figura 12.1.6: *Gráfica de $y = -2x^2 + 8x - 6$ y solución de $-2x^2 + 8x - 6 > 0$.*

En la Figura 12.1.6, la parábola está por encima del eje x en el intervalo $(1,3)$, que es la solución de la inecuación. ■

12.2 Intervalos y notación: definición de intervalos y desigualdades.

Corollary 12.1.5 La solución de una inecuación cuadrática puede ser un intervalo abierto, cerrado o semiabierto, dependiendo de si la desigualdad es estricta ($<$, $>$) o no estricta ($\leq$, $\geq$), y si las raíces son incluidas o no.

(R) Es crucial considerar el sentido de la desigualdad y el signo del coeficiente cuadrático a al determinar la solución de una inecuación cuadrática y su representación gráfica.

Exercise 12.3 Resuelva la inecuación $x^2 + 2x - 8 \leq 0$ y represente gráficamente la solución. ▪

Exercise 12.4 Determine los valores de x que satisfacen la inecuación $x^2 \geq 9$ y represente gráficamente la solución en la recta numérica. ▪

(R) En el caso de inecuaciones cuadráticas sin raíces reales (el discriminante $D = b^2 - 4ac < 0$), la función cuadrática no corta al eje x. Dependiendo del signo de a, la función será siempre positiva o siempre negativa. Por lo tanto, la solución de la inecuación será todo $\mathbb{R}$ o el conjunto vacío.

■ **Example 12.7** Resuelva la inecuación $x^2 + x + 1 > 0$. ■

Solución. Calculamos el discriminante:

$$D = b^2 - 4ac = (1)^2 - 4(1)(1) = 1 - 4 = -3 < 0$$

Como $D < 0$, la ecuación $x^2 + x + 1 = 0$ no tiene raíces reales. Además, $a = 1 > 0$, por lo que la parábola está siempre por encima del eje x.
Por lo tanto, $f(x) > 0$ para todo $x \in \mathbb{R}$. La solución de la inecuación es:

$$x \in \mathbb{R}$$

No es necesario graficar en este caso, pero si lo hiciéramos, veríamos que la parábola nunca toca ni cruza el eje x y se mantiene siempre en el semiplano positivo. ■

(R) Cuando la función cuadrática es siempre positiva o siempre negativa, la solución de la inecuación es inmediata y depende únicamente del sentido de la desigualdad.

En conclusión, la representación gráfica de inecuaciones cuadráticas es una herramienta poderosa para visualizar y comprender las soluciones. A través de la gráfica de la función cuadrática asociada, podemos determinar los intervalos donde la inecuación se cumple y representar estas soluciones en la recta numérica o en el plano cartesiano.

12.2 Intervalos y notación: definición de intervalos y desigualdades.

12.2.1 Intervalos abiertos y cerrados.

En esta sección, estudiaremos los intervalos en la recta real, fundamentales en análisis matemático y teoría de conjuntos. Comprenderemos las diferencias entre intervalos abiertos y cerrados, y exploraremos sus propiedades y representaciones gráficas.

Capítulo 12. Modelación Matemática con Inecuaciones

Definition 12.2.1 Sea $a, b \in \mathbb{R}$ con $a < b$. Un *intervalo* es un subconjunto de $\mathbb{R}$ que contiene todos los números reales entre a y b. Los tipos de intervalos más comunes son:
- **Intervalo cerrado**: $[a,b] = \{x \in \mathbb{R} \mid a \leq x \leq b\}$.
- **Intervalo abierto**: $(a,b) = \{x \in \mathbb{R} \mid a < x < b\}$.
- **Intervalo semiabierto o semicerrado**:
  - $[a,b) = \{x \in \mathbb{R} \mid a \leq x < b\}$.
  - $(a,b] = \{x \in \mathbb{R} \mid a < x \leq b\}$.

Estos intervalos se representan gráficamente en la recta numérica, lo que facilita su visualización y comprensión.

■ **Example 12.8** Representemos gráficamente los siguientes intervalos:
1. $[1,4]$
2. $(1,4)$
3. $[1,4)$
4. $(1,4]$

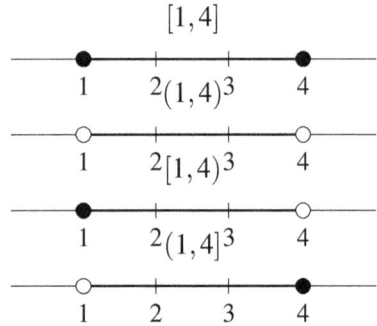

Figura 12.2.1: *Representación gráfica de diferentes tipos de intervalos.*

■

Como se observa en la Figura 12.2.1, los intervalos se distinguen por la inclusión o exclusión de los extremos a y b, representados por puntos llenos (incluidos) o huecos (excluidos).

Theorem 12.2.1 En el conjunto de los números reales $\mathbb{R}$, los intervalos abiertos y cerrados poseen las siguientes propiedades:
1. Los intervalos cerrados $[a,b]$ son *compactos*.
2. Los intervalos abiertos (a,b) son *abiertos* en el sentido topológico.

Demostración. Demostraremos cada propiedad por separado.
1. Los intervalos cerrados $[a,b]$ son compactos:
   En el conjunto de los números reales $\mathbb{R}$, un conjunto es compacto si es cerrado y acotado. El intervalo $[a,b]$ está acotado, ya que todos sus puntos x satisfacen $a \leq x \leq b$. Además, es cerrado porque incluye sus puntos extremos a y b. Por lo tanto, el intervalo $[a,b]$ es compacto en $\mathbb{R}$.
2. Los intervalos abiertos (a,b) son abiertos en el sentido topológico:
   En topología, un conjunto es abierto si para cada punto del conjunto existe un entorno completamente contenido en el conjunto. Para cada punto $x \in (a,b)$, podemos encontrar un entorno $(x-\varepsilon, x+\varepsilon) \subset (a,b)$ tal que x es el centro del intervalo y ε es suficientemente pequeño para asegurar que el entorno esté completamente contenido en (a,b). Esto implica que (a,b) es un conjunto abierto en el sentido topológico.

Esto concluye la demostración. ■

12.2 Intervalos y notación: definición de intervalos y desigualdades.

Estas propiedades son fundamentales en análisis, especialmente en temas como continuidad y convergencia.

Lema 12.2.1 La intersección de una cantidad finita de intervalos cerrados es un intervalo cerrado o vacío.

Demostración. Sea $\{[a_i, b_i]\}_{i=1}^{n}$ una familia finita de intervalos cerrados. Entonces,

$$\bigcap_{i=1}^{n}[a_i, b_i] = \left[\max_{1 \leq i \leq n} a_i, \min_{1 \leq i \leq n} b_i\right],$$

siempre que $\max a_i \leq \min b_i$. Si no, la intersección es el conjunto vacío. ∎

Corollary 12.2.2 La unión de una cantidad finita de intervalos cerrados es un intervalo cerrado si los intervalos son adyacentes o se superponen.

■ **Example 12.9** Considere los intervalos $[1,3]$ y $[2,5]$. La intersección y la unión de estos intervalos son:
- Intersección: $[1,3] \cap [2,5] = [2,3]$
- Unión: $[1,3] \cup [2,5] = [1,5]$

Representemos gráficamente estos resultados.

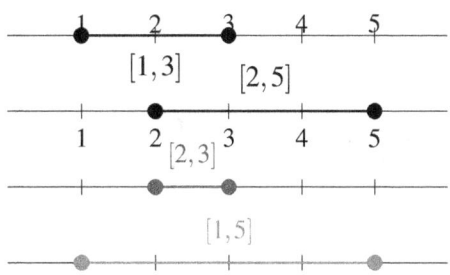

Figura 12.2.2: *Representación gráfica de la intersección y unión de $[1,3]$ y $[2,5]$.*

■

(R) Las operaciones de unión e intersección de intervalos son fundamentales en teoría de conjuntos y análisis real. Entender cómo interactúan los intervalos nos permite manipular conjuntos de números reales de manera efectiva.

Theorem 12.2.3 — **Anidamiento de intervalos cerrados.** Sea $\{[a_n, b_n]\}_{n=1}^{\infty}$ una sucesión de intervalos cerrados tales que $[a_{n+1}, b_{n+1}] \subseteq [a_n, b_n]$ para todo $n \in \mathbb{N}$. Entonces, la intersección de todos los intervalos es no vacía, es decir,

$$\bigcap_{n=1}^{\infty}[a_n, b_n] \neq \emptyset.$$

Demostración. Consideremos la sucesión de intervalos cerrados $\{[a_n, b_n]\}_{n=1}^{\infty}$ tal que $[a_{n+1}, b_{n+1}] \subseteq [a_n, b_n]$ para todo $n \in \mathbb{N}$. Esto significa que los intervalos están anidados, es decir, cada intervalo contiene al siguiente.

Como cada $[a_n, b_n]$ es un intervalo cerrado y acotado, podemos estudiar las sucesiones $\{a_n\}$ y $\{b_n\}$:
1. La sucesión $\{a_n\}$ es creciente porque cada intervalo está contenido en el anterior, por lo que $a_n \leq a_{n+1}$ para todo n. 2. La sucesión $\{b_n\}$ es decreciente, ya que $b_{n+1} \leq b_n$ para todo n.

Dado que $\{a_n\}$ es creciente y acotada superiormente por b_1, y $\{b_n\}$ es decreciente y acotada inferiormente por a_1, ambas sucesiones convergen (por el teorema de convergencia de sucesiones monótonas). Sea

$$a = \lim_{n \to \infty} a_n \quad \text{y} \quad b = \lim_{n \to \infty} b_n.$$

Como $a_n \leq b_n$ para todo n, se sigue que $a \leq b$.

Finalmente, cualquier punto $x \in [a, b]$ pertenece a todos los intervalos $[a_n, b_n]$, ya que $a_n \leq a \leq x \leq b \leq b_n$ para todo n. Esto garantiza que

$$\bigcap_{n=1}^{\infty} [a_n, b_n] \neq \emptyset.$$

Esto concluye la demostración. ∎

Este teorema tiene implicaciones importantes en análisis, especialmente en la construcción de números reales y en la teoría de convergencia.

Exercise 12.5 Determine si la siguiente afirmación es verdadera o falsa: La unión de una cantidad infinita de intervalos abiertos puede no ser un conjunto abierto. Justifique su respuesta.

Exercise 12.6 Sea $I_n = \left(-\dfrac{1}{n}, \dfrac{1}{n}\right)$ para $n \in \mathbb{N}$. Calcule la intersección de todos los I_n y represéntela gráficamente.

> (R) La comprensión de los intervalos abiertos y cerrados es esencial en el estudio de la topología de $\mathbb{R}$, ya que sienta las bases para conceptos más avanzados como la continuidad, la derivabilidad y la integrabilidad de funciones.

En resumen, los intervalos abiertos y cerrados son herramientas fundamentales en matemáticas, permitiéndonos describir y analizar subconjuntos de números reales con precisión. Las representaciones gráficas y las propiedades topológicas asociadas facilitan su comprensión y aplicación en diversos campos.

12.2.2 Resolución de desigualdades con valor absoluto.

El valor absoluto es una herramienta fundamental en matemáticas que permite medir la distancia de un número real al origen en la recta numérica. Antes de abordar la resolución de desigualdades con valor absoluto, es esencial comprender su definición y propiedades básicas.

Definition 12.2.2 El **valor absoluto** de un número real x, denotado por $|x|$, se define como:

$$|x| = \begin{cases} x, & \text{si } x \geq 0, \\ -x, & \text{si } x < 0. \end{cases}$$

Una propiedad clave del valor absoluto es su interpretación geométrica como la distancia entre el punto x y el origen en la recta real. Esto nos lleva a considerar desigualdades que involucran valores absolutos.

12.2 Intervalos y notación: definición de intervalos y desigualdades.

Theorem 12.2.4 Sea a un número real positivo. La desigualdad $|x| < a$ es equivalente a $-a < x < a$. De manera similar, la desigualdad $|x| > a$ es equivalente a $x < -a$ o $x > a$.

Demostración. Demostremos la primera equivalencia:

Si $|x| < a$, entonces $-a < x < a$.

Por definición de valor absoluto, $|x| < a$ implica que x está a una distancia menor que a del origen, es decir, x está entre $-a$ y a.

Recíprocamente, si $-a < x < a$, entonces $|x| < a$ porque x está dentro del intervalo abierto $(-a, a)$.

∎

Este teorema es fundamental para resolver desigualdades con valor absoluto, ya que nos permite transformar una desigualdad con valor absoluto en una desigualdad sin valor absoluto, más fácil de resolver.

■ **Example 12.10** Resuelva la desigualdad $|2x - 3| \leq 5$. ■

Aplicando el teorema anterior, la desigualdad $|2x - 3| \leq 5$ es equivalente a:

$$-5 \leq 2x - 3 \leq 5.$$

Sumamos 3 en las tres partes:

$$-5 + 3 \leq 2x \leq 5 + 3 \implies -2 \leq 2x \leq 8.$$

Dividimos entre 2:

$$-\frac{2}{2} \leq x \leq \frac{8}{2} \implies -1 \leq x \leq 4.$$

Por lo tanto, la solución es el intervalo $[-1, 4]$.

Para visualizar esta solución, consideremos la gráfica de la función $y = |2x - 3|$ y la recta $y = 5$.

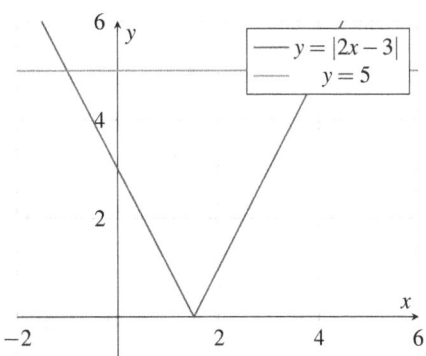

Figura 12.2.3: *Gráfica de $y = |2x - 3|$ y $y = 5$.*

En la gráfica, observamos que las intersecciones de $y = |2x - 3|$ y $y = 5$ ocurren en $x = -1$ y $x = 4$. La región donde $|2x - 3| \leq 5$ corresponde a los valores de x entre -1 y 4.

Es importante destacar cómo la gráfica nos proporciona una interpretación visual de la solución encontrada analíticamente.

> (R) La resolución de desigualdades de la forma $|ax + b| \leq c$ sigue el mismo procedimiento, siempre que $c \geq 0$. Si $c < 0$, la desigualdad no tiene solución, ya que el valor absoluto siempre es no negativo.

Extendiendo estos conceptos, podemos abordar desigualdades más complejas.

Exercise 12.7 Resuelva la desigualdad $|x^2 - 4| > 5$.

Primero, establecemos las equivalencias:
$|x^2 - 4| > 5$ es equivalente a $x^2 - 4 < -5$ o $x^2 - 4 > 5$.
Resolviendo cada caso:
1. $x^2 - 4 < -5 \implies x^2 < -1$.
Esto no tiene solución real, ya que $x^2 \geq 0$ siempre.
2. $x^2 - 4 > 5 \implies x^2 > 9 \implies x < -3$ o $x > 3$.
Por lo tanto, la solución es $(-\infty, -3) \cup (3, \infty)$.

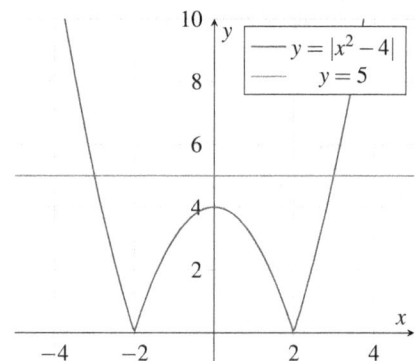

Figura 12.2.4: *Gráfica de $y = |x^2 - 4|$ y $y = 5$.*

La gráfica confirma que las regiones donde $|x^2 - 4| > 5$ corresponden a $x < -3$ y $x > 3$.

Exercise 12.8 Determine todos los valores reales de x que satisfacen $|3x + 2| \geq 7$.

La desigualdad $|3x + 2| \geq 7$ se descompone en dos casos:
1. $3x + 2 \geq 7 \implies 3x \geq 5 \implies x \geq \frac{5}{3}$.
2. $3x + 2 \leq -7 \implies 3x \leq -9 \implies x \leq -3$.
Por lo tanto, la solución es $x \leq -3$ o $x \geq \frac{5}{3}$.
Estas técnicas permiten resolver una amplia variedad de desigualdades que involucran valores absolutos, fundamentales en el análisis matemático y sus aplicaciones.

Corollary 12.2.5 Si $a > 0$, entonces la solución de la desigualdad $|x - c| < a$ es el intervalo $(c - a, c + a)$.

Demostración. Aplicando el teorema inicial, $|x - c| < a$ implica $-a < x - c < a$, lo que resulta en $c - a < x < c + a$. ∎

Este corolario es especialmente útil para resolver desigualdades centradas en un punto c cualquiera.

■ **Example 12.11** Encuentre todos los x que satisfacen $|x - 1| < 3$.

Aplicando el corolario:
La solución es $1 - 3 < x < 1 + 3 \implies -2 < x < 4$.
Este intervalo representa todos los números reales que están a una distancia menor que 3 del número 1 en la recta real.
La gráfica ilustra el intervalo de solución en la recta numérica.

Lema 12.2.2 Para cualquier número real x, se cumple que $|x| \geq 0$, y $|x| = 0$ si y solo si $x = 0$.

Demostración. Por definición, $|x|$ es siempre mayor o igual que cero, ya que es x si $x \geq 0$ y $-x$ si $x < 0$, siendo en ambos casos no negativo. Además, $|x| = 0$ implica que $x = 0$. ∎

Figura 12.2.5: *Representación en la recta real de $-2 < x < 4$.*

Esta propiedad es esencial en muchos argumentos matemáticos, especialmente en análisis y álgebra.

Theorem 12.2.6 Para cualesquiera números reales x y y, se cumple la desigualdad triangular:

$$|x+y| \leq |x| + |y|.$$

Demostración. Según la definición del valor absoluto y las propiedades de los números reales, se tiene:

$$|x+y| \leq |x| + |y|.$$

Esta desigualdad es una consecuencia directa de la desigualdad triangular en el contexto de la distancia en la recta real. ∎

La desigualdad triangular es fundamental en muchas áreas de las matemáticas, incluyendo el análisis y la teoría de espacios métricos.

(R) Las técnicas para resolver desigualdades con valor absoluto son también aplicables en funciones de varias variables y en espacios vectoriales, ampliando su utilidad en matemáticas avanzadas.

En conclusión, la comprensión y aplicación de las propiedades del valor absoluto y las técnicas para resolver desigualdades asociadas son herramientas esenciales en el razonamiento matemático avanzado.

12.3 Aplicaciones: problemas de optimización con restricciones.

12.3.1 Aplicación en maximización de recursos.

La maximización de recursos es un problema central en matemáticas aplicadas, especialmente en áreas como economía, ingeniería y gestión. Consiste en determinar la mejor manera de asignar recursos limitados para obtener el máximo beneficio o rendimiento. Este tipo de problemas se modela y resuelve mediante técnicas de optimización, siendo la *programación lineal* una herramienta fundamental.

Definition 12.3.1 Un **problema de programación lineal** es aquel en el que se busca maximizar o minimizar una función objetivo lineal sujeta a un conjunto de restricciones lineales. Formalmente, se expresa como:

$$\text{Optimizar} \quad Z = c_1 x_1 + c_2 x_2 + \cdots + c_n x_n,$$

$$\text{sujeto a} \quad \begin{cases} a_{11} x_1 + a_{12} x_2 + \cdots + a_{1n} x_n \leq b_1, \\ a_{21} x_1 + a_{22} x_2 + \cdots + a_{2n} x_n \leq b_2, \\ \vdots \\ a_{m1} x_1 + a_{m2} x_2 + \cdots + a_{mn} x_n \leq b_m, \\ x_i \geq 0, \quad i = 1, \ldots, n. \end{cases}$$

En este contexto, la *función objetivo* Z representa la medida de eficiencia o beneficio que se desea optimizar, y las *restricciones* reflejan las limitaciones de recursos.

Es esencial comprender cómo estas formulaciones matemáticas permiten resolver problemas reales de maximización de recursos.

> **Theorem 12.3.1** — **Teorema Fundamental de la Programación Lineal.** Si el conjunto factible de un problema de programación lineal es no vacío y acotado, entonces existe al menos una solución óptima que se alcanza en un vértice del poliedro factible.

Demostración. Consideremos un problema de programación lineal en el cual se desea maximizar o minimizar una función objetivo lineal sobre un conjunto factible, que es el conjunto de todas las soluciones que satisfacen las restricciones lineales del problema.

Supongamos que el conjunto factible es no vacío y acotado. En programación lineal, el conjunto factible de soluciones puede representarse como un poliedro en el espacio de las variables del problema. Este poliedro está delimitado por los puntos donde las restricciones se intersectan, formando los vértices del poliedro.

La función objetivo, al ser lineal, toma valores constantes en cualquier dirección dentro del espacio. Esto significa que, al moverse en cualquier dirección desde un punto en el interior del poliedro, la función objetivo puede aumentar o disminuir hasta alcanzar un valor extremo en uno de los vértices (si el poliedro es acotado).

Dado que el conjunto factible es acotado y no vacío, la función objetivo alcanzará su valor óptimo en algún punto del poliedro. Por las propiedades de los poliedros y de las funciones lineales, este valor óptimo debe encontrarse en al menos uno de los vértices del conjunto factible.

Esto concluye la demostración del Teorema Fundamental de la Programación Lineal. ∎

Este teorema simplifica enormemente la búsqueda de soluciones óptimas, reduciendo el problema a un análisis finito.

■ **Example 12.12** Una fábrica produce dos tipos de productos, P_1 y P_2. Cada unidad de P_1 requiere 1 hora de máquina y 3 horas de mano de obra. Cada unidad de P_2 requiere 2 horas de máquina y 1 hora de mano de obra. La fábrica dispone de 80 horas de máquina y 60 horas de mano de obra a la semana. Si las ganancias por unidad son \$50 para P_1 y \$40 para P_2, ¿cuántas unidades de cada producto deben producirse para maximizar las ganancias? ■

■ **Example 12.13** Una fábrica produce dos tipos de productos, P_1 y P_2. Cada unidad de P_1 requiere 1 hora de máquina y 3 horas de mano de obra. Cada unidad de P_2 requiere 2 horas de máquina y 1 hora de mano de obra. La fábrica dispone de 80 horas de máquina y 60 horas de mano de obra a la semana. Si las ganancias por unidad son \$50 para P_1 y \$40 para P_2, ¿cuántas unidades de cada producto deben producirse para maximizar las ganancias? ■

Definición de las Variables

Sea:

$$x = \text{número de unidades de } P_1 \text{ a producir}, \quad y = \text{número de unidades de } P_2 \text{ a producir}.$$

Función Objetivo

Queremos maximizar las ganancias totales:

$$Z = 50x + 40y.$$

Restricciones

12.3 Aplicaciones: problemas de optimización con restricciones.

1. **Horas de máquina**:

$$x + 2y \leq 80.$$

2. **Horas de mano de obra**:

$$3x + y \leq 60.$$

3. **No negatividad**:

$$x \geq 0, \quad y \geq 0.$$

Resolución del Problema
Procedemos a graficar las restricciones para encontrar la región factible.
Paso 1: Encontrar los Interceptos de las Restricciones
- **Restricción de máquina** ($x + 2y \leq 80$):
- Cuando $x = 0$:

$$0 + 2y = 80 \implies y = 40.$$

- Cuando $y = 0$:

$$x + 0 = 80 \implies x = 80.$$

- **Restricción de mano de obra** ($3x + y \leq 60$):
- Cuando $x = 0$:

$$3 \times 0 + y = 60 \implies y = 60.$$

- Cuando $y = 0$:

$$3x + 0 = 60 \implies x = 20.$$

Paso 2: Encontrar los Puntos de Intersección
- **Intersección de las dos restricciones**:
Resolver el sistema:

$$\begin{cases} x + 2y = 80, \\ 3x + y = 60. \end{cases}$$

Multiplicamos la primera ecuación por 1 y la segunda por 2 para igualar los coeficientes de y:

$$\begin{cases} x + 2y = 80, \\ 6x + 2y = 120. \end{cases}$$

Restamos la primera ecuación de la segunda:

$$(6x + 2y) - (x + 2y) = 120 - 80 \implies 5x = 40 \implies x = 8.$$

Sustituimos $x = 8$ en $x + 2y = 80$:

$$8 + 2y = 80 \implies 2y = 72 \implies y = 36.$$

Punto de intersección: $(8, 36)$.
Paso 3: Graficar la Región Factible

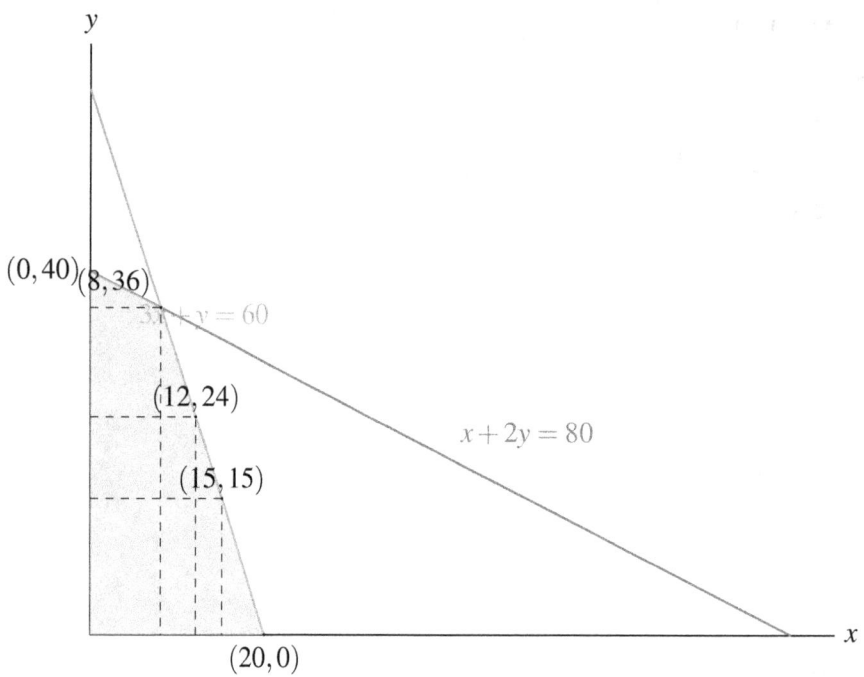

Figura 12.3.1: *Región factible del problema de maximización de ganancias.*

Paso 4: Determinar los Vértices de la Región Factible
Los vértices de la región factible son:
1. $(0,40)$: Intersección de $x=0$ y $x+2y=80$.
2. $(8,36)$: Intersección de $x+2y=80$ y $3x+y=60$.
3. $(20,0)$: Intersección de $y=0$ y $3x+y=60$.

Puntos adicionales dentro de la región factible:
- $(12,24)$: Punto dentro de la región factible que cumple ambas restricciones.
- $(15,15)$: Otro punto dentro de la región factible.

Paso 5: Calcular la Función Objetivo en Cada Vértice

1. **En $(0,40)$**:
$$Z = 50(0) + 40(40) = \$1600.$$

2. **En $(8,36)$**:
$$Z = 50(8) + 40(36) = 400 + 1440 = \$1840.$$

3. **En $(12,24)$**:
$$Z = 50(12) + 40(24) = 600 + 960 = \$1560.$$

4. **En $(15,15)$**:
$$Z = 50(15) + 40(15) = 750 + 600 = \$1350.$$

5. **En $(20,0)$**:
$$Z = 50(20) + 40(0) = \$1000.$$

Conclusión

12.3 Aplicaciones: problemas de optimización con restricciones.

La ganancia máxima de $1840 se obtiene produciendo **8 unidades de P_1** y **36 unidades de P_2**.

Respuesta: Para maximizar las ganancias, la fábrica debe producir 8 unidades de P_1 y 36 unidades de P_2.

Este ejemplo ilustra cómo la programación lineal puede resolver problemas de asignación de recursos para maximizar ganancias.

> (R) La visualización gráfica es útil en problemas de dos variables, pero para dimensiones superiores se requiere el uso de algoritmos como el *método simplex*.

Para profundizar en estas técnicas, es importante comprender los fundamentos teóricos.

Lema 12.3.1 El conjunto de soluciones factibles de un problema de programación lineal es un conjunto convexo.

Demostración. Las restricciones lineales definen semiespacios, y la intersección de semiespacios es un conjunto convexo. Por tanto, el conjunto factible, que es la intersección de todos los semiespacios definidos por las restricciones, es convexo. ∎

La convexidad del conjunto factible es clave para garantizar la existencia de soluciones óptimas en los vértices.

Theorem 12.3.2 — **Dualidad en Programación Lineal.** A todo problema de programación lineal (primal) le corresponde otro problema (dual), y las soluciones óptimas de ambos problemas están relacionadas. Si ambos tienen soluciones óptimas finitas, entonces los valores óptimos de sus funciones objetivo son iguales.

Este teorema de dualidad es fundamental para analizar y resolver problemas complejos de optimización.

■ **Example 12.14** Considere el siguiente problema primal:

$$\text{Maximizar} \quad Z = 3x_1 + 2x_2,$$

$$\text{sujeto a} \quad \begin{cases} x_1 + x_2 \leq 4, \\ 2x_1 + x_2 \leq 5, \\ x_1, x_2 \geq 0. \end{cases}$$

Formule el problema dual y encuentre las soluciones óptimas de ambos problemas. ■

El problema dual es:

Este ejemplo demuestra la relación entre problemas primales y duales y cómo sus soluciones óptimas coinciden.

Exercise 12.9 Una empresa desea minimizar el costo de producción de dos productos, A y B. El costo por unidad de A es $30 y de B es $20. Cada producto requiere horas de máquina y de mano de obra según la siguiente tabla:

	Máquina (horas)	Mano de obra (horas)
A	2	1
B	1	2

La empresa dispone de 100 horas de máquina y 80 horas de mano de obra. Además, necesita producir al menos 20 unidades en total. Formule el problema y determine las cantidades óptimas de cada producto para minimizar el costo.

Exercise 12.10 Un agricultor tiene 50 hectáreas de tierra y quiere decidir cuánto plantar de trigo y maíz. Cada hectárea de trigo requiere $100 de inversión y produce un beneficio de $2000. Cada hectárea de maíz requiere $200 de inversión y produce un beneficio de $3000. El agricultor dispone de $8000 para invertir. ¿Cómo debe distribuir su tierra para maximizar sus beneficios?

Las técnicas y teoremas presentados son herramientas poderosas para resolver problemas de maximización de recursos en diversas áreas. La comprensión profunda de estos conceptos permite abordar problemas complejos y tomar decisiones óptimas basadas en análisis matemáticos rigurosos.

12.3.2 Problemas de minimización en geometría.

Los problemas de minimización en geometría son fundamentales en matemáticas, ya que implican encontrar la configuración óptima de figuras geométricas que satisfagan ciertas condiciones. Estos problemas no solo tienen importancia teórica, sino que también encuentran aplicaciones en física, ingeniería y otras ciencias.

Para abordar estos problemas, es esencial comprender conceptos como distancias, áreas, perímetros y cómo estos pueden ser optimizados bajo ciertas restricciones.

Definition 12.3.2 Un **problema de minimización geométrica** es aquel que busca determinar la figura o configuración geométrica que minimiza (o maximiza) una cierta magnitud (como distancia, área o volumen) bajo condiciones dadas.

Un ejemplo clásico de este tipo de problemas es el de encontrar la distancia mínima desde un punto a una recta o entre conjuntos de puntos.

Theorem 12.3.3 — **Problema de Fermat.** Dado un triángulo con vértices A, B y C, existe un punto P en el plano que minimiza la suma de las distancias desde P a cada uno de los vértices. Este punto es conocido como el **punto de Fermat** del triángulo.

Demostración. Consideremos un triángulo con vértices A, B, y C. Queremos encontrar un punto P en el plano que minimice la suma de las distancias $PA + PB + PC$.

Para resolver este problema, existen dos casos:

1. Si el triángulo tiene un ángulo de 120 grados o más:

Si alguno de los ángulos del triángulo es mayor o igual a 120 grados, entonces el punto de Fermat que minimiza la suma de las distancias es el vértice opuesto a este ángulo obtuso. En este caso, colocar P en el vértice opuesto garantiza que la suma de las distancias sea mínima.

2. Si todos los ángulos son menores a 120 grados:

En este caso, el punto de Fermat se encuentra dentro del triángulo y es el punto tal que los ángulos entre los segmentos PA, PB, y PC son todos de 120 grados. Este punto puede construirse de la siguiente manera:

- Construimos un triángulo equilátero sobre cada uno de los lados del triángulo dado. - Los centros de estos triángulos equiláteros forman un nuevo triángulo. Las rectas que conectan cada vértice del triángulo original con el vértice opuesto del triángulo nuevo se intersectan en el punto de Fermat. Este punto P, definido como el punto donde los segmentos forman ángulos de 120 grados con los vértices, minimiza la suma $PA + PB + PC$ y es único.

Esto concluye la demostración del problema de Fermat para un triángulo. ∎

12.3 Aplicaciones: problemas de optimización con restricciones.

■ **Example 12.15** Encuentre el punto P que minimiza la suma de las distancias a los vértices de un triángulo equilátero de lado a. ■

En un triángulo equilátero, todos los ángulos son de 60°, por lo que aplicamos el teorema de Fermat. El punto de Fermat coincide con el centro del triángulo, que es también el centro de su circunferencia circunscrita.

La suma mínima de distancias es:

$$S_{\text{mín}} = 3 \times \frac{a}{\sqrt{3}} = a\sqrt{3}.$$

Para visualizar este resultado, consideremos la siguiente gráfica:

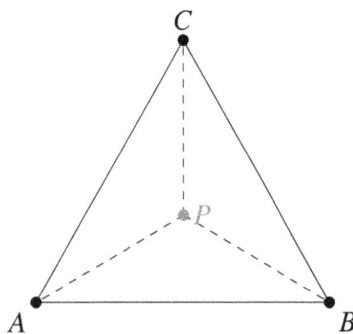

Figura 12.3.3: *El punto de Fermat P en un triángulo equilátero.*

Este ejemplo muestra cómo el punto de Fermat proporciona la solución óptima en términos de distancia mínima total.

(R) El problema de Fermat es un caso particular de un problema más general conocido como el **problema de Steiner**, que busca conectar un conjunto de puntos con la mínima longitud total de conexión.

Otro problema clásico de minimización en geometría es determinar la figura con área máxima para un perímetro dado, o viceversa.

Theorem 12.3.4 — **Desigualdad isoperimétrica en el plano.** Entre todas las figuras planas con un perímetro dado, el círculo es la que encierra el área máxima.

Demostración. Aunque una demostración completa de este teorema excede el alcance de este texto, se basa en técnicas de cálculo variacional y análisis. La idea central es que el círculo, debido a su simetría, distribuye el perímetro de manera uniforme alrededor de un área, maximizándola. ■

Corollary 12.3.5 Para un área dada, el círculo tiene el perímetro mínimo entre todas las figuras planas.

Este resultado tiene implicaciones prácticas en disciplinas como la arquitectura y la ingeniería, donde la eficiencia en el uso de materiales es crucial.

■ **Example 12.16** Determine la forma de un rectángulo de área A fija que tiene el perímetro mínimo posible. ■

Sea un rectángulo con lados de longitud x e y, tal que $xy = A$. Queremos minimizar el perímetro $P = 2x + 2y$.

Usando la restricción $y = \frac{A}{x}$, el perímetro se expresa como:

$$P(x) = 2x + 2\left(\frac{A}{x}\right) = 2x + \frac{2A}{x}.$$

Para encontrar el mínimo, derivamos respecto a x y igualamos a cero:

$$P'(x) = 2 - \frac{2A}{x^2} = 0 \implies x^2 = A \implies x = \sqrt{A}.$$

Por tanto, $y = \sqrt{A}$, es decir, el rectángulo debe ser un cuadrado de lado $\sqrt{A}$ para tener el perímetro mínimo.

Este resultado se alinea con la intuición de que el cuadrado es la figura regular que, para un área dada, tiene el perímetro mínimo entre los rectángulos.

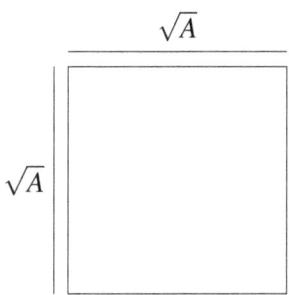

Figura 12.3.4: *El cuadrado de área A tiene el perímetro mínimo entre todos los rectángulos de área A.*

Lema 12.3.2 Entre todos los polígonos regulares de n lados inscritos en una circunferencia dada, el que tiene el área máxima es el propio polígono regular de n lados.

Demostración. La demostración se basa en la simetría y propiedades de los polígonos regulares. Al inscribir un polígono regular en una circunferencia, cada vértice toca la circunferencia, y debido a la equidistancia y ángulos iguales, el área es maximizada en comparación con cualquier otro polígono de n lados inscrito. ∎

Este lema refuerza la idea de que la regularidad y simetría en las figuras geométricas conducen a propiedades extremales.

Exercise 12.11 Demuestre que, entre todos los cilindros que pueden ser inscritos en una esfera de radio R, el cilindro con volumen máximo tiene una altura igual al diámetro de la esfera. ■

Exercise 12.12 Encuentre las dimensiones del rectángulo de área máxima que puede ser inscrito en un círculo de radio r. ■

Para resolver estos ejercicios, se aplican técnicas de cálculo diferencial y conceptos de geometría analítica.

Theorem 12.3.6 El triángulo de área mínima circunscrito a un círculo dado es un triángulo equilátero.

Demostración. Consideremos todos los triángulos circunscritos a un círculo de radio r. El área A de un triángulo circunscrito está dada por:

$$A = \frac{abc}{4R},$$

12.3 Aplicaciones: problemas de optimización con restricciones.

donde a, b y c son las longitudes de los lados y R es el radio de la circunferencia circunscrita. Para minimizar A, bajo la restricción de que R es constante, es necesario que $a = b = c$, es decir, que el triángulo sea equilátero. ∎

Este teorema subraya nuevamente cómo la simetría conduce a soluciones óptimas en problemas de minimización.

> (R) Los problemas de minimización en geometría a menudo se resuelven mediante el uso de derivadas y técnicas de optimización del cálculo diferencial.

■ **Example 12.17** Encuentre el punto P en la recta $y = 2x + 3$ que está más cercano al origen. ■

La distancia desde el origen a un punto (x,y) es $D = \sqrt{x^2 + y^2}$. Queremos minimizar D sujeto a $y = 2x + 3$.

Sustituimos y:

$$D(x) = \sqrt{x^2 + (2x+3)^2}.$$

Para minimizar D, es suficiente minimizar D^2:

$$D^2(x) = x^2 + (2x+3)^2 = x^2 + 4x^2 + 12x + 9 = 5x^2 + 12x + 9.$$

Derivamos respecto a x:

$$\frac{d}{dx}D^2(x) = 10x + 12.$$

Igualamos a cero:

$$10x + 12 = 0 \implies x = -\frac{6}{5}.$$

Entonces,

$$y = 2\left(-\frac{6}{5}\right) + 3 = -\frac{12}{5} + 3 = -\frac{12}{5} + \frac{15}{5} = \frac{3}{5}.$$

El punto más cercano es $\left(-\frac{6}{5}, \frac{3}{5}\right)$.

Este ejemplo demuestra cómo aplicar técnicas de cálculo para resolver problemas de minimización en geometría analítica.

Corollary 12.3.7 La distancia mínima desde un punto P_0 a una recta L en el plano es perpendicular a L.

Demostración. En el ejemplo anterior, observamos que la recta que une el origen con el punto de mínima distancia es perpendicular a la recta dada. Esto es una consecuencia de que la proyección ortogonal minimiza la distancia entre un punto y una recta. ∎

Lema 12.3.3 En un triángulo rectángulo, el cateto opuesto al ángulo de 45° es igual a la hipotenusa dividida por $\sqrt{2}$, lo que minimiza la longitud de los catetos para una hipotenusa dada.

Demostración. En un triángulo rectángulo isósceles, ambos catetos son iguales. Si la hipotenusa es h, entonces:

$$c = \frac{h}{\sqrt{2}}.$$

Esto minimiza la suma de las longitudes de los catetos para una hipotenusa dada. ∎

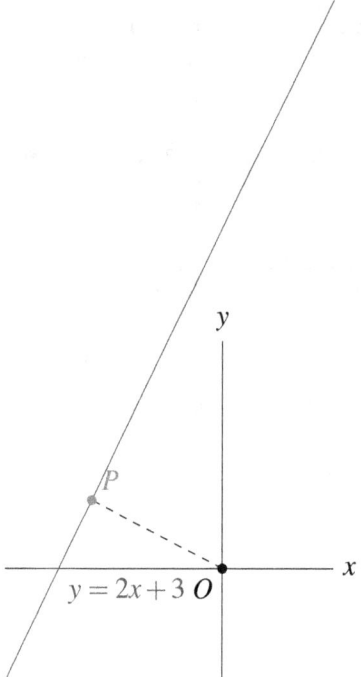

Figura 12.3.5: *El punto P de la recta $y = 2x + 3$ más cercano al origen O.*

Exercise 12.13 Determine el punto en la circunferencia $x^2 + y^2 = r^2$ que minimiza la función $f(x,y) = x + y$.

Exercise 12.14 Encuentre las dimensiones del cono recto de volumen máximo que puede ser inscrito en una esfera de radio R.

Estos ejercicios invitan al lector a aplicar conceptos de cálculo y geometría para resolver problemas de minimización más complejos.

En resumen, los problemas de minimización en geometría combinan conceptos de diferentes áreas matemáticas, incluyendo geometría, cálculo y optimización. La comprensión profunda de estos conceptos permite resolver problemas prácticos y teóricos, destacando la belleza y utilidad de las matemáticas avanzadas.

12.4 Ejercicios Resueltos

Exercise 12.15 Resuelve la inecuación $3x + 5 > 2x + 8$.

Demostración. Primero, despejamos x:

$$3x + 5 > 2x + 8$$

Restamos $2x$ de ambos lados:

$$x + 5 > 8$$

Restamos 5 de ambos lados:

$$x > 3$$

La solución es $x > 3$.

12.4 Ejercicios Resueltos

Exercise 12.16 Encuentra los valores de x que satisfacen la inecuación cuadrática $x^2 - 5x + 6 \leq 0$.

Demostración. Primero, factorizamos el trinomio:
$$x^2 - 5x + 6 = (x-2)(x-3)$$

Ahora, planteamos la inecuación $(x-2)(x-3) \leq 0$ y hallamos los puntos críticos $x = 2$ y $x = 3$. Dividimos la recta real en los intervalos $(-\infty, 2]$, $(2,3)$, y $[3, \infty)$.

Probamos el signo en cada intervalo: 1. Para $x \in (-\infty, 2]$, $(x-2)(x-3) > 0$. 2. Para $x \in (2,3)$, $(x-2)(x-3) < 0$. 3. Para $x \in [3, \infty)$, $(x-2)(x-3) > 0$.

Como buscamos $(x-2)(x-3) \leq 0$, la solución es $x \in [2,3]$. ∎

Exercise 12.17 Resuelve la inecuación con valor absoluto $|2x - 4| < 6$.

Demostración. Utilizando la definición de valor absoluto, tenemos:
$$-6 < 2x - 4 < 6$$

Sumamos 4 a cada lado:
$$-2 < 2x < 10$$

Dividimos entre 2:
$$-1 < x < 5$$

La solución es $x \in (-1, 5)$. ∎

Exercise 12.18 Encuentra el punto en la recta $y = -\frac{1}{2}x + 3$ que esté más cercano al origen.

Demostración. La distancia desde el origen $(0,0)$ a un punto (x,y) es $D = \sqrt{x^2 + y^2}$. Queremos minimizar D sujeto a $y = -\frac{1}{2}x + 3$.

Sustituyendo y, tenemos:
$$D(x) = \sqrt{x^2 + \left(-\frac{1}{2}x + 3\right)^2}$$

Para minimizar D, es suficiente minimizar D^2:
$$D^2(x) = x^2 + \left(-\frac{1}{2}x + 3\right)^2 = x^2 + \frac{1}{4}x^2 - 3x + 9$$

Agrupando términos:
$$D^2(x) = \frac{5}{4}x^2 - 3x + 9$$

Derivamos respecto a x y igualamos a cero:
$$\frac{d}{dx}D^2(x) = \frac{5}{2}x - 3 = 0$$
$$x = \frac{6}{5}$$

Sustituyendo $x = \frac{6}{5}$ en $y = -\frac{1}{2}x + 3$, obtenemos:
$$y = -\frac{1}{2} \cdot \frac{6}{5} + 3 = -\frac{3}{5} + 3 = \frac{12}{5}$$

El punto más cercano es $\left(\frac{6}{5}, \frac{12}{5}\right)$. ∎

Exercise 12.19 Determina el intervalo de x tal que $|x-4| \geq 7$.

Demostración. La desigualdad $|x-4| \geq 7$ se descompone en dos casos: 1. $x-4 \geq 7 \implies x \geq 11$. 2. $x-4 \leq -7 \implies x \leq -3$.
Por lo tanto, la solución es $x \in (-\infty, -3] \cup [11, \infty)$. ∎

12.5 Ejercicios Propuestos

12.5.1 Inecuaciones lineales y cuadráticas: resolución y representación en la recta numérica

Exercise 12.20 Resuelve la inecuación lineal $4x - 7 > 9$ y representa la solución en la recta numérica.

Exercise 12.21 Encuentra la solución de la inecuación cuadrática $x^2 - 3x - 10 < 0$ y represéntala en la recta numérica.

Exercise 12.22 Determina el conjunto de soluciones para la inecuación $5 - 2x \leq 3x + 10$ y muestra la representación gráfica.

Exercise 12.23 Resuelve la inecuación $(x-2)(x+3) \geq 0$ y representa el intervalo solución en la recta numérica.

Exercise 12.24 Resuelve la inecuación cuadrática $2x^2 + 3x - 5 > 0$ y representa el conjunto solución en la recta numérica.

12.5.2 Intervalos y notación: definición de intervalos y desigualdades

Exercise 12.25 Escribe en notación de intervalo el conjunto solución de la desigualdad $-4 \leq x < 7$.

Exercise 12.26 Determina la intersección y la unión de los intervalos $(-\infty, 2]$ y $[1, 5)$.

Exercise 12.27 Escribe el conjunto solución de la inecuación $3 < x \leq 9$ en notación de intervalo y represéntalo en la recta numérica.

Exercise 12.28 Convierte la expresión $x \in (-\infty, -3) \cup (2, \infty)$ a una desigualdad compuesta.

Exercise 12.29 Describe en palabras el intervalo $[a, b]$ y proporciona un ejemplo en la recta numérica.

12.5.3 Aplicaciones: problemas de optimización con restricciones

Exercise 12.30 Un fabricante produce dos productos, A y B. Cada unidad de A requiere 2 horas de máquina y cada unidad de B requiere 1 hora de máquina. La empresa dispone de 100 horas de máquina a la semana. ¿Cuántas unidades de cada producto se pueden producir si se deben fabricar al menos 10 unidades de cada uno?

12.5 Ejercicios Propuestos

Exercise 12.31 Una granja tiene 30 hectáreas para sembrar trigo y maíz. Cada hectárea de trigo genera un beneficio de $2000 y cada hectárea de maíz genera $3000. Si el costo de inversión es de $100 por hectárea de trigo y $150 por hectárea de maíz, y el agricultor dispone de un presupuesto de $4500, ¿cómo debe distribuir su tierra para maximizar las ganancias?

Exercise 12.32 Un carpintero quiere fabricar mesas y sillas. Cada mesa requiere 3 horas de trabajo y cada silla 2 horas. Si tiene 60 horas disponibles a la semana y debe hacer al menos 5 mesas y 8 sillas, ¿cuántas puede hacer de cada una?

Exercise 12.33 Una tienda desea maximizar las ganancias al vender dos tipos de camisetas, X y Y. Cada camiseta X genera un beneficio de $5 y cada camiseta Y de $7. Si la tienda dispone de $300 para comprar camisetas y cada camiseta X cuesta $10 y cada Y cuesta $15, ¿cuántas unidades de cada tipo debería comprar para maximizar su beneficio?

Exercise 12.34 Una empresa desea optimizar el uso de sus recursos para producir dos productos, C y D. Cada producto C genera una ganancia de $8 y cada producto D, de $10. La producción de C requiere 4 horas de trabajo y la de D, 5 horas. Si la empresa dispone de 100 horas de trabajo y debe producir al menos 5 unidades de cada producto, ¿cuál es la combinación óptima para maximizar las ganancias?

IV

13 Proporcionalidad y Semejanza 309
13.1 Teorema de Tales: aplicaciones en figuras semejantes.
13.2 Criterios de semejanza de triángulos: AA, LAL, LLL.
13.3 Problemas de aplicación: escalas y mapas.
13.4 Ejercicios Resueltos
13.5 Ejercicios Propuestos

14 Relaciones Métricas en el Triángulo . 337
14.1 Teorema de Pitágoras: aplicación en triángulos rectángulos.
14.2 Alturas, medianas y bisectrices: definición y propiedades.
14.3 Cálculo de áreas: uso de fórmulas para áreas de triángulos y cuadriláteros.
14.4 Ejercicios Resueltos
14.5 Ejercicios Propuestos

15 Regiones Planas y Ubicación Espacial 361
15.1 Perímetros y áreas de figuras planas: círculos, triángulos y polígonos.
15.2 Sistema de coordenadas: ubicación de puntos, distancias y pendientes.
15.3 Rectas y planos en el espacio: relaciones de paralelismo y perpendicularidad.
15.4 Ejercicios Resueltos
15.5 Ejercicios Propuestos

16 Sólidos Geométricos 389
16.1 Cuerpos geométricos: prismas, cilindros, conos y esferas.
16.2 Cálculo de volúmenes y áreas superficiales: fórmulas y aplicaciones.
16.3 Problemas prácticos: uso de sólidos para resolver problemas cotidianos.
16.4 Ejercicios Resueltos
16.5 Ejercicios Propuestos

Índice Alfabético 413

13. Proporcionalidad y Semejanza

13.1 Teorema de Tales: aplicaciones en figuras semejantes.

13.1.1 Aplicación en triángulos.

La semejanza de triángulos es una herramienta fundamental en geometría que permite resolver problemas de medición y establecer relaciones de proporcionalidad. A través de los criterios de semejanza, podemos analizar y comparar diferentes triángulos para encontrar medidas desconocidas o demostrar propiedades geométricas.

Definition 13.1.1 Dos triángulos son **semejantes** si sus ángulos correspondientes son congruentes y sus lados correspondientes son proporcionales.

Esta definición nos permite identificar triángulos que tienen la misma forma pero diferentes tamaños, lo cual es esencial en diversas aplicaciones geométricas.

Theorem 13.1.1 — Criterio de Semejanza AA. Si dos triángulos tienen dos ángulos correspondientes congruentes, entonces los triángulos son semejantes.

Demostración. Sea $\triangle ABC$ y $\triangle DEF$ dos triángulos tales que dos de sus ángulos correspondientes son congruentes. Supongamos que:

$$\angle A = \angle D \quad y \quad \angle B = \angle E.$$

Dado que la suma de los ángulos internos de cualquier triángulo es 180 grados, se sigue que:

$$\angle C = 180° - (\angle A + \angle B) = 180° - (\angle D + \angle E) = \angle F.$$

Por lo tanto, los tres ángulos correspondientes de $\triangle ABC$ y $\triangle DEF$ son congruentes: $\angle A = \angle D$, $\angle B = \angle E$, y $\angle C = \angle F$.

Según el criterio de semejanza de triángulos, si los tres ángulos correspondientes de dos triángulos son congruentes, entonces los triángulos son semejantes. En este caso, como hemos demostrado que los tres ángulos son congruentes, concluimos que $\triangle ABC \sim \triangle DEF$.

Esto concluye la demostración del criterio de semejanza AA. ∎

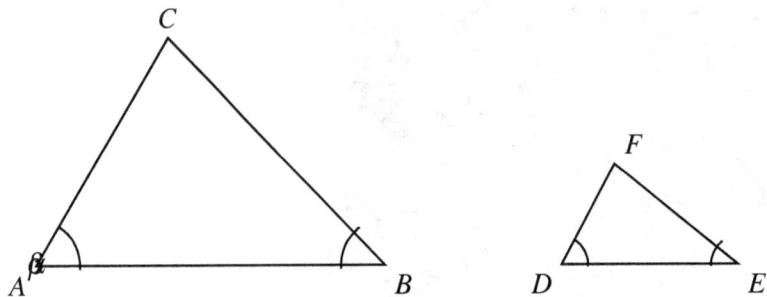

Figura 13.1.1: *Criterio de Semejanza AA*

Este teorema es fundamental ya que permite establecer la semejanza de triángulos con solo conocer dos pares de ángulos congruentes.

■ **Example 13.1** En el triángulo $\triangle ABC$, se traza una recta paralela al lado BC que corta al lado AB en D y al lado AC en E. Si $AD = 4$ cm, $DB = 6$ cm y $AE = 5$ cm, calcule la longitud de EC.

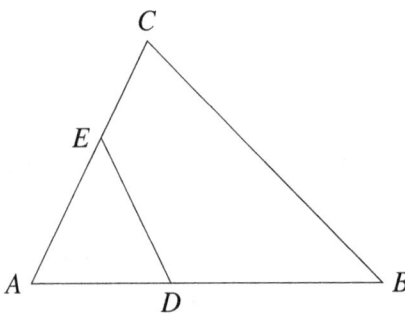

Figura 13.1.2: *Triángulo con una recta paralela al lado BC intersectando en D y E.*

■

Dado que DE es paralela a BC, por el **Teorema de Tales** se tiene que:

$$\frac{AD}{DB} = \frac{AE}{EC}.$$

Sustituyendo los valores conocidos:

$$\frac{4}{6} = \frac{5}{EC} \implies EC = \frac{5 \times 6}{4} = 7{,}5 \text{ cm}.$$

En este ejemplo, aplicamos la proporcionalidad establecida por el Teorema de Tales para encontrar una longitud desconocida.

> **Theorem 13.1.2** — **Teorema de Tales.** Si una recta paralela a uno de los lados de un triángulo corta a los otros dos lados, entonces divide esos lados en segmentos proporcionales.

Demostración. Sea $\triangle ABC$ un triángulo, y sea DE una recta paralela al lado BC que corta a los lados AB y AC en los puntos D y E, respectivamente.
Queremos demostrar que:

$$\frac{AD}{DB} = \frac{AE}{EC}.$$

13.1 Teorema de Tales: aplicaciones en figuras semejantes. 311

Dado que $DE \parallel BC$, los ángulos correspondientes son iguales. Por lo tanto:

$$\angle ADE = \angle ABC \quad y \quad \angle AED = \angle ACB.$$

Como los ángulos correspondientes son iguales, los triángulos $\triangle ADE$ y $\triangle ABC$ son semejantes por el criterio AA de semejanza.

Dado que los triángulos son semejantes, se cumple la proporción de sus lados correspondientes:

$$\frac{AD}{AB} = \frac{AE}{AC}.$$

Reescribiendo esta proporción en términos de los segmentos DB y EC, tenemos:

$$\frac{AD}{DB} = \frac{AE}{EC}.$$

Esto demuestra que la recta DE, al ser paralela al lado BC, divide los lados AB y AC en segmentos proporcionales.

Esto concluye la demostración del Teorema de Tales. ∎

Este teorema es una herramienta clave para resolver problemas que involucran segmentos proporcionales en triángulos.

Lema 13.1.1 En un triángulo rectángulo, el segmento de la altura trazada desde el vértice del ángulo recto a la hipotenusa divide al triángulo en dos triángulos semejantes al triángulo original y entre sí.

Demostración. Sea $\triangle ABC$ un triángulo rectángulo en C, y sea CD la altura a la hipotenusa AB. Los triángulos $\triangle ACD$ y $\triangle CBD$ son rectángulos y comparten ángulos con el triángulo original, por lo que son semejantes entre sí y al $\triangle ABC$.

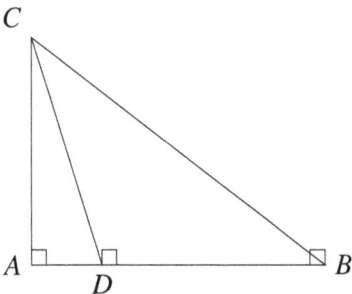

Figura 13.1.3: *Altura CD en el triángulo rectángulo* $\triangle ABC$.

∎

Este resultado permite establecer relaciones de proporcionalidad entre los segmentos de un triángulo rectángulo y sus alturas.

Theorem 13.1.3 En un triángulo rectángulo, el cuadrado de la altura relativa a la hipotenusa es igual al producto de las proyecciones de los catetos sobre la hipotenusa.

$$h^2 = m \cdot n,$$

donde h es la altura relativa a la hipotenusa, y m y n son las proyecciones de los catetos sobre la hipotenusa.

> **Theorem 13.1.4** En un triángulo rectángulo, el cuadrado de la altura relativa a la hipotenusa es igual al producto de las proyecciones de los catetos sobre la hipotenusa.
>
> $$h^2 = m \cdot n,$$
>
> donde h es la altura relativa a la hipotenusa, y m y n son las proyecciones de los catetos sobre la hipotenusa.

> **Theorem 13.1.5** En un triángulo rectángulo, el cuadrado de la altura relativa a la hipotenusa es igual al producto de las proyecciones de los catetos sobre la hipotenusa.
>
> $$h^2 = m \cdot n,$$
>
> donde h es la altura relativa a la hipotenusa, y m y n son las proyecciones de los catetos sobre la hipotenusa.

Demostración. Consideremos un triángulo rectángulo ABC con $\angle C = 90°$, y sea h la altura desde C a la hipotenusa AB, que divide AB en segmentos m y n, correspondientes a las proyecciones de los catetos AC y BC sobre AB, respectivamente.

Por el teorema de semejanza, los triángulos ABC, ACD y CBD son semejantes entre sí. Así, tenemos las proporciones:

$$\frac{h}{m} = \frac{b}{c} \quad \text{y} \quad \frac{h}{n} = \frac{a}{c}.$$

Multiplicando estas dos ecuaciones:

$$\frac{h^2}{m \cdot n} = \frac{b \cdot a}{c^2}.$$

Como $c = a + b$, podemos deducir que el producto de las proyecciones es igual al cuadrado de la altura. Por tanto, se cumple que

$$h^2 = m \cdot n.$$

∎

Este teorema es útil para calcular alturas y segmentos en triángulos rectángulos cuando se conocen ciertas medidas.

■ **Example 13.2** Calcule la altura relativa a la hipotenusa en un triángulo rectángulo cuyos catetos miden 9 cm y 12 cm.

■

Primero, calculamos la hipotenusa usando el Teorema de Pitágoras:

$$c = \sqrt{9^2 + 12^2} = \sqrt{81 + 144} = \sqrt{225} = 15 \text{ cm}.$$

Luego, encontramos las proyecciones m y n:

$$m = \frac{a^2}{c} = \frac{9^2}{15} = \frac{81}{15} = 5{,}4 \text{ cm},$$

13.1 Teorema de Tales: aplicaciones en figuras semejantes.

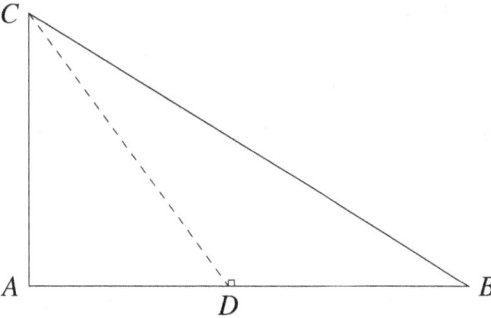

Figura 13.1.4: *Triángulo rectángulo con altura relativa a la hipotenusa.*

$$n = \frac{b^2}{c} = \frac{12^2}{15} = \frac{144}{15} = 9{,}6 \text{ cm.}$$

Ahora, aplicamos el teorema:

$$h^2 = m \cdot n = 5{,}4 \times 9{,}6 = 51{,}84 \implies h = \sqrt{51{,}84} = 7{,}2 \text{ cm.}$$

Este ejemplo demuestra cómo utilizar las relaciones de semejanza y el teorema anterior para calcular alturas en triángulos rectángulos.

> **Exercise 13.1** En un triángulo rectángulo, la hipotenusa mide 26 cm y uno de los catetos mide 10 cm. Determine la altura relativa a la hipotenusa y las proyecciones de los catetos sobre la hipotenusa.

> **Exercise 13.2** Demuestre que en un triángulo isósceles, la altura relativa a la base divide al triángulo en dos triángulos congruentes y, por lo tanto, semejantes al triángulo original.

Estos ejercicios permiten aplicar los conceptos aprendidos y fortalecer la comprensión de las propiedades de los triángulos.

> (R) La aplicación de la semejanza de triángulos es esencial no solo en geometría, sino también en trigonometría y en problemas de la vida real, como la medición indirecta de distancias y alturas.

> **Corollary 13.1.6** En cualquier triángulo rectángulo, la media geométrica de las proyecciones de los catetos sobre la hipotenusa es igual a la altura relativa a la hipotenusa:
>
> $$h = \sqrt{m \cdot n}.$$

Demostración. Este resultado es una consecuencia directa del teorema que establece que $h^2 = m \cdot n$. ∎

Este corolario enfatiza la relación entre la altura y las proyecciones en un triángulo rectángulo, reforzando la importancia de las proporciones y las semejanzas en geometría.

En resumen, la semejanza de triángulos nos permite resolver problemas complejos mediante relaciones proporcionales y es una herramienta invaluable en el razonamiento matemático avanzado.

13.1.2 Aplicación en sombras y escalas.

Las sombras y las escalas son aplicaciones prácticas de la semejanza de triángulos y la proporcionalidad en geometría. Estas herramientas permiten resolver problemas de medición indirecta, donde medir directamente una longitud o altura es complicado o imposible.

> **Definition 13.1.2** Una **escala** es la relación matemática que existe entre las dimensiones representadas en un plano o mapa y las dimensiones reales. Se expresa generalmente como una razón o proporción.

El uso de escalas es fundamental en cartografía, arquitectura y diseño, permitiendo representar objetos grandes en dimensiones manejables manteniendo la proporcionalidad.

> **Theorem 13.1.7 — Principio de proporcionalidad en sombras.** En un mismo momento y lugar, la relación entre la altura de un objeto y la longitud de su sombra es constante para todos los objetos verticales.

Demostración. La luz del sol se puede considerar como proveniente de una fuente de luz a gran distancia, lo que implica que los rayos solares son paralelos. Esto forma triángulos semejantes entre los objetos y sus sombras, por lo que la razón entre la altura del objeto y la longitud de su sombra es constante. ∎

Este principio nos permite calcular alturas inaccesibles mediante la medición de sombras y aplicando proporciones.

■ **Example 13.3** Se desea determinar la altura de un edificio. Al mismo tiempo, una vara vertical de 1.5 metros proyecta una sombra de 2 metros, y el edificio proyecta una sombra de 30 metros. Calcular la altura del edificio.

Figura 13.1.5: *Representación de las sombras de la vara y el edificio.*

Aplicando el principio de proporcionalidad:

$$\frac{\text{Altura de la vara}}{\text{Sombra de la vara}} = \frac{\text{Altura del edificio}}{\text{Sombra del edificio}} \implies \frac{1{,}5}{2} = \frac{h}{30}.$$

Despejando h:

$$h = \frac{1{,}5 \times 30}{2} = \frac{45}{2} = 22{,}5 \text{ metros}.$$

Por lo tanto, la altura del edificio es de 22.5 metros.
Este ejemplo ilustra cómo las sombras y la proporcionalidad permiten calcular medidas inaccesibles de manera indirecta.

13.1 Teorema de Tales: aplicaciones en figuras semejantes.

Corollary 13.1.8 La altura de un objeto se puede calcular mediante la fórmula:

$$\text{Altura del objeto} = \left(\frac{\text{Altura de la referencia}}{\text{Longitud de la sombra de la referencia}}\right) \times \text{Longitud de la sombra del objeto.}$$

■ **Example 13.4** Un árbol proyecta una sombra de 12 metros al mismo tiempo que un poste de 4 metros de altura proyecta una sombra de 3 metros. Determine la altura del árbol.
■

Usando el corolario anterior:

$$\text{Altura del árbol} = \left(\frac{4}{3}\right) \times 12 = \frac{4 \times 12}{3} = 16 \text{ metros.}$$

Por lo tanto, el árbol mide 16 metros de altura.
Las escalas también son fundamentales en la representación de objetos en dibujos o modelos reducidos.

Definition 13.1.3 Una **escala gráfica** es una línea o barra en un plano o mapa que indica la relación entre las distancias representadas y las distancias reales. Permite medir directamente en el mapa y convertir esa medida en la distancia real.

Lema 13.1.2 Si dos figuras son semejantes, entonces las longitudes correspondientes están relacionadas por un factor de escala k, y las áreas correspondientes están relacionadas por k^2.

Demostración. Sea k el factor de escala entre dos figuras semejantes. Entonces, para cualquier longitud L' en la figura ampliada o reducida, se tiene $L' = kL$, donde L es la longitud correspondiente en la figura original. El área A' de la figura ampliada o reducida es $A' = k^2 A$, donde A es el área de la figura original, ya que el área es una magnitud bidimensional. ■

Este lema es esencial en problemas que involucran escalas y áreas.

Theorem 13.1.9 En figuras semejantes, la relación entre sus volúmenes correspondientes es el cubo del factor de escala k^3.

Demostración. Siguiendo un razonamiento similar al del lema anterior, ya que el volumen es una magnitud tridimensional, para dos sólidos semejantes, el volumen V' está dado por $V' = k^3 V$, donde V es el volumen del sólido original. ■

Estas relaciones son fundamentales en disciplinas como la física y la ingeniería, donde se trabaja con modelos a escala.

Exercise 13.3 Una maqueta de un edificio se construye a escala 1 : 50. Si la altura de la maqueta es de 1.2 metros, ¿cuál es la altura real del edificio? Además, calcule la relación entre el área de la base de la maqueta y el área de la base del edificio.

La escala 1 : 50 indica que cada unidad en la maqueta corresponde a 50 unidades en la realidad.
Altura real del edificio:

$$\text{Altura real} = 1{,}2 \text{ m} \times 50 = 60 \text{ m.}$$

Relación de áreas:
El factor de escala es $k = \frac{1}{50}$.
Entonces, la relación entre las áreas es:

$$\frac{A_{\text{maqueta}}}{A_{\text{real}}} = k^2 = \left(\frac{1}{50}\right)^2 = \frac{1}{2500}.$$

Por lo tanto, el área de la base de la maqueta es $\frac{1}{2500}$ del área de la base del edificio real.

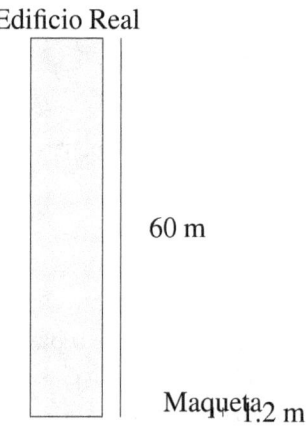

Figura 13.1.6: *Comparación entre el edificio real y la maqueta.*

Este ejercicio demuestra cómo aplicar el factor de escala en dimensiones lineales y áreas.

> (R) Es importante tener en cuenta que al trabajar con escalas, las dimensiones lineales, áreas y volúmenes no se escalan de la misma manera. Las longitudes se escalan por k, las áreas por k^2 y los volúmenes por k^3.

Exercise 13.4 Un mapa tiene una escala de $1 : 100,000$. Si dos ciudades están separadas en el mapa por una distancia de 8 cm, ¿cuál es la distancia real entre ellas en kilómetros? Además, si un lago ocupa una superficie de 5 cm² en el mapa, ¿cuál es su superficie real en kilómetros cuadrados?

Distancia real entre las ciudades:

$$\text{Distancia real} = 8 \text{ cm} \times 100,000 = 800,000 \text{ cm} = 8 \text{ km}.$$

Superficie real del lago:
El factor de escala es $k = \frac{1}{100,000}$.
Relación de áreas:

$$\text{Área real} = \text{Área del mapa} \times k^{-2} = 5 \text{ cm}^2 \times (100,000)^2 = 5 \times 10^{10} \text{ cm}^2.$$

Convertimos a kilómetros cuadrados:

$$5 \times 10^{10} \text{ cm}^2 = 5 \times 10^{10} \times \left(\frac{1 \text{ m}}{100 \text{ cm}}\right)^2 \times \left(\frac{1 \text{ km}}{1000 \text{ m}}\right)^2 = 5 \text{ km}^2.$$

13.2 Criterios de semejanza de triángulos: AA, LAL, LLL.

Por lo tanto, la superficie real del lago es de 5 kilómetros cuadrados.

Este ejercicio enfatiza la importancia de manejar correctamente las unidades al trabajar con escalas y áreas.

> **Corollary 13.1.10** Al escalar una figura en el plano con un factor k, todas las longitudes se multiplican por k, todas las áreas por k^2 y todos los volúmenes por k^3. Esto es válido independientemente de la forma de la figura.

Demostración. Este resultado es una generalización de los conceptos previamente establecidos en el lema y el teorema sobre figuras semejantes. ∎

■ **Example 13.5** Un arquitecto está diseñando un modelo reducido de una piscina que en la realidad tendrá una capacidad de 500,000 litros. Si el modelo se construye a una escala de 1 : 25, ¿cuál será el volumen del modelo en litros?

■

El factor de escala es $k = \frac{1}{25}$.
Relación de volúmenes:

$$V_{\text{modelo}} = V_{\text{real}} \times k^3 = 500,000 \text{ litros} \times \left(\frac{1}{25}\right)^3 = 500,000 \times \frac{1}{15,625} = 32 \text{ litros}.$$

Por lo tanto, el volumen del modelo será de 32 litros.

Figura 13.1.7: *Comparación entre la piscina real y el modelo a escala.*

Este ejemplo muestra la aplicación del factor de escala en volúmenes y su relevancia en el diseño y la construcción de modelos.

En conclusión, la aplicación de sombras y escalas es una manifestación práctica de los principios de semejanza y proporcionalidad en geometría. Estas herramientas permiten resolver problemas de medición indirecta y representan un componente esencial en campos como la cartografía, la arquitectura y la ingeniería.

13.2 Criterios de semejanza de triángulos: AA, LAL, LLL.

13.2.1 Aplicación en mapas y diseños.

La proporcionalidad y la semejanza son conceptos fundamentales en el diseño de mapas y planos, permitiendo representar objetos y áreas a escalas manejables sin perder las relaciones geométricas esenciales. En esta sección, exploraremos cómo se aplican estos conceptos en la cartografía y el diseño, y cómo las matemáticas proporcionan las herramientas necesarias para trabajar con escalas y proporciones de manera rigurosa.

> **Definition 13.2.1** Una **escala** es la relación matemática entre las dimensiones de un objeto o área representada en un mapa o plano y sus dimensiones reales. Se expresa generalmente como una razón o proporción, por ejemplo, 1 : 50,000, lo que indica que una unidad en el mapa equivale a 50,000 unidades en la realidad.

Capítulo 13. Proporcionalidad y Semejanza

El uso de escalas es esencial en cartografía y diseño arquitectónico, permitiendo la representación precisa de grandes distancias o estructuras en un formato compacto y utilizable.

> **Theorem 13.2.1** Si dos figuras son semejantes, entonces las medidas correspondientes de sus lados están relacionadas por un factor de escala constante k, y sus áreas están relacionadas por k^2.

Demostración. Sea F una figura y F' una figura semejante a F con un factor de escala k. Por la definición de semejanza, las longitudes correspondientes están relacionadas por $l' = kl$, donde l y l' son longitudes correspondientes en F y F', respectivamente. El área de F' es entonces $A' = k^2 A$, ya que el área es una magnitud bidimensional y se escala por el cuadrado del factor de escala. ∎

Este teorema es fundamental al trabajar con escalas, ya que permite calcular áreas y volúmenes en modelos o representaciones a escala.

■ **Example 13.6** Un arquitecto está diseñando un plano de una casa a una escala de 1 : 100. Si una pared mide 12 metros en la realidad, ¿cuál será su longitud en el plano? Además, si el área real de una habitación es de 30 metros cuadrados, ¿cuál será su área en el plano? ■

Para la longitud de la pared:
La escala es 1 : 100, lo que significa que 1 unidad en el plano representa 100 unidades en la realidad. Por lo tanto, la longitud en el plano será:

$$l_{\text{plano}} = \frac{l_{\text{real}}}{k} = \frac{12 \text{ m}}{100} = 0{,}12 \text{ m} = 12 \text{ cm}.$$

Para el área de la habitación:
El área en el plano se calcula escalando el área real por el cuadrado del factor de escala:

$$A_{\text{plano}} = \frac{A_{\text{real}}}{k^2} = \frac{30 \text{ m}^2}{100^2} = \frac{30}{10{,}000} \text{ m}^2 = 0{,}003 \text{ m}^2 = 300 \text{ cm}^2.$$

En este ejemplo, hemos aplicado el factor de escala tanto a longitudes como a áreas, mostrando cómo las dimensiones se reducen en el plano de acuerdo con la escala utilizada.

(R) Es importante notar que al trabajar con escalas, las unidades deben ser consistentes. Al convertir entre metros y centímetros, se debe tener cuidado para mantener la precisión en los cálculos.

La representación de objetos tridimensionales también se ve afectada por las escalas, donde los volúmenes se relacionan con el cubo del factor de escala.

> **Theorem 13.2.2** Si dos sólidos son semejantes con un factor de escala k, entonces sus volúmenes están relacionados por $V' = k^3 V$, donde V y V' son los volúmenes de los sólidos original y escalado, respectivamente.

Demostración. Similar al caso de áreas, los volúmenes se escalan por la potencia del factor de escala correspondiente a las tres dimensiones. Si cada dimensión lineal se multiplica por k, entonces el volumen total se multiplica por k^3. ∎

Este resultado es crucial en campos como la ingeniería y la arquitectura, donde se construyen modelos a escala para estudiar estructuras complejas.

■ **Example 13.7** Un modelo a escala de un monumento se construye con una escala de 1 : 20. Si el volumen del monumento real es de 8,000 metros cúbicos, ¿cuál es el volumen del modelo? ■

13.2 Criterios de semejanza de triángulos: AA, LAL, LLL.

Utilizando el teorema anterior, el volumen del modelo es:

$$V_{\text{modelo}} = \frac{V_{\text{real}}}{k^3} = \frac{8,000 \text{ m}^3}{20^3} = \frac{8,000}{8,000} \text{ m}^3 = 1 \text{ m}^3.$$

Por lo tanto, el volumen del modelo es de 1 metro cúbico.

Este resultado demuestra cómo las escalas afectan significativamente los volúmenes, reduciéndolos en proporciones mucho mayores que las longitudes o áreas.

Lema 13.2.1 En un mapa, la distancia entre dos puntos es proporcional a la distancia real entre esos puntos, multiplicada por el factor de escala k. Si el mapa utiliza una escala $1 : M$, entonces $k = \frac{1}{M}$.

Demostración. Por definición de escala en mapas, la relación entre una distancia en el mapa d_{mapa} y la distancia real d_{real} es:

$$d_{\text{mapa}} = k d_{\text{real}}, \quad \text{donde} \quad k = \frac{1}{M}.$$

Esto muestra que las distancias en el mapa son proporcionales a las distancias reales por el factor k. ∎

Este concepto es fundamental en la cartografía, permitiendo a los usuarios interpretar correctamente las distancias representadas.

■ **Example 13.8** En un mapa a escala $1 : 250,000$, la distancia entre dos ciudades es de 4 cm. Calcule la distancia real entre las ciudades en kilómetros. ■

El factor de escala es $k = \frac{1}{250,000}$.
La distancia real es:

$$d_{\text{real}} = \frac{d_{\text{mapa}}}{k} = 4 \text{ cm} \times 250,000 = 1,000,000 \text{ cm}.$$

Convirtiendo a kilómetros:

$$1,000,000 \text{ cm} = 10,000 \text{ m} = 10 \text{ km}.$$

Por lo tanto, la distancia real entre las ciudades es de 10 kilómetros.
Este ejemplo muestra la aplicación práctica de las escalas en la cartografía, permitiendo convertir distancias medidas en el mapa a distancias reales.

Exercise 13.5 Un plano arquitectónico se dibuja a una escala de $1 : 75$. Si un salón tiene dimensiones de 6 cm por 4 cm en el plano, determine las dimensiones reales del salón en metros. Además, calcule el área real del salón.

Las dimensiones reales se obtienen multiplicando las dimensiones del plano por el factor de escala:

$$\text{Longitud real} = 6 \text{ cm} \times 75 = 450 \text{ cm} = 4{,}5 \text{ m},$$

$$\text{Ancho real} = 4 \text{ cm} \times 75 = 300 \text{ cm} = 3 \text{ m}.$$

El área real es:

$$A_{\text{real}} = \text{Longitud real} \times \text{Ancho real} = 4{,}5 \text{ m} \times 3 \text{ m} = 13{,}5 \text{ m}^2.$$

Este ejercicio refuerza la comprensión de cómo aplicar escalas para obtener dimensiones y áreas reales a partir de un plano.

Capítulo 13. Proporcionalidad y Semejanza

(R) En el diseño y la arquitectura, es común utilizar diferentes escalas para distintos niveles de detalle. Es esencial mantener consistencia en las unidades y factores de escala para evitar errores en las dimensiones finales.

Las representaciones gráficas también son fundamentales en este contexto. Por ejemplo, al diseñar mapas o planos, es útil incluir escalas gráficas que permitan a los usuarios medir distancias directamente en el documento.

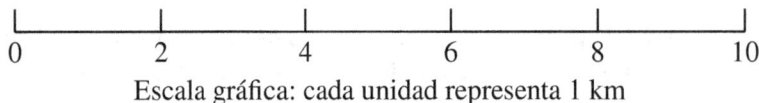

Escala gráfica: cada unidad representa 1 km

Figura 13.2.1: *Escala gráfica para medición directa en mapas.*

En la Figura 13.2.1, se presenta una escala gráfica que facilita la medición de distancias en un mapa, representando visualmente la relación entre las distancias en el mapa y las distancias reales.

> **Theorem 13.2.3** La precisión de una escala en un mapa o plano determina el nivel de detalle y exactitud con el que se pueden representar las características geográficas o estructurales.

Demostración. Una escala más pequeña (por ejemplo, $1 : 1,000,000$) significa que una unidad en el mapa representa una gran cantidad de unidades en la realidad, lo que limita el nivel de detalle que se puede mostrar. Por el contrario, una escala más grande (por ejemplo, $1 : 1,000$) permite representar detalles más finos y precisos. La precisión depende directamente del factor de escala utilizado. ∎

Este teorema es crucial para entender cómo elegir la escala adecuada según el propósito del mapa o plano.

> **Exercise 13.6** Un ingeniero civil está diseñando una carretera que debe ser representada en un plano a escala $1 : 5,000$. Si una curva en la carretera tiene un radio real de 250 metros, ¿cuál será el radio de la curva en el plano? Además, si el ingeniero necesita representar detalles más precisos, ¿debería aumentar o disminuir el factor de escala?

El radio en el plano es:

$$r_{\text{plano}} = \frac{r_{\text{real}}}{k} = \frac{250 \text{ m}}{5,000} = 0,05 \text{ m} = 5 \text{ cm}.$$

Para representar detalles más precisos, el ingeniero debe aumentar el factor de escala (es decir, utilizar una escala más grande), por ejemplo, pasar de $1 : 5,000$ a $1 : 1,000$, lo que permitiría representar el radio de la curva con mayor tamaño en el plano y mostrar más detalles.

Este ejercicio muestra cómo la elección de la escala afecta la capacidad para representar detalles en un diseño o mapa.

> **Corollary 13.2.4** Al reducir el factor de escala (utilizando escalas más grandes), se incrementa la capacidad de representar detalles finos, lo que es esencial en planos arquitectónicos y diseños de ingeniería.

En resumen, la aplicación de la proporcionalidad y la semejanza en mapas y diseños es crucial para la representación precisa y práctica de objetos y áreas. Las matemáticas proporcionan las herramientas necesarias para trabajar con escalas, garantizando que las relaciones geométricas se mantengan y que las medidas reales puedan ser derivadas con exactitud a partir de representaciones reducidas.

13.2 Criterios de semejanza de triángulos: AA, LAL, LLL.

13.2.2 Proporciones en figuras geométricas.

La comprensión de las proporciones en figuras geométricas es fundamental en el estudio avanzado de la geometría y tiene aplicaciones en diversas áreas de las matemáticas. Las proporciones permiten establecer relaciones entre las dimensiones de figuras similares y son esenciales para resolver problemas que involucran semejanza, escalamiento y medición indirecta.

Definition 13.2.2 Dos magnitudes a y b son **proporcionales** si existe un número real $k \neq 0$ tal que $a = kb$. El número k se denomina **razón de proporcionalidad**.

Esta definición es esencial para comprender cómo las propiedades de las figuras geométricas se mantienen bajo escalamiento y transformación.

Theorem 13.2.5 En figuras geométricas semejantes, las longitudes correspondientes son proporcionales, las áreas correspondientes son proporcionales al cuadrado de la razón de semejanza, y los volúmenes correspondientes son proporcionales al cubo de la razón de semejanza.

Demostración. Sea F y F' dos figuras geométricas semejantes con una razón de semejanza k. Entonces, para cualquier longitud correspondiente l y l' en F y F', se tiene $l' = kl$.
Para áreas correspondientes A y A', dado que el área es una medida bidimensional, se tiene $A' = k^2 A$.
Para volúmenes correspondientes V y V', dado que el volumen es una medida tridimensional, se tiene $V' = k^3 V$. ∎

Este teorema es fundamental al estudiar cómo las propiedades geométricas cambian bajo transformaciones de escala.

■ **Example 13.9** Considere dos cuadrados, uno de lado $l = 4$ cm y otro de lado $l' = 6$ cm. Determine la razón de semejanza, y calcule la relación entre sus áreas y sus perímetros. ■

La razón de semejanza es $k = \dfrac{l'}{l} = \dfrac{6}{4} = \dfrac{3}{2}$.
El perímetro del primer cuadrado es $P = 4l = 16$ cm, y el perímetro del segundo cuadrado es $P' = 4l' = 24$ cm.
La relación entre los perímetros es:
$$\frac{P'}{P} = \frac{24}{16} = \frac{3}{2} = k.$$
El área del primer cuadrado es $A = l^2 = 16$ cm², y el área del segundo cuadrado es $A' = (l')^2 = 36$ cm².
La relación entre las áreas es:
$$\frac{A'}{A} = \frac{36}{16} = \frac{9}{4} = k^2.$$
Por lo tanto, los perímetros son proporcionales a k, y las áreas son proporcionales a k^2.
Este ejemplo ilustra cómo las proporciones afectan las medidas en figuras geométricas semejantes.

Lema 13.2.2 En dos polígonos semejantes, las medidas de los segmentos correspondientes son proporcionales a la razón de semejanza k.

Demostración. Dado que los polígonos son semejantes, existe una correspondencia uno a uno entre sus lados y ángulos correspondientes, y cada par de lados correspondientes tiene una relación de proporcionalidad k. Por lo tanto, cualquier segmento en uno de los polígonos tiene una longitud $l' = kl$, donde l es la longitud del segmento correspondiente en el otro polígono. ∎

Este lema es útil para establecer relaciones entre diferentes elementos geométricos en figuras semejantes.

Theorem 13.2.6 En dos círculos de radios r y r', la razón de sus áreas es igual al cuadrado de la razón de sus radios, es decir:

$$\frac{A'}{A} = \left(\frac{r'}{r}\right)^2.$$

Demostración. Sea $A = \pi r^2$ el área del primer círculo de radio r, y $A' = \pi (r')^2$ el área del segundo círculo de radio r'. Entonces, la razón de sus áreas es

$$\frac{A'}{A} = \frac{\pi (r')^2}{\pi r^2} = \frac{(r')^2}{r^2} = \left(\frac{r'}{r}\right)^2.$$

∎

Este resultado muestra cómo las áreas de los círculos cambian con respecto a sus radios.

■ **Example 13.10** Dos círculos tienen radios $r = 5$ cm y $r' = 8$ cm. Calcule la razón de sus perímetros y la razón de sus áreas.

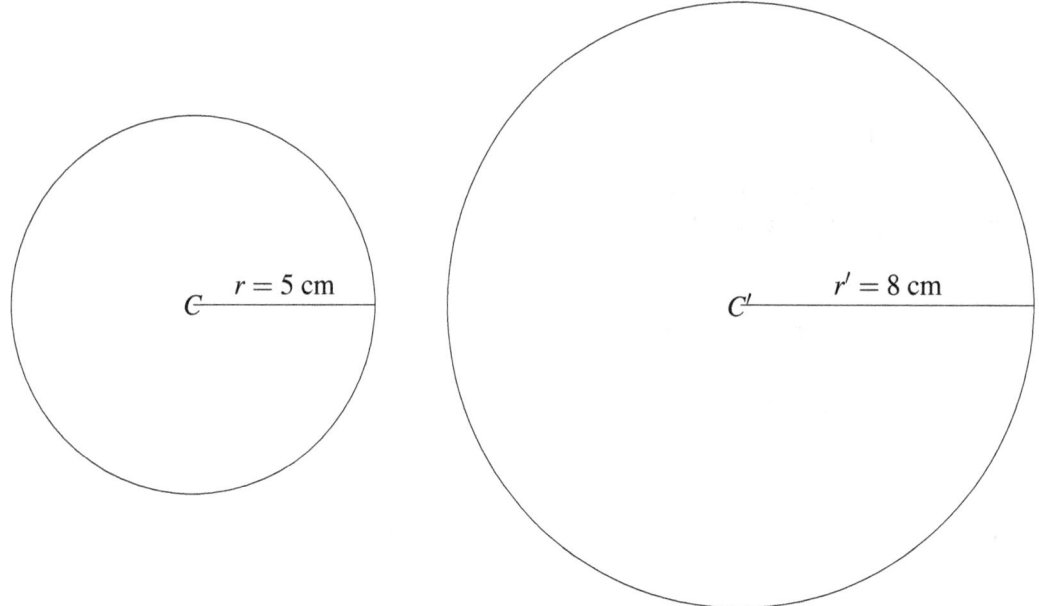

Figura 13.2.2: *Círculos de radios $r = 5$ cm y $r' = 8$ cm.*

■

La razón de los radios es:

$$k = \frac{r'}{r} = \frac{8}{5}.$$

El perímetro de un círculo es $P = 2\pi r$. Entonces, la razón de los perímetros es:

$$\frac{P'}{P} = \frac{2\pi r'}{2\pi r} = \frac{r'}{r} = k = \frac{8}{5}.$$

El área de un círculo es $A = \pi r^2$. La razón de las áreas es:

$$\frac{A'}{A} = \left(\frac{r'}{r}\right)^2 = \left(\frac{8}{5}\right)^2 = \frac{64}{25}.$$

13.2 Criterios de semejanza de triángulos: AA, LAL, LLL.

Por lo tanto, los perímetros están en la misma proporción que los radios, y las áreas están en proporción al cuadrado de los radios.
La Figura 13.2.2 ilustra los dos círculos y sus radios.

Corollary 13.2.7 En figuras geométricas semejantes, si la razón de semejanza es k, entonces:
- Las longitudes correspondientes se relacionan por $l' = kl$.
- Las áreas correspondientes se relacionan por $A' = k^2 A$.
- Los volúmenes correspondientes se relacionan por $V' = k^3 V$.

Demostración. Este corolario es una consecuencia directa del Teorema previo sobre figuras geométricas semejantes y la definición de la razón de semejanza. ∎

(R) Estas relaciones son esenciales en aplicaciones prácticas, como el diseño a escala de modelos y la interpretación de mapas, donde es crucial mantener las proporciones para preservar las propiedades geométricas.

Ahora, consideremos cómo estas proporciones se aplican en sólidos geométricos.

Theorem 13.2.8 Para dos esferas de radios r y r', la razón de sus volúmenes es igual al cubo de la razón de sus radios:
$$\frac{V'}{V} = \left(\frac{r'}{r}\right)^3.$$

Demostración. Sea $V = \frac{4}{3}\pi r^3$ el volumen de una esfera de radio r y $V' = \frac{4}{3}\pi (r')^3$ el volumen de una esfera de radio r'. La razón de sus volúmenes es
$$\frac{V'}{V} = \frac{\frac{4}{3}\pi (r')^3}{\frac{4}{3}\pi r^3} = \frac{(r')^3}{r^3} = \left(\frac{r'}{r}\right)^3.$$

∎

Este teorema muestra cómo los volúmenes de las esferas cambian con respecto a sus radios.

Exercise 13.7 Un cono y una pirámide son semejantes, y la altura del cono es el doble de la altura de la pirámide. Si el volumen de la pirámide es V, ¿cuál es el volumen del cono en términos de V?

Dado que las figuras son semejantes y la altura del cono es el doble de la altura de la pirámide, la razón de semejanza es $k = 2$.
Por el corolario anterior, los volúmenes se relacionan por:
$$V_{\text{cono}} = k^3 V_{\text{pirámide}} = 2^3 V = 8V.$$

Por lo tanto, el volumen del cono es $8V$.
Este ejercicio ilustra cómo las proporciones afectan los volúmenes de figuras semejantes.

Exercise 13.8 Dos prismas rectos semejantes tienen alturas de 5 cm y 15 cm. Si el área de la base del prisma más pequeño es 20 cm², determine el área de la base del prisma más grande y la razón de sus volúmenes.

La razón de semejanza es $k = \dfrac{15}{5} = 3$.

El área de la base del prisma más grande es:

$$A' = k^2 A = 3^2 \times 20 \text{ cm}^2 = 9 \times 20 \text{ cm}^2 = 180 \text{ cm}^2.$$

La razón de los volúmenes es:

$$\frac{V'}{V} = k^3 = 3^3 = 27.$$

Por lo tanto, el volumen del prisma más grande es 27 veces el volumen del prisma más pequeño. Este ejercicio muestra la aplicación de las proporciones en sólidos geométricos y cómo se relacionan las diferentes medidas.

> (R) Es importante recordar que al trabajar con figuras geométricas semejantes, es crucial identificar correctamente la razón de semejanza y aplicar las potencias adecuadas (1 para longitudes, 2 para áreas y 3 para volúmenes) al calcular las proporciones.

En conclusión, las proporciones en figuras geométricas son fundamentales para entender cómo las dimensiones y propiedades de las figuras cambian bajo escalamiento. Este conocimiento es esencial en campos como la arquitectura, la ingeniería y las ciencias físicas, donde se trabaja frecuentemente con modelos a escala y transformaciones geométricas.

13.3 Problemas de aplicación: escalas y mapas.

13.3.1 Escalas de reducción en planos.

Las **escalas de reducción** son fundamentales en disciplinas como la ingeniería, la arquitectura y la cartografía, ya que permiten representar objetos grandes en planos o mapas de dimensiones manejables sin perder la proporción ni las relaciones geométricas esenciales. Para comprender cómo funcionan estas escalas, es necesario profundizar en los conceptos matemáticos que las sustentan.

Definition 13.3.1 Una **escala de reducción** es una relación de proporcionalidad que indica cuántas veces se ha reducido un objeto o figura en un plano o mapa respecto a sus dimensiones reales. Se expresa comúnmente como una razón $1 : n$, donde n es el factor de reducción.

Es importante destacar que, al aplicar una escala de reducción, todas las medidas lineales del objeto se reducen en la misma proporción, manteniendo así la semejanza geométrica.

Theorem 13.3.1 Si una figura geométrica se reduce mediante una escala de factor $k = \dfrac{1}{n}$, entonces:

1. Las longitudes se reducen por el factor k.
2. Las áreas se reducen por el factor k^2.
3. Los volúmenes se reducen por el factor k^3.

Demostración. Sea una figura original con dimensiones lineales L, área A y volumen V. Al aplicar una escala de reducción con factor k, las nuevas dimensiones serán:

1. Longitudes: $L' = kL$.
2. Áreas: $A' = k^2 A$ (porque el área es bidimensional).
3. Volúmenes: $V' = k^3 V$ (porque el volumen es tridimensional).

13.3 Problemas de aplicación: escalas y mapas.

Esto se debe a que las dimensiones lineales se multiplican por k, y las áreas y volúmenes dependen de las dimensiones lineales elevadas al cuadrado y al cubo, respectivamente. ■

Este teorema es esencial para calcular correctamente las medidas en planos y modelos a escala reducida.

■ **Example 13.11** Un arquitecto diseña un plano de un edificio a una escala de 1 : 100. Si una pared mide 30 metros en la realidad, ¿cuál será su longitud en el plano? Además, si el área real de un piso es de 900 metros cuadrados, ¿cuál será su área en el plano?

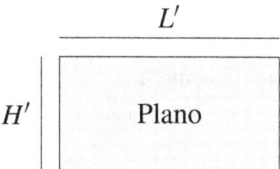

Figura 13.3.1: *Representación de una pared en el plano a escala* 1 : 100.

La escala es 1 : 100, por lo que el factor de reducción es $k = \dfrac{1}{100}$.
Para la longitud de la pared en el plano:

$$L' = kL = \frac{1}{100} \times 30 \text{ m} = 0{,}3 \text{ m} = 30 \text{ cm}.$$

Para el área del piso en el plano:

$$A' = k^2 A = \left(\frac{1}{100}\right)^2 \times 900 \text{ m}^2 = \frac{1}{10{,}000} \times 900 \text{ m}^2 = 0{,}09 \text{ m}^2 = 900 \text{ cm}^2.$$

Por lo tanto, en el plano, la pared mide 30 cm y el área del piso es de 900 cm².
Este ejemplo demuestra cómo aplicar el factor de escala para obtener medidas precisas en un plano.

> (R) Es crucial mantener la consistencia de las unidades al trabajar con escalas. Si se utilizan metros en las dimensiones reales, es recomendable convertir las medidas a centímetros o milímetros en el plano, según sea necesario.

Además de las aplicaciones prácticas, es interesante explorar propiedades matemáticas más profundas relacionadas con las escalas de reducción.

Lema 13.3.1 Si dos figuras geométricas son semejantes con una razón de semejanza k, entonces cualquier proporción entre medidas lineales, áreas o volúmenes de estas figuras es igual a k, k^2 o k^3, respectivamente.

Demostración. La semejanza de figuras implica que todas las medidas lineales están relacionadas por el factor k, de modo que:

1. Longitudes: $\dfrac{L'}{L} = k$.
2. Áreas: $\dfrac{A'}{A} = k^2$.
3. Volúmenes: $\dfrac{V'}{V} = k^3$.

Este lema refuerza la comprensión de cómo las dimensiones de una figura cambian al aplicar una escala de reducción.

■ **Example 13.12** Un mapa se elabora a escala 1 : 50,000. Si en el mapa la distancia entre dos ciudades es de 5 cm, calcular la distancia real entre ellas. Además, si un lago tiene una superficie de 10 cm² en el mapa, determinar su superficie real.

Para la distancia real entre las ciudades:

$$\text{Distancia real} = \frac{1}{k} \times \text{Distancia en el mapa} = 50{,}000 \times 5 \text{ cm} = 250{,}000 \text{ cm} = 2{,}5 \text{ km}.$$

Para la superficie real del lago:

$$\text{Superficie real} = \frac{1}{k^2} \times \text{Superficie en el mapa} = 50{,}000^2 \times 10 \text{ cm}^2 = 2{,}5 \times 10^{11} \text{ cm}^2 = 25 \text{ km}^2.$$

Por lo tanto, la distancia real es de 2,5 km y la superficie real del lago es de 25 km².
Este ejemplo muestra la importancia de considerar el cuadrado del factor de escala al calcular áreas.

> **Theorem 13.3.2** En un plano a escala de reducción, la razón entre las medidas lineales reales y las representadas en el plano es inversa al factor de reducción k.

Demostración. Si L es la medida real y L' es la medida en el plano, entonces:

$$L' = kL \implies \frac{L}{L'} = \frac{1}{k}.$$

Por lo tanto, la razón $\frac{L}{L'}$ es inversa al factor de reducción k. ■

Este teorema es útil para convertir medidas del plano a medidas reales y viceversa.

> **Exercise 13.9** Un ingeniero civil necesita representar un terreno rectangular de 200 m de largo y 150 m de ancho en un plano a escala 1 : 2,000. ¿Cuáles serán las dimensiones del terreno en el plano? Además, ¿cuál será el área del terreno en el plano en centímetros cuadrados?

Factor de reducción: $k = \dfrac{1}{2{,}000}$.
Dimensiones en el plano:

$$\text{Largo en el plano} = k \times 200 \text{ m} = \frac{1}{2{,}000} \times 200 \text{ m} = 0{,}1 \text{ m} = 10 \text{ cm}.$$

$$\text{Ancho en el plano} = k \times 150 \text{ m} = \frac{1}{2{,}000} \times 150 \text{ m} = 0{,}075 \text{ m} = 7{,}5 \text{ cm}.$$

Área en el plano:

$$A' = \text{Largo en el plano} \times \text{Ancho en el plano} = 10 \text{ cm} \times 7{,}5 \text{ cm} = 75 \text{ cm}^2.$$

Por lo tanto, las dimensiones en el plano son 10 cm de largo y 7,5 cm de ancho, y el área es 75 cm².

13.3 Problemas de aplicación: escalas y mapas.

Exercise 13.10 Un diseñador crea un modelo a escala 1 : 500 de un parque que en la realidad tiene un volumen de 75,000 m³. ¿Cuál es el volumen del modelo? Expresar la respuesta en metros cúbicos y en centímetros cúbicos.

Factor de reducción: $k = \dfrac{1}{500}$.
Volumen del modelo:

$$V' = k^3 V = \left(\dfrac{1}{500}\right)^3 \times 75,000 \text{ m}^3 = \dfrac{1}{125,000,000} \times 75,000 \text{ m}^3 = 0{,}0006 \text{ m}^3.$$

Convertir a centímetros cúbicos (1 m³ = 1,000,000 cm³):

$$0{,}0006 \text{ m}^3 \times 1,000,000 \dfrac{\text{cm}^3}{\text{m}^3} = 600 \text{ cm}^3.$$

Por lo tanto, el volumen del modelo es 0,0006 m³ o 600 cm³.

Para profundizar en el estudio de las escalas de reducción, es interesante analizar cómo afectan a figuras tridimensionales.

Corollary 13.3.3 En una escala de reducción aplicada a sólidos, el peso del modelo es proporcional al cubo del factor de reducción si el material utilizado es el mismo.

Demostración. Dado que el peso es directamente proporcional al volumen y la densidad del material permanece constante, entonces:

$$\text{Peso del modelo} = k^3 \times \text{Peso real}.$$

Este corolario es relevante en ingeniería y diseño, especialmente al construir modelos físicos.

(R) Al construir modelos a escala, es común utilizar materiales diferentes para evitar que el peso sea excesivo, lo cual introduce variaciones en la densidad y requiere ajustes en los cálculos.

■ **Example 13.13** Una empresa fabrica una réplica a escala 1 : 10 de una estatua cuyo peso original es de 1,000 kg. Si la réplica se construye con el mismo material, ¿cuál será su peso?

Aplicando el corolario anterior:

$$\text{Peso de la réplica} = k^3 \times \text{Peso original} = \left(\dfrac{1}{10}\right)^3 \times 1,000 \text{ kg} = \dfrac{1}{1,000} \times 1,000 \text{ kg} = 1 \text{ kg}.$$

Por lo tanto, la réplica pesará 1 kg.
Este ejemplo ilustra cómo el peso disminuye drásticamente al reducir la escala de un objeto tridimensional.
Para cerrar esta sección, consideremos un teorema relacionado con la escala en planos inclinados.

Theorem 13.3.4 En un plano inclinado representado en una escala de reducción, el ángulo de inclinación permanece invariante respecto al plano real.

Demostración. El ángulo de inclinación θ de un plano depende únicamente de la relación entre la altura y la base:

$$\tan\theta = \frac{\text{Altura}}{\text{Base}}.$$

Al aplicar una escala de reducción, ambas medidas se reducen por el mismo factor k, por lo que:

$$\tan\theta' = \frac{k \times \text{Altura}}{k \times \text{Base}} = \frac{\text{Altura}}{\text{Base}} = \tan\theta.$$

Por lo tanto, $\theta' = \theta$. ∎

Este resultado es significativo al diseñar maquetas o planos donde la representación del ángulo es crucial.

Exercise 13.11 Una rampa tiene una longitud de 12 m y una altura de 3 m. Si se representa en un plano a escala 1 : 100, determine la longitud y la altura en el plano, y compruebe que el ángulo de inclinación es el mismo en la rampa real y en el plano.

Factor de reducción: $k = \dfrac{1}{100}$.
Longitud en el plano:

$$L' = kL = \frac{1}{100} \times 12 \text{ m} = 0{,}12 \text{ m} = 12 \text{ cm}.$$

Altura en el plano:

$$H' = kH = \frac{1}{100} \times 3 \text{ m} = 0{,}03 \text{ m} = 3 \text{ cm}.$$

Ángulo de inclinación en la rampa real:

$$\tan\theta = \frac{3}{12} = \frac{1}{4}.$$

Ángulo de inclinación en el plano:

$$\tan\theta' = \frac{3 \text{ cm}}{12 \text{ cm}} = \frac{1}{4}.$$

Por lo tanto, $\theta' = \theta$, y el ángulo de inclinación es el mismo en ambos casos.
Este ejercicio confirma el teorema y muestra su aplicación práctica.
En conclusión, las escalas de reducción en planos son herramientas esenciales que, sustentadas en principios matemáticos sólidos, permiten representar de manera precisa y manejable objetos y espacios de grandes dimensiones. Comprender las relaciones de proporcionalidad y cómo afectan a las diferentes medidas es fundamental para su correcta aplicación en diversas áreas profesionales.

13.3.2 Proporciones en la cartografía.

La cartografía es la ciencia y el arte de representar la superficie terrestre en mapas. Para lograr representaciones precisas y útiles, es fundamental comprender y aplicar correctamente las proporciones y escalas en la cartografía. Estas proporciones permiten relacionar distancias y áreas en el mapa con sus correspondientes en la realidad.

Definition 13.3.2 Una **escala cartográfica** es la relación matemática que expresa cuánto ha sido reducida la superficie terrestre para ser representada en un mapa. Se define como la razón entre una distancia en el mapa y la distancia real correspondiente, generalmente expresada como $1 : n$, donde n es el *denominador de la escala*.

Las escalas pueden ser numéricas, gráficas o verbales, y su correcta interpretación es esencial para medir distancias y áreas en los mapas.

Theorem 13.3.5 En una proyección cartográfica sin distorsiones lineales, la distancia real D_{real} entre dos puntos es proporcional a la distancia D_{mapa} entre los puntos correspondientes en el mapa, multiplicada por el denominador de la escala n:

$$D_{\text{real}} = n \times D_{\text{mapa}}.$$

Demostración. Por definición de escala cartográfica, se tiene que:

$$\frac{D_{\text{mapa}}}{D_{\text{real}}} = \frac{1}{n} \implies D_{\text{real}} = n \times D_{\text{mapa}}.$$

Esto establece una relación de proporcionalidad directa entre las distancias en el mapa y en la realidad. ∎

Es importante tener en cuenta que esta relación es válida en mapas donde las distorsiones son mínimas o despreciables, como en mapas a escalas grandes que cubren áreas pequeñas.

■ **Example 13.14** En un mapa con escala $1 : 100,000$, la distancia entre dos ciudades es de 7 cm. Calcule la distancia real entre las ciudades en kilómetros. ■

Aplicando el teorema anterior:

$$D_{\text{real}} = n \times D_{\text{mapa}} = 100,000 \times 7 \text{ cm} = 700,000 \text{ cm}.$$

Convirtiendo a kilómetros:

$$700,000 \text{ cm} = 7,000 \text{ m} = 7 \text{ km}.$$

Por lo tanto, la distancia real entre las ciudades es de 7 km.

> (R) Al trabajar con escalas cartográficas, es fundamental mantener la consistencia de las unidades y convertirlas adecuadamente para obtener resultados correctos.

Además de las distancias lineales, las proporciones en cartografía también afectan las áreas representadas en los mapas.

Theorem 13.3.6 El área real A_{real} de una región es proporcional al cuadrado del denominador de la escala n^2 multiplicado por el área A_{mapa} de la región en el mapa:

$$A_{\text{real}} = n^2 \times A_{\text{mapa}}.$$

Demostración. La escala lineal afecta a cada dimensión lineal por un factor n. Dado que el área es bidimensional, la escala afecta al área por el cuadrado del factor de escala:

$$A_{\text{real}} = (n \times L_{\text{mapa}}) \times (n \times W_{\text{mapa}}) = n^2 \times (L_{\text{mapa}} \times W_{\text{mapa}}) = n^2 \times A_{\text{mapa}}.$$

∎

■ **Example 13.15** En un mapa a escala 1 : 50 000, un lago está representado con una superficie de $12\,\text{cm}^2$. Calcule el área real del lago en kilómetros cuadrados.

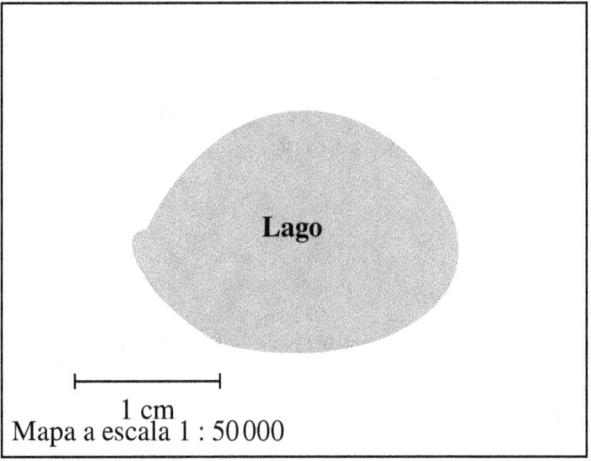

Figura 13.3.2: *Representación esquemática del lago en el mapa.*

Para determinar el área real del lago, seguiremos los siguientes pasos:

Paso 1: Comprender la escala del mapa

La escala 1 : 50 000 indica que 1 cm en el mapa representa 50 000 cm en la realidad.

Paso 2: Calcular el factor de escala para el área

El factor de escala lineal es 50 000. Como el área es bidimensional, debemos elevar este factor al cuadrado:

$$\text{Factor de escala para el área} = (50\,000)^2 = 2\,500\,000\,000.$$

Paso 3: Calcular el área real en centímetros cuadrados

Multiplicamos el área del lago en el mapa por el factor de escala para obtener el área real:

$$\text{Área real} = 12\,\text{cm}^2 \times 2\,500\,000\,000 = 30\,000\,000\,000\,\text{cm}^2.$$

Paso 4: Convertir el área a kilómetros cuadrados

Sabemos que:

$$1\,\text{km} = 100\,000\,\text{cm} \implies 1\,\text{km}^2 = (100\,000\,\text{cm})^2 = 10\,000\,000\,000\,\text{cm}^2.$$

Por lo tanto, el área en kilómetros cuadrados es:

13.3 Problemas de aplicación: escalas y mapas.

$$\text{Área en km}^2 = \frac{30\,000\,000\,000\,\text{cm}^2}{10\,000\,000\,000\,\text{cm}^2/\text{km}^2} = 3\,\text{km}^2.$$

Respuesta: El área real del lago es de $3\,\text{km}^2$.

Este ejemplo demuestra cómo las áreas en el mapa se relacionan con las áreas reales a través del cuadrado del denominador de la escala.

Lema 13.3.2 La **escala gráfica** es una representación visual de la escala numérica que permite medir directamente en el mapa y obtener distancias reales sin cálculos adicionales.

Demostración. La escala gráfica consiste en una barra graduada en el mapa que indica la correspondencia entre las distancias en el mapa y las distancias reales. Al medir una distancia en el mapa con una regla y compararla con la escala gráfica, se obtiene directamente la distancia real, ya que la escala gráfica ya incorpora el factor de escala. ∎

La escala gráfica es especialmente útil cuando el mapa se amplía o reduce, ya que la escala gráfica se modifica proporcionalmente, manteniendo su validez.

> Theorem 13.3.7 En cartografía, al representar áreas extensas de la superficie terrestre, las proyecciones cartográficas introducen distorsiones que afectan las proporciones de distancias, áreas y ángulos. Estas distorsiones son inevitables y deben considerarse al realizar mediciones en mapas.

Demostración. La Tierra es una superficie esférica (o elipsoidal), y al proyectarla en una superficie plana para crear un mapa, es imposible preservar simultáneamente todas las propiedades métricas (distancias, áreas, ángulos). Según el Teorema de Gauss sobre la imposibilidad de una representación isométrica de una superficie esférica en un plano, siempre habrá distorsiones. Las diferentes proyecciones cartográficas tratan de minimizar o controlar estas distorsiones según el propósito del mapa. ∎

(R) Es importante seleccionar la proyección cartográfica adecuada según el tipo de análisis que se desee realizar, ya que algunas proyecciones conservan áreas (equivalentes), otras conservan formas locales (conformes) y otras distancias desde puntos específicos (equidistantes).

■ **Example 13.16** Un mapa mundial utiliza la proyección de Mercator, que es conforme pero distorsiona las áreas en altas latitudes. Por ejemplo, en este tipo de mapas, Groenlandia puede parecer del mismo tamaño que África, cuando en realidad África es aproximadamente 14 veces más grande.

∎

La proyección de Mercator expande las áreas conforme nos acercamos a los polos, manteniendo las formas locales pero distorsionando las dimensiones relativas. Por ello, Groenlandia, ubicada en altas latitudes, aparece exageradamente grande en comparación con África, que está cerca del ecuador. En realidad, el área de África es mucho mayor que la de Groenlandia, pero la proyección hace que parezcan similares en tamaño en el mapa. Esta distorsión es una consecuencia de las propiedades matemáticas de la proyección y destaca la importancia de elegir la proyección adecuada para representar fielmente las áreas en un mapa.

Este ejemplo ilustra la importancia de considerar las distorsiones introducidas por las proyecciones cartográficas al interpretar proporciones en mapas.

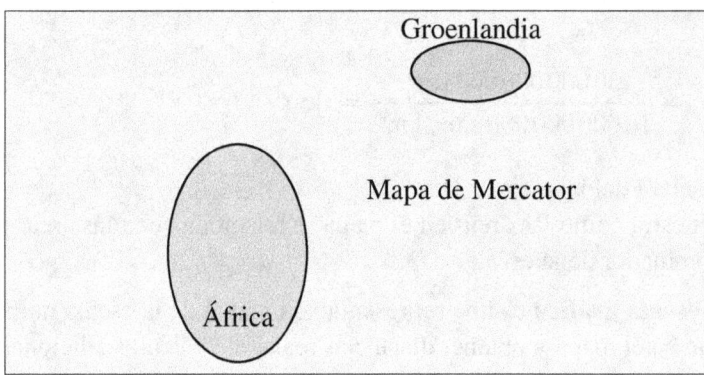

Figura 13.3.3: *Distorsión de áreas en la proyección de Mercator.*

Corollary 13.3.8 Al utilizar mapas de pequeñas escalas (grandes denominadores), las distorsiones por proyección se vuelven más significativas, por lo que las mediciones de distancias y áreas deben realizarse con precaución.

Exercise 13.12 En un mapa a escala 1 : 250,000, la distancia en línea recta entre dos ciudades es de 12 cm. Sin embargo, debido a la topografía, la ruta real entre las ciudades es de 15 cm en el mapa. Calcule la distancia real de la ruta y compárela con la distancia en línea recta.

Distancia en línea recta:

$$D_{\text{recta}} = n \times D_{\text{mapa}} = 250{,}000 \times 12 \text{ cm} = 3{,}000{,}000 \text{ cm} = 30 \text{ km}.$$

Distancia de la ruta:

$$D_{\text{ruta}} = n \times D_{\text{mapa}} = 250{,}000 \times 15 \text{ cm} = 3{,}750{,}000 \text{ cm} = 37{,}5 \text{ km}.$$

Comparación:

$$\text{Diferencia} = 37{,}5 \text{ km} - 30 \text{ km} = 7{,}5 \text{ km}.$$

La ruta real es 7,5 km más larga que la distancia en línea recta debido a la topografía y al trazado de caminos.
Este ejercicio muestra cómo las distancias medidas en el mapa pueden variar dependiendo de la ruta considerada y cómo se aplica la escala para obtener distancias reales.

Exercise 13.13 Un parque nacional tiene una forma aproximadamente circular y ocupa un área de 78,5 cm² en un mapa con escala 1 : 500,000. Calcule el radio real del parque en kilómetros.

Primero, calculamos el área real:

$$A_{\text{real}} = n^2 \times A_{\text{mapa}} = (500{,}000)^2 \times 78{,}5 \text{ cm}^2 = 1{,}9625 \times 10^{14} \text{ cm}^2.$$

Convirtiendo el área a kilómetros cuadrados:

$$1{,}9625 \times 10^{14} \text{ cm}^2 = 1{,}9625 \times 10^{14} \times \left(\frac{1 \text{ m}}{100 \text{ cm}}\right)^2 \times \left(\frac{1 \text{ km}}{1{,}000 \text{ m}}\right)^2 = 1{,}962{,}5 \text{ km}^2.$$

Como el parque es aproximadamente circular, el área es:

$$A_{\text{real}} = \pi R^2 \implies R = \sqrt{\frac{A_{\text{real}}}{\pi}} = \sqrt{\frac{1,962.5}{\pi}} \approx \sqrt{625} = 25 \text{ km}.$$

Por lo tanto, el radio real del parque es de aproximadamente 25 km.

Este ejercicio integra el cálculo de áreas y la aplicación de proporciones en cartografía para determinar medidas reales.

(R) La precisión en las mediciones cartográficas depende de la exactitud de la escala, la proyección utilizada y la calidad del mapa. Es fundamental considerar todos estos factores al realizar cálculos y análisis.

En resumen, las proporciones en la cartografía son esenciales para interpretar y utilizar correctamente los mapas. Comprender cómo las escalas y las proyecciones afectan las distancias y las áreas permite realizar mediciones precisas y tomar decisiones informadas basadas en datos geográficos.

13.4 Ejercicios Resueltos

Exercise 13.14 Dado un triángulo $\triangle ABC$ con lados $AB = 8$ cm, $AC = 6$ cm y una recta DE paralela a BC que corta los lados AB y AC en los puntos D y E, respectivamente. Si $AD = 4$ cm, calcula la longitud de AE.

Demostración. Dado que $DE \parallel BC$, aplicamos el Teorema de Tales, que nos dice que:

$$\frac{AD}{DB} = \frac{AE}{EC}.$$

Como $AD = 4$ cm y $AB = 8$ cm, se tiene $DB = 8 - 4 = 4$ cm. Esto implica que $\frac{AD}{DB} = 1$. Por lo tanto, $AE = EC$, y como $AC = 6$ cm, se tiene $AE = \frac{6}{2} = 3$ cm. ∎

Exercise 13.15 En un triángulo rectángulo $\triangle ABC$ con $\angle C = 90°$, se trazan las alturas h_a y h_b desde los vértices A y B hacia la hipotenusa AB. Si $AB = 10$ cm, $h_a = 4$ cm y $h_b = 3$ cm, calcula el área de $\triangle ABC$.

Demostración. El área de un triángulo es igual a $\frac{1}{2} \times$ base $\times$ altura. En este caso, usando la hipotenusa $AB = 10$ cm como base y la altura correspondiente $h_a = 4$ cm, el área es:

$$\text{Área} = \frac{1}{2} \times 10 \times 4 = 20 \text{ cm}^2.$$

Verificamos con la altura desde el otro vértice: Área $= \frac{1}{2} \times 10 \times 3 = 20$ cm², confirmando que el área es correcta. ∎

Exercise 13.16 En un mapa con escala $1 : 100,000$, la distancia entre dos ciudades es de 5 cm. Calcula la distancia real entre las ciudades en kilómetros.

Demostración. Dado que la escala es $1 : 100,000$, cada centímetro en el mapa representa $100,000$ cm en la realidad. Por lo tanto, la distancia real es:

Distancia real $= 5 \times 100,000 = 500,000$ cm.

Convertimos a kilómetros:

$500,000$ cm $= 5,000$ m $= 5$ km.

La distancia real entre las ciudades es de 5 km. ∎

Exercise 13.17 Un rectángulo tiene una base de 8 cm y una altura de 5 cm. Si se amplía mediante un factor de escala de 1,5, calcula la nueva área del rectángulo.

Demostración. La nueva base será $8 \times 1,5 = 12$ cm y la nueva altura será $5 \times 1,5 = 7,5$ cm. Por lo tanto, la nueva área es:

$$\text{Área nueva} = 12 \times 7,5 = 90 \text{ cm}^2.$$

Exercise 13.18 En un triángulo semejante al triángulo original $\triangle ABC$, el lado correspondiente a $AB = 6$ cm mide 12 cm. Si el área del triángulo original es 15 cm^2, calcula el área del triángulo semejante.

Demostración. La razón de semejanza entre los triángulos es $\frac{12}{6} = 2$. Como las áreas de triángulos semejantes están en proporción al cuadrado de la razón de semejanza, el área del triángulo semejante es:

$$\text{Área semejante} = 2^2 \times 15 = 4 \times 15 = 60 \text{ cm}^2.$$

13.5 Ejercicios Propuestos

13.5.1 Teorema de Tales: aplicaciones en figuras semejantes

Exercise 13.19 En un triángulo $\triangle ABC$, se traza una recta paralela al lado BC que corta a los lados AB y AC en los puntos D y E, respectivamente. Si $AB = 10$ cm, $AC = 8$ cm y $AD = 4$ cm, calcula la longitud de AE.

Exercise 13.20 En un triángulo $\triangle XYZ$, una recta paralela al lado XY corta a los lados XZ y YZ en los puntos P y Q. Si $XP = 3$ cm, $PZ = 6$ cm y $YQ = 5$ cm, encuentra la longitud de QZ.

Exercise 13.21 Dado un triángulo $\triangle ABC$ con $AB = 15$ cm y $AC = 10$ cm. Se traza una recta DE paralela a BC que corta AB en D y AC en E, tales que $AD = 6$ cm. Calcula la longitud de AE.

Exercise 13.22 En un triángulo $\triangle DEF$, una recta paralela a EF corta a los lados DE y DF en los puntos G y H, respectivamente. Si $DE = 20$ cm, $DF = 15$ cm y $DG = 8$ cm, encuentra la longitud de DH.

Exercise 13.23 Dado un triángulo $\triangle ABC$, con $AB = 12$ cm y $AC = 9$ cm, una recta paralela a BC corta a AB en D y a AC en E. Si $AD = 4$ cm, encuentra la longitud de AE.

13.5.2 Criterios de semejanza de triángulos: AA, LAL, LLL

Exercise 13.24 Demuestra que dos triángulos son semejantes si cumplen con el criterio AA, es decir, si tienen dos ángulos correspondientes iguales. Utiliza ejemplos de medidas de ángulos.

13.5 Ejercicios Propuestos

Exercise 13.25 En un triángulo $\triangle XYZ$, los lados $XY = 10$ cm, $XZ = 15$ cm, y el ángulo entre ellos es de 60°. En otro triángulo $\triangle PQR$, los lados $PQ = 5$ cm y $PR = 7,5$ cm, y el ángulo entre ellos es de 60°. Verifica si los triángulos son semejantes aplicando el criterio LAL.

Exercise 13.26 Dado un triángulo $\triangle ABC$ con lados $AB = 8$ cm, $AC = 6$ cm y $BC = 10$ cm, y un triángulo $\triangle DEF$ con lados $DE = 4$ cm, $DF = 3$ cm y $EF = 5$ cm, demuestra que son semejantes utilizando el criterio LLL.

Exercise 13.27 En un triángulo $\triangle KLM$, el ángulo $\angle KLM$ mide 50° y el ángulo $\angle KML$ mide 70°. En otro triángulo $\triangle PQR$, los ángulos correspondientes miden $\angle PQR = 50°$ y $\angle PRQ = 70°$. Verifica si los triángulos son semejantes por el criterio AA.

Exercise 13.28 Dado un triángulo $\triangle GHI$ con lados $GH = 9$ cm, $HI = 12$ cm, y $GI = 15$ cm, y otro triángulo $\triangle JKL$ con lados $JK = 6$ cm, $KL = 8$ cm, y $JL = 10$ cm. Comprueba si son semejantes usando el criterio LLL.

13.5.3 Problemas de aplicación: escalas y mapas

Exercise 13.29 En un mapa con escala $1 : 50,000$, la distancia entre dos puntos es de 7 cm. Calcula la distancia real entre estos puntos en kilómetros.

Exercise 13.30 Un plano de una casa tiene una escala de $1 : 100$. Si una habitación en el plano mide 4 cm de largo y 3 cm de ancho, encuentra las dimensiones reales de la habitación en metros.

Exercise 13.31 En un mapa a escala $1 : 200,000$, una reserva natural tiene un área de 5 cm². Calcula el área real de la reserva en kilómetros cuadrados.

Exercise 13.32 Una maqueta de un edificio se construye a una escala de $1 : 75$. Si la altura de la maqueta es de 1,2 metros, determina la altura real del edificio.

Exercise 13.33 En un mapa con escala $1 : 100,000$, la longitud de un río se mide en 12 cm. Calcula la longitud real del río en kilómetros.

14. Relaciones Métricas en el Triángulo

14.1 Teorema de Pitágoras: aplicación en triángulos rectángulos.

14.1.1 Aplicación en problemas físicos.

El **Teorema de Pitágoras** es una herramienta fundamental en física para resolver problemas que involucran cálculos de distancias, desplazamientos, velocidades y fuerzas en diferentes direcciones. Su aplicación permite simplificar el análisis de sistemas físicos al descomponer vectores en componentes perpendiculares y calcular resultantes.

> **Definition 14.1.1** En un **triángulo rectángulo**, el *Teorema de Pitágoras* establece que el cuadrado de la longitud de la hipotenusa es igual a la suma de los cuadrados de las longitudes de los catetos. Matemáticamente:
> $$c^2 = a^2 + b^2,$$
> donde c es la hipotenusa y a, b son los catetos.

Este teorema es ampliamente utilizado en física para calcular magnitudes resultantes cuando las componentes son perpendiculares entre sí.

> **Theorem 14.1.1** La magnitud de la resultante de dos vectores perpendiculares es igual a la raíz cuadrada de la suma de los cuadrados de las magnitudes de los vectores individuales:
> $$|\vec{R}| = \sqrt{|\vec{A}|^2 + |\vec{B}|^2}.$$

Demostración. Sean $\vec{A}$ y $\vec{B}$ dos vectores perpendiculares. La magnitud del vector resultante $\vec{R} = \vec{A} + \vec{B}$ se encuentra aplicando el teorema de Pitágoras en el triángulo rectángulo formado por $\vec{A}$, $\vec{B}$, y $\vec{R}$. Así,

$$|\vec{R}| = \sqrt{|\vec{A}|^2 + |\vec{B}|^2}.$$

Este resultado es esencial en la suma de vectores en física, particularmente en problemas de cinemática y dinámica.

■ **Example 14.1** Un barco navega 6 km hacia el este y luego 8 km hacia el norte. ¿Cuál es su distancia directa desde el punto de partida y en qué dirección está respecto al este?

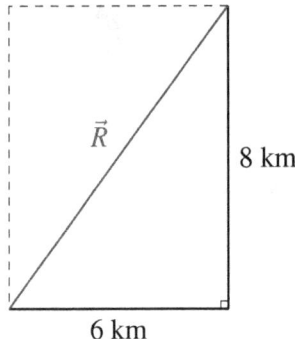

Figura 14.1.1: *Desplazamiento del barco representado como vectores perpendiculares y su resultante.*

Aplicamos el Teorema de Pitágoras para encontrar la distancia directa:

$$|\vec{R}| = \sqrt{(6 \text{ km})^2 + (8 \text{ km})^2} = \sqrt{36 + 64} = \sqrt{100} = 10 \text{ km}.$$

Para determinar la dirección, calculamos el ángulo θ respecto al este usando la función tangente:

$$\tan \theta = \frac{\text{componente norte}}{\text{componente este}} = \frac{8}{6} = \frac{4}{3} \implies \theta = \arctan\left(\frac{4}{3}\right) \approx 53{,}13°.$$

El barco está a 10 km del punto de partida en una dirección de 53,13° al norte del este.

Este ejemplo demuestra cómo el Teorema de Pitágoras se aplica para calcular desplazamientos resultantes y direcciones en problemas de navegación.

Corollary 14.1.2 En cinemática, la velocidad resultante de un objeto con velocidades perpendiculares v_x y v_y es:

$$v = \sqrt{v_x^2 + v_y^2}.$$

Demostración. Considerando las velocidades v_x y v_y como componentes perpendiculares de la velocidad total, se forma un triángulo rectángulo donde la hipotenusa es la velocidad resultante v. Aplicando el Teorema de Pitágoras:

$$v^2 = v_x^2 + v_y^2.$$

Este corolario es fundamental para calcular la velocidad total en movimientos bidimensionales.

■ **Example 14.2** Un avión vuela con una velocidad de 250 km/h hacia el norte y experimenta un viento cruzado de 100 km/h hacia el oeste. Determine la velocidad y dirección resultante del avión.

14.1 Teorema de Pitágoras: aplicación en triángulos rectángulos.

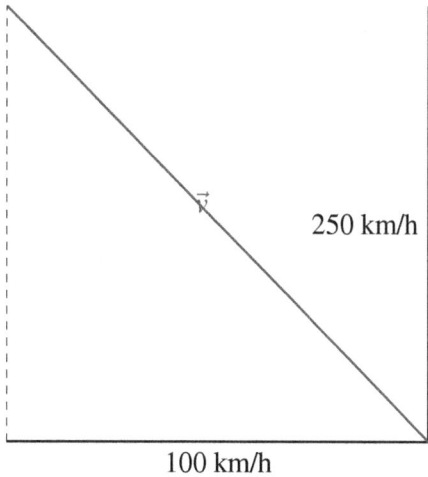

Figura 14.1.2: *Velocidad del avión y efecto del viento cruzado.*

Calculamos la velocidad resultante:

$$v = \sqrt{(250 \text{ km/h})^2 + (100 \text{ km/h})^2} = \sqrt{62{,}500 + 10{,}000} = \sqrt{72{,}500} \approx 269{,}26 \text{ km/h}.$$

Para la dirección, calculamos el ángulo θ respecto al norte:

$$\tan\theta = \frac{\text{componente oeste}}{\text{componente norte}} = \frac{100}{250} = 0{,}4 \implies \theta = \arctan(0{,}4) \approx 21{,}80°.$$

El avión se desplaza a una velocidad de aproximadamente 269.26 km/h en una dirección de 21,80° al oeste del norte.

Este caso muestra la aplicación del Teorema de Pitágoras en la corrección de rumbo debido a vientos laterales, esencial en navegación aérea.

Lema 14.1.1 En un sistema de coordenadas tridimensional, la magnitud de un vector $\vec{V} = (V_x, V_y, V_z)$ es:

$$|\vec{V}| = \sqrt{V_x^2 + V_y^2 + V_z^2}.$$

Demostración. La magnitud del vector se obtiene extendiendo el Teorema de Pitágoras al espacio tridimensional. Primero, calculamos la magnitud en el plano xy:

$$R_{xy} = \sqrt{V_x^2 + V_y^2}.$$

Luego, aplicamos el Teorema de Pitágoras nuevamente considerando R_{xy} y V_z:

$$|\vec{V}| = \sqrt{R_{xy}^2 + V_z^2} = \sqrt{V_x^2 + V_y^2 + V_z^2}.$$

∎

Este resultado es esencial para calcular magnitudes de vectores en física, como fuerzas o campos eléctricos en tres dimensiones.

Capítulo 14. Relaciones Métricas en el Triángulo

Exercise 14.1 Un objeto se desplaza 5 m hacia el este, luego 12 m hacia el norte y finalmente 9 m verticalmente hacia arriba. ¿Cuál es la distancia directa desde el punto de inicio hasta el punto final?

Exercise 14.2 Dos fuerzas actúan sobre un punto en direcciones perpendiculares: una de 60 N hacia el sur y otra de 80 N hacia el este. Calcule la magnitud y dirección de la fuerza resultante.

Para resolver estos ejercicios, se debe aplicar el Teorema de Pitágoras en dos y tres dimensiones, respectivamente, calculando las magnitudes resultantes y utilizando funciones trigonométricas para determinar las direcciones.

> **R** El Teorema de Pitágoras no solo es aplicable en geometría y física clásica, sino que también es fundamental en otras áreas como la teoría de la relatividad, análisis vectorial y espacios euclidianos de dimensiones superiores.

En síntesis, el Teorema de Pitágoras es una herramienta indispensable en la resolución de problemas físicos que involucran vectores y desplazamientos en múltiples dimensiones, facilitando el análisis y comprensión de sistemas complejos.

14.1.2 Cálculo de distancias en el espacio.

El cálculo de distancias en el espacio es fundamental en geometría analítica y en diversas aplicaciones de la física y la ingeniería. Permite determinar la separación entre puntos en un espacio tridimensional, lo cual es esencial para comprender y resolver problemas en contextos más complejos que el plano bidimensional.

Para iniciar, es necesario extender el concepto de distancia en el plano al espacio tridimensional.

Definition 14.1.2 La **distancia** entre dos puntos $P(x_1, y_1, z_1)$ y $Q(x_2, y_2, z_2)$ en el espacio tridimensional es el número real no negativo dado por:

$$d(P,Q) = \sqrt{(x_2 - x_1)^2 + (y_2 - y_1)^2 + (z_2 - z_1)^2}.$$

Esta fórmula es una extensión natural del Teorema de Pitágoras al espacio tridimensional y permite calcular la distancia directa entre dos puntos cualesquiera en el espacio.

Theorem 14.1.3 El espacio euclidiano tridimensional $\mathbb{R}^3$ es un espacio métrico con la distancia definida anteriormente, es decir, satisface las propiedades de no negatividad, identidad, simetría y desigualdad triangular.

Demostración. Para demostrar que $\mathbb{R}^3$ es un espacio métrico con la distancia d, debemos verificar las siguientes propiedades para cualesquiera puntos P, Q y R en $\mathbb{R}^3$:

1. **No negatividad:** $d(P,Q) \geq 0$.
   Por definición, $d(P,Q)$ es la raíz cuadrada de una suma de cuadrados, por lo que siempre es no negativa.
2. **Identidad del indiscernible:** $d(P,Q) = 0$ si y solo si $P = Q$.
   Si $P = Q$, entonces $x_1 = x_2$, $y_1 = y_2$ y $z_1 = z_2$, por lo que $d(P,Q) = 0$. Si $d(P,Q) = 0$, entonces la suma de cuadrados es cero, lo que implica que cada diferencia es cero y, por tanto, $P = Q$.

14.1 Teorema de Pitágoras: aplicación en triángulos rectángulos.

3. **Simetría:** $d(P,Q) = d(Q,P)$.
   La fórmula de la distancia es simétrica respecto a P y Q, ya que $(x_2 - x_1)^2 = (x_1 - x_2)^2$, y lo mismo para las otras coordenadas.
4. **Desigualdad triangular:** $d(P,R) \leq d(P,Q) + d(Q,R)$.
   Esta propiedad se deriva de la desigualdad de Cauchy-Schwarz y de aplicar el Teorema de Pitágoras en el espacio tridimensional.

■

Este teorema confirma que el espacio tridimensional con la distancia euclidiana es un espacio métrico, lo que nos permite utilizar las herramientas y propiedades de estos espacios en nuestros cálculos y demostraciones.

Lema 14.1.2 La distancia entre dos puntos en el espacio es invariante bajo traslaciones y rotaciones. Es decir, la distancia no cambia si el sistema de coordenadas se traslada o se rota.

Demostración. Las traslaciones y rotaciones en el espacio corresponden a transformaciones isométricas que preservan las distancias. Matemáticamente, si aplicamos una transformación T tal que $T(P) = P'$ y $T(Q) = Q'$, entonces:

$$d(P', Q') = d(T(P), T(Q)) = d(P, Q).$$

Esto se debe a que las transformaciones isométricas conservan las distancias entre puntos. ■

Este lema es crucial en aplicaciones físicas, donde las posiciones pueden describirse en diferentes sistemas de referencia sin alterar las distancias reales entre objetos.

■ **Example 14.3** Calcule la distancia entre los puntos $A(1,2,3)$ y $B(4,6,8)$.

■

Aplicamos la fórmula de la distancia en el espacio:

$$d(A,B) = \sqrt{(4-1)^2 + (6-2)^2 + (8-3)^2} = \sqrt{3^2 + 4^2 + 5^2} = \sqrt{9 + 16 + 25} = \sqrt{50}.$$

Simplificando:

$$\sqrt{50} = \sqrt{25 \times 2} = 5\sqrt{2}.$$

Por lo tanto, la distancia entre A y B es $5\sqrt{2}$ unidades.
Este ejemplo ilustra la aplicación directa de la fórmula de la distancia en el espacio para calcular la separación entre dos puntos dados.

Theorem 14.1.4 La distancia mínima desde un punto $P(x_0, y_0, z_0)$ a un plano α dado por la ecuación $Ax + By + Cz + D = 0$ es:

$$d = \left| \frac{Ax_0 + By_0 + Cz_0 + D}{\sqrt{A^2 + B^2 + C^2}} \right|.$$

Demostración. La distancia desde un punto $P(x_0, y_0, z_0)$ a un plano $Ax + By + Cz + D = 0$ es la longitud de la proyección ortogonal del vector $\vec{v} = (x_0, y_0, z_0)$ al plano sobre el vector normal $\vec{n} = (A, B, C)$, que es perpendicular al plano. La fórmula de la distancia es

$$d = \frac{|\vec{v} \cdot \vec{n} + D|}{|\vec{n}|} = \frac{|Ax_0 + By_0 + Cz_0 + D|}{\sqrt{A^2 + B^2 + C^2}}.$$

■

Esta fórmula es esencial para resolver problemas donde se requiere determinar la posición relativa de un punto respecto a un plano.

■ **Example 14.4** Encuentre la distancia desde el punto $P(2,-1,3)$ al plano $\alpha : 2x - y + 2z - 5 = 0$.

■

Aplicamos la fórmula:

$$d = \left|\frac{2(2) - (-1) + 2(3) - 5}{\sqrt{(2)^2 + (-1)^2 + (2)^2}}\right| = \left|\frac{4 + 1 + 6 - 5}{\sqrt{4 + 1 + 4}}\right| = \left|\frac{6}{\sqrt{9}}\right| = \left|\frac{6}{3}\right| = 2.$$

Por lo tanto, la distancia desde el punto P al plano α es 2 unidades.
Este ejemplo muestra cómo calcular la distancia de un punto a un plano utilizando la fórmula derivada.

Corollary 14.1.5 La distancia entre dos planos paralelos $\alpha_1 : Ax + By + Cz + D_1 = 0$ y $\alpha_2 : Ax + By + Cz + D_2 = 0$ es:

$$d = \frac{|D_2 - D_1|}{\sqrt{A^2 + B^2 + C^2}}.$$

Demostración. Dado que los planos α_1 y α_2 son paralelos, tienen el mismo vector normal $\vec{n} = (A, B, C)$. La distancia entre ellos es la distancia de cualquier punto del plano α_1 al plano α_2. Sea $P(x_0, y_0, z_0)$ un punto en α_1, entonces $Ax_0 + By_0 + Cz_0 + D_1 = 0$. La distancia de P a α_2 es

$$d = \frac{|Ax_0 + By_0 + Cz_0 + D_2|}{\sqrt{A^2 + B^2 + C^2}} = \frac{|D_2 - D_1|}{\sqrt{A^2 + B^2 + C^2}}.$$

■

Demostración. Dado que los planos son paralelos, comparten el mismo vector normal $\vec{n} = (A, B, C)$. Podemos calcular la distancia entre los planos tomando un punto cualquiera en uno de los planos y aplicando la fórmula de distancia punto a plano respecto al otro plano. Al simplificar, obtenemos la fórmula indicada.

■

Esta fórmula es útil en geometría y física para determinar separaciones entre planos en el espacio.

Lema 14.1.3 La distancia entre dos rectas que se cruzan en el espacio es igual a la longitud del segmento común perpendicular a ambas rectas.

Demostración. Para dos rectas que no se intersecan y no son paralelas (rectas que se cruzan), existe un único segmento común perpendicular a ambas. La longitud de este segmento es la distancia mínima entre las rectas. Este segmento puede ser encontrado utilizando vectores directores de las rectas y calculando el producto vectorial para obtener un vector perpendicular.

■

Este resultado es relevante al estudiar la posición relativa de líneas en el espacio tridimensional.

■ **Example 14.5** Calcule la distancia entre las rectas r_1 y r_2, dadas por:

$$r_1 : \frac{x-1}{2} = \frac{y+1}{-1} = \frac{z}{3}, \quad r_2 : \frac{x}{1} = \frac{y-2}{2} = \frac{z-1}{-2}.$$

■

14.1 Teorema de Pitágoras: aplicación en triángulos rectángulos.

Primero, encontramos puntos P_1 en r_1 y P_2 en r_2. Tomemos $t = 0$ para ambas rectas:
Para r_1 cuando $t = 0$:

$$x = 1 + 2(0) = 1, \quad y = -1 - 1(0) = -1, \quad z = 0 + 3(0) = 0, \quad P_1(1, -1, 0).$$

Para r_2 cuando $s = 0$:

$$x = 0 + 1(0) = 0, \quad y = 2 + 2(0) = 2, \quad z = 1 - 2(0) = 1, \quad P_2(0, 2, 1).$$

Los vectores directores son:

$$\vec{u} = (2, -1, 3), \quad \vec{v} = (1, 2, -2).$$

El vector $\vec{P_1P_2} = P_2 - P_1 = (-1, 3, 1)$.
La distancia entre las rectas es:

$$d = \frac{|\vec{P_1P_2} \cdot (\vec{u} \times \vec{v})|}{|\vec{u} \times \vec{v}|}.$$

Calculamos el producto cruz:

$$\vec{u} \times \vec{v} = \begin{vmatrix} \vec{i} & \vec{j} & \vec{k} \\ 2 & -1 & 3 \\ 1 & 2 & -2 \end{vmatrix}$$

$$= (-1 \times -2 - 3 \times 2)\vec{i} - (2 \times -2 - 3 \times 1)\vec{j} + (2 \times 2 - (-1) \times 1)\vec{k} = (-2 - 6)\vec{i} - (-4 - 3)\vec{j} + (4 + 1)\vec{k} = (-8, 7, 5).$$

La norma del producto cruz es:

$$|\vec{u} \times \vec{v}| = \sqrt{(-8)^2 + 7^2 + 5^2} = \sqrt{64 + 49 + 25} = \sqrt{138}.$$

Calculamos el numerador:

$$|\vec{P_1P_2} \cdot (\vec{u} \times \vec{v})| = |(-1, 3, 1) \cdot (-8, 7, 5)| = |-1(-8) + 3(7) + 1(5)| = |8 + 21 + 5| = |34| = 34.$$

Finalmente, la distancia es:

$$d = \frac{34}{\sqrt{138}} = \frac{34}{\sqrt{138}} \approx 2{,}891.$$

Este ejemplo muestra el procedimiento para calcular la distancia entre dos rectas que se cruzan en el espacio, aplicando conceptos de álgebra vectorial.

> **Exercise 14.3** Encuentre la distancia del punto $Q(3, -2, 5)$ a la recta r que pasa por el punto $P(1, 0, 2)$ y tiene como vector director $\vec{d} = (2, -1, 2)$.

> **Exercise 14.4** Determine la distancia entre los planos paralelos $\alpha_1 : x + 2y - 2z + 5 = 0$ y $\alpha_2 : x + 2y - 2z - 3 = 0$.

Estos ejercicios permiten practicar el cálculo de distancias en diferentes contextos en el espacio tridimensional, consolidando los conceptos y técnicas aprendidas.

> (R) El cálculo de distancias en el espacio es una herramienta esencial en muchas áreas de las matemáticas y la física, incluyendo la geometría analítica, el análisis vectorial y la mecánica. Una comprensión sólida de estos conceptos facilita el estudio de estructuras más complejas y la resolución de problemas avanzados.

En conclusión, el cálculo de distancias en el espacio nos proporciona las bases para analizar y entender la geometría tridimensional, permitiendo resolver problemas que van desde la simple determinación de separaciones entre puntos hasta el análisis de posiciones relativas entre figuras geométricas más complejas como rectas y planos.

14.2 Alturas, medianas y bisectrices: definición y propiedades.

14.2.1 Aplicación en construcción de triángulos.

La construcción de triángulos utilizando sus elementos notables, como alturas, medianas y bisectrices, es fundamental en geometría y tiene múltiples aplicaciones en problemas de diseño y razonamiento matemático. En esta sección, exploraremos cómo estos elementos pueden ser utilizados para construir triángulos y analizaremos sus propiedades a través de definiciones, teoremas y ejemplos.

> **Definition 14.2.1** En un triángulo, una **altura** es el segmento perpendicular trazado desde un vértice al lado opuesto (o su prolongación). El punto donde la altura intersecta al lado opuesto se llama **pie de la altura**.

> **Definition 14.2.2** Una **mediana** de un triángulo es el segmento que une un vértice con el punto medio del lado opuesto.

> **Definition 14.2.3** Una **bisectriz** en un triángulo es la semirrecta que divide un ángulo en dos ángulos congruentes, partiendo desde el vértice y llegando al lado opuesto.

Estos elementos notables juegan un papel crucial en la construcción y análisis de triángulos, ya que permiten establecer relaciones métricas y propiedades geométricas esenciales.

> **Theorem 14.2.1** En cualquier triángulo, las tres medianas se intersecan en un punto llamado **baricentro** o **centro de gravedad**, que divide a cada mediana en una razón de $2 : 1$, contando desde el vértice.

Demostración. Sea $\triangle ABC$ con medianas AM, BN y CP que se intersecan en el punto G. Por propiedades de las medianas, G divide a cada mediana en una razón $AG : GM = 2 : 1$. La demostración se basa en utilizar vectores de posición y comprobar que las medianas concurren en G y la relación de segmentos. ∎

El baricentro es un punto de gran importancia en la construcción de triángulos, ya que actúa como el centro de masa si el triángulo es una lámina homogénea.

14.2 Alturas, medianas y bisectrices: definición y propiedades.

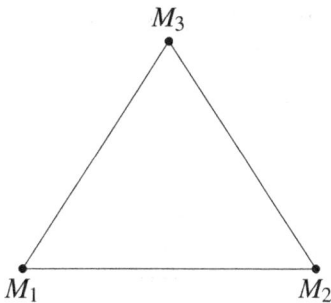

Figura 14.2.1: *Puntos medios dados M_1, M_2, M_3.*

■ **Example 14.6** Construya un triángulo dados los puntos medios de sus lados.

■

Para construir el triángulo original, se utiliza el teorema que establece que los puntos medios de los lados de un triángulo forman un triángulo llamado **triángulo medial**, que es semejante al triángulo original y homotético con razón $1/2$.

Los pasos son:

1. Dado el triángulo formado por los puntos medios M_1, M_2, M_3, se determina el centro de homotecia, que es el baricentro del triángulo original. 2. Se traza desde cada M_i una recta que pasa por el baricentro G y se prolonga el doble de la distancia GM_i para obtener los vértices A, B, C del triángulo original.

Alternativamente, utilizando paralelas:

1. Se trazan rectas paralelas a los lados del triángulo $M_1M_2M_3$ desde los puntos medios correspondientes. 2. Las intersecciones de estas rectas serán los vértices A, B, C del triángulo original.

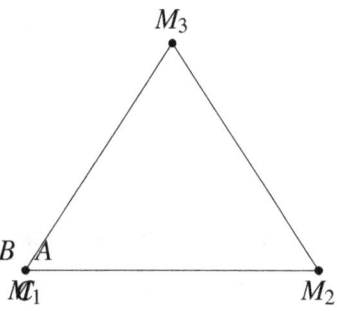

Figura 14.2.2: *Construcción del triángulo original a partir de los puntos medios M_1, M_2, M_3.*

Este ejemplo muestra cómo se puede reconstruir un triángulo a partir de ciertos elementos, aplicando propiedades de medianas y puntos medios.

> **Theorem 14.2.2** En un triángulo, las tres alturas se intersecan en un punto llamado **ortocentro**.

Demostración. La demostración se basa en mostrar que las tres alturas son concurrentes. Esto se puede realizar utilizando geometría analítica, asignando coordenadas a los vértices y demostrando que las ecuaciones de las alturas se intersectan en un punto común.

Alternativamente, se puede utilizar la circunferencia circunscrita y demostrar que el ortocentro es el conjugado isogonal del baricentro. ■

El ortocentro es otro punto notable que es útil en la construcción de triángulos, especialmente en problemas donde se conocen las alturas o sus propiedades.

■ **Example 14.7** Dado un triángulo con lados de longitud $a = 13$ cm, $b = 14$ cm y altura correspondiente al lado a igual a 12 cm, construya el triángulo y determine la longitud de la altura correspondiente al lado b.

■

Primero, construimos el triángulo:
1. Dibujamos el lado $a = 13$ cm. 2. Desde uno de los extremos, trazamos una línea perpendicular al lado a y marcamos la altura $h_a = 12$ cm. 3. Usando el punto obtenido y el otro extremo del lado a, dibujamos un arco con radio $b = 14$ cm que intersecte con la línea perpendicular en el punto C, formando el triángulo $\triangle ABC$.

Ahora, para encontrar la altura h_b correspondiente al lado b, utilizamos la relación entre áreas:
El área del triángulo es:

$$\text{Área} = \frac{ah_a}{2} = \frac{13 \times 12}{2} = 78 \text{ cm}^2.$$

También, el área es:

$$\text{Área} = \frac{bh_b}{2} \implies h_b = \frac{2 \times \text{Área}}{b} = \frac{2 \times 78}{14} = \frac{156}{14} = 11{,}14 \text{ cm}.$$

Este ejemplo ilustra cómo utilizar las alturas y las propiedades de las áreas para construir un triángulo y determinar medidas desconocidas.

> **Theorem 14.2.3** En cualquier triángulo, las bisectrices internas de los ángulos se intersecan en un punto llamado **incentro**, que es el centro de la circunferencia inscrita en el triángulo.

Demostración. Las bisectrices de los ángulos internos de un triángulo son concurrentes. Esto se puede demostrar utilizando el criterio de concurrencia de las bisectrices y las propiedades de los ángulos adyacentes. El incentro equidista de los tres lados del triángulo, lo que permite trazar la circunferencia inscrita. ■

El incentro es fundamental en construcciones que involucran la circunferencia inscrita y en problemas que requieren encontrar puntos equidistantes de los lados.

Lema 14.2.1 La longitud de la bisectriz interna relativa al ángulo A en un triángulo $\triangle ABC$ está dada por:

$$l_a = \frac{2bc \cos \frac{A}{2}}{b+c}.$$

Demostración. La fórmula se deriva utilizando las propiedades de las bisectrices y relaciones trigonométricas en el triángulo. Aplicando la ley de cosenos y la definición de bisectriz, se obtiene la expresión para l_a. ■

Este resultado es útil para calcular la longitud de una bisectriz cuando se conocen los lados y los ángulos del triángulo.

14.2 Alturas, medianas y bisectrices: definición y propiedades.

> **Exercise 14.5** Construya un triángulo dados dos lados $b = 8$ cm, $c = 6$ cm y la bisectriz interna del ángulo comprendido entre ellos de longitud $l_a = 5$ cm.

> **Exercise 14.6** En un triángulo, las longitudes de las medianas son $m_a = 5$ cm, $m_b = 6$ cm y $m_c = 7$ cm. ¿Es posible construir dicho triángulo? Justifique su respuesta.

Para resolver estos ejercicios, se deben aplicar las propiedades de las medianas y bisectrices, así como los criterios de construcción de triángulos, considerando las posibles restricciones y condiciones de existencia.

> (R) La construcción de triángulos a partir de sus elementos notables es una práctica que fortalece la comprensión de las relaciones geométricas y métricas en estas figuras. Además, permite abordar problemas más complejos en geometría y análisis matemático, aplicando conceptos avanzados y razonamiento lógico.

En conclusión, las alturas, medianas y bisectrices son herramientas fundamentales en la construcción y análisis de triángulos. Comprender sus propiedades y relaciones permite resolver una amplia variedad de problemas geométricos y desarrollar habilidades de razonamiento matemático avanzado.

14.2.2 Uso de medianas en diseño geométrico.

Las medianas de un triángulo son herramientas fundamentales en el diseño geométrico, ya que permiten dividir figuras en partes proporcionadas y encontrar puntos clave como el baricentro. Su estudio es esencial para comprender las propiedades intrínsecas de los triángulos y su aplicación en problemas más complejos.

> **Definition 14.2.4** En un triángulo, una **mediana** es el segmento que une un vértice con el punto medio del lado opuesto.

Las medianas poseen propiedades notables que son aprovechadas en el diseño geométrico para crear construcciones equilibradas y simétricas.

> **Theorem 14.2.4** Las tres medianas de un triángulo se intersecan en un punto único llamado **baricentro** o **centroide**, el cual divide cada mediana en una razón de $2 : 1$, contando desde el vértice.

Demostración. Sea $\triangle ABC$ con medianas AM_a, BM_b y CM_c, donde M_a, M_b y M_c son los puntos medios de los lados opuestos a A, B y C, respectivamente. Las medianas se intersecan en el punto G (baricentro).

Utilizando coordenadas baricéntricas, podemos establecer que el baricentro G tiene coordenadas que son el promedio de las coordenadas de los vértices:

$$G = \left(\frac{x_A + x_B + x_C}{3}, \frac{y_A + y_B + y_C}{3} \right).$$

Esto muestra que las medianas se intersectan en un único punto y que este divide a cada mediana en una razón de $2 : 1$. ∎

Esta propiedad es fundamental en el diseño geométrico, ya que el baricentro actúa como centro de equilibrio del triángulo y puede ser utilizado para crear figuras con simetrías y proporciones específicas.

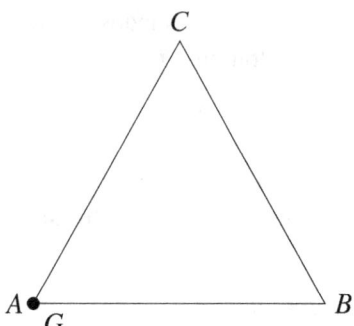

Figura 14.2.3: *Triángulo equilátero con sus medianas y baricentro G.*

■ **Example 14.8** Diseñar un triángulo equilátero y localizar su baricentro, empleando las medianas.
■

Se construye un triángulo equilátero $\triangle ABC$. Los puntos medios de los lados son M_a, M_b y M_c. Al trazar las medianas desde cada vértice al punto medio del lado opuesto, estas se intersectarán en el baricentro G. En un triángulo equilátero, debido a su simetría, el baricentro coincide con el centro del triángulo y es equidistante de los vértices y los lados.

El uso de medianas en el diseño geométrico permite dividir figuras en áreas equivalentes, lo cual es especialmente útil en diseño industrial y arquitectónico.

Lema 14.2.2 En un triángulo, el baricentro divide cada mediana en una razón de $2:1$, siendo el segmento más largo el que está entre el vértice y el baricentro.

Demostración. Sea $\triangle ABC$ con mediana AM_a y baricentro G. Entonces, se cumple que:

$$\frac{AG}{GM_a} = 2.$$

Esto se demuestra utilizando vectores de posición. Si tomamos el origen en A, entonces:

$$\vec{AG} = \frac{1}{3}(\vec{AB} + \vec{AC}).$$

El punto medio M_a tiene vector de posición:

$$\vec{AM_a} = \frac{1}{2}(\vec{AB} + \vec{AC}).$$

Entonces:

$$\vec{GM_a} = \vec{AM_a} - \vec{AG} = \left(\frac{1}{2} - \frac{1}{3}\right)(\vec{AB} + \vec{AC}) = \frac{1}{6}(\vec{AB} + \vec{AC}) = \frac{1}{2}\vec{AG}.$$

Por lo tanto, $AG = 2GM_a$, lo que demuestra la razón $2:1$.
■

Corollary 14.2.5 El baricentro de un triángulo divide al triángulo en seis triángulos menores de igual área.

Demostración. Las tres medianas dividen al triángulo original en seis triángulos más pequeños. Cada uno de estos triángulos comparte el mismo vértice G y tiene la misma base (una porción del lado del triángulo original) y la misma altura relativa a esa base. Por lo tanto, todos tienen igual área.
■

14.2 Alturas, medianas y bisectrices: definición y propiedades.

Esta propiedad es aprovechada en diseño geométrico para crear patrones y subdivisiones con áreas equivalentes, facilitando la distribución uniforme de materiales o espacios.

■ **Example 14.9** Diseñar un patrón geométrico en forma de triángulo que se divide en seis regiones de igual área utilizando las medianas.

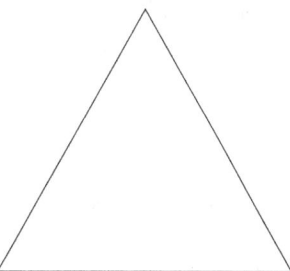

Figura 14.2.4: *Triángulo dividido en seis áreas iguales mediante medianas y baricentro.*

■

Al trazar las medianas en el triángulo y marcar el baricentro G, el triángulo queda dividido en seis triángulos menores de igual área. Estos triángulos pueden ser utilizados para crear un patrón geométrico o para distribuir elementos de diseño de manera uniforme.

Exercise 14.7 En un triángulo $\triangle ABC$, las medianas miden $m_a = 9$ cm, $m_b = 12$ cm y $m_c = 15$ cm. Calcule el área del triángulo utilizando las longitudes de las medianas.

Utilice la fórmula de área de un triángulo en función de sus medianas:

$$\text{Área} = \frac{4}{3}\sqrt{s_m(s_m - m_a)(s_m - m_b)(s_m - m_c)},$$

donde $s_m = \dfrac{m_a + m_b + m_c}{2}$ es el semiperímetro de las medianas.

Exercise 14.8 Diseñe un triángulo en el que una de las medianas sea perpendicular a un lado del triángulo. Demuestre que el triángulo resultante es isósceles.

[of Exercise 1] Primero, calculamos el semiperímetro de las medianas:

$$s_m = \frac{9 + 12 + 15}{2} = \frac{36}{2} = 18 \text{ cm}.$$

Luego, aplicamos la fórmula del área en función de las medianas:

$$\text{Área} = \frac{4}{3}\sqrt{18(18-9)(18-12)(18-15)} = \frac{4}{3}\sqrt{18 \times 9 \times 6 \times 3}.$$

Calculamos el radicando:

$$18 \times 9 \times 6 \times 3 = 18 \times 9 \times 18 = 18^2 \times 9 = 324 \times 9 = 2916.$$

Entonces:

$$\text{Área} = \frac{4}{3}\sqrt{2916} = \frac{4}{3} \times 54 = \frac{4 \times 54}{3} = 72 \text{ cm}^2.$$

Por lo tanto, el área del triángulo es 72 cm².

La fórmula del área en función de las medianas es una herramienta poderosa en geometría, especialmente cuando las longitudes de los lados no son conocidas directamente.

El uso de medianas en diseño geométrico no solo facilita la creación de figuras equilibradas sino que también permite resolver problemas complejos donde se requiere conocer propiedades internas del triángulo sin depender únicamente de sus lados o ángulos.

En aplicaciones más avanzadas, las medianas pueden ser utilizadas en el estudio de transformaciones geométricas, optimización de áreas y volúmenes, y en la resolución de problemas en espacios vectoriales.

14.3 Cálculo de áreas: uso de fórmulas para áreas de triángulos y cuadriláteros.

14.3.1 Fórmula de Herón para triángulos.

La **Fórmula de Herón** es una herramienta poderosa en geometría que permite calcular el área de un triángulo cuando se conocen las longitudes de sus tres lados, sin necesidad de conocer la altura. Esta fórmula es especialmente útil en situaciones donde es difícil o imposible determinar la altura directamente.

Definition 14.3.1 Sea $\triangle ABC$ un triángulo con lados de longitud a, b y c. El **semiperímetro** s del triángulo es definido como:

$$s = \frac{a+b+c}{2}.$$

Este semiperímetro es la mitad del perímetro del triángulo y juega un papel crucial en la Fórmula de Herón.

Theorem 14.3.1 — Fórmula de Herón. El área A de un triángulo con lados de longitud a, b y c es:

$$A = \sqrt{s(s-a)(s-b)(s-c)},$$

donde s es el semiperímetro del triángulo.

Demostración. Sea $s = \frac{a+b+c}{2}$ el semiperímetro del triángulo. El área A de un triángulo se puede expresar en términos de sus lados y su semiperímetro usando la identidad:

$$A = \sqrt{s(s-a)(s-b)(s-c)}.$$

Esta fórmula se deriva a partir de la identidad trigonométrica para el área de un triángulo y mediante manipulaciones algebraicas utilizando el semiperímetro. ■

Esta fórmula permite calcular el área de cualquier triángulo cuando se conocen sus tres lados, sin necesidad de calcular ángulos o alturas.

■ **Example 14.10** Calcular el área de un triángulo cuyos lados miden $a = 13$ cm, $b = 14$ cm y $c = 15$ cm.

Primero, calculamos el semiperímetro:

$$s = \frac{a+b+c}{2} = \frac{13+14+15}{2} = \frac{42}{2} = 21 \text{ cm}.$$

14.3 Cálculo de áreas: uso de fórmulas para áreas de triángulos y cuadriláteros

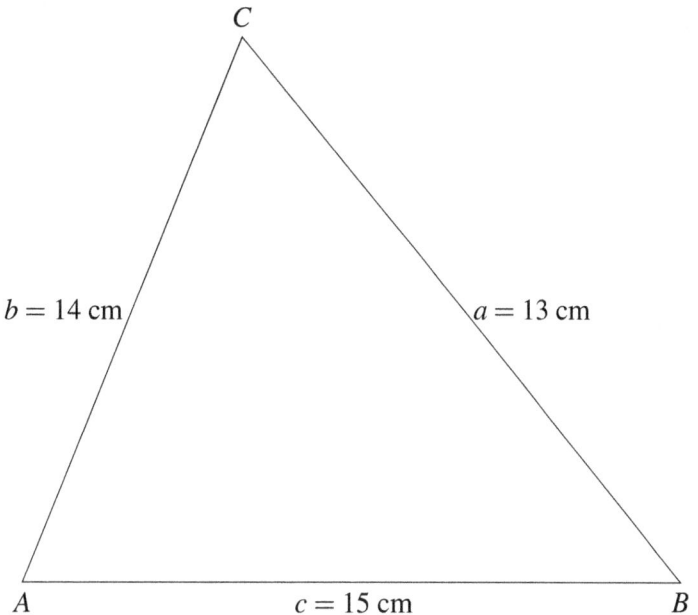

Figura 14.3.1: *Triángulo con lados $a = 13$ cm, $b = 14$ cm y $c = 15$ cm.*

Luego, aplicamos la Fórmula de Herón:

$$A = \sqrt{s(s-a)(s-b)(s-c)}$$
$$= \sqrt{21(21-13)(21-14)(21-15)}$$
$$= \sqrt{21 \times 8 \times 7 \times 6}$$
$$= \sqrt{21 \times 8 \times 7 \times 6}.$$

Calculamos el producto dentro de la raíz:

$$21 \times 8 \times 7 \times 6 = 7056.$$

Por lo tanto:

$$A = \sqrt{7056} = 84 \text{ cm}^2.$$

El área del triángulo es de 84 cm².

Este ejemplo demuestra la aplicación directa de la Fórmula de Herón para calcular el área de un triángulo cuando se conocen los tres lados.

> La Fórmula de Herón es especialmente útil cuando no se dispone de la altura del triángulo o cuando es difícil calcularla directamente.

Corollary 14.3.2 Para un triángulo equilátero de lado l, el área es:

$$A = \frac{\sqrt{3}}{4}l^2.$$

Demostración. En un triángulo equilátero, $a = b = c = l$. El semiperímetro es:

$$s = \frac{3l}{2}.$$

Aplicando la Fórmula de Herón:

$$A = \sqrt{s(s-a)^3}$$
$$= \sqrt{\frac{3l}{2}\left(\frac{3l}{2} - l\right)^3}$$
$$= \sqrt{\frac{3l}{2}\left(\frac{l}{2}\right)^3}$$
$$= \sqrt{\frac{3l}{2} \times \frac{l^3}{8}}$$
$$= \sqrt{\frac{3l^4}{16}}$$
$$= \frac{\sqrt{3}l^2}{4}.$$

■

Este corolario proporciona una fórmula sencilla para calcular el área de un triángulo equilátero.

■ **Example 14.11** Calcular el área de un triángulo equilátero de lado $l = 10$ cm utilizando la Fórmula de Herón.

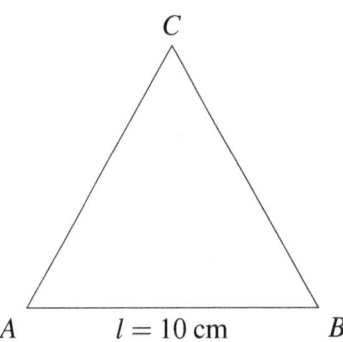

Figura 14.3.2: *Triángulo equilátero de lado $l = 10$ cm.*

■

Utilizamos el corolario anterior:

$$A = \frac{\sqrt{3}}{4}l^2 = \frac{\sqrt{3}}{4}(10 \text{ cm})^2 = \frac{\sqrt{3}}{4} \times 100 \text{ cm}^2 = 25\sqrt{3} \text{ cm}^2 \approx 43{,}30 \text{ cm}^2.$$

Este resultado es consistente con el obtenido al aplicar directamente la Fórmula de Herón al triángulo equilátero.

> Exercise 14.9 Un triángulo tiene lados de longitud $a = 7$ cm, $b = 8$ cm y $c = 9$ cm. Calcule el área del triángulo utilizando la Fórmula de Herón. ■

> Exercise 14.10 Demuestre que para cualquier triángulo rectángulo con catetos de longitud a y b, y hipotenusa c, el área calculada mediante la Fórmula de Herón coincide con el área calculada

14.3 Cálculo de áreas: uso de fórmulas para áreas de triángulos y cuadriláteros

por $A = \dfrac{ab}{2}$.

Estos ejercicios permiten aplicar y profundizar en la comprensión de la Fórmula de Herón y su relación con otras expresiones del área de un triángulo.

> (R) La Fórmula de Herón también es útil en otras áreas, como en la topografía, para calcular áreas de terrenos irregulares al dividirlos en triángulos.

En conclusión, la Fórmula de Herón es una herramienta esencial en geometría que facilita el cálculo del área de un triángulo a partir de sus lados, sin necesidad de conocer la altura o los ángulos, y tiene aplicaciones prácticas en diversas áreas de las matemáticas y la ingeniería.

14.3.2 Cálculo de áreas irregulares.

El cálculo de áreas irregulares es una parte fundamental de la geometría y el análisis matemático, especialmente cuando se trata de figuras que no tienen una fórmula directa para el cálculo de su área. En esta sección, exploraremos diversas técnicas y métodos para determinar el área de figuras irregulares, utilizando conceptos avanzados y herramientas matemáticas.

> **Definition 14.3.2** Una **figura irregular** es una figura geométrica que no se ajusta a las formas geométricas estándar (como polígonos regulares o círculos) y, por lo tanto, no tiene una fórmula directa y sencilla para calcular su área. Estas figuras pueden tener formas complejas o bordes curvos, lo que requiere métodos más avanzados para determinar su área.

Una de las técnicas más comunes para calcular el área de figuras irregulares es la descomposición en figuras más simples.

> **Theorem 14.3.3** El área de una figura irregular se puede calcular dividiendo la figura en partes más simples, cuyas áreas pueden ser calculadas directamente, y luego sumando o restando estas áreas según corresponda.

Demostración. Al dividir la figura irregular en figuras más simples (como triángulos, rectángulos o círculos), podemos utilizar las fórmulas conocidas para calcular el área de cada una de estas partes. La suma de las áreas de todas las partes nos dará el área total de la figura original. Este método se basa en el principio de aditividad del área, que establece que el área total es igual a la suma de las áreas de las partes no superpuestas. ∎

> (R) La descomposición es especialmente útil en geometría plana y en problemas prácticos como la topografía y el diseño arquitectónico, donde las figuras pueden tener formas complejas que no se ajustan a fórmulas estándar.

■ **Example 14.12** Calcular el área de una figura irregular formada por un rectángulo de dimensiones 8 m de base y 5 m de altura, al que se le ha adosado un semicírculo de radio 2,5 m en uno de sus lados más cortos. ■

Para calcular el área total de la figura, dividimos la figura en dos partes: el rectángulo y el semicírculo adosado.

Área del rectángulo:

$$A_{\text{rectángulo}} = \text{base} \times \text{altura} = 8\,\text{m} \times 5\,\text{m} = 40\,\text{m}^2.$$

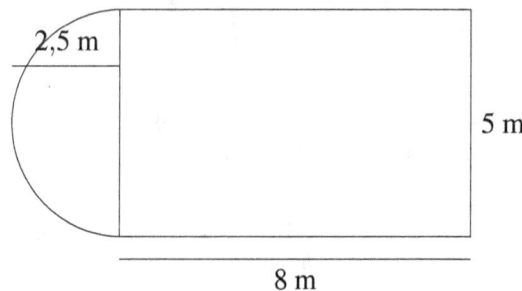

Figura 14.3.3: *Figura compuesta por un rectángulo y un semicírculo adosado en uno de sus lados cortos.*

Área del semicírculo:

$$A_{\text{semicírculo}} = \frac{1}{2}\pi r^2 = \frac{1}{2}\pi(2{,}5\,\text{m})^2 = \frac{1}{2}\pi \times 6{,}25\,\text{m}^2 = 3{,}125\pi\,\text{m}^2.$$

Área total:

$$A_{\text{total}} = A_{\text{rectángulo}} + A_{\text{semicírculo}} = 40\,\text{m}^2 + 3{,}125\pi\,\text{m}^2 \approx 40\,\text{m}^2 + 9{,}82\,\text{m}^2 = 49{,}82\,\text{m}^2.$$

Por lo tanto, el área total de la figura es aproximadamente 49,82 m².

Otra técnica fundamental para calcular áreas irregulares es el uso de integrales definidas, especialmente cuando se trata de áreas bajo curvas o entre funciones.

> **Theorem 14.3.4** El área bajo una curva continua y positiva $y = f(x)$ en el intervalo $[a,b]$ se puede calcular mediante la integral definida:
>
> $$A = \int_a^b f(x)\,dx.$$

Demostración. Dividimos el intervalo $[a,b]$ en n subintervalos de ancho $\Delta x = \frac{b-a}{n}$. En cada subintervalo, tomamos un punto x_i^* y formamos un rectángulo de altura $f(x_i^*)$ y base Δx, cuya área es aproximadamente $f(x_i^*)\Delta x$. La suma de las áreas de estos rectángulos aproxima el área bajo la curva:

$$\sum_{i=1}^{n} f(x_i^*)\Delta x.$$

Tomando el límite cuando $n \to \infty$, esta suma se convierte en la integral definida:

$$A = \int_a^b f(x)\,dx.$$

∎

■ **Example 14.13** Calcular el área limitada por la parábola $y = x^2$ y las rectas $x = 0$ y $x = 2$.

El área A bajo la curva $y = x^2$ desde $x = 0$ hasta $x = 2$ es:

$$A = \int_0^2 x^2\,dx = \left.\frac{x^3}{3}\right|_0^2 = \frac{(2)^3}{3} - \frac{(0)^3}{3} = \frac{8}{3} - 0 = \frac{8}{3}.$$

Por lo tanto, el área es $\frac{8}{3}$ unidades cuadradas.

Además, podemos calcular el área entre dos curvas.

14.3 Cálculo de áreas: uso de fórmulas para áreas de triángulos y cuadriláteros

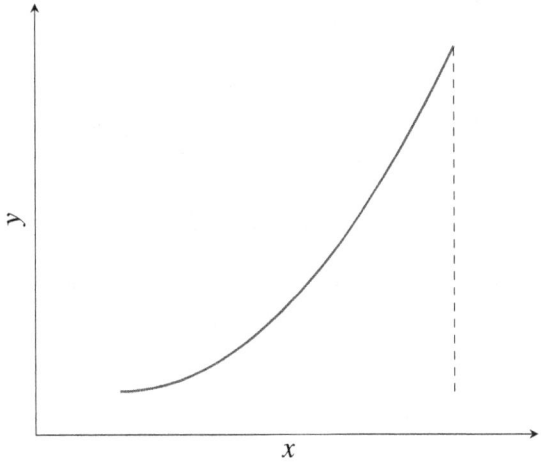

Figura 14.3.4: *Área bajo la curva $y = x^2$ entre $x = 0$ y $x = 2$.*

Corollary 14.3.5 El área A entre dos curvas continuas $y = f(x)$ y $y = g(x)$ en el intervalo $[a,b]$ está dada por:

$$A = \int_a^b |f(x) - g(x)|\, dx.$$

Demostración. El área entre las dos curvas se calcula como la integral de la diferencia de las funciones, que representa la altura entre ellas, a lo largo del intervalo $[a,b]$. Si $f(x) \geq g(x)$ en todo el intervalo, la integral se simplifica a:

$$A = \int_a^b [f(x) - g(x)]\, dx.$$

∎

■ **Example 14.14** Calcular el área encerrada entre las curvas $y = x$ y $y = x^2$ desde $x = 0$ hasta $x = 1$.

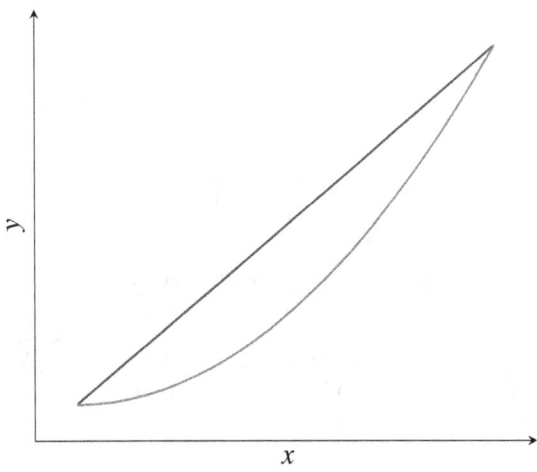

Figura 14.3.5: *Área entre las curvas $y = x$ y $y = x^2$ en $[0,1]$.*

Observamos que en el intervalo $[0,1]$, $y = x$ es mayor que $y = x^2$.
El área A es:

$$A = \int_0^1 (x - x^2)\, dx = \left(\frac{x^2}{2} - \frac{x^3}{3}\right)\Big|_0^1 = \left(\frac{1}{2} - \frac{1}{3}\right) - (0 - 0) = \frac{1}{2} - \frac{1}{3} = \frac{3}{6} - \frac{2}{6} = \frac{1}{6}.$$

Por lo tanto, el área entre las curvas es $\dfrac{1}{6}$ unidades cuadradas.

Lema 14.3.1 Si una figura plana limitada puede ser descrita por funciones continuas en un intervalo cerrado, el área de la figura puede calcularse mediante la integral definida de las funciones que describen sus bordes.

Demostración. La integral definida permite sumar infinitesimales elementos de área a lo largo de un intervalo. Si los bordes de la figura pueden expresarse mediante funciones continuas, la integral definida de la diferencia de estas funciones sobre el intervalo correspondiente dará el área total de la figura. ∎

Exercise 14.11 Calcular el área encerrada entre las curvas $y = \sqrt{x}$ y $y = x$ desde $x = 0$ hasta $x = 1$.

Determine primero en qué intervalo $y = \sqrt{x}$ es mayor que $y = x$, y luego integre la diferencia de las funciones en ese intervalo.

Exercise 14.12 Una región plana está delimitada por la función $y = \sin x$ entre $x = 0$ y $x = \pi$. Calcule el área bajo la curva.

[of Exercise 1] Primero, encontramos los puntos de intersección entre las curvas $y = \sqrt{x}$ y $y = x$.
Igualamos las funciones:

$$\sqrt{x} = x \implies x = x^2 \implies x^2 - x = 0 \implies x(x-1) = 0.$$

Entonces, las curvas se intersectan en $x = 0$ y $x = 1$.
En el intervalo $[0,1]$, para $x \in (0,1)$, $\sqrt{x} > x$.
El área A es:

$$A = \int_0^1 (\sqrt{x} - x)\, dx.$$

Calculamos la integral:

$$A = \int_0^1 (x^{1/2} - x)\, dx = \left(\frac{x^{3/2}}{(3/2)} - \frac{x^2}{2}\right)\Big|_0^1 = \left(\frac{2}{3} - \frac{1}{2}\right) - (0 - 0) = \frac{2}{3} - \frac{1}{2} = \frac{4}{6} - \frac{3}{6} = \frac{1}{6}.$$

Por lo tanto, el área entre las curvas es $\dfrac{1}{6}$ unidades cuadradas.

⓻ El uso de integrales definidas para calcular áreas irregulares es una aplicación fundamental del cálculo, y es ampliamente utilizado en ingeniería y física para determinar áreas y volúmenes de figuras complejas.

En resumen, el cálculo de áreas irregulares requiere el uso de métodos más avanzados, como la descomposición en figuras simples y el uso de integrales definidas. Estas técnicas permiten abordar una amplia variedad de problemas y son esenciales en el análisis matemático y en aplicaciones prácticas en diversas disciplinas.

14.4 Ejercicios Resueltos

Exercise 14.13 Dado un triángulo rectángulo con catetos de longitud $a = 6$ cm y $b = 8$ cm, calcula la longitud de la hipotenusa.

Demostración. Aplicamos el **Teorema de Pitágoras**, que establece que en un triángulo rectángulo, el cuadrado de la hipotenusa c es igual a la suma de los cuadrados de los catetos:

$$c^2 = a^2 + b^2.$$

Sustituyendo los valores dados:

$$c^2 = 6^2 + 8^2 = 36 + 64 = 100.$$

Tomando la raíz cuadrada de ambos lados:

$$c = \sqrt{100} = 10 \text{ cm}.$$

Por lo tanto, la longitud de la hipotenusa es $c = 10$ cm. ∎

Exercise 14.14 Encuentra la distancia entre los puntos $A(1,2,3)$ y $B(4,6,8)$ en el espacio tridimensional.

Demostración. Utilizamos la fórmula de distancia entre dos puntos en el espacio tridimensional:

$$d = \sqrt{(x_2 - x_1)^2 + (y_2 - y_1)^2 + (z_2 - z_1)^2}.$$

Sustituyendo las coordenadas de A y B:

$$d = \sqrt{(4-1)^2 + (6-2)^2 + (8-3)^2} = \sqrt{3^2 + 4^2 + 5^2} = \sqrt{9 + 16 + 25} = \sqrt{50}.$$

Simplificando, tenemos:

$$d = 5\sqrt{2}.$$

Por lo tanto, la distancia entre los puntos A y B es $5\sqrt{2}$. ∎

Exercise 14.15 En un triángulo, se conoce que los lados miden $a = 7$ cm, $b = 24$ cm y $c = 25$ cm. Verifica si el triángulo es rectángulo.

Demostración. Para verificar si el triángulo es rectángulo, comprobamos si se cumple el Teorema de Pitágoras con c como hipotenusa:

$$c^2 = a^2 + b^2.$$

Calculamos cada término:

$$c^2 = 25^2 = 625,$$

$$a^2 + b^2 = 7^2 + 24^2 = 49 + 576 = 625.$$

Como $c^2 = a^2 + b^2$, el triángulo es rectángulo. ∎

Exercise 14.16 Determina el área de un triángulo cuyos lados miden $a = 13$ cm, $b = 14$ cm y $c = 15$ cm utilizando la Fórmula de Herón.

Demostración. Primero, calculamos el semiperímetro:

$$s = \frac{a+b+c}{2} = \frac{13+14+15}{2} = \frac{42}{2} = 21 \text{ cm}.$$

Aplicamos la Fórmula de Herón para el área:

$$A = \sqrt{s(s-a)(s-b)(s-c)}.$$

Sustituyendo los valores:

$$A = \sqrt{21(21-13)(21-14)(21-15)} = \sqrt{21 \times 8 \times 7 \times 6} = \sqrt{7056}.$$

Por lo tanto:

$$A = 84 \text{ cm}^2.$$

El área del triángulo es 84 cm². ∎

Exercise 14.17 Calcula la distancia desde el punto $P(2,-1,3)$ al plano $\alpha : 2x - y + 2z - 5 = 0$.

Demostración. La fórmula para la distancia d de un punto $P(x_0, y_0, z_0)$ a un plano $Ax + By + Cz + D = 0$ es:

$$d = \left| \frac{Ax_0 + By_0 + Cz_0 + D}{\sqrt{A^2 + B^2 + C^2}} \right|.$$

Sustituyendo los valores de P y los coeficientes del plano:

$$d = \left| \frac{2(2) - (-1) + 2(3) - 5}{\sqrt{2^2 + (-1)^2 + 2^2}} \right| = \left| \frac{4+1+6-5}{\sqrt{4+1+4}} \right| = \left| \frac{6}{\sqrt{9}} \right| = \left| \frac{6}{3} \right| = 2.$$

Por lo tanto, la distancia desde el punto P al plano α es 2 unidades. ∎

14.5 Ejercicios Propuestos

14.5.1 Teorema de Pitágoras: aplicación en triángulos rectángulos

Exercise 14.18 Dado un triángulo rectángulo con catetos de longitud $a = 5$ cm y $b = 12$ cm, calcula la longitud de la hipotenusa.

Exercise 14.19 En un triángulo rectángulo, la hipotenusa mide 13 cm y uno de los catetos mide 5 cm. Calcula la longitud del otro cateto.

Exercise 14.20 Un escalador sube una colina que forma un ángulo recto con el suelo. Si avanza 6 metros en horizontal y 8 metros en vertical, ¿cuál es la distancia que recorrió en línea recta?

14.5 Ejercicios Propuestos

Exercise 14.21 Un poste de 15 metros proyecta una sombra de 9 metros en el suelo, formando un triángulo rectángulo con el poste y el suelo. Calcula la distancia desde la punta del poste hasta el extremo de la sombra.

Exercise 14.22 En un triángulo rectángulo, la hipotenusa es 10 cm y un cateto es 6 cm. Encuentra el valor del otro cateto y verifica si cumple el Teorema de Pitágoras.

14.5.2 Alturas, medianas y bisectrices: definición y propiedades

Exercise 14.23 Dibuja un triángulo equilátero de lado $l = 10$ cm y traza las tres alturas. ¿Cuál es la longitud de cada altura?

Exercise 14.24 En un triángulo isósceles, la base mide 12 cm y cada uno de los lados iguales mide 10 cm. Calcula la longitud de la mediana correspondiente a la base.

Exercise 14.25 Dibuja un triángulo con lados $a = 8$ cm, $b = 10$ cm y $c = 6$ cm. Traza las tres bisectrices y determina en qué punto se intersecan.

Exercise 14.26 Un triángulo tiene lados de 7 cm, 8 cm y 9 cm. Calcula la longitud de la mediana correspondiente al lado de 9 cm.

Exercise 14.27 En un triángulo rectángulo con catetos de 9 cm y 12 cm, calcula la longitud de la altura relativa a la hipotenusa.

14.5.3 Cálculo de áreas: uso de fórmulas para áreas de triángulos y cuadriláteros

Exercise 14.28 Calcula el área de un triángulo cuyos lados miden $a = 7$ cm, $b = 8$ cm y $c = 9$ cm utilizando la Fórmula de Herón.

Exercise 14.29 Dibuja un cuadrado de 5 cm de lado y un triángulo equilátero de 5 cm de lado. Compara sus áreas.

Exercise 14.30 Un rectángulo tiene un área de 48 cm² y una base de 8 cm. Calcula su altura.

Exercise 14.31 Calcula el área de un trapecio isósceles cuya base mayor mide 10 cm, la base menor 6 cm y la altura 4 cm.

Exercise 14.32 Encuentra el área de un triángulo isósceles con base de 10 cm y altura de 12 cm.

15. Regiones Planas y Ubicación Espacial

15.1 Perímetros y áreas de figuras planas: círculos, triángulos y polígonos.

15.1.1 Cálculo de áreas en polígonos regulares.

El estudio de los polígonos regulares es fundamental en geometría, ya que estas figuras poseen propiedades simétricas que facilitan el cálculo de sus áreas y perímetros. En esta sección, exploraremos métodos avanzados para determinar el área de polígonos regulares, apoyándonos en conceptos como el apotema, el radio y las relaciones trigonométricas.

> **Definition 15.1.1** Un **polígono regular** es un polígono convexo en el que todos los lados tienen la misma longitud y todos los ángulos interiores son iguales. Ejemplos comunes incluyen el triángulo equilátero, el cuadrado y el pentágono regular.

La simetría de los polígonos regulares nos permite dividirlos en triángulos congruentes, lo que es clave para el cálculo de sus áreas.

> **Theorem 15.1.1** El área A de un polígono regular de n lados, cada uno de longitud l, es:
> $$A = \frac{nla}{2},$$
> donde a es el **apotema** del polígono, es decir, la distancia desde el centro del polígono hasta cualquiera de sus lados.

Demostración. Dividimos el polígono regular en n triángulos congruentes, cada uno con base l y altura a. El área de uno de estos triángulos es $\frac{la}{2}$. Como hay n triángulos, el área total del polígono es
$$A = n \cdot \frac{la}{2} = \frac{nla}{2}.$$

∎

Para calcular el apotema, utilizamos relaciones trigonométricas basadas en los ángulos centrales del polígono.

Lema 15.1.1 En un polígono regular de n lados, el apotema a está relacionado con el radio R de la circunferencia circunscrita y el ángulo central θ por:

$$a = R\cos\left(\frac{\theta}{2}\right),$$

donde $\theta = \dfrac{2\pi}{n}$.

Demostración. El ángulo central θ es el ángulo subtendido por cada lado del polígono en el centro. Consideremos uno de los triángulos isósceles formados al unir el centro con dos vértices adyacentes. El apotema es la altura de este triángulo y se puede expresar en términos del radio y el ángulo:

$$a = R\cos\left(\frac{\theta}{2}\right).$$

■

Con estas relaciones, podemos establecer fórmulas para el cálculo del área en función de los elementos conocidos.

■ **Example 15.1** Calcular el área de un pentágono regular de lado $l = 6$ cm.

Primero, determinamos el número de lados: $n = 5$.
El ángulo central es:

$$\theta = \frac{2\pi}{n} = \frac{2\pi}{5}.$$

El radio de la circunferencia circunscrita R se calcula utilizando la relación entre el lado y el radio:

$$l = 2R\sin\left(\frac{\theta}{2}\right) \implies R = \frac{l}{2\sin\left(\frac{\theta}{2}\right)}.$$

Calculamos:

$$\frac{\theta}{2} = \frac{\pi}{5} \approx 36°,$$

$$\sin\left(\frac{\theta}{2}\right) = \sin(36°) \approx 0{,}5878,$$

$$R = \frac{6 \text{ cm}}{2 \times 0{,}5878} \approx \frac{6}{1{,}1756} \approx 5{,}105 \text{ cm}.$$

Ahora, calculamos el apotema:

$$a = R\cos\left(\frac{\theta}{2}\right) = 5{,}105 \times \cos(36°) \approx 5{,}105 \times 0{,}8090 \approx 4{,}131 \text{ cm}.$$

Finalmente, el área es:

$$A = \frac{nla}{2} = \frac{5 \times 6 \times 4{,}131}{2} = \frac{123{,}93}{2} \approx 61{,}97 \text{ cm}^2.$$

Este ejemplo ilustra cómo aplicar las relaciones trigonométricas y las propiedades de los polígonos regulares para calcular áreas.

15.1 Perímetros y áreas de figuras planas: círculos, triángulos y polígonos.

Theorem 15.1.2 El área A de un polígono regular de n lados inscrito en una circunferencia de radio R es:

$$A = \frac{nR^2 \sin \theta}{2},$$

donde $\theta = \frac{2\pi}{n}$.

Demostración. Cada triángulo isósceles formado tiene área:

$$A_{\text{triángulo}} = \frac{R^2 \sin \theta}{2}.$$

Multiplicando por el número de lados:

$$A = n \times A_{\text{triángulo}} = n \times \frac{R^2 \sin \theta}{2} = \frac{nR^2 \sin \theta}{2}.$$

∎

Este teorema es útil cuando se conoce el radio de la circunferencia circunscrita del polígono.

Corollary 15.1.3 Cuando $n \to \infty$, el polígono regular se aproxima a un círculo, y el área converge a $A = \pi R^2$.

Demostración. Cuando $n \to \infty$, $\theta \to 0$, y $\sin \theta \approx \theta$. Entonces:

$$A \approx \frac{nR^2 \theta}{2} = \frac{nR^2 \left(\frac{2\pi}{n}\right)}{2} = \pi R^2.$$

∎

Este corolario muestra la conexión entre los polígonos regulares y el círculo, destacando la importancia de estos conceptos en el cálculo de áreas.

Exercise 15.1 Calcular el área de un hexágono regular inscrito en una circunferencia de radio $R = 10$ cm.

Para un hexágono regular, $n = 6$ y $\theta = \frac{2\pi}{6} = \frac{\pi}{3}$.
Aplicando el teorema:

$$A = \frac{nR^2 \sin \theta}{2} = \frac{6 \times 10^2 \times \sin\left(\frac{\pi}{3}\right)}{2} = \frac{6 \times 100 \times \frac{\sqrt{3}}{2}}{2} = \frac{600 \times \frac{\sqrt{3}}{2}}{2} = \frac{300\sqrt{3}}{2} = 150\sqrt{3} \text{ cm}^2.$$

Por lo tanto, el área del hexágono es $150\sqrt{3}$ cm^2.

Exercise 15.2 Demostrar que el área de un polígono regular de n lados y lado l puede expresarse como:

$$A = \frac{nl^2}{4\tan\left(\frac{\pi}{n}\right)}.$$

Consideremos un polígono regular de n lados de longitud l. El apotema a se puede expresar en función del lado l:

$$a = \frac{l}{2\tan\left(\frac{\pi}{n}\right)}.$$

El área es:

$$A = \frac{nla}{2} = \frac{nl\left(\frac{l}{2\tan\left(\frac{\pi}{n}\right)}\right)}{2} = \frac{nl^2}{4\tan\left(\frac{\pi}{n}\right)}.$$

Para resolver estos ejercicios, es necesario aplicar las propiedades y teoremas previamente establecidos, utilizando identidades trigonométricas y razonamiento geométrico avanzado.

> (R) El conocimiento profundo de las propiedades de los polígonos regulares y su relación con las funciones trigonométricas es esencial para abordar problemas complejos en geometría y diseño.

Las gráficas y representaciones visuales son herramientas valiosas para comprender mejor estos conceptos.

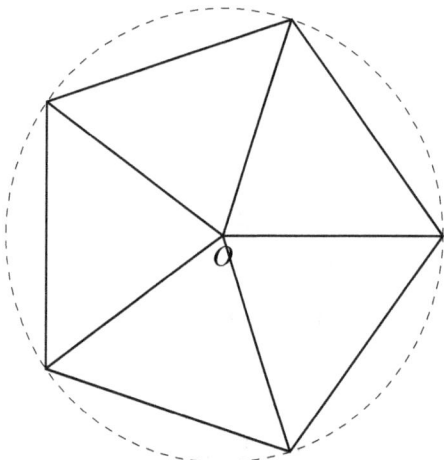

Figura 15.1.1: *Pentágono regular inscrito en una circunferencia de radio R.*

La Figura 15.1.1 muestra un pentágono regular inscrito en una circunferencia, donde se pueden apreciar los triángulos isósceles formados y la relación entre el radio, el apotema y los lados del polígono.

En conclusión, el cálculo de áreas en polígonos regulares se basa en la descomposición en triángulos congruentes y en el uso de relaciones trigonométricas. Estas técnicas son fundamentales en geometría avanzada y tienen aplicaciones en diversos campos como la arquitectura, el diseño y la ingeniería.

15.1.2 Aplicaciones en problemas de diseño arquitectónico.

Las matemáticas, y en particular la geometría, juegan un papel fundamental en el diseño arquitectónico. Los conceptos de proporción, simetría, escala y geometría plana y espacial son herramientas

15.1 Perímetros y áreas de figuras planas: círculos, triángulos y polígonos.

esenciales para los arquitectos al momento de concebir y materializar sus proyectos. En esta sección, exploraremos cómo se aplican los conceptos matemáticos en problemas reales de diseño arquitectónico, enfatizando el razonamiento matemático detrás de las decisiones de diseño.

Definition 15.1.2 Un **modulo arquitectónico** es una unidad de medida o un elemento repetitivo utilizado para establecer una estructura de dimensiones y proporciones coherentes en un diseño arquitectónico.

El uso de módulos permite a los arquitectos crear diseños armónicos y funcionales, facilitando la distribución de espacios y la estandarización de elementos constructivos.

Theorem 15.1.4 El **Principio de Proporción Áurea** establece que una proporción es áurea si la razón entre el todo y la parte mayor es igual a la razón entre la parte mayor y la parte menor, es decir, si $\frac{a+b}{a} = \frac{a}{b} = \phi$, donde $\phi \approx 1{,}618$ es el número áureo.

Demostración. Sea a la longitud mayor y b la longitud menor de un segmento dividido de tal manera que la razón entre el todo y la parte mayor es igual a la razón entre la parte mayor y la parte menor. Entonces:

$$\frac{a+b}{a} = \frac{a}{b} \implies \frac{a+b}{a} - \frac{a}{b} = 0.$$

Multiplicando ambos lados por ab:

$$b(a+b) - a^2 = 0 \implies ab + b^2 - a^2 = 0.$$

Dividiendo todos los términos por b^2:

$$\frac{a}{b} \cdot 1 + 1 - \left(\frac{a}{b}\right)^2 = 0.$$

Sea $x = \frac{a}{b}$, entonces:

$$x + 1 - x^2 = 0 \implies x^2 - x - 1 = 0.$$

Resolviendo esta ecuación cuadrática:

$$x = \frac{1 \pm \sqrt{5}}{2}.$$

Tomamos la solución positiva, ya que las longitudes son positivas:

$$x = \frac{1 + \sqrt{5}}{2} = \phi \approx 1{,}618.$$

∎

Este principio es ampliamente utilizado en arquitectura para lograr proporciones estéticamente agradables.

■ **Example 15.2** Un arquitecto desea diseñar una fachada rectangular de un edificio utilizando la proporción áurea, donde la altura h y el ancho w de la fachada satisfacen $w = \phi h$. Si la altura planeada es de 10 metros, determine el ancho de la fachada.

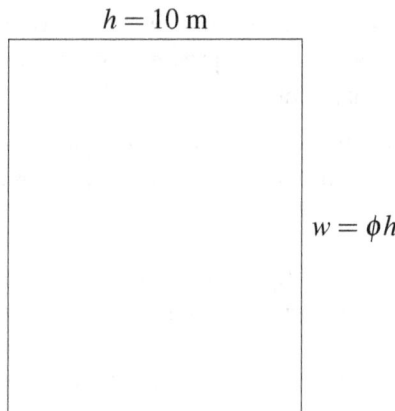

Figura 15.1.2: *Fachada rectangular con proporción áurea.*

Utilizamos la relación $w = \phi h$ con $h = 10$ m:

$$w = \phi \times 10 \text{ m} \approx 1{,}618 \times 10 \text{ m} = 16{,}18 \text{ m}.$$

Por lo tanto, el ancho de la fachada debe ser de aproximadamente 16,18 metros para cumplir con la proporción áurea.

Este ejemplo muestra cómo se aplican proporciones matemáticas en el diseño de elementos arquitectónicos para lograr armonía visual.

Lema 15.1.2 En un polígono regular utilizado en diseño arquitectónico, la **densidad estructural** es inversamente proporcional al número de lados del polígono, considerando polígonos inscritos en una circunferencia fija.

Demostración. Consideremos polígonos regulares inscritos en una circunferencia de radio R. El área A_n del polígono regular de n lados es:

$$A_n = \frac{nR^2 \sin\left(\frac{2\pi}{n}\right)}{2}.$$

A medida que n aumenta, $\sin\left(\frac{2\pi}{n}\right) \approx \frac{2\pi}{n}$ para valores grandes de n, por lo que:

$$A_n \approx \frac{nR^2 \left(\frac{2\pi}{n}\right)}{2} = \pi R^2.$$

La densidad estructural, definida como la relación entre el perímetro y el área, disminuye al aumentar n, ya que el perímetro crece linealmente con n, pero el área se aproxima a un límite constante. ∎

Este lema es relevante al decidir la forma de estructuras poligonales en arquitectura, como plantas de edificios o elementos decorativos.

Theorem 15.1.5 En diseño arquitectónico, la utilización de **teselaciones regulares** permite cubrir completamente un plano sin superposiciones ni huecos utilizando polígonos regulares congruentes. Solo existen tres teselaciones regulares posibles: con triángulos equiláteros, cuadrados o hexágonos regulares.

15.1 Perímetros y áreas de figuras planas: círculos, triángulos y polígonos. 367

Demostración. Para que los polígonos regulares teselen el plano, los ángulos interiores deben sumar 360° alrededor de cada vértice. El ángulo interior de un polígono regular de n lados es:

$$\alpha = \frac{(n-2) \times 180°}{n}.$$

El número de polígonos que concurren en un vértice es k, donde:

$$k \times \alpha = 360°.$$

Probamos para $n = 3$ (triángulo equilátero):

$$\alpha = \frac{(3-2) \times 180°}{3} = 60°, \quad k = \frac{360°}{60°} = 6.$$

Para $n = 4$ (cuadrado):

$$\alpha = 90°, \quad k = \frac{360°}{90°} = 4.$$

Para $n = 6$ (hexágono regular):

$$\alpha = 120°, \quad k = \frac{360°}{120°} = 3.$$

No hay otros valores enteros de n y k que satisfagan la ecuación $k\alpha = 360°$ con α correspondiente a un polígono regular. Por lo tanto, solo estos tres polígonos regulares pueden teselar el plano. ∎

Las teselaciones son utilizadas en arquitectura para diseñar pavimentos, revestimientos y elementos decorativos que cubren superficies planas.

■ **Example 15.3** Un arquitecto desea diseñar un suelo utilizando teselación con hexágonos regulares de lado $l = 50$ cm. Calcule el área de cada hexágono y determine cuántos hexágonos se necesitan para cubrir una sala rectangular de 10 m de ancho por 15 m de largo.

Figura 15.1.3: *Teselación de hexágonos regulares en un suelo.*

Área de un hexágono regular:

Para un hexágono regular de lado l, el área A es:

$$A = \frac{3\sqrt{3}}{2}l^2 = \frac{3\sqrt{3}}{2}(0{,}5\text{ m})^2 = \frac{3\sqrt{3}}{2}(0{,}25\text{ m}^2) = \frac{3\sqrt{3} \times 0{,}25}{2}\text{ m}^2 = \frac{0{,}75\sqrt{3}}{2}\text{ m}^2 \approx 0{,}6495\text{ m}^2.$$

Área de la sala:

$$A_{\text{sala}} = 10\text{ m} \times 15\text{ m} = 150\text{ m}^2.$$

Número de hexágonos necesarios:

$$N = \frac{A_{\text{sala}}}{A_{\text{hexágono}}} = \frac{150}{0{,}6495} \approx 231.$$

Por lo tanto, se necesitan aproximadamente 231 hexágonos para cubrir el suelo de la sala.
Este ejemplo demuestra la aplicación práctica de cálculos geométricos en el diseño y planificación arquitectónica.

> **Exercise 15.3** Un arquitecto está diseñando una cúpula geodésica basada en un icosaedro regular. Si el radio de la esfera circunscrita al icosaedro es de 10 metros, calcule la longitud de las aristas del icosaedro y el área total de las caras que formarán la cúpula.

Utilice las propiedades del icosaedro regular, que tiene 20 caras triangulares equiláteras. La relación entre el radio R de la esfera circunscrita y la arista l es:

$$l = R \times \frac{2}{\phi}\sqrt{\frac{5 - \sqrt{5}}{5}},$$

donde ϕ es el número áureo.
El área de una cara es:

$$A_{\text{cara}} = \frac{\sqrt{3}}{4}l^2.$$

El área total es:

$$A_{\text{total}} = 20 \times A_{\text{cara}}.$$

> **Exercise 15.4** En el diseño de un jardín, se planea construir un pabellón con forma de dodecágono regular (12 lados). Si el apotema del dodecágono es de 5 metros, determine el perímetro y el área del pabellón.

[of Exercise 1] **Cálculo de la arista l del icosaedro:**
El número áureo es $\phi = \dfrac{1+\sqrt{5}}{2} \approx 1{,}618$.
Calculamos:

$$l = 10\text{ m} \times \frac{2}{1{,}618}\sqrt{\frac{5 - \sqrt{5}}{5}}.$$

Primero, calculamos $\dfrac{5-\sqrt{5}}{5}$:

$$\frac{5-\sqrt{5}}{5} = \frac{5-2{,}236}{5} = \frac{2{,}764}{5} = 0{,}5528.$$

La raíz cuadrada:

$$\sqrt{0{,}5528} \approx 0{,}7435.$$

Ahora, calculamos l:

$$l = 10 \text{ m} \times \frac{2}{1{,}618} \times 0{,}7435 \approx 10 \text{ m} \times 1{,}2361 \times 0{,}7435 \approx 10 \text{ m} \times 0{,}9185 \approx 9{,}185 \text{ m}.$$

Área de una cara triangular:

$$A_{\text{cara}} = \frac{\sqrt{3}}{4} l^2 = \frac{\sqrt{3}}{4}(9{,}185 \text{ m})^2 \approx \frac{1{,}732}{4} \times 84{,}38 \text{ m}^2 \approx 0{,}433 \times 84{,}38 \text{ m}^2 \approx 36{,}53 \text{ m}^2.$$

Área total de las caras:

$$A_{\text{total}} = 20 \times A_{\text{cara}} = 20 \times 36{,}53 \text{ m}^2 \approx 730{,}6 \text{ m}^2.$$

Por lo tanto, el área total de las caras que formarán la cúpula es aproximadamente $730{,}6 \text{ m}^2$.

> (R) La aplicación de sólidos platónicos, como el icosaedro, en arquitectura permite crear estructuras resistentes y estéticamente impactantes, aprovechando las propiedades geométricas de estos poliedros.

En el diseño arquitectónico, el razonamiento matemático es esencial para resolver problemas complejos y garantizar que las estructuras sean funcionales, seguras y visualmente atractivas. Los ejemplos y ejercicios presentados ilustran cómo las matemáticas proporcionan herramientas fundamentales para la creación y análisis de diseños arquitectónicos avanzados.

15.2 Sistema de coordenadas: ubicación de puntos, distancias y pendientes.

15.2.1 Cálculo de distancias en el plano cartesiano.

El plano cartesiano es una herramienta fundamental en geometría analítica, permitiendo representar puntos y figuras mediante coordenadas. Una de las operaciones más esenciales es el cálculo de la distancia entre dos puntos. En esta sección, exploraremos las fórmulas y propiedades relacionadas con la distancia en el plano cartesiano, proporcionando fundamentos sólidos para aplicaciones más avanzadas en geometría y análisis matemático.

> **Definition 15.2.1** La **distancia euclidiana** entre dos puntos $P(x_1, y_1)$ y $Q(x_2, y_2)$ en el plano cartesiano es el número real no negativo dado por:
>
> $$d(P,Q) = \sqrt{(x_2 - x_1)^2 + (y_2 - y_1)^2}.$$

Esta fórmula es una aplicación directa del Teorema de Pitágoras en el plano y es fundamental para medir la separación entre puntos en $\mathbb{R}^2$.

Theorem 15.2.1 La función $d: \mathbb{R}^2 \times \mathbb{R}^2 \to \mathbb{R}$ definida por $d(P,Q)$ es una **métrica** en el plano cartesiano. Es decir, para todos los puntos $P, Q, R \in \mathbb{R}^2$, se cumplen las siguientes propiedades:
1. **No negatividad**: $d(P,Q) \geq 0$, y $d(P,Q) = 0$ si y solo si $P = Q$.
2. **Simetría**: $d(P,Q) = d(Q,P)$.
3. **Desigualdad triangular**: $d(P,R) \leq d(P,Q) + d(Q,R)$.

Demostración. Demostraremos cada propiedad por separado:
1. **No negatividad**: Dado que $(x_2 - x_1)^2 \geq 0$ y $(y_2 - y_1)^2 \geq 0$, su suma también es no negativa, y la raíz cuadrada de un número no negativo es no negativa. Si $d(P,Q) = 0$, entonces $(x_2 - x_1)^2 + (y_2 - y_1)^2 = 0$, lo que implica que $x_2 = x_1$ y $y_2 = y_1$, es decir, $P = Q$.
2. **Simetría**:

$$d(P,Q) = \sqrt{(x_2 - x_1)^2 + (y_2 - y_1)^2} = \sqrt{(x_1 - x_2)^2 + (y_1 - y_2)^2} = d(Q,P).$$

3. **Desigualdad triangular**:

$$d(P,R) = \sqrt{(x_3 - x_1)^2 + (y_3 - y_1)^2}.$$

Aplicando la desigualdad de Minkowski o mediante el Teorema de la desigualdad triangular en $\mathbb{R}^2$, podemos demostrar que:

$$d(P,R) \leq d(P,Q) + d(Q,R).$$

∎

Este teorema establece que el plano cartesiano con la distancia euclidiana es un *espacio métrico*, lo que permite utilizar herramientas avanzadas del análisis matemático.

(R) La métrica euclidiana es **invariante bajo transformaciones isométricas**, es decir, las distancias entre puntos no cambian bajo traslaciones y rotaciones en el plano.

■ **Example 15.4** Calcular la distancia entre los puntos $A(1,3)$ y $B(4,7)$ en el plano cartesiano. ■

Utilizamos la fórmula de la distancia:

$$d(A,B) = \sqrt{(4-1)^2 + (7-3)^2} = \sqrt{(3)^2 + (4)^2} = \sqrt{9 + 16} = \sqrt{25} = 5.$$

Por lo tanto, la distancia entre A y B es 5 unidades.
Este ejemplo ilustra cómo aplicar directamente la fórmula de la distancia para calcular la separación entre dos puntos dados.

Lema 15.2.1 El **punto medio** M del segmento que une los puntos $P(x_1, y_1)$ y $Q(x_2, y_2)$ tiene coordenadas:

$$M\left(\frac{x_1 + x_2}{2}, \frac{y_1 + y_2}{2}\right).$$

Demostración. El punto medio M es el punto que divide al segmento PQ en dos partes iguales. Por definición, sus coordenadas son el promedio de las coordenadas correspondientes de P y Q. ∎

15.2 Sistema de coordenadas: ubicación de puntos, distancias y pendientes

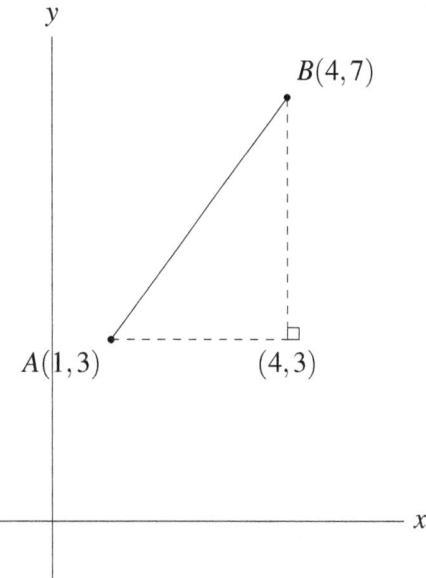

Figura 15.2.1: *Distancia entre los puntos A y B en el plano cartesiano.*

■ **Example 15.5** Determinar las coordenadas del punto medio del segmento que une los puntos $C(-2,5)$ y $D(6,-3)$.

■

Aplicamos la fórmula del punto medio:

$$M\left(\frac{-2+6}{2}, \frac{5+(-3)}{2}\right) = M\left(\frac{4}{2}, \frac{2}{2}\right) = M(2,1).$$

Por lo tanto, el punto medio es $M(2,1)$.

El concepto de punto medio es esencial en geometría analítica y tiene aplicaciones en diversas áreas, como la determinación de mediatrices y la construcción de figuras geométricas.

> **Theorem 15.2.2** La **distancia mínima** desde un punto $P(x_0, y_0)$ a una recta $L: Ax + By + C = 0$ está dada por:
>
> $$d = \left|\frac{Ax_0 + By_0 + C}{\sqrt{A^2 + B^2}}\right|.$$

Demostración. La distancia desde el punto $P(x_0, y_0)$ a la recta $Ax + By + C = 0$ es la proyección ortogonal del vector que va desde un punto en la recta hasta P sobre el vector normal $\vec{n} = (A, B)$ de la recta. Esta distancia está dada por

$$d = \frac{|Ax_0 + By_0 + C|}{\sqrt{A^2 + B^2}}.$$

■

■ **Example 15.6** Calcular la distancia desde el punto $P(2, -1)$ a la recta $L: 3x - 4y + 12 = 0$.

■

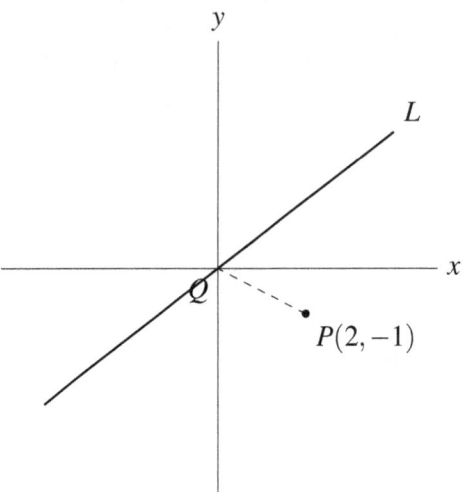

Figura 15.2.2: *Distancia desde el punto P a la recta L.*

Aplicamos la fórmula:

$$d = \left|\frac{3(2)-4(-1)+12}{\sqrt{3^2+(-4)^2}}\right| = \left|\frac{6+4+12}{5}\right| = \left|\frac{22}{5}\right| = \frac{22}{5} = 4{,}4.$$

Por lo tanto, la distancia desde el punto P a la recta L es 4,4 unidades.
Este resultado es útil en problemas de optimización y minimización en geometría analítica.

Corollary 15.2.3 El **lugar geométrico** de los puntos que equidistan de dos puntos fijos $A(x_1, y_1)$ y $B(x_2, y_2)$ es la **mediatriz** del segmento AB, que es la recta perpendicular al segmento AB en su punto medio.

Demostración. Sea M el punto medio de AB. Cualquier punto $P(x,y)$ que equidista de A y B satisface:

$$d(P,A) = d(P,B).$$

Elevando al cuadrado ambos lados:

$$(x-x_1)^2 + (y-y_1)^2 = (x-x_2)^2 + (y-y_2)^2.$$

Simplificando, obtenemos la ecuación de la mediatriz, que es una recta perpendicular a AB pasando por M. ∎

■ **Example 15.7** Encontrar la ecuación de la mediatriz del segmento que une los puntos $E(1,4)$ y $F(5,2)$. ■

Primero, calculamos el punto medio M:

$$M\left(\frac{1+5}{2}, \frac{4+2}{2}\right) = M(3,3).$$

La pendiente del segmento EF es:

$$m_{EF} = \frac{2-4}{5-1} = \frac{-2}{4} = -\frac{1}{2}.$$

15.2 Sistema de coordenadas: ubicación de puntos, distancias y pendientes

La pendiente de la mediatriz es la negativa recíproca:

$$m_{\text{mediatriz}} = 2.$$

Usando la fórmula de la recta en punto-pendiente:

$$y - y_0 = m(x - x_0),$$

obtenemos:

$$y - 3 = 2(x - 3) \implies y = 2x - 3.$$

Por lo tanto, la ecuación de la mediatriz es $y = 2x - 3$.
Este ejemplo demuestra cómo utilizar el concepto de mediatriz para encontrar ecuaciones de rectas en el plano.

> Exercise 15.5 Determinar si el triángulo formado por los puntos $A(0,0)$, $B(6,0)$ y $C(3, 3\sqrt{3})$ es equilátero.

> Exercise 15.6 Calcular la distancia entre los puntos $G(-2, -3)$ y $H(4, 1)$, y encontrar las coordenadas del punto que divide al segmento GH en una razón $2:1$, interna al segmento.

[of Exercise 1] Primero, calculamos las distancias entre los vértices:
Lado AB:

$$d(A,B) = \sqrt{(6-0)^2 + (0-0)^2} = \sqrt{36} = 6.$$

Lado AC:

$$d(A,C) = \sqrt{(3-0)^2 + (3\sqrt{3}-0)^2} = \sqrt{9+27} = \sqrt{36} = 6.$$

Lado BC:

$$d(B,C) = \sqrt{(3-6)^2 + (3\sqrt{3}-0)^2} = \sqrt{9+27} = \sqrt{36} = 6.$$

Como los tres lados miden 6 unidades, el triángulo es equilátero.

> (R) El cálculo de distancias en el plano cartesiano es fundamental para determinar propiedades de figuras geométricas, como la congruencia y similitud de triángulos, y para resolver problemas de ubicación y optimización en el plano.

En conclusión, el dominio del cálculo de distancias en el plano cartesiano es esencial para avanzar en el estudio de la geometría analítica y sus aplicaciones en matemáticas superiores. Las herramientas y conceptos presentados en esta sección sirven como base para explorar temas más complejos en geometría del espacio, análisis vectorial y otras ramas de las matemáticas.

15.2.2 Pendientes y ángulos entre rectas.

En geometría analítica, la pendiente de una recta es una medida esencial que describe su inclinación y dirección en el plano cartesiano. Comprender cómo calcular la pendiente y cómo ésta se relaciona con el ángulo entre dos rectas es fundamental para el análisis geométrico avanzado.

Definition 15.2.2 La **pendiente** m de una recta en el plano cartesiano es una medida de su inclinación con respecto al eje x. Si una recta pasa por dos puntos distintos $P(x_1,y_1)$ y $Q(x_2,y_2)$, su pendiente está dada por:

$$m = \frac{y_2 - y_1}{x_2 - x_1}, \quad \text{con } x_2 \neq x_1.$$

Esta definición permite cuantificar la dirección y la inclinación de una recta, proporcionando una base para analizar su comportamiento y relación con otras rectas en el plano.

Theorem 15.2.4 El **ángulo** θ entre dos rectas con pendientes m_1 y m_2 está determinado por:

$$\tan \theta = \left| \frac{m_2 - m_1}{1 + m_1 m_2} \right|,$$

siempre que $1 + m_1 m_2 \neq 0$.

Demostración. Sea θ el ángulo entre dos rectas L_1 y L_2 con pendientes m_1 y m_2, respectivamente. Los ángulos que forman estas rectas con el eje x son $\alpha = \arctan m_1$ y $\beta = \arctan m_2$. Entonces, el ángulo entre las rectas es $\theta = |\beta - \alpha|$.

Utilizando la identidad de la tangente de la diferencia de ángulos:

$$\tan(\beta - \alpha) = \frac{\tan \beta - \tan \alpha}{1 + \tan \alpha \tan \beta} = \frac{m_2 - m_1}{1 + m_1 m_2}.$$

Tomamos el valor absoluto ya que el ángulo entre rectas es siempre positivo:

$$\tan \theta = \left| \frac{m_2 - m_1}{1 + m_1 m_2} \right|.$$

∎

Este resultado es fundamental para calcular el ángulo entre dos rectas cuando se conocen sus pendientes, lo cual es esencial en diversas aplicaciones matemáticas y físicas.

Corollary 15.2.5 Dos rectas son **paralelas** si y sólo si sus pendientes son iguales:

$$m_1 = m_2.$$

Demostración. Si las pendientes son iguales, $m_1 = m_2$, entonces:

$$\tan \theta = \left| \frac{m_2 - m_1}{1 + m_1 m_2} \right| = \left| \frac{0}{1 + m_1^2} \right| = 0.$$

Por lo tanto, el ángulo entre las rectas es $\theta = 0°$, lo que indica que las rectas son paralelas. ∎

Corollary 15.2.6 Dos rectas son **perpendiculares** si y sólo si el producto de sus pendientes es -1:

$$m_1 m_2 = -1.$$

15.2 Sistema de coordenadas: ubicación de puntos, distancias y pendientes

Demostración. Si las rectas son perpendiculares, el ángulo entre ellas es $\theta = 90°$. Entonces:

$$\tan\theta = \tan 90° = \infty.$$

Esto implica que el denominador en la fórmula de $\tan\theta$ es cero:

$$1 + m_1 m_2 = 0 \implies m_1 m_2 = -1.$$

∎

Estas propiedades son esenciales para identificar relaciones de perpendicularidad y paralelismo entre rectas en el plano cartesiano.

■ **Example 15.8** Determine el ángulo entre las rectas L_1 y L_2 dadas por las ecuaciones:

$$L_1 : y = 2x + 3, \quad L_2 : y = -\frac{1}{2}x + 1.$$

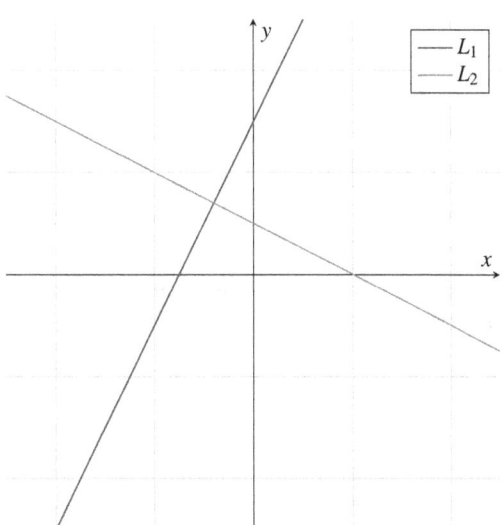

Figura 15.2.3: *Gráfica de las rectas L_1 y L_2.*

Las pendientes de las rectas son $m_1 = 2$ y $m_2 = -\frac{1}{2}$.
Calculamos el ángulo θ entre las rectas usando la fórmula:

$$\tan\theta = \left|\frac{m_2 - m_1}{1 + m_1 m_2}\right| = \left|\frac{-\frac{1}{2} - 2}{1 + 2\left(-\frac{1}{2}\right)}\right| = \left|\frac{-\frac{5}{2}}{1 - 1}\right|.$$

El denominador es cero, lo que indica que $\tan\theta$ es indefinido y, por lo tanto, $\theta = 90°$.
Concluimos que las rectas L_1 y L_2 son **perpendiculares**.
Este ejemplo muestra cómo determinar el ángulo entre dos rectas y verificar su perpendicularidad a través de sus pendientes.

Lema 15.2.2 La pendiente de una recta es la tangente del **ángulo de inclinación** α que forma con el eje x:

$$m = \tan\alpha.$$

Demostración. Por definición, la pendiente m es la razón del cambio en y con respecto al cambio en x entre dos puntos de la recta. Este cociente es precisamente la tangente del ángulo α entre la recta y el eje x:

$$m = \frac{\Delta y}{\Delta x} = \tan\alpha.$$

∎

Esta relación es fundamental para conectar la pendiente de una recta con su orientación en el plano.

■ **Example 15.9** Calcular el ángulo de inclinación de la recta $y = 3x - 4$. ■

La pendiente de la recta es $m = 3$.
El ángulo de inclinación α se obtiene mediante:

$$\alpha = \arctan m = \arctan 3.$$

Calculando:

$$\alpha \approx \arctan 3 \approx 71{,}57°.$$

Por lo tanto, la recta forma un ángulo de aproximadamente $71{,}57°$ con el eje x.
Este ejemplo ilustra cómo obtener el ángulo de inclinación a partir de la pendiente de una recta.

Theorem 15.2.7 El **ángulo entre dos rectas** con pendientes m_1 y m_2 también puede expresarse mediante la fórmula:

$$\cos\theta = \frac{1 + m_1 m_2}{\sqrt{1 + m_1^2}\sqrt{1 + m_2^2}}.$$

Demostración. Consideramos los vectores directores de las rectas:

$$\vec{u} = (1, m_1), \quad \vec{v} = (1, m_2).$$

El coseno del ángulo θ entre $\vec{u}$ y $\vec{v}$ es:

$$\cos\theta = \frac{\vec{u}\cdot\vec{v}}{|\vec{u}||\vec{v}|} = \frac{1\cdot 1 + m_1 m_2}{\sqrt{1 + m_1^2}\sqrt{1 + m_2^2}}.$$

∎

Esta fórmula es útil cuando se requiere calcular el ángulo entre rectas utilizando el coseno en lugar de la tangente.

15.3 Rectas y planos en el espacio: relaciones de paralelismo y perpendicularidad.

Exercise 15.7 Encuentre el ángulo entre las rectas $y = x$ y $y = \sqrt{3}x$.

Exercise 15.8 Determine si las rectas que pasan por los puntos $A(-1,2)$ y $B(3,6)$, y la recta que pasa por los puntos $C(2,5)$ y $D(6,9)$ son paralelas, perpendiculares o ninguna de las anteriores.

[of Exercise 1] Las pendientes son $m_1 = 1$ y $m_2 = \sqrt{3}$.
Usando la fórmula del ángulo entre rectas:

$$\tan\theta = \left|\frac{\sqrt{3}-1}{1+1\times\sqrt{3}}\right| = \left|\frac{\sqrt{3}-1}{1+\sqrt{3}}\right|.$$

Multiplicamos numerador y denominador por el conjugado del denominador para simplificar:

$$\tan\theta = \left|\frac{(\sqrt{3}-1)(1-\sqrt{3})}{(1+\sqrt{3})(1-\sqrt{3})}\right| = \left|\frac{-(\sqrt{3}-1)^2}{1-3}\right| = \left|\frac{-(\sqrt{3}-1)^2}{-2}\right| = \frac{(\sqrt{3}-1)^2}{2}.$$

Calculamos:

$$(\sqrt{3}-1)^2 = (\sqrt{3})^2 - 2\sqrt{3} + 1 = 3 - 2\sqrt{3} + 1 = 4 - 2\sqrt{3}.$$

Entonces:

$$\tan\theta = \frac{4-2\sqrt{3}}{2} = 2-\sqrt{3}.$$

Calculamos θ:

$$\theta = \arctan(2-\sqrt{3}) \approx \arctan(0{,}2679) \approx 15°.$$

Por lo tanto, el ángulo entre las rectas es aproximadamente $15°$.

> (R) La comprensión de las pendientes y los ángulos entre rectas es esencial en campos como la ingeniería, la física y la computación gráfica, donde es necesario modelar y analizar relaciones geométricas en el plano y en el espacio.

A través de estas definiciones, teoremas y ejemplos, hemos explorado cómo las pendientes determinan la inclinación de las rectas y cómo calcular el ángulo entre ellas. Este conocimiento es fundamental para avanzar en el estudio de la geometría analítica y sus aplicaciones en problemas matemáticos complejos.

15.3 Rectas y planos en el espacio: relaciones de paralelismo y perpendicularidad.

15.3.1 Aplicación en diseños 3D.

El diseño en tres dimensiones es un campo que combina conceptos matemáticos avanzados con aplicaciones prácticas en ingeniería, arquitectura y gráficos por computadora. La comprensión de las relaciones geométricas en el espacio tridimensional es esencial para modelar y manipular objetos en 3D de manera precisa y eficiente.

Definition 15.3.1 Un **vector en el espacio tridimensional** es un elemento del espacio $\mathbb{R}^3$, representado como un triplete ordenado de números reales (x,y,z). Este vector puede interpretarse geométricamente como un segmento dirigido desde el origen hasta el punto (x,y,z) en el espacio.

Los vectores son fundamentales en el diseño 3D, ya que permiten describir posiciones, desplazamientos y orientaciones de objetos en el espacio.

Proposition 15.3.1 El producto escalar (o producto punto) de dos vectores $\vec{u} = (u_1, u_2, u_3)$ y $\vec{v} = (v_1, v_2, v_3)$ en $\mathbb{R}^3$ está definido como:

$$\vec{u} \cdot \vec{v} = u_1 v_1 + u_2 v_2 + u_3 v_3.$$

El producto escalar es útil para calcular ángulos entre vectores y determinar la ortogonalidad en el espacio 3D.

Theorem 15.3.2 Dos vectores $\vec{u}$ y $\vec{v}$ en $\mathbb{R}^3$ son **perpendiculares** si y sólo si su producto escalar es cero:

$$\vec{u} \cdot \vec{v} = 0 \iff \vec{u} \perp \vec{v}.$$

Demostración. Si $\vec{u} \cdot \vec{v} = 0$, entonces el ángulo θ entre $\vec{u}$ y $\vec{v}$ satisface $\cos \theta = 0$, lo que implica que $\theta = 90°$, es decir, los vectores son perpendiculares. Recíprocamente, si $\vec{u} \perp \vec{v}$, entonces $\theta = 90°$, y por lo tanto, $\cos \theta = 0$, lo que implica que $\vec{u} \cdot \vec{v} = 0$. ∎

Este resultado es clave en el diseño 3D para garantizar que los elementos estructurales estén correctamente alineados y evitar intersecciones no deseadas.

Definition 15.3.2 El **producto vectorial** de dos vectores $\vec{u}$ y $\vec{v}$ en $\mathbb{R}^3$ es un vector $\vec{w} = \vec{u} \times \vec{v}$ tal que:

$$\vec{w} = (u_2 v_3 - u_3 v_2,\ u_3 v_1 - u_1 v_3,\ u_1 v_2 - u_2 v_1).$$

El producto vectorial resulta en un vector perpendicular al plano definido por $\vec{u}$ y $\vec{v}$, y su dirección viene dada por la regla de la mano derecha.

Theorem 15.3.3 El módulo del producto vectorial $\vec{w} = \vec{u} \times \vec{v}$ es igual al área del paralelogramo definido por $\vec{u}$ y $\vec{v}$:

$$|\vec{w}| = |\vec{u} \times \vec{v}| = |\vec{u}||\vec{v}| \sin \theta,$$

donde θ es el ángulo entre $\vec{u}$ y $\vec{v}$.

Demostración. Por definición del producto vectorial y propiedades trigonométricas, el módulo de $\vec{w}$ es:

$$|\vec{w}| = \sqrt{(u_2 v_3 - u_3 v_2)^2 + (u_3 v_1 - u_1 v_3)^2 + (u_1 v_2 - u_2 v_1)^2} = |\vec{u}||\vec{v}| \sin \theta.$$

∎

15.3 Rectas y planos en el espacio: relaciones de paralelismo y perpendicularidad.

Este teorema es útil en diseños 3D para calcular áreas y volúmenes, y para determinar normales a superficies, lo cual es esencial en gráficos por computadora y modelado 3D.

■ **Example 15.10** Determine la ecuación del plano que pasa por los puntos $A(1,0,2)$, $B(2,-1,3)$ y $C(0,1,5)$. ■

Primero, calculamos dos vectores en el plano:

$$\vec{AB} = B - A = (2-1,\ -1-0,\ 3-2) = (1,\ -1,\ 1),$$

$$\vec{AC} = C - A = (0-1,\ 1-0,\ 5-2) = (-1,\ 1,\ 3).$$

Calculamos el producto vectorial $\vec{n} = \vec{AB} \times \vec{AC}$:

$$\vec{n} = \begin{vmatrix} \vec{i} & \vec{j} & \vec{k} \\ 1 & -1 & 1 \\ -1 & 1 & 3 \end{vmatrix} = \vec{i}((-1)(3)-(1)(1)) - \vec{j}((1)(3)-(1)(-1)) + \vec{k}((1)(1)-(-1)(-1)).$$

Calculamos cada componente:

$$n_x = (-1)(3) - (1)(1) = -3 - 1 = -4,$$

$$n_y = -((1)(3) - (1)(-1)) = -(3 - (-1)) = -(3+1) = -4,$$

$$n_z = (1)(1) - (-1)(-1) = 1 - 1 = 0.$$

Por lo tanto, el vector normal es $\vec{n} = (-4, -4, 0)$.
La ecuación del plano es:

$$n_x(x - x_0) + n_y(y - y_0) + n_z(z - z_0) = 0,$$

donde (x_0, y_0, z_0) es un punto del plano, por ejemplo, $A(1, 0, 2)$. Sustituyendo:

$$-4(x - 1) - 4(y - 0) + 0(z - 2) = 0.$$

Simplificando:

$$-4(x-1) - 4y = 0 \implies -4x + 4 - 4y = 0 \implies 4x + 4y = 4 \implies x + y = 1.$$

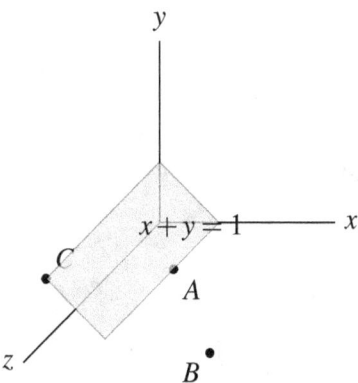

Figura 15.3.1: *Plano $x + y = 1$ pasando por los puntos A, B y C.*

En este ejemplo, hemos determinado la ecuación del plano que pasa por tres puntos no colineales en el espacio, utilizando el producto vectorial para encontrar el vector normal al plano.

> **Exercise 15.9** Encuentre la ecuación de la recta que pasa por el punto $P(1,2,3)$ y es perpendicular al plano $2x-y+2z-5=0$.

> **Exercise 15.10** Calcule el ángulo entre las rectas r_1 y r_2 dadas por sus vectores directores $\vec{v}_1 = (1,2,-1)$ y $\vec{v}_2 = (2,-1,2)$.

[of Exercise 1] El vector normal al plano es $\vec{n} = (2,-1,2)$.
La recta buscada es perpendicular al plano, por lo tanto, su vector director es paralelo a $\vec{n}$.
La ecuación paramétrica de la recta es:

$$x = x_0 + at, \quad y = y_0 + bt, \quad z = z_0 + ct,$$

donde $(x_0, y_0, z_0) = (1,2,3)$ y $\vec{d} = (a,b,c) = \vec{n} = (2,-1,2)$.
Por lo tanto, las ecuaciones de la recta son:

$$x = 1 + 2t, \quad y = 2 - t, \quad z = 3 + 2t.$$

> (R) En el diseño 3D, es común trabajar con planos y rectas en el espacio, y comprender las relaciones entre ellos es esencial para modelar superficies y estructuras complejas.

La capacidad de calcular ángulos entre rectas y planos es fundamental para garantizar que los elementos en un diseño 3D encajen correctamente y se comporten como se espera.

> **Theorem 15.3.4** El **ángulo** θ entre dos rectas en el espacio con vectores directores $\vec{u}$ y $\vec{v}$ se calcula mediante:
>
> $$\cos\theta = \frac{\vec{u}\cdot\vec{v}}{|\vec{u}||\vec{v}|}.$$

Demostración. El ángulo entre dos vectores en $\mathbb{R}^3$ está dado por la fórmula del producto escalar:

$$\vec{u}\cdot\vec{v} = |\vec{u}||\vec{v}|\cos\theta.$$

Despejando $\cos\theta$, obtenemos la expresión del teorema. ∎

■ **Example 15.11** Calcular el ángulo entre las rectas r_1 y r_2 con vectores directores $\vec{u} = (1,0,1)$ y $\vec{v} = (0,1,1)$.

Primero, calculamos el producto escalar:

$$\vec{u}\cdot\vec{v} = (1)(0) + (0)(1) + (1)(1) = 0 + 0 + 1 = 1.$$

Calculamos las normas:

$$|\vec{u}| = \sqrt{1^2 + 0^2 + 1^2} = \sqrt{1+0+1} = \sqrt{2},$$

$$|\vec{v}| = \sqrt{0^2 + 1^2 + 1^2} = \sqrt{0+1+1} = \sqrt{2}.$$

15.3 Rectas y planos en el espacio: relaciones de paralelismo y perpendicularidad.

Entonces:

$$\cos\theta = \frac{1}{\sqrt{2}\times\sqrt{2}} = \frac{1}{2}.$$

Por lo tanto, $\theta = \arccos\left(\frac{1}{2}\right) = 60°$.

Este ejemplo muestra cómo calcular el ángulo entre dos rectas en el espacio utilizando sus vectores directores.

> (R) En diseños 3D, el cálculo de ángulos entre elementos es crucial para garantizar la integridad estructural y la estética del modelo.

En conclusión, las matemáticas avanzadas proporcionan herramientas esenciales para el diseño en tres dimensiones. La comprensión profunda de vectores, planos, rectas y sus interacciones permite a los diseñadores y ingenieros crear modelos precisos y eficientes, llevando las ideas desde el concepto hasta la realidad virtual o física.

15.3.2 Resolución de problemas espaciales.

La resolución de problemas en el espacio tridimensional es una habilidad esencial en matemáticas avanzadas, especialmente en geometría analítica y álgebra vectorial. Esta sección se enfoca en proporcionar las herramientas y métodos necesarios para abordar problemas que involucran puntos, rectas y planos en el espacio, así como sus interacciones y relaciones.

> **Definition 15.3.3** Un **vector en el espacio tridimensional** es un elemento de $\mathbb{R}^3$, representado por un triplete ordenado de números reales (x,y,z). Geométricamente, un vector puede interpretarse como un segmento dirigido con origen en el punto $(0,0,0)$ y extremo en el punto (x,y,z).

Los vectores son fundamentales para describir posiciones y direcciones en el espacio, y permiten formular ecuaciones y resolver problemas espaciales de manera sistemática.

> **Definition 15.3.4** La **ecuación paramétrica** de una recta en el espacio que pasa por un punto $P_0(x_0,y_0,z_0)$ y tiene como vector director $\vec{v}=(a,b,c)$ es:
>
> $$x = x_0 + at, \quad y = y_0 + bt, \quad z = z_0 + ct, \quad t \in \mathbb{R}.$$

Esta representación paramétrica es útil para describir rectas en el espacio y facilita el análisis de su comportamiento y relaciones con otros objetos geométricos.

Proposition 15.3.5 Dos rectas en el espacio son **paralelas** si y sólo si sus vectores directores son proporcionales; es decir, si existen números reales $\lambda \neq 0$ tales que:

$$\vec{v}_1 = \lambda \vec{v}_2.$$

Demostración. Si $\vec{v}_1$ y $\vec{v}_2$ son proporcionales, entonces las rectas tienen la misma dirección y, por lo tanto, son paralelas. Recíprocamente, si las rectas son paralelas, sus vectores directores deben ser proporcionales. ∎

Esta propiedad es fundamental al resolver problemas que involucran paralelismo en el espacio tridimensional.

Capítulo 15. Regiones Planas y Ubicación Espacial

Theorem 15.3.6 La **distancia mínima** d entre un punto $P(x_0, y_0, z_0)$ y un plano π dado por la ecuación $Ax + By + Cz + D = 0$ es:

$$d = \left| \frac{Ax_0 + By_0 + Cz_0 + D}{\sqrt{A^2 + B^2 + C^2}} \right|.$$

Demostración. La distancia de un punto al plano es la proyección ortogonal del vector desde un punto cualquiera del plano al punto dado sobre el vector normal al plano. Al normalizar el vector normal, obtenemos la fórmula indicada. ∎

Esta fórmula es esencial para resolver problemas que involucran posiciones relativas entre puntos y planos.

■ **Example 15.12** Calcular la distancia desde el punto $P(3, -2, 5)$ al plano $\pi : 2x - y + 2z - 5 = 0$.

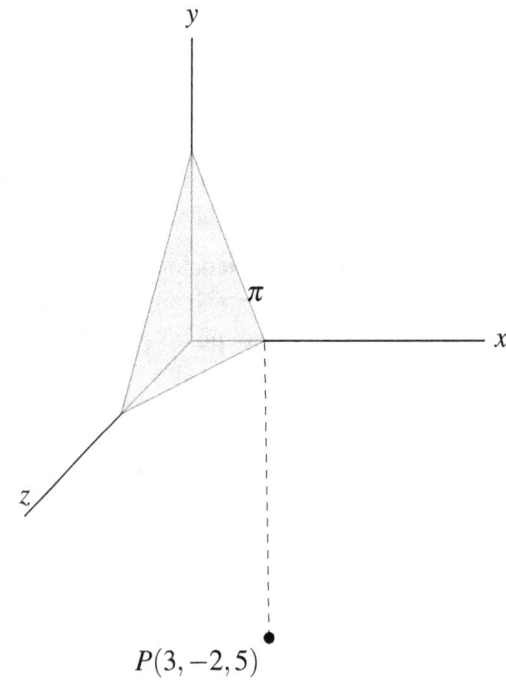

Figura 15.3.2: *Distancia desde el punto P al plano π.*

■

Aplicamos la fórmula de distancia punto a plano:

$$d = \left| \frac{2(3) - (-2) + 2(5) - 5}{\sqrt{2^2 + (-1)^2 + 2^2}} \right| = \left| \frac{6 + 2 + 10 - 5}{\sqrt{4 + 1 + 4}} \right| = \left| \frac{13}{\sqrt{9}} \right| = \left| \frac{13}{3} \right| \approx 4{,}33.$$

Por lo tanto, la distancia es aproximadamente 4,33 unidades.

Este ejemplo demuestra cómo aplicar la fórmula para determinar distancias en el espacio tridimensional.

Lema 15.3.1 La **intersección** de una recta y un plano en el espacio se puede encontrar resolviendo el sistema de ecuaciones formado por las ecuaciones paramétricas de la recta y la ecuación del plano.

15.3 Rectas y planos en el espacio: relaciones de paralelismo y perpendicularidad.

Demostración. Sustituyendo las expresiones paramétricas de x, y y z de la recta en la ecuación del plano, obtenemos una ecuación en términos del parámetro t. Al resolver esta ecuación, encontramos el valor de t que corresponde al punto de intersección. ∎

Esta técnica es esencial para resolver problemas que involucran puntos de intersección en el espacio.

■ **Example 15.13** Encontrar el punto de intersección entre la recta r dada por:

$$x = 1 + 2t, \quad y = -1 + t, \quad z = 3 - t,$$

y el plano $\pi : x + y + z = 6$.

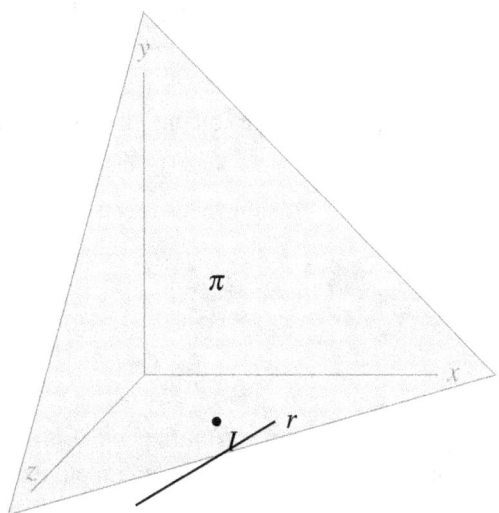

Figura 15.3.3: *Intersección de la recta r con el plano π en el punto I.*

■

Sustituimos las ecuaciones de la recta en la ecuación del plano:

$$(1+2t)+(-1+t)+(3-t) = 6 \implies 1+2t-1+t+3-t = 6 \implies (2t+t-t)+(1-1+3) = 6.$$

Simplificando:

$$2t + 3 = 6 \implies 2t = 3 \implies t = \frac{3}{2}.$$

Sustituimos $t = \frac{3}{2}$ en las ecuaciones paramétricas:

$$x = 1 + 2\left(\frac{3}{2}\right) = 1 + 3 = 4,$$

$$y = -1 + \frac{3}{2} = -1 + 1{,}5 = 0{,}5,$$

$$z = 3 - \frac{3}{2} = 3 - 1{,}5 = 1{,}5.$$

Por lo tanto, el punto de intersección es $I(4, 0{,}5, 1{,}5)$.

Este ejemplo muestra cómo determinar el punto de intersección entre una recta y un plano en el espacio.

> **Theorem 15.3.7** La **distancia mínima** d entre dos rectas que se cruzan en el espacio, con vectores directores $\vec{u}$ y $\vec{v}$, viene dada por:
>
> $$d = \frac{|(\vec{P_2} - \vec{P_1}) \cdot (\vec{u} \times \vec{v})|}{|\vec{u} \times \vec{v}|},$$
>
> donde $\vec{P_1}$ y $\vec{P_2}$ son puntos en las rectas respectivas.

Demostración. La distancia mínima entre dos rectas que se cruzan es la longitud del segmento común perpendicular a ambas. El numerador representa el volumen del paralelepípedo definido por los vectores $\vec{P_2} - \vec{P_1}$, $\vec{u}$ y $\vec{v}$, y el denominador es el área de la base del paralelepípedo, lo que al dividir nos da la altura, es decir, la distancia mínima. ∎

Esta fórmula es crucial en problemas que requieren calcular distancias entre elementos en el espacio tridimensional.

Exercise 15.11 Calcular la distancia mínima entre las rectas r_1 y r_2 dadas por:

$$r_1 : \frac{x-1}{2} = \frac{y+1}{-1} = \frac{z}{3}, \quad r_2 : \frac{x}{1} = \frac{y-2}{2} = \frac{z-1}{-2}.$$

Exercise 15.12 Encontrar el punto de intersección entre el plano $\pi_1 : x+y+z = 6$ y el plano $\pi_2 : 2x-y+3z = 4$, y determinar la ecuación paramétrica de la recta que resulta de su intersección.

> (R) La capacidad para resolver problemas espaciales complejos depende en gran medida de una comprensión sólida de los conceptos fundamentales, como vectores, rectas y planos, y de las relaciones entre ellos. Las técnicas y teoremas presentados en esta sección son herramientas poderosas para abordar y solucionar una amplia gama de problemas en geometría espacial y otras áreas relacionadas.

[of Exercise 2] Para encontrar la intersección de los planos π_1 y π_2, buscamos una recta que satisfaga ambas ecuaciones.

Podemos parametrizar una de las variables. Por ejemplo, sea $z = t$.

De la ecuación de π_1:

$$x + y + t = 6 \implies x = 6 - y - t.$$

De la ecuación de π_2:

$$2x - y + 3t = 4.$$

Sustituyendo x:

$$2(6 - y - t) - y + 3t = 4 \implies 12 - 2y - 2t - y + 3t = 4.$$

Simplificando:

$$12 - 3y + t = 4 \implies -3y + t = -8 \implies 3y = t + 8 \implies y = \frac{t+8}{3}.$$

Ahora, sustituyendo y en x:

$$x = 6 - \frac{t+8}{3} - t = 6 - \frac{t+8}{3} - t = 6 - \frac{t+8+3t}{3} = 6 - \frac{4t+8}{3} = \frac{18-4t-8}{3} = \frac{10-4t}{3}.$$

Entonces, la ecuación paramétrica de la recta de intersección es:

$$x = \frac{10-4t}{3}, \quad y = \frac{t+8}{3}, \quad z = t.$$

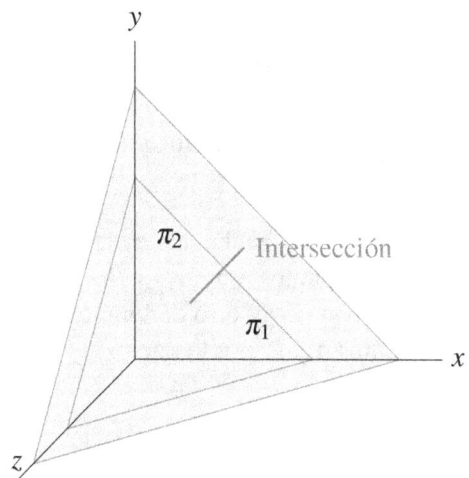

Figura 15.3.4: *Intersección de los planos π_1 y π_2 resultando en una recta.*

En este ejercicio, hemos encontrado la ecuación paramétrica de la recta de intersección entre dos planos, lo cual es un problema común en geometría del espacio.

En conclusión, la resolución de problemas espaciales requiere una combinación de comprensión teórica y habilidades prácticas en geometría analítica y álgebra vectorial. Los métodos y ejemplos presentados proporcionan una base sólida para abordar desafíos más complejos en matemáticas y disciplinas relacionadas.

15.4 Ejercicios Resueltos

Exercise 15.13 Demostrar que el área de un triángulo equilátero de lado l es $\frac{\sqrt{3}}{4}l^2$.

Demostración. Un triángulo equilátero puede dividirse en dos triángulos rectángulos. La altura h del triángulo puede encontrarse usando el Teorema de Pitágoras en uno de estos triángulos rectángulos, donde el cateto es $\frac{l}{2}$ y la hipotenusa es l:

$$h = \sqrt{l^2 - \left(\frac{l}{2}\right)^2} = \sqrt{l^2 - \frac{l^2}{4}} = \sqrt{\frac{3l^2}{4}} = \frac{\sqrt{3}}{2}l.$$

El área del triángulo equilátero es entonces:

$$A = \frac{1}{2} \times l \times h = \frac{1}{2} \times l \times \frac{\sqrt{3}}{2}l = \frac{\sqrt{3}}{4}l^2.$$

∎

Exercise 15.14 Calcular el área de un pentágono regular de lado $l = 5$ cm y apotema $a = 6{,}9$ cm.

Demostración. El área A de un polígono regular se calcula mediante la fórmula:
$$A = \frac{n \cdot l \cdot a}{2},$$
donde n es el número de lados, l es la longitud de un lado, y a es el apotema. Para un pentágono regular, $n = 5$. Sustituyendo los valores:
$$A = \frac{5 \cdot 5 \cdot 6{,}9}{2} = \frac{172{,}5}{2} = 86{,}25 \,\text{cm}^2.$$
Por lo tanto, el área del pentágono es $86{,}25\,\text{cm}^2$. ∎

Exercise 15.15 Demostrar que la distancia entre los puntos $A(x_1, y_1)$ y $B(x_2, y_2)$ en el plano cartesiano es $d = \sqrt{(x_2 - x_1)^2 + (y_2 - y_1)^2}$.

Demostración. La distancia entre dos puntos en el plano cartesiano se puede calcular utilizando el Teorema de Pitágoras. Considerando los puntos $A(x_1, y_1)$ y $B(x_2, y_2)$, se puede formar un triángulo rectángulo con un cateto de longitud $|x_2 - x_1|$ y otro de longitud $|y_2 - y_1|$. La hipotenusa de este triángulo es la distancia entre los puntos A y B, por lo que:
$$d = \sqrt{(x_2 - x_1)^2 + (y_2 - y_1)^2}.$$
∎

Exercise 15.16 Calcular el volumen de un cilindro de radio $r = 4$ cm y altura $h = 10$ cm.

Demostración. El volumen V de un cilindro se calcula con la fórmula:
$$V = \pi r^2 h.$$
Sustituyendo los valores dados:
$$V = \pi (4)^2 (10) = \pi \cdot 16 \cdot 10 = 160\pi \,\text{cm}^3.$$
Por lo tanto, el volumen del cilindro es $160\pi\,\text{cm}^3$, o aproximadamente $502{,}65\,\text{cm}^3$. ∎

Exercise 15.17 Demostrar que el ángulo entre dos rectas con pendientes m_1 y m_2 es:
$$\theta = \arctan\left(\frac{|m_2 - m_1|}{1 + m_1 m_2}\right).$$

Demostración. Sea α el ángulo que la primera recta, con pendiente m_1, forma con el eje x, y sea β el ángulo que la segunda recta, con pendiente m_2, forma con el eje x. Entonces, la pendiente de cada recta es $m_1 = \tan\alpha$ y $m_2 = \tan\beta$. El ángulo θ entre las dos rectas es la diferencia $|\alpha - \beta|$. Utilizando la identidad de la tangente de la diferencia de ángulos:
$$\tan(\alpha - \beta) = \frac{\tan\alpha - \tan\beta}{1 + \tan\alpha \tan\beta} = \frac{m_1 - m_2}{1 + m_1 m_2}.$$
Por lo tanto, el ángulo θ entre las dos rectas es:
$$\theta = \arctan\left(\frac{|m_2 - m_1|}{1 + m_1 m_2}\right).$$
∎

15.5 Ejercicios Propuestos

15.5.1 Perímetros y áreas de figuras planas: círculos, triángulos y polígonos

Exercise 15.18 Calcular el perímetro y el área de un círculo de radio $r = 7$ cm.

Exercise 15.19 Hallar el área de un triángulo equilátero de lado $l = 10$ cm.

Exercise 15.20 Calcular el área y el perímetro de un cuadrado cuyo lado mide 12 cm.

Exercise 15.21 Determinar el área de un pentágono regular inscrito en una circunferencia de radio 5 cm.

Exercise 15.22 Hallar el área de un hexágono regular de lado 8 cm.

15.5.2 Sistema de coordenadas: ubicación de puntos, distancias y pendientes

Exercise 15.23 Calcular la distancia entre los puntos $A(3,4)$ y $B(-1,-2)$ en el plano cartesiano.

Exercise 15.24 Determinar la pendiente de la recta que pasa por los puntos $C(2,3)$ y $D(6,7)$.

Exercise 15.25 Encuentra las coordenadas del punto medio del segmento que une los puntos $E(1,-1)$ y $F(4,5)$.

Exercise 15.26 Si la pendiente de una recta es $\frac{3}{4}$, ¿cuál es el ángulo que forma la recta con el eje x?

Exercise 15.27 Calcular el área de un triángulo en el plano cartesiano formado por los puntos $G(0,0)$, $H(3,0)$ y $I(0,4)$.

15.5.3 Rectas y planos en el espacio: relaciones de paralelismo y perpendicularidad

Exercise 15.28 Determinar si las rectas $L_1 : \frac{x-1}{2} = \frac{y+2}{-1} = \frac{z}{3}$ y $L_2 : \frac{x}{1} = \frac{y-1}{2} = \frac{z+1}{-3}$ son paralelas, perpendiculares o ninguna de las anteriores.

Exercise 15.29 Calcular el ángulo entre el plano $\pi_1 : 2x - y + 2z = 5$ y el plano $\pi_2 : x + y + z = 3$.

Exercise 15.30 Encontrar la ecuación del plano que pasa por los puntos $P(1,2,3)$, $Q(4,5,6)$ y $R(7,8,9)$.

Exercise 15.31 Calcular la distancia desde el punto $S(3,-2,5)$ al plano $\pi : x - 2y + z = 4$.

16. Sólidos Geométricos

16.1 Cuerpos geométricos: prismas, cilindros, conos y esferas.

16.1.1 Volumen de prismas y cilindros.

En el estudio de los sólidos geométricos, los prismas y los cilindros son figuras fundamentales que permiten comprender conceptos más avanzados en geometría espacial y cálculo integral. Analizar sus propiedades y métodos para calcular sus volúmenes es esencial para aplicaciones en ingeniería, física y matemáticas avanzadas.

> **Definition 16.1.1** Un **prisma** es un poliedro formado por dos bases congruentes y paralelas, que son polígonos, y caras laterales que son paralelogramos. Las aristas laterales son paralelas entre sí y perpendiculares a las bases en un prisma recto.

> **Definition 16.1.2** Un **cilindro** es un sólido geométrico generado por una recta (generatriz) que se mueve paralelamente a sí misma, manteniendo siempre contacto con una curva plana cerrada (directriz), normalmente un círculo en el caso del cilindro circular.

La principal característica que comparten los prismas y los cilindros es que su volumen puede calcularse multiplicando el área de la base por la altura del sólido.

> **Theorem 16.1.1** El **volumen** V de un prisma o cilindro es:
>
> $$V = A_b \times h,$$
>
> donde A_b es el área de la base y h es la altura del sólido.

Demostración. El volumen de un prisma o cilindro se deriva de la integración del área de la base a lo largo de la altura. Para un prisma o cilindro con base constante, el volumen es simplemente el producto del área de la base por la altura, ya que el área transversal es constante en toda la altura del sólido. ∎

Esta relación directa entre el área de la base y el volumen simplifica el cálculo y es aplicable a cualquier prisma o cilindro, independientemente de la forma de su base.

■ **Example 16.1** Calcular el volumen de un prisma rectangular cuyas dimensiones son: largo $l = 8$ cm, ancho $w = 5$ cm y altura $h = 10$ cm.

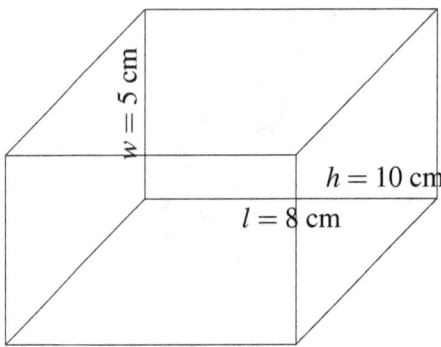

Figura 16.1.1: *Prisma rectangular con dimensiones dadas.*

El área de la base es el área del rectángulo:

$$A_b = l \times w = 8 \text{ cm} \times 5 \text{ cm} = 40 \text{ cm}^2.$$

El volumen es:

$$V = A_b \times h = 40 \text{ cm}^2 \times 10 \text{ cm} = 400 \text{ cm}^3.$$

Este ejemplo muestra la aplicación directa de la fórmula del volumen en un prisma rectangular, facilitando el cálculo mediante la multiplicación de sus dimensiones.

Definition 16.1.3 Un **cilindro circular recto** es un cilindro cuya base es un círculo y su eje es perpendicular al plano de la base.

Theorem 16.1.2 El **volumen** V de un cilindro circular recto es:

$$V = \pi r^2 h,$$

donde r es el radio de la base y h es la altura del cilindro.

Demostración. El área de la base de un cilindro circular es $A_b = \pi r^2$. Aplicando la fórmula general del volumen para prismas y cilindros:

$$V = A_b \times h = \pi r^2 h.$$

Esta fórmula es fundamental en diversos campos, incluyendo la ingeniería y la física, donde los cilindros son formas comunes en estructuras y componentes.

■ **Example 16.2** Calcular el volumen de un cilindro circular recto con radio $r = 3$ m y altura $h = 5$ m.

Calculamos el área de la base:

$$A_b = \pi r^2 = \pi (3 \text{ m})^2 = 9\pi \text{ m}^2.$$

16.1 Cuerpos geométricos: prismas, cilindros, conos y esferas.

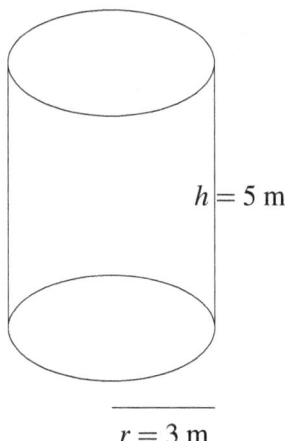

Figura 16.1.2: *Cilindro circular recto con radio y altura dados.*

El volumen es:

$$V = A_b \times h = 9\pi \text{ m}^2 \times 5 \text{ m} = 45\pi \text{ m}^3 \approx 141{,}37 \text{ m}^3.$$

Este ejemplo ilustra cómo utilizar la fórmula del volumen de un cilindro circular recto, obteniendo un resultado exacto en términos de π y una aproximación decimal.

Lema 16.1.1 El volumen de un prisma o cilindro se mantiene constante si se conserva el área de la base y la altura, independientemente de la forma específica de la base.

Demostración. Dado que el volumen $V = A_b \times h$, mientras el producto del área de la base y la altura permanezca constante, el volumen no cambia. La forma de la base puede variar, pero si su área total no se modifica, el volumen del sólido permanece igual. ∎

Este resultado es útil en optimización y diseño, donde se busca maximizar o minimizar ciertas dimensiones manteniendo constante el volumen.

Corollary 16.1.3 Dos prismas o cilindros con alturas iguales y bases de igual área tienen volúmenes iguales.

Demostración. Directamente del lema anterior, si $A_{b1} = A_{b2}$ y $h_1 = h_2$, entonces:

$$V_1 = A_{b1} \times h_1 = A_{b2} \times h_2 = V_2.$$

∎

Exercise 16.1 Calcular el volumen de un prisma triangular recto cuya base es un triángulo equilátero de lado $l = 6$ cm y altura del prisma $h = 12$ cm.

Primero, calcula el área de la base utilizando la fórmula del área de un triángulo equilátero:

$$A_b = \frac{\sqrt{3}}{4} l^2.$$

Luego, multiplica el área de la base por la altura del prisma para obtener el volumen.

Exercise 16.2 Un cilindro tiene un volumen de 200π cm³ y una altura de $h = 8$ cm. Determina el radio r de la base del cilindro.

Utiliza la fórmula del volumen del cilindro $V = \pi r^2 h$ y despeja r:

$$r = \sqrt{\frac{V}{\pi h}}.$$

(R) En cálculos avanzados, es común utilizar el **cálculo integral** para determinar el volumen de sólidos de revolución, que pueden ser considerados como una generalización de los cilindros. Este enfoque permite calcular volúmenes de sólidos con bases y alturas variables.

Para profundizar en el estudio de volúmenes, es útil explorar cómo las integrales permiten calcular volúmenes de sólidos más complejos, como aquellos obtenidos al rotar una función alrededor de un eje.

Proposition 16.1.4 El volumen V de un sólido de revolución generado al rotar una función continua y no negativa $f(x)$ en el intervalo $[a,b]$ alrededor del eje x es:

$$V = \pi \int_a^b [f(x)]^2 dx.$$

Demostración. Al rotar la función $f(x)$ alrededor del eje x, se genera un sólido cuyas secciones transversales perpendiculares al eje x son círculos de radio $f(x)$. El área de cada sección es $A(x) = \pi [f(x)]^2$. Integrando estas áreas a lo largo de $[a,b]$, obtenemos el volumen total del sólido. ∎

Este método es esencial en el cálculo de volúmenes de sólidos con formas más complejas que los prismas y cilindros convencionales.

■ **Example 16.3** Calcular el volumen del sólido generado al rotar alrededor del eje x la función $f(x) = \sqrt{x}$ desde $x = 0$ hasta $x = 4$.

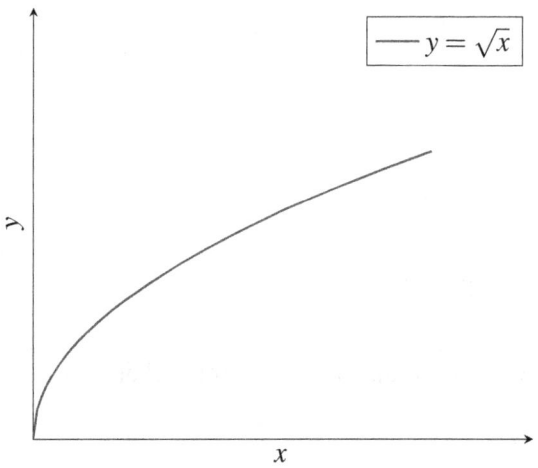

Figura 16.1.3: *Gráfica de $y = \sqrt{x}$ desde $x = 0$ hasta $x = 4$.*

16.1 Cuerpos geométricos: prismas, cilindros, conos y esferas.

Aplicamos la fórmula del volumen del sólido de revolución:

$$V = \pi \int_0^4 [\sqrt{x}]^2 dx = \pi \int_0^4 x\, dx = \pi \left[\frac{x^2}{2}\right]_0^4 = \pi \left(\frac{16}{2} - 0\right) = 8\pi.$$

Por lo tanto, el volumen del sólido es 8π unidades cúbicas.

Este ejemplo demuestra cómo integrar conceptos de cálculo integral en el cálculo de volúmenes, ampliando las herramientas disponibles para resolver problemas más complejos.

> (R) La comprensión profunda de las propiedades de los prismas y cilindros, así como la habilidad para aplicar técnicas de cálculo integral, es fundamental para abordar problemas avanzados en ingeniería y física, donde los sólidos pueden tener geometrías no convencionales.

En resumen, el estudio del volumen de prismas y cilindros es un punto de partida esencial para comprender conceptos más avanzados en geometría espacial y cálculo, permitiendo resolver una amplia variedad de problemas en matemáticas y sus aplicaciones.

16.1.2 Áreas superficiales de conos y esferas.

El estudio de las áreas superficiales de los conos y esferas es fundamental en geometría, ya que permite calcular magnitudes físicas y resolver problemas en ingeniería, física y matemáticas aplicadas. A continuación, se presentan definiciones y teoremas clave, acompañados de ejemplos y ejercicios que facilitan la comprensión de estos conceptos.

Definition 16.1.4 Un **cono** es un sólido de revolución generado al girar un triángulo rectángulo alrededor de uno de sus catetos. Está formado por una base circular y una superficie lateral que converge en un punto llamado **vértice** del cono.

Definition 16.1.5 La **esfera** es el conjunto de todos los puntos en el espacio que están a una distancia fija r, llamada **radio**, de un punto fijo O, denominado **centro** de la esfera.

Para calcular las áreas superficiales de estos sólidos, es necesario entender sus propiedades geométricas y aplicar técnicas de integración en casos avanzados.

> **Theorem 16.1.5** El **área superficial** A de un cono recto de altura h y radio de la base r es:
>
> $$A = \pi r(r+s),$$
>
> donde $s = \sqrt{r^2 + h^2}$ es la **generatriz** del cono.

Demostración. El área superficial de un cono consta de dos partes: el área de la base y el área lateral.

Área de la base:

$$A_{\text{base}} = \pi r^2.$$

Área lateral: La superficie lateral se puede "desenrollar."en un sector circular con radio s y longitud de arco $l = 2\pi r$. El área del sector es:

$$A_{\text{lateral}} = \pi r s.$$

Área total:

$$A = A_{\text{base}} + A_{\text{lateral}} = \pi r^2 + \pi r s = \pi r(r+s).$$

∎

(R) La generatriz *s* representa la distancia desde el vértice del cono hasta cualquier punto de la circunferencia de la base. Es la hipotenusa del triángulo rectángulo formado por el radio *r*, la altura *h* y la generatriz *s*.

■ **Example 16.4** Calcular el área superficial de un cono recto con radio $r = 4$ cm y altura $h = 3$ cm.

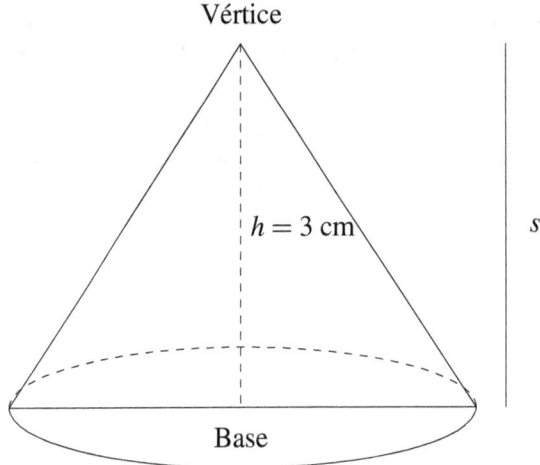

Figura 16.1.4: *Cono recto con radio $r = 4$ cm y altura $h = 3$ cm.*

Primero, calculamos la generatriz *s*:

$$s = \sqrt{r^2 + h^2} = \sqrt{4^2 + 3^2} = \sqrt{16 + 9} = \sqrt{25} = 5 \text{ cm}.$$

Ahora, calculamos el área superficial:

$$A = \pi r(r+s) = \pi(4)(4+5) = \pi(4)(9) = 36\pi \text{ cm}^2.$$

Este ejemplo demuestra la aplicación directa de la fórmula del área superficial de un cono recto. De manera similar, podemos analizar la esfera y su área superficial.

Theorem 16.1.6 El **área superficial** *A* de una esfera de radio *r* es:

$$A = 4\pi r^2.$$

Demostración. El área superficial de una esfera puede derivarse mediante integración o reconociendo que es cuatro veces el área de un círculo máximo (gran círculo) de la esfera. Matemáticamente:

$$A = 4 \times (\text{Área del círculo máximo}) = 4\pi r^2.$$

Alternativamente, utilizando cálculo integral, el área se obtiene integrando los anillos infinitesimales que forman la esfera al rotar una semicircunferencia alrededor del eje *x*:

$$A = 2\pi \int_{-r}^{r} \sqrt{r^2 - x^2}\, dx = 4\pi r^2.$$

16.1 Cuerpos geométricos: prismas, cilindros, conos y esferas.

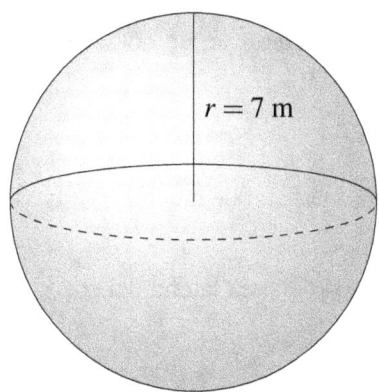

Figura 16.1.5: *Esfera con radio $r = 7$ m.*

(R) La fórmula $A = 4\pi r^2$ es fundamental en física, especialmente en temas relacionados con radiación y flujo, donde el área superficial de una esfera es clave en las ecuaciones.

■ **Example 16.5** Calcular el área superficial de una esfera con radio $r = 7$ m. ■

Aplicamos la fórmula del área superficial de la esfera:

$$A = 4\pi r^2 = 4\pi(7 \text{ m})^2 = 4\pi(49 \text{ m}^2) = 196\pi \text{ m}^2.$$

Este ejemplo muestra cómo calcular el área superficial de una esfera utilizando la fórmula establecida.

Es interesante notar cómo las fórmulas de áreas superficiales de conos y esferas están relacionadas con las propiedades geométricas de los sólidos y cómo pueden derivarse mediante métodos analíticos.

Lema 16.1.2 El área lateral de un cono se puede obtener como el área de un sector circular cuyo ángulo central θ está dado por:

$$\theta = 2\pi \left(\frac{r}{s}\right),$$

donde r es el radio de la base y s es la generatriz.

Demostración. Al desarrollar la superficie lateral del cono, se obtiene un sector circular de radio s y longitud de arco $l = 2\pi r$. El ángulo central es:

$$\theta = \frac{l}{s} = \frac{2\pi r}{s}.$$

El área del sector es:

$$A_{\text{lateral}} = \frac{\theta}{2\pi} \times \pi s^2 = \frac{2\pi r}{s} \times \frac{s^2}{2\pi} = \pi r s.$$

■

Este lema proporciona una interpretación geométrica del área lateral del cono, relacionándola con un sector circular.

> **Exercise 16.3** Determinar el área lateral de un cono recto cuyo radio es $r = 5$ cm y cuya generatriz es $s = 13$ cm.

> **Exercise 16.4** Calcular el área superficial de una esfera cuyo diámetro es $d = 10$ cm.

[of Exercise 1] Utilizamos la fórmula del área lateral del cono:

$$A_{\text{lateral}} = \pi r s = \pi (5 \text{ cm})(13 \text{ cm}) = 65\pi \text{ cm}^2.$$

[of Exercise 2] Primero, encontramos el radio:

$$r = \frac{d}{2} = \frac{10 \text{ cm}}{2} = 5 \text{ cm}.$$

Luego, calculamos el área superficial de la esfera:

$$A = 4\pi r^2 = 4\pi (5 \text{ cm})^2 = 4\pi (25 \text{ cm}^2) = 100\pi \text{ cm}^2.$$

> (R) En problemas de diseño y construcción, es común requerir el cálculo de áreas superficiales para determinar la cantidad de material necesario para cubrir un sólido. Las fórmulas presentadas son esenciales para estimaciones precisas.

En conclusión, el estudio de las áreas superficiales de conos y esferas es crucial en geometría y sus aplicaciones. Las fórmulas derivadas y los métodos de cálculo permiten resolver problemas prácticos y teóricos, y establecen conexiones importantes entre distintas áreas de las matemáticas.

16.2 Cálculo de volúmenes y áreas superficiales: fórmulas y aplicaciones.

16.2.1 Aplicaciones en problemas de ingeniería.

El cálculo de volúmenes y áreas superficiales es fundamental en ingeniería para diseñar y analizar estructuras, recipientes, componentes mecánicos y sistemas. La precisión en estos cálculos asegura la eficiencia, seguridad y optimización de recursos en proyectos de ingeniería.

> **Definition 16.2.1** Un **tanque cilíndrico horizontal** es un recipiente con forma de cilindro acostado sobre su eje longitudinal. Se utiliza comúnmente para almacenar líquidos y gases en industrias químicas, petroleras y de almacenamiento de agua.

Calcular el volumen de líquido en un tanque cilíndrico horizontal es esencial para determinar la capacidad de almacenamiento y monitorear el nivel de llenado.

> **Theorem 16.2.1** El **volumen de líquido** V en un tanque cilíndrico horizontal de radio r, longitud L y altura de líquido h viene dado por:
>
> $$V = L \left(r^2 \cos^{-1}\left(\frac{r-h}{r}\right) - (r-h)\sqrt{2rh - h^2} \right).$$

Demostración. La sección transversal del tanque es un círculo de radio r. El área A del segmento circular lleno de líquido es:

$$A = r^2 \cos^{-1}\left(\frac{r-h}{r}\right) - (r-h)\sqrt{2rh - h^2}.$$

Multiplicando el área A por la longitud L, obtenemos el volumen V del líquido en el tanque. ∎

16.2 Cálculo de volúmenes y áreas superficiales: fórmulas y aplicaciones.

■ **Example 16.6** Calcular el volumen de petróleo en un tanque cilíndrico horizontal de radio $r = 3$ m y longitud $L = 10$ m cuando está lleno hasta una altura de $h = 4$ m.

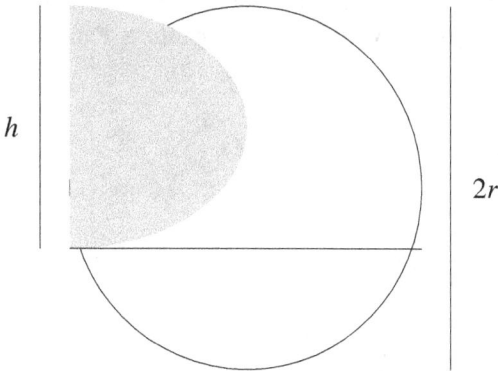

Sección transversal del tanque

Figura 16.2.1: *Sección transversal de un tanque cilíndrico horizontal con altura de líquido h.*

■

Primero, calculamos $\cos^{-1}\left(\dfrac{r-h}{r}\right)$:

$$\cos^{-1}\left(\frac{3-4}{3}\right) = \cos^{-1}\left(-\frac{1}{3}\right) \approx 1{,}9106 \text{ rad.}$$

Luego, calculamos $\sqrt{2rh - h^2}$:

$$\sqrt{2 \times 3 \times 4 - 4^2} = \sqrt{24 - 16} = \sqrt{8} \approx 2{,}8284.$$

Ahora, el área A es:

$$A = 3^2 \times 1{,}9106 - (-1) \times 2{,}8284 = 9 \times 1{,}9106 + 2{,}8284 \approx 17{,}1954 + 2{,}8284 = 20{,}0238 \text{ m}^2.$$

El volumen V es:

$$V = 10 \times 20{,}0238 = 200{,}238 \text{ m}^3.$$

Este cálculo es esencial para ingenieros que necesitan determinar la cantidad de líquido almacenado en tanques para procesos industriales.

Definition 16.2.2 Un **tobogán helicoidal** es una estructura en forma de hélice utilizada en parques acuáticos y de atracciones. Su diseño requiere el cálculo preciso de áreas y volúmenes para garantizar la seguridad y funcionalidad.

El diseño de un tobogán helicoidal implica comprender la geometría de una hélice y su desarrollo en el espacio.

Theorem 16.2.2 El **longitud de una hélice** con radio r, altura h y número de vueltas n está dada por:

$$L = n\sqrt{(2\pi r)^2 + \left(\frac{h}{n}\right)^2}.$$

Demostración. La longitud de una hélice es la longitud de una curva que avanza en el espacio realizando vueltas alrededor de un eje y ascendiendo en altura. Para una vuelta completa, la longitud L_1 es:

$$L_1 = \sqrt{(2\pi r)^2 + \left(\frac{h}{n}\right)^2}.$$

Multiplicando por el número de vueltas n, obtenemos la longitud total:

$$L = nL_1 = n\sqrt{(2\pi r)^2 + \left(\frac{h}{n}\right)^2}.$$

■

■ **Example 16.7** Diseñar un tobogán helicoidal con radio $r = 5$ m, altura total $h = 15$ m y $n = 3$ vueltas. Calcular la longitud del tobogán.

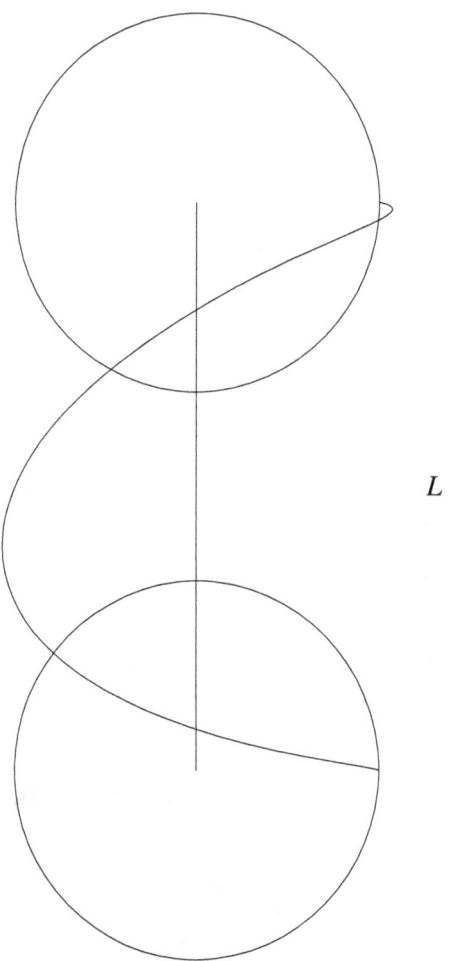

Figura 16.2.2: *Representación esquemática del tobogán helicoidal.*

16.2 Cálculo de volúmenes y áreas superficiales: fórmulas y aplicaciones.

Calculamos la longitud L:

$$L = 3\sqrt{(2\pi \times 5)^2 + \left(\frac{15}{3}\right)^2} = 3\sqrt{(10\pi)^2 + 5^2} = 3\sqrt{(100\pi^2) + 25}.$$

Simplificamos:

$$L = 3\sqrt{100\pi^2 + 25} = 3\sqrt{25(4\pi^2 + 1)} = 3 \times 5\sqrt{4\pi^2 + 1} = 15\sqrt{4\pi^2 + 1}.$$

Calculamos numéricamente:

$$L \approx 15\sqrt{4 \times 9{,}8696 + 1} = 15\sqrt{39{,}4784 + 1} = 15\sqrt{40{,}4784} \approx 15 \times 6{,}3640 = 95{,}46 \text{ m}.$$

Este resultado es crucial para determinar la cantidad de material necesario y estimar el tiempo de recorrido del usuario en el tobogán.

> **Exercise 16.5** Un ingeniero civil debe diseñar una represa con forma de paralelepípedo rectangular que retenga un volumen de agua de $V = 10{,}000$ m^3. Si la base de la represa es un rectángulo de dimensiones $b = 50$ m y $a = 20$ m, determinar la altura h necesaria.

> **Exercise 16.6** En una fábrica, se necesita recubrir completamente una esfera metálica de radio $r = 2$ m con una capa de aislamiento térmico de espesor $e = 0{,}1$ m. Calcular el volumen de material aislante necesario.

(R) Las aplicaciones de los cálculos de volúmenes y áreas superficiales en ingeniería son vastas y abarcan desde el diseño estructural hasta procesos de manufactura y optimización de recursos. La precisión matemática es esencial para la innovación y eficiencia en soluciones de ingeniería.

Comprender y aplicar estos conceptos matemáticos avanzados permite a los ingenieros resolver problemas complejos y desarrollar proyectos que satisfacen requerimientos técnicos y económicos.

16.2.2 Cálculo de volúmenes en objetos irregulares.

El cálculo de volúmenes en objetos irregulares es un tema fundamental en matemáticas avanzadas y tiene aplicaciones directas en ingeniería, física y otras ciencias aplicadas. A diferencia de los sólidos con formas geométricas simples, los objetos irregulares requieren técnicas más sofisticadas, como el uso del cálculo integral y métodos numéricos, para determinar su volumen con precisión.

> **Definition 16.2.3** Un **objeto irregular** es un sólido cuya forma no puede ser descrita fácilmente mediante figuras geométricas elementales como prismas, cilindros, conos o esferas. Su volumen no puede calcularse utilizando fórmulas simples y requiere métodos avanzados, como la integración o técnicas de aproximación.

Para abordar el cálculo de volúmenes en objetos irregulares, es esencial comprender y aplicar conceptos de cálculo integral y geometría diferencial.

> **Theorem 16.2.3** — **Principio de Cavalieri.** Si dos sólidos en el espacio tienen la misma altura y todas las secciones transversales a la misma altura tienen áreas iguales, entonces los sólidos tienen volúmenes iguales.

Demostración. El Principio de Cavalieri establece que el volumen de un sólido puede determinarse considerando las áreas de sus secciones transversales horizontales. Si para cada altura h, las áreas de las secciones transversales $A(h)$ de dos sólidos son iguales, entonces al integrar estas áreas a lo largo de la altura común, los volúmenes serán iguales:

$$V = \int_0^H A(h)\,dh.$$

∎

Este principio es fundamental para calcular volúmenes de objetos irregulares al comparar con sólidos de volumen conocido.

■ **Example 16.8** Calcular el volumen del sólido limitado por la superficie $z = x^2 + y^2$ y el plano $z = 4$.

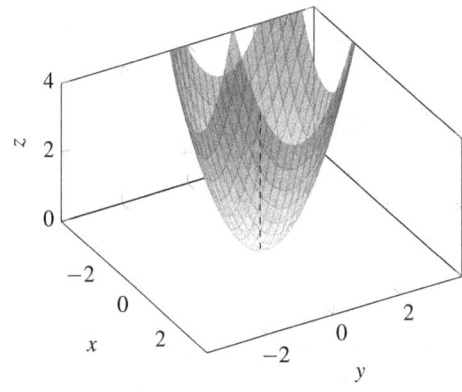

Figura 16.2.3: *Sólido limitado por $z = x^2 + y^2$ y $z = 4$.*

∎

El sólido es un paraboloide circular hacia arriba truncado en $z = 4$. Para calcular el volumen, usamos coordenadas cilíndricas. Sabemos que $x^2 + y^2 = r^2$, y el límite superior en z es $z = 4$. Los límites de integración son:

$$0 \leq r \leq 2, \quad 0 \leq \theta \leq 2\pi, \quad z = r^2 \leq z \leq 4.$$

El volumen V es:

$$V = \int_0^{2\pi} \int_0^2 \int_{r^2}^4 r\,dz\,dr\,d\theta.$$

Integrando respecto a z:

$$V = \int_0^{2\pi} \int_0^2 [z]_{r^2}^4 r\,dr\,d\theta = \int_0^{2\pi} \int_0^2 (4 - r^2)\,r\,dr\,d\theta.$$

Simplificamos la integral:

$$V = \int_0^{2\pi} \int_0^2 (4r - r^3)\,dr\,d\theta = \int_0^{2\pi} \left[2r^2 - \frac{r^4}{4}\right]_0^2 d\theta = \int_0^{2\pi} (8 - 4)\,d\theta = \int_0^{2\pi} 4\,d\theta.$$

16.2 Cálculo de volúmenes y áreas superficiales: fórmulas y aplicaciones.

Finalmente, integramos respecto a θ:

$$V = 4\theta \Big|_0^{2\pi} = 4(2\pi - 0) = 8\pi.$$

Por lo tanto, el volumen del sólido es 8π unidades cúbicas.

En este ejemplo, utilizamos coordenadas cilíndricas y el cálculo integral triple para determinar el volumen de un sólido definido por una superficie curva y un plano.

Lema 16.2.1 La integral de volumen en coordenadas cilíndricas para un sólido de revolución alrededor del eje z está dada por:

$$V = \int_0^{2\pi} \int_{r_{\min}}^{r_{\max}} \int_{z_{\min}(r)}^{z_{\max}(r)} r \, dz \, dr \, d\theta.$$

Demostración. En coordenadas cilíndricas, un elemento de volumen diferencial es $dV = r \, dz \, dr \, d\theta$. Al integrar sobre los límites apropiados en r, z y θ, se obtiene el volumen total del sólido. ∎

Este lema es fundamental para calcular volúmenes de sólidos con simetría rotacional o que se adaptan bien a las coordenadas cilíndricas.

Theorem 16.2.4 El **Teorema de Pappus** establece que el volumen V de un sólido de revolución generado al rotar una figura plana de área A alrededor de un eje externo a la figura y coplanar con ella es:

$$V = A \times d,$$

donde d es la distancia recorrida por el centroide de la figura durante la rotación, es decir, $d = 2\pi r$, siendo r la distancia desde el centroide al eje de rotación.

Demostración. El Teorema de Pappus se demuestra considerando que el volumen del sólido de revolución es equivalente al área de la figura plana multiplicada por la trayectoria circular recorrida por su centroide al rotar 360 grados alrededor del eje dado. ∎

Este teorema es especialmente útil para calcular volúmenes de sólidos irregulares generados por rotación, donde el área y el centroide de la figura plana son conocidos o pueden determinarse fácilmente.

■ **Example 16.9** Calcular el volumen del sólido generado al rotar alrededor del eje x la región bajo la curva $y = \sqrt{x}$ desde $x = 0$ hasta $x = 4$. ∎

Primero, encontramos el área A bajo la curva:

$$A = \int_0^4 \sqrt{x}\, dx = \frac{2}{3} x^{3/2} \Big|_0^4 = \frac{2}{3}(4)^{3/2} - 0 = \frac{2}{3}(8) = \frac{16}{3}.$$

El centroide $(\bar{x}, \bar{y})$ de la región bajo la curva $y = \sqrt{x}$ es:

$$\bar{x} = \frac{\int_a^b x f(x) \, dx}{A}, \quad \bar{y} = \frac{\int_a^b \frac{1}{2}[f(x)]^2 \, dx}{A}.$$

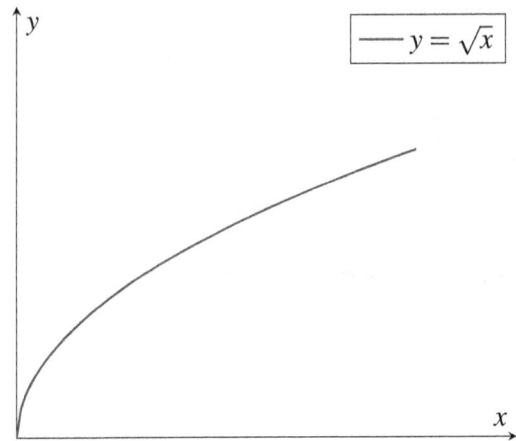

Figura 16.2.4: *Área bajo la curva $y = \sqrt{x}$ desde $x = 0$ hasta $x = 4$.*

Calculamos $\bar{x}$:

$$\bar{x} = \frac{\int_0^4 x\sqrt{x}\,dx}{\frac{16}{3}} = \frac{\int_0^4 x^{3/2}\,dx}{\frac{16}{3}} = \frac{\frac{2}{5}x^{5/2}\Big|_0^4}{\frac{16}{3}} = \frac{\frac{2}{5}(4)^{5/2}}{\frac{16}{3}} = \frac{\frac{2}{5}(32)}{\frac{16}{3}} = \frac{\frac{64}{5}}{\frac{16}{3}} = \frac{64 \times 3}{5 \times 16} = \frac{192}{80} = \frac{12}{5} = 2{,}4.$$

La distancia recorrida por el centroide al rotar alrededor del eje x es $d = 2\pi\bar{y}$. Sin embargo, como el área está bajo la curva y se rota alrededor del eje x, el centroide se mueve en línea recta y no recorre ninguna distancia. Por lo tanto, este método no es aplicable aquí. En su lugar, utilizamos el método de discos para calcular el volumen.

El volumen V es:

$$V = \pi \int_0^4 [\sqrt{x}]^2\,dx = \pi \int_0^4 x\,dx = \pi \frac{x^2}{2}\Big|_0^4 = \pi\left(\frac{16}{2} - 0\right) = 8\pi.$$

Por lo tanto, el volumen del sólido es 8π unidades cúbicas.

En este ejemplo, se demuestra que, para ciertos casos, es más apropiado utilizar métodos de integración directa en lugar del Teorema de Pappus.

> **Exercise 16.7** Calcular el volumen del sólido obtenido al rotar alrededor del eje y la región limitada por $x = y^2$ y $y = x - 2$.

> **Exercise 16.8** Determinar el volumen del sólido formado al rotar la región comprendida entre las curvas $y = \ln x$, $y = 0$, $x = 1$ y $x = e$ alrededor del eje x.

> (R) El cálculo de volúmenes de objetos irregulares es esencial en disciplinas como ingeniería civil, mecánica y arquitectura, donde las estructuras y componentes a menudo tienen formas complejas. Las técnicas integrales y los teoremas presentados permiten abordar estos problemas con rigor matemático.

La comprensión profunda de estos métodos y la capacidad para aplicarlos en situaciones diversas son habilidades clave en el razonamiento matemático avanzado, esenciales para estudiantes y profesionales en matemáticas y campos relacionados.

16.3 Problemas prácticos: uso de sólidos para resolver problemas cotidianos.

16.3.1 Aplicación en problemas de empaquetamiento.

El empaquetamiento es un área de estudio en geometría que busca determinar la mejor manera de acomodar objetos dentro de un espacio dado, de forma que se maximice el uso del espacio y se minimice el desperdicio. Este tema es fundamental en logística, diseño de materiales, comunicaciones y otras áreas donde la optimización espacial es crucial.

Definition 16.3.1 Un **empaquetamiento geométrico** es una disposición de figuras geométricas en un espacio determinado, de manera que no se superpongan y se optimice algún criterio, como la densidad (proporción del espacio ocupado) o el número de objetos colocados.

Un ejemplo clásico es el empaquetamiento de círculos en el plano o de esferas en el espacio tridimensional.

Theorem 16.3.1 La **densidad máxima** de un empaquetamiento de círculos iguales en el plano es $\frac{\pi}{2\sqrt{3}} \approx 0{,}9069$, lo que significa que aproximadamente el 90,69 % del plano puede ser cubierto por círculos en un empaquetamiento óptimo.

Demostración. El empaquetamiento más denso de círculos iguales en el plano es el *empaquetamiento hexagonal*, donde cada círculo está rodeado por seis círculos en una disposición tipo panal. La densidad δ de este empaquetamiento se calcula como:

$$\delta = \frac{\text{Área de un círculo}}{\text{Área de una celda hexagonal}} = \frac{\pi r^2}{2\sqrt{3} r^2} = \frac{\pi}{2\sqrt{3}} \approx 0{,}9069.$$

■

Este resultado es fundamental en la teoría del empaquetamiento y tiene aplicaciones prácticas en la optimización de espacios y materiales.

■ **Example 16.10** Determinar cuántas latas cilíndricas de diámetro $d = 6$ cm y altura $h = 12$ cm se pueden empaquetar en una caja rectangular de dimensiones $L = 30$ cm, $W = 24$ cm y $H = 12$ cm, utilizando un **empaquetamiento hexagonal**.

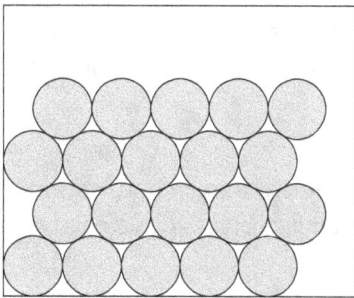

Figura 16.3.1: *Empaquetamiento hexagonal de cilindros en una caja rectangular.*

■

Paso 1: Calcular el número de cilindros en la dirección horizontal.
La distancia entre los centros de los cilindros en horizontal es igual al diámetro $d = 6$ cm.
Número máximo de cilindros en horizontal:

$$n_x = \left\lfloor \frac{L}{d} \right\rfloor = \left\lfloor \frac{30}{6} \right\rfloor = 5.$$

Paso 2: Calcular la distancia vertical entre filas.
En un empaquetamiento hexagonal, la distancia vertical entre filas es:

$$\Delta y = d \times \frac{\sqrt{3}}{2} = 6 \times \frac{\sqrt{3}}{2} \approx 5{,}196 \text{ cm}.$$

Paso 3: Calcular el número de filas que caben en la dirección vertical.
Número máximo de filas:

$$n_y = \left\lfloor \frac{W - \frac{d}{2}}{\Delta y} \right\rfloor + 1 = \left\lfloor \frac{24 - 3}{5{,}196} \right\rfloor + 1 = \left\lfloor \frac{21}{5{,}196} \right\rfloor + 1 = 5.$$

Paso 4: Calcular el número total de cilindros.
Las filas impares tienen $n_x = 5$ cilindros, y las filas pares tienen $n_x - 1 = 4$ cilindros.
Número total de cilindros:

$$\text{Total} = \left\lfloor \frac{n_y}{2} \right\rfloor (5+4) + (n_y \mod 2) \times 5 = 2 \times 9 + 1 \times 5 = 18 + 5 = 23.$$

Por lo tanto, se pueden empaquetar hasta **23 latas** en la caja utilizando el empaquetamiento hexagonal.

Este ejemplo ilustra cómo aplicar el empaquetamiento hexagonal para maximizar el número de objetos en un espacio limitado.

Lema 16.3.1 La **densidad máxima** de un empaquetamiento de esferas iguales en el espacio tridimensional es $\frac{\pi}{3\sqrt{2}} \approx 0{,}7405$, lo que significa que aproximadamente el 74,05 % del espacio puede ser ocupado por esferas en un empaquetamiento óptimo.

Demostración. El empaquetamiento más denso de esferas iguales en el espacio tridimensional es el *empaquetamiento compacto*, que puede ser cúbico centrado en las caras (FCC) o hexagonal compacto (HCP). La densidad δ de este empaquetamiento se calcula como:

$$\delta = \frac{\pi}{3\sqrt{2}} \approx 0{,}7405.$$

∎

Este resultado es relevante en la cristalografía y en el estudio de la estructura de materiales sólidos.

> **Exercise 16.9** Calcular cuántas esferas de radio $r = 3$ cm pueden ser empaquetadas en una caja cúbica de lado $L = 18$ cm utilizando el empaquetamiento de mayor densidad.

> **Exercise 16.10** Determinar el número máximo de latas cilíndricas de diámetro $d = 5$ cm y altura $h = 12$ cm que pueden ser empaquetadas en un contenedor cilíndrico de diámetro $D = 30$ cm y altura $H = 24$ cm.

> (R) Los problemas de empaquetamiento son cruciales en logística, diseño de empaques y almacenamiento, donde es fundamental optimizar el uso del espacio para reducir costos y mejorar la eficiencia.

En conclusión, el estudio de los problemas de empaquetamiento combina conceptos de geometría, optimización y teoría de números, y tiene aplicaciones prácticas en diversas áreas de la ciencia y la ingeniería. La comprensión de estos principios permite diseñar soluciones eficientes para el uso óptimo del espacio.

16.3 Problemas prácticos: uso de sólidos para resolver problemas cotidianos. 405

16.3.2 Uso de sólidos en diseño de objetos.

El diseño de objetos es un campo que combina la estética con la funcionalidad, y la geometría de sólidos juega un papel fundamental en este proceso. Comprender las propiedades matemáticas de los sólidos permite a los diseñadores crear objetos eficientes, atractivos y funcionales. En esta sección, exploraremos cómo se aplican los sólidos geométricos en el diseño de objetos, incorporando conceptos avanzados de matemáticas para optimizar y mejorar los diseños.

> **Definition 16.3.2** Un **modelo geométrico** es una representación matemática de un objeto físico utilizando formas geométricas básicas, como sólidos, superficies y curvas, para describir su estructura y propiedades.

Los modelos geométricos son esenciales en el diseño de objetos, ya que permiten analizar y modificar las características de un objeto antes de su producción, facilitando la optimización y la detección de posibles problemas.

> **Theorem 16.3.2** Todo objeto tridimensional puede ser aproximado mediante la combinación y transformación de sólidos geométricos básicos mediante operaciones de **unión**, **intersección** y **diferencia**, conocidas como operaciones booleanas.

Demostración. En geometría computacional y diseño asistido por computadora (CAD), los objetos complejos se construyen a partir de sólidos primitivos (como prismas, cilindros, conos y esferas) aplicando operaciones booleanas. Mediante la unión, intersección y diferencia, es posible combinar estos sólidos para aproximar cualquier forma tridimensional con la precisión deseada. ∎

Este teorema es fundamental en el modelado 3D, permitiendo la creación de diseños complejos a partir de formas simples.

■ **Example 16.11** Diseñar un jarrón con forma de sólido de revolución generado al rotar una curva definida por $y = x^3 - 3x$ alrededor del eje y entre $x = -2$ y $x = 2$.

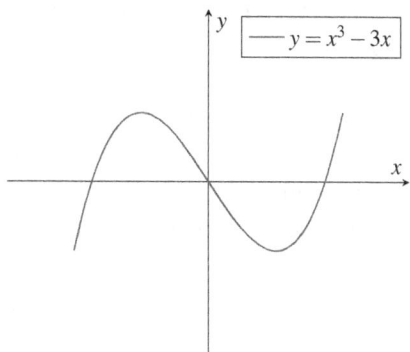

Figura 16.3.2: *Curva a rotar para generar el jarrón.*

■

Para diseñar el jarrón, rotamos la curva $y = x^3 - 3x$ alrededor del eje y. Esto genera un sólido de revolución cuya superficie y volumen pueden ser calculados mediante integrales.
El volumen V del jarrón es:

$$V = 2\pi \int_{y_{\min}}^{y_{\max}} x(y) A(y)\, dy,$$

donde $x(y)$ es la inversa de la función $y = x^3 - 3x$, y $A(y)$ es el área diferencial a una altura y. Sin embargo, debido a la complejidad de la función inversa, es más práctico parametrizar la curva.

Parametrizamos x en función de t:

$$x(t) = t, \quad y(t) = t^3 - 3t, \quad t \in [-2, 2].$$

El volumen se calcula mediante:

$$V = 2\pi \int_{-2}^{2} x(t) \left| \frac{dy}{dt} \right| dt = 2\pi \int_{-2}^{2} t |3t^2 - 3| dt.$$

Calculamos $\frac{dy}{dt}$:

$$\frac{dy}{dt} = 3t^2 - 3.$$

Tomamos el valor absoluto porque el volumen debe ser positivo.
Finalmente, evaluamos la integral:

$$V = 2\pi \int_{-2}^{2} t |3t^2 - 3| dt.$$

Esta integral puede ser resuelta por partes considerando los intervalos donde $3t^2 - 3$ cambia de signo.
Este ejemplo muestra cómo utilizar sólidos de revolución y cálculo integral para diseñar objetos con formas estéticas y funcionales.

Proposition 16.3.3 La utilización de **simetría** en el diseño de objetos reduce la complejidad del modelado y puede mejorar la resistencia estructural y la estética del objeto.

Demostración. La simetría permite que una parte del objeto represente el todo mediante operaciones de reflexión, rotación o traslación. Matemáticamente, si un objeto es simétrico respecto a un plano o eje, las propiedades estructurales y geométricas se distribuyen uniformemente, lo que puede conducir a una mejor distribución de tensiones y a una apariencia más armoniosa. ∎

La simetría es una herramienta poderosa en diseño, tanto desde el punto de vista estético como funcional.

Lema 16.3.2 El uso de **proporciones áureas** en las dimensiones de un objeto puede influir positivamente en la percepción estética del mismo.

Demostración. La proporción áurea $\phi = \frac{1 + \sqrt{5}}{2} \approx 1{,}618$ ha sido históricamente utilizada en arte y arquitectura por su efecto estético agradable. En diseño de objetos, ajustar las dimensiones clave para que estén en proporción áurea puede mejorar la percepción visual del objeto. Matemáticamente, si la relación entre dos dimensiones a y b es $\frac{a}{b} = \phi$, se dice que están en proporción áurea. ∎

■ **Example 16.12** Diseñar una pantalla rectangular donde la relación entre el largo L y el ancho W sea la proporción áurea. Si el ancho es $W = 24$ cm, determinar el largo L.

■

16.3 Problemas prácticos: uso de sólidos para resolver problemas cotidianos.

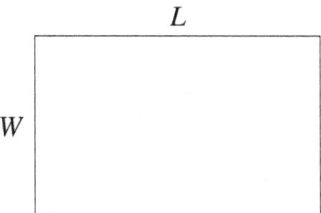

Figura 16.3.3: *Pantalla con proporción áurea.*

Aplicamos la proporción áurea:

$$\frac{L}{W} = \phi \implies L = \phi W = 1{,}618 \times 24 \text{ cm} \approx 38{,}83 \text{ cm}.$$

Por lo tanto, el largo de la pantalla debe ser aproximadamente 38,83 cm para cumplir con la proporción áurea.

Este ejemplo muestra cómo aplicar relaciones matemáticas en el diseño de objetos cotidianos para mejorar su estética.

> **Theorem 16.3.4** La optimización de materiales en el diseño de objetos puede lograrse mediante la minimización de la **relación superficie-volumen** (RSV) del objeto.

Demostración. La relación superficie-volumen está dada por $\text{RSV} = \dfrac{S}{V}$, donde S es el área superficial y V es el volumen del objeto. Al minimizar la RSV, se reduce la cantidad de material necesario para cubrir o construir el objeto en relación con el espacio que ocupa. Matemáticamente, para un objeto dado, encontrar la forma que minimiza S para un V fijo es un problema de cálculo de variaciones y optimización.

Por ejemplo, la esfera es el sólido que minimiza la RSV para un volumen dado, lo que se demuestra mediante el principio de que entre todos los sólidos de igual volumen, la esfera tiene el área superficial mínima. ∎

Este teorema es fundamental en el diseño de recipientes y estructuras donde se busca eficiencia en el uso de materiales.

> **Exercise 16.11** Diseñar un depósito cerrado con forma cilíndrica que contenga un volumen de $V = 1000$ litros (1 m³). Determinar las dimensiones (radio r y altura h) que minimizan el área superficial total del cilindro.

Formular el problema de optimización minimizando el área superficial $S = 2\pi rh + 2\pi r^2$ sujeto a la restricción de volumen $V = \pi r^2 h = 1$ m³.

Usar el método de multiplicadores de Lagrange o sustituir h en función de r a partir de la restricción de volumen y minimizar $S(r)$.

[of Exercise] Primero, expresamos h en función de r:

$$V = \pi r^2 h \implies h = \frac{V}{\pi r^2} = \frac{1}{\pi r^2}.$$

Ahora, expresamos el área superficial S en función de r:

$$S(r) = 2\pi r h + 2\pi r^2 = 2\pi r \left(\frac{1}{\pi r^2}\right) + 2\pi r^2 = \frac{2}{r} + 2\pi r^2.$$

Para minimizar $S(r)$, derivamos respecto a r y igualamos a cero:

$$S'(r) = -\frac{2}{r^2} + 4\pi r = 0.$$

Multiplicamos ambos lados por r^2:

$$-2 + 4\pi r^3 = 0 \implies 4\pi r^3 = 2 \implies r^3 = \frac{1}{2\pi} \implies r = \left(\frac{1}{2\pi}\right)^{1/3}.$$

Calculamos r:

$$r \approx \left(\frac{1}{2\pi}\right)^{1/3} \approx 0{,}535 \text{ m}.$$

Ahora, calculamos h:

$$h = \frac{1}{\pi r^2} = \frac{1}{\pi (0{,}535)^2} \approx \frac{1}{\pi \times 0{,}286} \approx 1{,}114 \text{ m}.$$

Por lo tanto, las dimensiones que minimizan el área superficial son aproximadamente $r = 0{,}535$ m y $h = 1{,}114$ m.

Este ejercicio muestra cómo aplicar técnicas de optimización matemática en el diseño de objetos para minimizar el uso de materiales.

> (R) El diseño de objetos requiere una integración de conceptos matemáticos avanzados, incluyendo geometría, cálculo y optimización. La capacidad de modelar matemáticamente los objetos y analizar sus propiedades permite crear diseños más eficientes, estéticos y funcionales.

En conclusión, el uso de sólidos en el diseño de objetos es una aplicación directa de las matemáticas en el mundo real. Mediante la comprensión y aplicación de conceptos geométricos y analíticos, es posible innovar y mejorar los diseños, optimizando recursos y creando objetos que satisfagan tanto necesidades funcionales como estéticas.

16.4 Ejercicios Resueltos

> **Exercise 16.12** Calcular el volumen de un prisma triangular recto cuya base es un triángulo equilátero de lado $l = 6$ cm y altura del prisma $h = 10$ cm.

Demostración. Primero, calculamos el área de la base del triángulo equilátero. La fórmula para el área A de un triángulo equilátero de lado l es:

$$A = \frac{\sqrt{3}}{4} l^2.$$

16.4 Ejercicios Resueltos

Sustituyendo $l = 6$ cm:

$$A = \frac{\sqrt{3}}{4} \times (6)^2 = \frac{\sqrt{3}}{4} \times 36 = 9\sqrt{3} \text{ cm}^2.$$

El volumen V del prisma es el área de la base multiplicada por la altura:

$$V = A \times h = 9\sqrt{3} \times 10 = 90\sqrt{3} \text{ cm}^3.$$

∎

Exercise 16.13 Calcular el área superficial de un cono recto con radio de la base $r = 4$ cm y altura $h = 3$ cm.

Demostración. Primero, calculamos la generatriz s del cono usando el teorema de Pitágoras:

$$s = \sqrt{r^2 + h^2} = \sqrt{4^2 + 3^2} = \sqrt{16 + 9} = \sqrt{25} = 5 \text{ cm}.$$

El área superficial total A del cono incluye el área de la base y el área lateral:

$$A = \pi r^2 + \pi r s = \pi(4)^2 + \pi(4)(5) = 16\pi + 20\pi = 36\pi \text{ cm}^2.$$

∎

Exercise 16.14 Determinar el volumen de una esfera con radio $r = 7$ m.

Demostración. La fórmula para el volumen V de una esfera es:

$$V = \frac{4}{3}\pi r^3.$$

Sustituyendo $r = 7$ m:

$$V = \frac{4}{3}\pi(7)^3 = \frac{4}{3}\pi \times 343 = \frac{1372}{3}\pi \approx 457{,}33\pi \text{ m}^3.$$

∎

Exercise 16.15 Calcular el área lateral de un cilindro con radio $r = 5$ cm y altura $h = 12$ cm.

Demostración. El área lateral A_{lateral} de un cilindro se calcula con la fórmula:

$$A_{\text{lateral}} = 2\pi r h.$$

Sustituyendo $r = 5$ cm y $h = 12$ cm:

$$A_{\text{lateral}} = 2\pi(5)(12) = 120\pi \text{ cm}^2.$$

∎

Exercise 16.16 Calcular el volumen de un cilindro con radio $r = 4$ cm y altura $h = 10$ cm.

Demostración. La fórmula para el volumen V de un cilindro es:

$$V = \pi r^2 h.$$

Sustituyendo $r = 4$ cm y $h = 10$ cm:

$$V = \pi(4)^2 \times 10 = \pi \times 16 \times 10 = 160\pi \text{ cm}^3.$$

∎

16.5 Ejercicios Propuestos

16.5.1 Cuerpos geométricos: prismas, cilindros, conos y esferas

Exercise 16.17 Calcular el volumen de un prisma cuadrangular cuya base es un cuadrado de lado $l = 8$ cm y cuya altura es $h = 15$ cm.

Exercise 16.18 Determinar el área superficial de un cilindro con radio $r = 5$ cm y altura $h = 12$ cm.

Exercise 16.19 Calcular el volumen de un cono recto con radio $r = 6$ cm y altura $h = 9$ cm.

Exercise 16.20 Una esfera tiene un diámetro de 10 cm. Calcular su área superficial y su volumen.

Exercise 16.21 Determinar el volumen de un prisma triangular cuya base es un triángulo equilátero de lado $l = 7$ cm y altura del prisma $h = 10$ cm.

16.5.2 Cálculo de volúmenes y áreas superficiales: fórmulas y aplicaciones

Exercise 16.22 Calcular el volumen de un cilindro con radio $r = 3$ m y altura $h = 5$ m, y expresar el resultado en términos de π.

Exercise 16.23 Determinar el área lateral de un cono recto cuya base tiene un radio de 4 cm y cuya altura es de 9 cm.

Exercise 16.24 Calcular el volumen de una esfera de radio $r = 6$ cm y redondear el resultado a dos decimales.

Exercise 16.25 Un cilindro tiene un área lateral de 150π cm^2 y una altura de $h = 15$ cm. Determinar el radio de la base del cilindro.

Exercise 16.26 Calcular el volumen de un prisma pentagonal cuya altura es $h = 8$ cm y cada lado de la base pentagonal mide 5 cm. (Considera que la base es un pentágono regular).

16.5.3 Problemas prácticos: uso de sólidos para resolver problemas cotidianos

Exercise 16.27 Una empresa quiere construir un tanque de almacenamiento cilíndrico con un radio de 2 m y una altura de 6 m. Calcular el volumen del tanque en metros cúbicos.

Exercise 16.28 Determinar cuántas latas de jugo, con forma de cilindro de 5 cm de diámetro y 12 cm de altura, caben en una caja rectangular de 30 cm de largo, 20 cm de ancho y 15 cm de altura.

Exercise 16.29 Una esfera de metal tiene un radio de 10 cm. Si se funde para crear pequeños conos, cada uno con un radio de base de 2 cm y una altura de 4 cm, ¿cuántos conos pueden formarse?

16.5 Ejercicios Propuestos

Exercise 16.30 Una piscina tiene forma cilíndrica con un radio de 4 m y una profundidad de 1.5 m. Calcular cuántos litros de agua se necesitan para llenarla completamente. (Nota: 1 m^3 = 1000 litros).

Exercise 16.31 Calcular el área superficial de un silo de grano con forma cilíndrica, que tiene un radio de 3 m y una altura de 12 m. Considera también la superficie de la tapa y la base.

Índice alfabético

A

Algoritmo de divisiones sucesivas 156
Algoritmo de Euclides 174
Algoritmo de Euclides extendido 176
Algoritmo de Euclides para el MCD 174
Algoritmo de multiplicaciones sucesivas . 156
Algoritmo RSA 159
Altura 344
Ampliación y reducción al cambiar la escala 195
Analogías basadas en progresiones aritméticas 63
Anualidad 201
Análisis de funciones cuadráticas 264
Análisis de premisas en demostraciones ... 61
Análisis de secuencias lógicas en tiempo .. 47
Análisis de tautologías y contradicciones .. 41
Análisis económico 238
Aplicaciones
    cálculo de materiales 396
Aplicaciones de la Fórmula de Herón 353
Aplicaciones de la identidad de Bézout ... 176
Aplicaciones de las integrales 356
Aplicaciones de pendientes e intersecciones 245
Aplicaciones de sistemas de ecuaciones .. 249
Aplicaciones del cálculo de distancias 344, 373
Aplicaciones del sistema binario en computación 157
Aplicaciones en cálculo integral 260
Aplicaciones en ingeniería y arquitectura . 402
Aplicaciones en ingeniería y física .. 377, 393
Aplicaciones en problemas de crecimiento exponencial 214
Aplicaciones en problemas de diseño arquitectónico 364
Aplicaciones en problemas de ingeniería . 396
Aplicaciones en problemas de interés simple 209
Aplicaciones en problemas de mezclas ... 195
Aplicaciones en problemas geométricos .. 249
Aplicación de conjuntos en probabilidad condicional 143
Aplicación de escalas en ingeniería y cálculo de áreas 195
Aplicación de la fórmula cuadrática 260
Aplicación del Modus Ponens en problemas lógicos 42
Aplicación del Modus Tollens en argumentos 44
Aplicación del Pequeño Teorema de Fermat 179
Aplicación del teorema de divisibilidad en bases distintas 157
Aplicación del Teorema de Wilson 179
Aplicación del teorema en mezclas de aleaciones 197
Aplicación del teorema en potencias y divisibi-

lidad 180
Aplicación en construcción de triángulos . 344
Aplicación en diseños 3D 377
Aplicación en divisibilidad de números compuestos 179
Aplicación en mapas y diseños 317
Aplicación en maximización de recursos . 293
Aplicación en problemas de empaquetamiento 403
Aplicación en problemas financieros . 184, 201
Aplicación en problemas físicos 337
Aplicación en sombras y escalas 314
Aplicación en triángulos 309
Aplicación general del método 260
Apotema 362
Aproximación de curvas, Polígonos 223
Aritmética modular en tiempo 163
Autómatas finitos 159

B

Baricentro 344, 347
división en áreas iguales 348
Beneficio 236
Bisectriz 344
Bisectriz interna 346
Bit 157
Byte 157

C

Cambio de dirección, velocidad cero 274
Cambio de escala y factor de escala relativo 195
Cantidad mínima para beneficio objetivo . 237
Capitalización 210
Caída libre 264
Centroide 347
Cilindro 389
circular recto 390
Coeficiente cuadrático y concavidad 287
Combinación de métodos 248
Combinación de álgebra y geometría 253
Combinatoria 227
Compacto 288
Compresión de datos 159
Concavidad de una parábola 271
Condicionales y bicondicionales 24
Conjunto abierto 288

Conjuntos convexos 297
Conjuntos finitos e infinitos 119
Cono 393
generatriz 394
área lateral como sector circular 395
Consistencia de unidades 235
Constante de proporcionalidad 191
Construcción de triángulos 347
Contraposición del Pequeño Teorema de Fermat 179
Convergencia condicional 220
Convergencia de series 217
Convergencia de series con factoriales . . . 219
Conversión de decimal a binario 155, 157
Conversión de distancias utilizando escalas 194
Conversión de fracciones decimales a binario 156
Conversión de fracciones heterogéneas a homogéneas 182
Conversión de tiempo a segundos 162
Conversión de tiempo compuesto a segundos 162
Conversión de unidades 329
Conversión de unidades de tiempo 162
Conversión entre bases, hexadecimal a decimal y octal 157
Conversión entre horas, minutos y segundos 161
Conversión entre sistemas numéricos 155
Coordenadas cilíndricas
integrales de volumen 401
Costo fijo 235
Costo total 235
Costo variable 235
Crecimiento acelerado 217
Crecimiento exponencial 214
Criterio de comparación 217
Criterio de la razón 218
Criterio de Leibniz 220
Criterio de Raabe 221
Criterio integral 219
Criterios de semejanza
AA 309
Cálculo de dimensiones y volúmenes en maquetas 195
Cálculo de distancia con aceleración constante 166
Cálculo de distancia mínima para despegue 166
Cálculo de distancia total en recorridos segmen-

ÍNDICE ALFABÉTICO

tados 165
Cálculo de distancias en el espacio 340
Cálculo de distancias en el plano cartesiano 369
Cálculo de interés simple 185
Cálculo de tiempo de finalización 164
Cálculo de tiempo futuro con aritmética modular 163
Cálculo de tiempo total en carrera con aceleración y velocidad constante 166
Cálculo de tiempos en recorridos 164
Cálculo de volúmenes en objetos irregulares 399
Cálculo de vértices a partir de la fórmula general 270
Cálculo de áreas con ecuaciones cuadráticas 266
Cálculo de áreas en polígonos regulares . . 361
Cálculo de áreas irregulares 353
Cálculo de áreas reales a partir de mapas . 195
Cálculo del MCD mediante el Algoritmo de Euclides 175
Cálculo del MCD y MCM con números más complejos 173
Cálculo del MCD y MCM mediante descomposición en factores primos 172
Cálculo del MCM a partir del MCD y el producto 177
Cálculo del tiempo de duplicación 187
Cálculo integral
    volúmenes 392
Círculo
    como polígono regular de infinitos lados 363
    área y radio 322

D

Deducción en argumentos matemáticos 57
Densidad estructural 366
Derivadas, interpretación física 274
Descomposición de figuras 353
Descuento comercial 211
Descuento progresivo 203
Descuento racional 211
Descuento total 205
Descuentos progresivos en el comercio . . . 203
Desigualdad isoperimétrica 299
Desigualdad triangular 293
Desigualdades
    con valor absoluto 291
    sin solución 291
Detección de números compuestos con el Pequeño Teorema de Fermat 179
Determinación de ecuación de recta 242
Determinación de parámetro para raíz doble 264
Diagramas con tres conjuntos 128
Diagramas de Venn para representar operaciones 125
Diagramas para problemas de probabilidad 133
Dieciséis casos fundamentales 25
Diferencia común 212
Diferencia entre velocidad media y media de velocidades 165
Discriminante 261
Diseño arquitectónico
    escalas 320
Diseño de objetos y matemáticas 408
Diseños 3D
    ángulos entre elementos 381
Distancia de punto a plano 382
Distancia de punto a recta 371
Distancia entre dos puntos 249, 340
Distancia entre planos paralelos 342
Distancia entre rectas 342
Distancia entre rectas que se cruzan 384
Distancia euclidiana 369
Distancia mínima 301
Distancia punto a plano 341
Distancia recorrida con velocidad lineal en el tiempo 165
Distancia total en tramos con diferentes velocidades 164
Distorsiones en cartografía 331
Divergencia de series 217
Divisibilidad por primos menores que la raíz cuadrada 180
División de fracciones 183
División de fracciones con simplificación 184
División de un segmento en una razón dada 253
Dualidad en programación lineal 297

E

Ecuaciones lineales aplicadas a problemas de edades 159
Ecuación característica 225
Ecuación cuadrática 260

Ecuación cuadrática con raíces complejas 263
Ecuación de la circunferencia 251
Ecuación de recta perpendicular 245
Ecuación de trayectoria 266
Ecuación diferencial 214
Ecuación diferencial en mezclas dinámicas 197
Ecuación lineal 159, 238
Eficiencia del algoritmo de Euclides 176
Eficiencia del método de igualación 247
Ejemplo de número de Carmichael 181
Ejemplo de problema de mezcla con concentraciones 196
Ejemplo de proporción directa 191
Ejemplo de proporción inversa 192
Ejemplo de proporción inversa en caudal y tiempo 193
Ejemplos de cuantificadores existenciales en problemas lógicos 90
Ejercicio de aplicación del algoritmo de Euclides extendido 177
Ejercicio de aplicación del método de descomposición simultánea 174
Ejercicio de cálculo del Valor Presente Neto 187
Ejercicio de descomposición en factores primos con potencias de números primos 174
Ejercicio de dilución de soluciones 198
Ejercicio de edades con múltiplos y desplazamiento temporal 161
Ejercicio de edades con sumas y múltiplos 161
Ejercicio de interés compuesto con capitalización semestral 187
Ejercicio de mezcla con ecuaciones diferenciales 198
Ejercicio de multiplicación de fracciones . 184
Ejercicio de proporción directa 193
Ejercicio de proporción inversa 193
Ejercicio de suma de fracciones heterogéneas 184
Ejercicio sobre divisibilidad y funciones totiente 181
Ejercicio sobre números pseudo-primos en base 2 182
Ejercicios
    Vértice de una parábola 271
Elasticidad de la demanda 237
Empaquetamiento de círculos 403
Empaquetamiento de esferas 404
Empaquetamiento geométrico 403

Escala 193, 314, 317
Escala cartográfica 329
Escala de reducción 324
Escala gráfica 315, 331
Escalas
    detalle 320
    factor de escala 324
    factores de escala 317
    peso de modelos 327
    precisión 320
    razón inversa 326
    relaciones 316
    unidades 318
Escalas de reducción en planos 324
Esfera 393
    volumen y radio 323
    área superficial en física 395
Espacio euclidiano
    métrico 340
Espacio vectorial de unidades de tiempo . . 162
Espiral cuadrada, Perímetro total 223
Expansiones periódicas 156
Expresión cuadrática 257

F

Factorización 262
Figura irregular 353
Figuras geométricas
    proporciones 323
Figuras semejantes 315, 318, 325
Forma canónica de una cuadrática 257
Forma general de una recta 241
Forma pendiente-intersección 239, 243
Fracciones homogéneas y heterogéneas . . 182
Fracción heterogénea 182
Fracción homogénea 182
Funciones continuas y diferenciables 272
Funciones cuadráticas siempre positivas o negativas 287
Funciones de variación lineal 193
Funciones dos veces diferenciables 273
Funciones generadoras 226
Funciones racionales 193
Funciones trigonométricas
    en polígonos regulares 364
Función cuadrática 266, 270
Función de paridad 159
Fórmula cuadrática 261

ÍNDICE ALFABÉTICO

Fórmula de Binet 225
Fórmula de Herón 350
    utilidad 351
Fórmula de Herón para triángulos 350
Fórmula del Valor Presente Neto 187
Fórmulas para el MCD y MCM usando exponentes mínimos y máximos 172

G

Generalización de patrones 224
Generalización de patrones numéricos ... 224
Generalización del método de reducción . 248
Generatriz 393
Gráfica de ecuación lineal 238
Gráfica de proporción directa 193
Gráfica de proporción inversa 193
Gráfica de una función 272
Gráfica de una parábola 286
Gráficas de ecuaciones de primer grado .. 238
Gráficas de posición, velocidad y aceleración 274
Gráficas en relación con problemas físicos 272

H

Herramientas para problemas espaciales .. 384
Hexágono regular, Cálculo de perímetro .. 223

I

Identidad de Bézout 175
Identificación de patrones en figuras geométricas 222
Identificación de patrones geométricos 56
Importancia de la modelización 160
Incentro 346
Inclusión de extremos en inecuaciones ... 281
Independencia lineal de ecuaciones 161
Inecuaciones con valor absoluto 283, 284
Inecuaciones polinómicas 283
Inecuaciones racionales 284
Inecuación 279
Inecuación cuadrática 280, 284, 287
Inecuación cuadrática con raíces reales ... 287
Inecuación cuadrática sin raíces reales ... 287
Infinitud de los números primos 177

Ingeniería
    aplicaciones matemáticas 399
Ingreso total 235
Integración de la velocidad 164
Integral definida
    cálculo de áreas 354
    áreas planas 356
Intercepto 239
Intersecciones y pendientes en gráficas ... 243
Intersección con los ejes 243
Intersección de intervalos 289
Intersección de intervalos infinitesimales . 290
Intersección de recta y plano 382
Intersección de rectas 245
Intervalo 288
Intervalos abiertos y cerrados 287
Intervalos en soluciones de inecuaciones . 287
Interés compuesto 185
Interés compuesto continuo 185, 216
Interés simple 185, 209
Invarianza de la distancia 341

L

Ley de De Morgan para la negación de conjunciones 29
Ley de De Morgan para la negación de disyunciones 31
Logística y almacenamiento 404
Longitud
    hélice 398
Límite, Aproximación de perímetro 223

M

Mapas
    escala 319
Mapas de pequeñas escalas 332
Matrices de transformación en unidades de tiempo 163
Maximización de beneficios 237
Mediana 344, 347
    propiedad de división 348
Mediatriz 372
Modelo geométrico 405
Modelos a escala 327
Modulo arquitectónico 365
Movimiento en la misma dirección 234

Movimiento rectilíneo uniforme 164
Movimiento rectilíneo, cambio de dirección 274
Movimiento vertical 266
Multiplicación de fracciones 183
Máximo Común Divisor 171
Máximo común divisor 174
Método de completar el cuadrado 257
Método de descomposición simultánea ... 171
Método de igualación 246
Método de la tabla de signos 282
Método de reducción 247
Método simplex 297
Métrica en el plano 370
Mínimo Común Múltiplo 171

N

Naturaleza de las raíces 262
Negación de proposiciones con cuantificadores existenciales 106
Negación de proposiciones con cuantificadores universales 97
Normalización de sumas de tiempo 163
Número compuesto 179
Número de ecuaciones necesarias 161
Número primo 177
Número total de triángulos 222
Números de Carmichael 181
Números impares 224

O

Objeto irregular 399
Operaciones booleanas en geometría 405
Operaciones con intervalos 289
Operación AND 158
Operación XOR 158
Operadores binarios 23
Optimización de materiales 407
Optimización geométrica 301
Ortocentro 345

P

Parábola con coeficiente negativo 260
Patrón geométrico 222
Patrón hexagonal, Círculos tangentes 223

Patrón numérico 224
Pendiente 239, 243, 374
Pendiente de recta perpendicular 244, 250
Pendiente, interpretación física 273
Pendiente, velocidad instantánea 273
Pendientes y ángulos entre rectas 373
Pequeño Teorema de Fermat 179
Perímetro, Proporcionalidad 223
Planos inclinados 328
Planos y rectas en 3D 380
Polígono regular 361
Polígonos inscritos, Límite de perímetro . 223
Polígonos regulares 300
Polígonos semejantes 321
Precio de venta 235
Precisión cartográfica 333
Predicados de dos variables 79
Predicados de una variable 75
Primos y divisibilidad 178
Principio de Cavalieri 399
Prisma 389
Prismas
    volúmenes iguales 391
Problema de mezcla 196
Problema de minimización geométrica ... 298
Problema de Steiner 299
Problemas con costos y precios 235
Problemas con múltiples variables 45
Problemas de caída libre y trayectorias parabólicas 264
Problemas de divisibilidad con números primos 177
Problemas de edades con diferencias temporales 161
Problemas de edades, ejemplo 160
Problemas de escalas y mapas 193
Problemas de minimización en geometría 298
Problemas de movimiento y velocidad ... 233
Producto constante en proporción inversa. 192
Producto escalar 378
Producto vectorial 378
    módulo 378
Programación lineal 294
Progresión aritmética 212, 224
Progresión geométrica 225
Promedio de términos equidistantes 213
Propiedades de las inecuaciones 279
Propiedades de las pendientes 241
Proporcionalidad 321

ÍNDICE ALFABÉTICO

Proporcionalidad en cartografía 329
Proporciones directas e inversas 191
Proporciones en figuras geométricas 321
Proporciones en la cartografía 329
Proporción directa 191
Proporción directa entre distancias en mapas y realidad 194
Proporción inversa 191
Proporción áurea 365
Proporción áurea en diseño 406
Proposiciones condicionales 21
Proposiciones declarativas 19
Proyecciones cartográficas 331
Proyectil, trayectoria 265
Prueba de divisibilidad, suma de dígitos .. 156
Prueba de primalidad 179
Pseudo-primos 181
Puerta lógica 158
Punto de equilibrio 236
Punto de Fermat 298
Punto medio 249, 370
Puntos de intersección 269

R

Razón constante en proporción directa ... 192
Raíces complejas 262
Raíces múltiples en ecuaciones cuadráticas 260
Reconocimiento de series numéricas 55
Recta en el espacio
    ecuación paramétrica 381
Recta tangente a una circunferencia 253
Rectas
    paralelas 374
    perpendiculares 374
Rectas coincidentes 242
Rectas paralelas 239, 242, 244
Rectas paralelas en el espacio 381
Rectas perpendiculares 240
Registro de desplazamiento 159
Regla de tres compuesta 198
    definición 198
    ejemplo con proporcionalidad inversa 200
    ejemplo de aplicación 199
    ejercicio con ajuste porcentual 201
    ejercicio de aplicación 201
    importancia de identificar proporcionalidades 201
    proporcionalidad directa 199
    proporcionalidad inversa 199
Relación con la fórmula cuadrática 259
Relación cuadrática entre áreas en mapas y realidad 194
Relación cúbica entre volúmenes en modelos y realidad 194
Relación de recurrencia 225
Relación entre MCD y MCM 177
Relación entre producto, MCD y MCM .. 174
Representación binaria de datos 158
Representación gráfica de inecuaciones cuadráticas 284
Resolución de desigualdades con valor absoluto 290
Resolución de inecuaciones con una variable 279
Resolución de problemas con conjuntos disjuntos 139
Resolución de problemas con progresiones aritméticas 211
Resolución de problemas espaciales 381
Resolución de series infinitas 217
Restricciones en las concentraciones de mezclas 197

S

Selección de criterios de convergencia ... 222
Semejanza de figuras 321
Semiperímetro 350
Serie p-armónica 218, 221
Serie armónica 220
Serie armónica alternante 220
Serie infinita 217
Series geométricas aplicadas a problemas visuales 68
Simetría en diseño 406
Simplificación de fracciones 184
Sistema de ecuaciones lineales 246
Sistema numérico posicional 155
Sistema sexagesimal 161
Sistemas homogéneos, soluciones infinitas 160
Solución de ecuación diferencial 214
Solución por igualación y reducción 246
Sombras
    cálculo de altura 315
    proporcionalidad 314
Sucesión de Fibonacci 225
Suma binaria 158

Suma de cuadrados 226
Suma de fracciones heterogéneas 183
Suma de fracciones homogéneas 182
Suma de números naturales 226
Suma de progresión geométrica 226
Suma de una progresión aritmética 212
Sumador completo 158
Sólidos platónicos en arquitectura 369
Sólidos semejantes 318

T

Tablas de verdad de conectivos simples 39
Tanque cilíndrico horizontal 396
Teorema de anidamiento de intervalos 289
Teorema de existencia y unicidad de soluciones 160
Teorema de mezcla de concentraciones . . . 196
Teorema de Pappus 401
Teorema de Pitágoras 337
    aplicaciones avanzadas 340
Teorema de Tales 310
Teorema de Wilson 178
Teorema Fundamental de la Aritmética . . . 171
Teorema Fundamental de la Programación Lineal 294
Teorema sobre potencias y divisibilidad en números compuestos 180
Teoría de números 227
Teselación regular 366
Tiempo de duplicación 216
Tiempo de duplicación del capital 186
Tiempo de triplicación 216
Tiempo de vuelo 265
Tobogán helicoidal 397
Topología de $\mathbb{R}$ 290
Transformaciones isométricas 370
Transformación de ecuaciones de recta . . . 242
Trayectoria parabólica 264
Triángulo
    equilátero 351
Triángulo equilátero 300
Triángulo rectángulo isósceles 301
Triángulos
    aplicaciones 313
    rectángulos 311, 312
    semejanza 309
Triángulos equiláteros, Cuadrados perfectos 222

Término general de una progresión aritmética 212
Términos simétricos en progresiones aritméticas 213

U

Unicidad de la representación numérica . . 156
Unidades de medida 325
Unión de intervalos 289
Unión infinita de intervalos 290
Uso de cuantificadores en proposiciones universales 84
Uso de medianas en diseño geométrico . . . 347
Uso de sólidos en diseño de objetos 405

V

Valor absoluto 290
    propiedades 292
Valor Presente Neto 187
Vector
    en el espacio tridimensional 378
Vector en el espacio 381
Vectores
    magnitud en tres dimensiones 339
    perpendiculares 378
    resultante 337
Velocidad
    resultante 338
Velocidad constante 233
Velocidad media en recorridos con múltiples tramos 165
Ventajas y limitaciones del método de descomposición simultánea 173
Volumen
    cilindro 389
    cilindro circular recto 390
    independencia de la forma de la base . 391
    prisma 389
    sólido de revolución 392
    tanque cilíndrico horizontal 396
Volumen de prismas y cilindros 389
Vértice de una parábola 259, 270

Ángulo de inclinación 376

ÍNDICE ALFABÉTICO

Ángulo entre rectas 374
       fórmula del coseno. 376
Ángulo entre rectas en el espacio 380
Ángulo óptimo de lanzamiento 265
Área
       descomposición 353
       polígono regular 361
       polígono regular inscrito. 363
Área bajo una parábola 270
Área del triángulo
       en función de las medianas 350
Área entre curvas 355
Área entre curvas cuadráticas 270
Área entre dos curvas. 267
Área superficial
       cono recto 393
       esfera. 394
Áreas en cartografía. 330
Áreas superficiales de conos y esferas 393

RAZONAMIENTO LÓGICO MATEMÁTICO

MBA. Helbert Justo Luque Zevallos

AÑO 2024

Primera Edición
ISBN:9798346618140

Serie: Licenciatura en matemáticas

- Matemática Básica
- Razonamiento Lógico Matemático
- Análisis Matemático I
- Álgebra
- Estadística y Probabilidad
- Análisis Matemático II
- Álgebra Lineal
- Inferencia Estadística
- Análisis Real I
- Análisis Numérico
- Álgebra Lineal II
- Estructuras Algebraicas
- Topología
- Análisis Real II
- Ecuaciones Diferenciales Ordinarias
- Optimización Lineal
- Ecuaciones Diferenciales Parciales
- Introducción a la Geometría Hiperbólica
- Teoría de Galois
- Numéricos para la Solución de Ecuaciones Diferenciales
- Medida e Integración
- Optimización No Lineal
- Teoría Cualitativa
- Análisis Funcional
- Geometría Diferencial I
- Introducción a la Topología Algebraica
- Variedades Diferenciables
- Introducción a los Métodos Variacionales para Ecuaciones Diferenciales
- Introducción a la Topología Diferencial
- Superficies Mínimas I
- Geometría Diferencial II
- Introducción al Método de Elementos Finitos
- Introducción a la Geometría de Formas Diferenciales

www.ingramcontent.com/pod-product-compliance
Lightning Source LLC
Chambersburg PA
CBHW060409220526

45465CB00008B/2816